"十三五"职业教育系列教材

建筑材料与构造

主　编　魏艳萍

编　写　马　丽　樊文迪

中国电力出版社
CHINA ELECTRIC POWER PRESS

内 容 提 要

本书为“十三五”职业教育系列教材，是在总结高等职业技术教育经验的基础上，结合我国高等职业技术教育的特点编写的。本书包括建筑材料与房屋构造两部分内容。全书以房屋构造为主，将建筑材料的内容融入到房屋构造中。主要阐述建筑材料的种类、基本性质、建筑物的组成、构造原理及常见构造做法。本书由概述、基础与地下室、墙体、楼地面、垂直交通设施、屋面、门窗、建筑装修、工业建筑、单层工业厂房构造等十章内容组成，书后附有土建施工图一套。

本书在编写过程中，以应用为主旨，注重介绍新材料、新工艺在建筑构造中的应用；理论上坚持必须、够用的原则，深入浅出，图文结合，特别是书后附图，把理论知识与实际工程紧密结合在一起，起到了“画龙点睛”的作用。

本书可作为建筑工程类专业教材，也可作为建筑工程技术人员自学和参考用书。

图书在版编目(CIP)数据

建筑材料与构造/魏艳萍主编. —北京：中国电力出版社，2018.12（2021.7 重印）
“十三五”职业教育规划教材
ISBN 978-7-5198-2670-3

Ⅰ.①建… Ⅱ.①魏… Ⅲ.①建筑材料-职业教育-教材 ②建筑构造-职业教育-教材
Ⅳ.①TU5 ②TU22

中国版本图书馆 CIP 数据核字(2018)第 273066 号

出版发行：中国电力出版社
地　　址：北京市东城区北京站西街 19 号(邮政编码 100005)
网　　址：http://www.cepp.sgcc.com.cn
责任编辑：孙　静
责任校对：黄　蓓　郝军燕
装帧设计：张俊霞　赵姗姗
责任印制：钱兴根

印　　刷：北京雁林吉兆印刷有限公司
版　　次：2018 年 12 月第一版
印　　次：2021 年 7 月北京第四次印刷
开　　本：787 毫米×1092 毫米　16 开本
印　　张：17.25
字　　数：425 千字
定　　价：52.00 元

前　言

21世纪是科技高速发展的世纪，建筑行业面临的是一个经济全球化、信息国际化、知识产业化、学习社会化、教育终身化的崭新时代，培养高等应用型技术人才，提高从业人员的整体素质，是我国现代建筑行业蓬勃发展的迫切需要。高等职业技术教育就是培养适应生产、建设、管理、服务第一线需要的高等技术应用型人才。目前，随着我国高等职业技术教育改革的深化，高等职业技术建筑类专业迫切需要一套新的教学计划及配套教材，以使培养的学生能更好地适应社会及经济建设发展的需要。

本教材是为适应科技和社会快速发展的需要，促进科技成果向现实生产力的转化，结合我国高等职业技术教育的特点编写的。该教材适用于建筑设计技术、城市规划、工业与民用建筑、工程监理、工程造价、物业管理等专业的教学使用，同时也适用于给水排水、供暖通风和电气设备安装等专业相应课程的教学使用，还可作为二级注册建筑师资格考试复习参考资料。

本教材内容的编写，采用了最新国家标准和有关规范，同时选用了当前建设领域的一些新成果。编写中更加注重理论知识与实际工程的结合，力求做到以应用为主旨，在理论上坚持必须、够用的原则，深入浅出、图文结合，使其更具有针对性和实用性。

本教材由山西工程科技职业大学教授魏艳萍主编，并承担全书的统稿和校核工作。参加编写工作的有：山西工程科技职业大学魏艳萍（第一～七章及附图）；山西工程科技职业大学马丽（第八章）；山西工程科技职业大学樊文迪（第九、十章）；山西工程科技职业大学郭正炟制作了全书课件。

本教材在编写过程中，参考了部分同学科的教材等文献（见书后的“参考文献”），在此谨向文献的作者表示深深的谢意。

限于编者水平，教材中的缺点和不足之处难免，恳请使用本教材的教师和广大读者批评指正。

扫描下方二维码，可获取本书配套电子资源。

编　者

2018年10月

目　　录

第一章 概　　述

第一节 建筑材料的基本知识

建筑材料是指建筑工程中所使用的各种材料，是各项基本建设的物质基础，也是其质量保证的重要前提。在实际工程中，建筑材料的选择、使用及管理，对工程成本有较大影响。因此，掌握建筑工程材料知识，可以优化选择和正确使用材料，充分利用材料的各种性能，显著降低工程成本，提高经济效益。

一、建筑材料的分类

建筑材料的种类繁多，为便于区分和应用，工程中常从不同角度对其分类。

（一）按材料的化学成分分类

材料按化学成分可分为无机材料、有机材料和复合材料，见表 1-1。

表 1-1　　建筑材料按化学成分分类

分类	品种		举例	
无机材料	金属材料	黑色金属	钢、铁	
		有色金属	铝、铜、铅及其合金等	
	非金属材料	天然石材	花岗岩、石灰岩、大理岩等	
		烧土制品及玻璃	砖瓦、陶瓷、玻璃等	
		胶凝材料	气硬性胶凝材料	石灰、石膏、水玻璃等
			水硬性胶凝材料	各种水泥
		以胶凝材料为基料的人造石	混凝土、砂浆、石棉水泥制品、硫酸盐建筑制品	
有机材料	植物材料		木材、竹材等	
	合成高分子材料		塑料、涂料、胶结剂、合成橡胶等	
	沥青材料		石油沥青、煤沥青、沥青制品等	
复合材料	金属材料与非金属材料复合		钢筋混凝土、钢丝网混凝土等	
	无机材料与有机材料复合		聚合物混凝土、沥青混凝土等	
	其他复合材料		水泥石棉制品、人造大理石等	

（二）按材料适用的工程分类

材料按适用的工程可分为土建工程材料、装饰工程材料、水暖气工程材料和电气工程材料。

(1) 土建工程材料是指土建工程所使用的建筑材料。主要包括：砖、瓦、灰、砂、石、钢材、水泥等。

(2) 装饰工程材料是指建筑装饰工程所使用的建筑材料。主要包括板材（如石板、玻璃、陶瓷、金属板、人造板、塑料板等）和稀料（油漆、涂料等）。

（3）水暖气工程材料是指给排水、消防、供热、通风、空调、供燃气等配套工程所需设备与器材。

（4）电气工程材料是指供电、电信及楼宇控制等配套工程所需设备与主材。

（三）按材料的功能分类

材料按功能可分为结构材料和专用材料。

（1）结构材料是以力学性能为基础，制造受力构件所用的材料。如建筑物的基础、梁、板、柱等所用的材料。

（2）专用材料是指用于防水、防潮、防腐、防火、阻燃、隔音、隔热、保温、密封等的材料。如改性沥青、合成高分子防水材料、膨胀珍珠岩、防火涂料、聚氨酯建筑密封膏等。

二、建筑材料的基本性质

建筑材料的基本性质是指材料处于不同的使用条件和使用环境时，通常必须考虑的最基本的、共有的性质。归纳起来有物理性质、力学性质、化学性质和耐久性等。

在建筑工程的设计和施工中，只有了解和掌握了材料的有关性能指标，才能够最大限度地发挥材料的效能，做到正确地选择和合理使用材料。

（一）材料的物理性质

1. 与质量有关的性质

主要有密度、表观密度、堆积密度、密实度、孔隙率、空隙率、压实度。

（1）密度。密度是指材料在绝对密实状态下单位体积的质量。按下式计算

$$\rho = \frac{m}{V} \tag{1-1}$$

式中 ρ——材料的密度，g/cm^3，kg/m^3；

m——材料的质量，g，kg；

V——材料的密实体积，cm^3，m^3。

材料在绝对密实状态下的体积是指不包括内部孔隙的材料体积。对钢材、玻璃等绝对密实材料，可根据其外形尺寸求得体积，称出其干燥的质量，按式（1-1）计算密度。

对于一般的材料，为了测得准确的密度值，可将材料磨成细粉干燥后，再称取一定质量的粉末，利用密度瓶测量其绝对体积。

（2）表观密度。表观密度是指材料在自然状态下单位体积的质量。按下式计算

$$\rho_0 = \frac{m}{V_0} \tag{1-2}$$

式中 ρ_0——材料的表观密度，g/cm^3，kg/m^3；

m——材料的质量，g，kg；

V_0——材料在自然状态下的体积，或称表观体积，cm^3，m^3。

材料的表观体积是指整体材料（包括内部孔隙）的外观体积。外形规则材料的表观体积，可直接以尺度量后计算求得；外形不规则材料的表观体积，必须用排水法或排油法测定。

材料的表观密度除与材料的密度有关外，还与材料内部孔隙的体积有关。当材料孔隙体积内含有水分时，其质量、体积随含水率而变化，故测定表观密度时应注明含水情况。而未

注明含水率时，是指烘干状态下的表观密度，即表观干密度。

(3) 堆积密度。堆积密度是指粉状、颗粒状材料（水泥、砂、石等）在堆积状态下单位体积的质量。按下式计算

$$\rho_0' = \frac{m}{V_0'} \tag{1-3}$$

式中　ρ_0'——堆积密度，kg/m^3；

m——材料质量，kg；

V_0'——材料的堆积体积，m^3。

材料的堆积体积是指散粒状材料在堆积状态下的总体外观体积，它包含了材料固体物质体积、材料颗粒内部的孔隙体积和颗粒间的空隙体积。材料的堆积体积，常以材料填充容器的容积大小来测量。

在建筑工程中，进行材料用量、配料、构件自重及材料储存空间等计算，均需要用到上述三种密度。

建筑常用材料的密度、表观密度、堆积密度见表 1-2。

表 1-2　　建筑常用材料的密度、表观密度、堆积密度

材　料	密度 ρ (g/cm^3)	表观密度 ρ_0 (kg/m^3)	堆积密度 ρ_0' (kg/m^3)
钢材	7.85	7800～7850	—
红松木	1.55～1.60	400～600	—
水泥	2.80～3.10	—	1600～1800
砂	2.50～2.60	—	1500～1700
碎石	2.48～2.76	2300～2700	1400～1700
花岗岩	2.60～2.90	2500～2800	—
普通黏土砖	2.50～2.80	1500～1800	—
普通混凝土	2.60	2100～2600	—
普通玻璃	2.45～2.55	2450～2550	—
铝合金	2.70～2.90	2700～2900	—

(4) 密实度。密实度是指材料体积内被固体物质所充实的程度。按下式计算

$$D = \frac{V}{V_0} \times 100\% = \frac{\rho_0}{\rho} \times 100\% \tag{1-4}$$

式中　D——材料的密实度，%；

V——材料中固体物质体积，cm^3，m^3；

V_0——材料体积包括内部孔隙体积，cm^3，m^3；

ρ_0——材料的表观密度，g/cm^3，kg/m^3；

ρ——材料的密度，g/cm^3，kg/m^3。

(5) 孔隙率。孔隙率是指材料中孔隙体积所占整个体积的百分率。按下式计算

$$P = \frac{V_0 - V}{V_0} \times 100\% = \left(1 - \frac{V}{V_0}\right) \times 100\% = \left(1 - \frac{\rho_0}{\rho}\right) \times 100\% = (1 - D) \times 100\% \tag{1-5}$$

孔隙率反映了材料内部孔隙的多少，它会直接影响材料的多种性质。孔隙率越大，则材料的表观密度、强度越小，耐磨性、抗冻性、抗渗性、耐腐蚀性、耐水性及耐久性越差，而保温性、吸声性、吸水性与吸湿性越强。

与材料孔隙率相对应的另一性质是材料的密实度。它反映了材料内部固体的含量，对于材料性质的影响正好与孔隙率的影响相反。

(6) 空隙率。空隙率是指散粒状材料在堆积体积内颗粒之间的空隙体积所占的百分率。按下式计算

$$P'=\frac{V'_0-V_0}{V'_0}\times 100\%=\left(1-\frac{V_0}{V'_0}\right)\times 100\%=\left(1-\frac{\rho'_0}{\rho_0}\right)\times 100\% \tag{1-6}$$

式中 P'——散粒状材料在堆积状态下的空隙率，%。

空隙率考虑的是材料颗粒间的空隙，这对填充和黏结散粒材料时，研究散粒材料的空隙结构和计算胶结材料的需要量十分重要。

(7) 压实度。材料的压实度是指散粒状材料被压实的程度。即散粒状材料经压实后的干堆积密度 ρ' 值与该材料经充分压实后干堆积密度 ρ'_m 值的比率百分数。按下式计算

$$k_y=\frac{\rho'}{\rho'_m}\times 100\% \tag{1-7}$$

式中 k_y——散粒状材料的压实度，%；

ρ'——散粒状材料经压实后的实测干堆积密度，kg/m^3；

ρ'_m——散粒状材料经充分压实后的最大干堆积密度，kg/m^3。

散粒状材料的堆积密度是可变的，ρ' 的大小与材料被压实的程度有很大关系，当散粒状材料经充分压实后，其堆积密度值达到最大干密度 ρ'_m，相应的空隙率 P' 值已达到最小值，此时的堆积体最为稳定。因此，散粒状材料的压实度 k_y 值愈大，其构成的结构物就愈稳定。

2. 与水有关的性质

主要有亲水性与憎水性、吸水性与吸湿性、耐水性、抗渗性、抗冻性。

(1) 亲水性与憎水性。材料与水接触时，其表面可被水润湿或不被水所润湿，被水润湿的材料称为亲水性材料，不被水润湿的材料称为憎水性材料。

材料亲水性或憎水性，通常以润湿角的大小划分。在水、空气、材料三相交点处，沿水滴表面的切线与水和材料接触面所形成的夹角 θ，称为润湿角，如图 1-1 所示。当 $\theta\leqslant 90°$ 时，材料为亲水性材料，如木材、混凝土等；当 $\theta>90°$ 时，材料为憎水性材料。

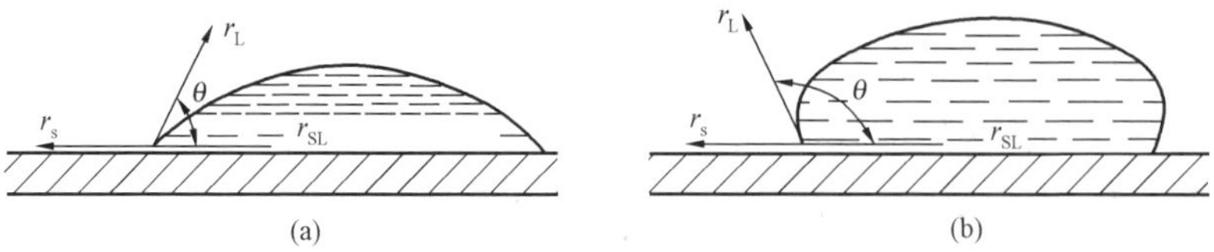

图 1-1 材料润湿示意图

(a) 亲水性材料；(b) 憎水性材料

(2) 吸水性与吸湿性。

1) 吸水性。亲水性材料在水中吸收水分的能力，称为材料的吸水性，可用吸水率表示。材料吸水率的表达方式有质量吸水率和体积吸水率两种。

质量吸水率是指材料在吸水饱和时，所吸水量占材料干质量的百分率。按下式计算

$$W_m = \frac{m_b - m}{m} \times 100\% \tag{1-8}$$

式中 W_m——材料的质量吸水率，%；

m_b——材料吸水饱和状态下的质量，g，kg；

m——材料在干燥状态下的质量 g，kg。

体积吸水率是指材料在吸水饱和时，吸水体积占材料自然体积的百分率。按下式计算

$$W_v = \frac{V_w}{V_0} = \frac{m_b - m}{V_0} \times \frac{1}{\rho_w} \times 100\% \tag{1-9}$$

式中 W_v——材料的体积吸水率，%；

V_w——材料吸水饱和状态下的体积，cm^3；

V_0——材料在自然状态下的体积，cm^3；

ρ_w——水的密度，g/cm^3，kg/cm^3。

在多数情况下，吸水率是按质量吸水率计算的，但多孔材料的吸水率一般用体积吸水率表示。材料的吸水率与孔隙率有关，更与孔特征有关。

2）吸湿性。材料在潮湿空气中吸收水分的性质，称为吸湿性，用含水率表示。含水率就是用材料含水质量与材料干燥时质量的百分比来表示。按下式计算

$$W_h = \frac{m_s - m_g}{m_g} \times 100\% \tag{1-10}$$

式中 W_h——材料的含水率，%；

m_s——材料在吸湿状态下的质量，g，kg；

m_g——材料在干燥状态下的质量，g，kg。

材料的含水率随着空气湿度大小而变化。材料含水后，一般会对工程产生不利的影响，如质量增加、强度降低、抗冻性差，有时还会有明显的体积膨胀，致使材料变形，甚至会导致材料失效，降低其绝热性。

（3）耐水性。耐水性是指材料长期在饱和水作用下，保持其原有功能，抵抗破坏的能力。对于结构材料，耐水性主要指强度变化；对装饰材料则主要指颜色、光泽、外形等的变化，以及是否起泡、分层等。材料不同，耐水性的表示方法也不同。

结构材料的耐水性通常用软化系数 K_R 表示，即材料在吸水饱和状态下的抗压强度与材料在干燥状态下的抗压强度之比。按下式计算

$$K_R = \frac{f_w}{f_g} \tag{1-11}$$

式中 K_R——材料的软化系数；

f_w——材料在吸水饱和状态下的抗压强度，MPa；

f_g——材料在干燥状态下的抗压强度，MPa。

软化系数反映了材料在饱和水后强度降低的程度，是材料吸水后性质变化的重要特征之一。软化系数的大小，有时作为选择材料的重要依据。工程中通常将 $K_R > 0.85$ 的材料称为

耐水性材料，可用于水中或潮湿环境的重要结构中；用于受潮较轻或次要结构时，材料的 K_R 值也不得小于0.75。

耐水性与材料的亲水性、孔隙率、孔特征等均有关，工程中常从这几个方面改善材料的耐水性。

（4）抗渗性。抗渗性是指材料抵抗压力水渗透的性质。材料的抗渗性用渗透系数 K 和抗渗等级 Pn 表示。渗透系数 K 按下式计算

$$K=\frac{Qd}{AtH} \tag{1-12}$$

式中 K——材料的渗透系数，cm/h，m/s；

Q——渗水量，cm^3，m^3；

d——试件厚度，cm，m；

A——渗水面积，cm^2，m^2；

t——渗水时间，h，s；

H——水位差，cm，m。

材料的渗透系数 K 值愈小，则其抗渗能力愈强。工程中一些材料的防水能力就是以渗透系数表示的。

材料的抗渗性也可用抗渗等级 Pn 表示。它是指材料用标准方法进行透水试验时，规定的试件在透水前所能承受的最大水压力（以0.1MPa为单位）。如防水混凝土的抗渗等级为P6、P12、P20，表示其分别能承受0.6MPa、1.2MPa、2.0MPa的水压而不渗水。材料的抗渗等级愈高，其抗渗性愈强。

（5）抗冻性。抗冻性是指材料在吸水饱和状态下，能经受多次冻融循环而不破坏，强度及质量无显著变化的性质。材料的抗冻性用抗冻等级 Fn 表示，如F25表示能经受25次冻融循环而不破坏。

冰冻对材料的破坏作用是由于材料的孔隙内的水结冰时体积膨胀而引起。材料的抗冻性能越好，对抵抗温度变化、干湿交替、风化作用的能力越强。它也是衡量建筑物耐久性的重要指标之一。

3. 与热有关的性质

主要有导热性、热容量与比热容、温度变形性、耐燃性与耐火性、耐急冷急热性。

（1）导热性。导热性是指材料将热量由温度高的一侧向温度低的一侧传导的性质。通常用导热系数 λ 表示。按下式计算

$$\lambda=\frac{Q\delta}{At(T_2-T_1)} \tag{1-13}$$

式中 λ——材料导热系数，W/（m·K）；

Q——传导的热量，J；

δ——材料厚度，m；

A——材料的传热面积，m^2；

t——传热的时间，s；

T_2-T_1——材料两侧的温度差，K。

材料导热系数越小，其导热性质越差，保温隔热效果越好。建筑材料的导热系数差别很大，工程上通常把$\lambda \leqslant 0.23W/(m \cdot K)$的材料作为保温隔热材料。通常所说的材料导热系数是指干燥状态下的导热系数，材料一旦吸水或受潮，导热系数会显著增大，绝热性变差。

（2）热容量与比热容。热容量是指材料受热时吸收热量或冷却时放出热量的性质。热容量Q按下式计算

$$Q = cm(T_2 - T_1) \tag{1-14}$$

式中　Q——材料的热容量，J；

c——材料的比热容，$J/(g \cdot K)$；

m——材料的质量，g；

$T_2 - T_1$——材料受热或冷却前后的温度差，K。

其中比热容（也称热容量系数）c值是真正反映不同材料热容性差别的差数，它可由上式导出

$$c = \frac{Q}{m(T_2 - T_1)} \tag{1-15}$$

比热容表示质量为1g的材料，在温度每改变1K时所吸收或放出热量的大小。

选择高热容材料作为墙体、屋面、内装饰，在热流变化较大时，对稳定建筑物内部温度变化有很大意义。

（3）温度变形性。材料的温度变形是指温度升高或降低时材料的体积变化。这种变化表现在单向尺寸时，为线膨胀或线收缩，温度变形性一般用线膨胀系数α表示。材料的单向线膨胀量或线收缩量按下式计算

$$\Delta L = (t_2 - t_1)\alpha L \tag{1-16}$$

式中　ΔL——线膨胀或线收缩量，mm，cm；

$t_2 - t_1$——材料升（降）温前后的温度差，K；

α——材料在常温下的平均线膨胀系数，1/K；

L——材料原来的长度，mm，cm。

在建筑工程中，由于温度变化使材料发生单向尺寸的变形，对结构和工程质量影响很大，因此，研究其平均线膨胀系数具有重要意义。材料的线膨胀系数与材料的组成和结构有关，工程上常选择合适的材料来满足其对温度变形的要求。

（4）耐燃性与耐火性。

1）耐燃性。材料抵抗燃烧的性质称为耐燃性。它是影响建筑物防火和耐火等级的重要因素。《建筑内部装修设计防火规范》（GB 50222—2017）按建筑材料燃料性质不同将其分为四级，即非燃烧材料（A级）、难燃材料（B_1级）、可燃材料（B_2级）及易燃材料（B_3级）。

材料在燃烧时放出的烟气和毒气对人体的危害极大，远远超过火灾本身。因此，建筑内部装修时，应尽量避免使用燃烧时放出大量浓烟和有毒气体的装饰材料。

2）耐火性。耐火性是指材料抵抗高热或火的作用，保持其原有性质的能力。钢铁、铝、玻璃等材料受到火烧或高热作用会发生变形、熔融，它们是非燃烧材料，但不是耐火材料。建筑材料或构件的耐火极限通常用时间来表示。

（5）耐急冷急热性。材料抵抗急冷急热的交替作用，保持其原有性质的能力。许多无机非金属材料在急冷急热交替作用下，易产生巨大的温度应力而使材料开裂或炸裂，如玻璃、瓷砖、釉面砖等。

4. 与声学有关的性质

主要有吸声性、隔声性。

（1）吸声性。吸声性是指声能穿透材料和被材料消耗的性质。通常用吸声系数 α 表示，按下式计算

$$\alpha=\frac{E}{E_0}\times 100\% \tag{1-17}$$

式中　α——材料的吸声系数；

E_0——传递给材料的全部入射声能；

E——被材料吸收（包括透过）的声能。

材料的吸声特性除与材料的表观密度、孔隙特征、厚度及表面的条件（在无空气层及空气层的厚度）有关外，还与声波的入射角及频率有关。为了全面反映材料的吸声性能，规定取125、250、500、1000、2000、4000Hz六个频率的平均吸声系数来表示材料吸声的频率特性。材料的吸声系数在0～1之间，平均吸声系数≥0.2的材料称为吸声材料。

（2）隔声性。隔声性是指材料能减弱或隔断声波传递的性质。声波在建筑中的传播主要通过空气和固体来实现，隔声分为隔空气声和隔固体声两种。对空气声的隔绝主要是依据声学中的质量定律，即材料单位面积的质量越大或材料的密度越大，隔声效果越好。轻质材料的质量较小，隔声性较密实材料差；固体声是由于振源撞击固体材料，引起固定材料受迫振动而发声，并向四周辐射声能。对固体声隔绝的最有效措施是断绝声波继续传递的途径。具有一定弹性的衬垫材料，如软木、橡胶、毛毡、地毯等置于能产生和传递固体声波的结构层中或表面，能阻止或减弱固体声波的继续传播。

（二）材料的力学性质

材料的力学性质是指材料在外力作用下的表现或抵抗外力的能力。

主要有强度与比强度、弹性与塑性、脆性与韧性、硬度与耐磨性。

1. 强度与比强度

（1）强度。材料的强度是指材料在外力作用下抵抗破坏的能力。材料的强度按受力方式不同主要分为抗拉强度、抗压强度、抗剪强度、抗弯（折）强度，如图1-2所示。

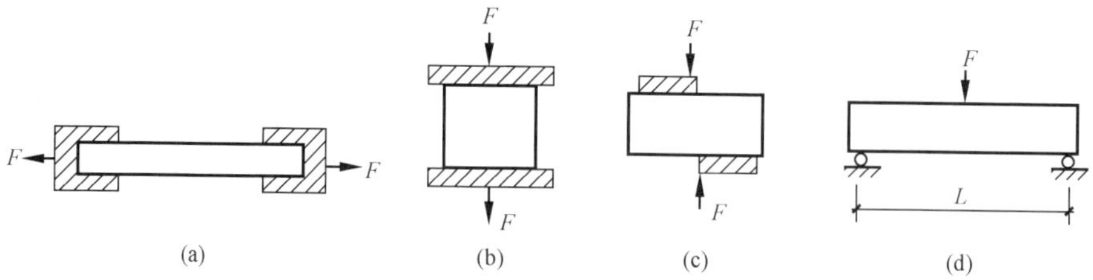

图1-2　材料受力示意图

（a）拉伸；（b）压缩；（c）剪切；（d）弯曲

材料的抗拉、抗压及抗剪强度按下式计算

$$f = \frac{F}{A} \tag{1-18}$$

式中　f——抗拉、抗压、抗剪强度，MPa；

F——材料受拉、压、剪破坏时的荷载，N；

A——材料受力面积，mm^2。

材料的抗弯（折）强度按下式计算

$$f_m = \frac{3FL}{2bh^2} \tag{1-19}$$

式中　f_m——材料的抗弯（折）强度，MPa；

F——受弯时的破坏荷载，N；

L——两支点间距，mm；

b、h——材料截面宽度、高度，mm。

材料的强度与其组成及结构有关。不同种类材料，强度不同；相同种类材料，其组成、结构特征、孔隙率、试件形状、尺寸、表面状态、含水率、温度及试验时的加荷速度等对材料的强度都有影响。

对于以强度为主要指标的材料，通常按材料强度值的高低划分成若干等级，称为强度等级（如混凝土、砂浆等用强度等级来表示）。

（2）比强度。比强度是按单位体积质量计算的材料强度，其值等于材料的强度与其表观密度的比值。它是衡量材料轻质高强性能的一项重要指标。比强度越大，则材料的轻质高强性能越好。在高层建筑及大跨度结构工程中常采用比强度较高的材料。

2. 弹性与塑性

（1）弹性。材料在外力作用下产生变形，外力消除后变形可以完全恢复的性质称为弹性，这种变形称为弹性变形。弹性变形的大小与其所受外力的大小成正比，其比例系数称为该材料的弹性模量。通常用 E 表示，按下式计算

$$E = \frac{\sigma}{\varepsilon} \tag{1-20}$$

式中　E——材料的弹性模量，MPa；

σ——材料所受的应力，MPa；

ε——在应力 σ 作用下的应变。

弹性模量 E 是反映材料抵抗变形能力的指标。E 值愈大，表明材料的刚度愈强，外力作用下的变形愈小。E 值是建筑工程结构设计和变形验算所依据的主要参数。

（2）塑性。材料在外力作用下产生变形，外力消除后仍保持变形后的形状和大小，并不产生裂缝的性质称为塑性，这种不可恢复的变形称为塑性变形。

建筑工程中，大多数材料的力学变形既有弹性变形，也有塑性变形。弹性材料或塑性材料的主要区别就是变形能否恢复。

3. 脆性与韧性

（1）脆性。材料在外力作用下未产生明显的塑性变形而突然破坏的性质称为脆性。具有这种性质的材料为脆性材料。脆性材料的抗压强度远比其抗拉、抗弯（折）强度大，而抗冲击或抗振动能力差。工程中常用的脆性材料有天然石材、混凝土、砂浆、普通砖、玻

璃等。

（2）韧性。材料在动力荷载作用下产生较大变形而不突然破坏的性质称为韧性。具有这种性质的材料为韧性材料。韧性材料的主要特点是荷载作用下能产生较大的变形，破坏时能吸收较大的能量。工程中常用的韧性材料有钢材、木材、沥青等。

4. 硬度与耐磨性

（1）硬度。硬度是指材料表面抵抗其他物质刻划、腐蚀、切削或压入表面的能力。工程中用于表示材料硬度的指标有多种。为保持建筑物性能的外观，对建筑材料的使用有一定硬度要求，如预应力钢筋混凝土锚具、外墙柱面及地面装饰等都要求具有一定硬度。

（2）耐磨性。耐磨性是指材料表面抵抗磨损的能力。通常用磨损率 B 表示，按下式计算

$$B=\frac{m_1-m_2}{A} \tag{1-21}$$

式中　B——材料的磨损率，g/cm^2；

m_1-m_2——材料磨损前后的质量损失，g；

A——材料试件受磨面积，cm^2。

材料的磨损率 B 值越低，该材料的耐磨性越好，反之越差。建筑工程中有些部位经常受到磨损的作用，其耐磨性应满足工程使用寿命的要求，如楼地面、楼梯、台阶等。

（三）材料的化学性质和耐久性

1. 化学性质

化学性质是指材料在生产、施工或使用过程中发生化学反应，使材料内部组成和结构发生变化的性质。材料的化学性质范畴很广，就其在建筑工程中的应用来说，主要关注其使用中的化学变化和稳定性。材料的化学稳定性是指材料在工程环境中，其化学组成和结构能否保持稳定的性质。

为保证材料良好的化学稳定性，许多材料标准对某些成分及组成结构进行了限制规定。

2. 耐久性

耐久性是指在各种外界因素的作用下，长久地保持其使用性能的性质。耐久性是材料的一项综合性质，诸如抗冻性、抗渗性、抗风化性、抗老化性、耐化学侵蚀性等均属于耐久性的范围。此外，材料的强度、耐磨性等性能也与材料的耐久性有密切关系。

为提高材料的耐久性，可根据使用情况和材料特点采取相应的措施，如设法减轻大气或周围介质对材料的破坏作用（降低湿度、排除侵蚀性的介质等）；提高材料本身对外界作用的抵抗性（提高材料的密实度、采取防腐措施等）；对材料表面进行处理，使其免受破坏（覆面、抹灰、油漆涂料等）。

第二节　民用建筑的构造组成

一般民用建筑通常是由基础、墙或柱、楼地面、楼梯、屋面、门窗等六个主要部分组成。下面以图 1-3 为例，将民用建筑各组成部分的作用及其构造要求简述如下：

一、基础

基础是建筑物最下部分的承重构件，它承受着建筑物的全部荷载，并把这些荷载传给地

基。因此，要求基础应具有足够的承载能力、刚度、耐水、耐腐蚀、耐冰冻性能，防止不均匀沉降和延长使用寿命。

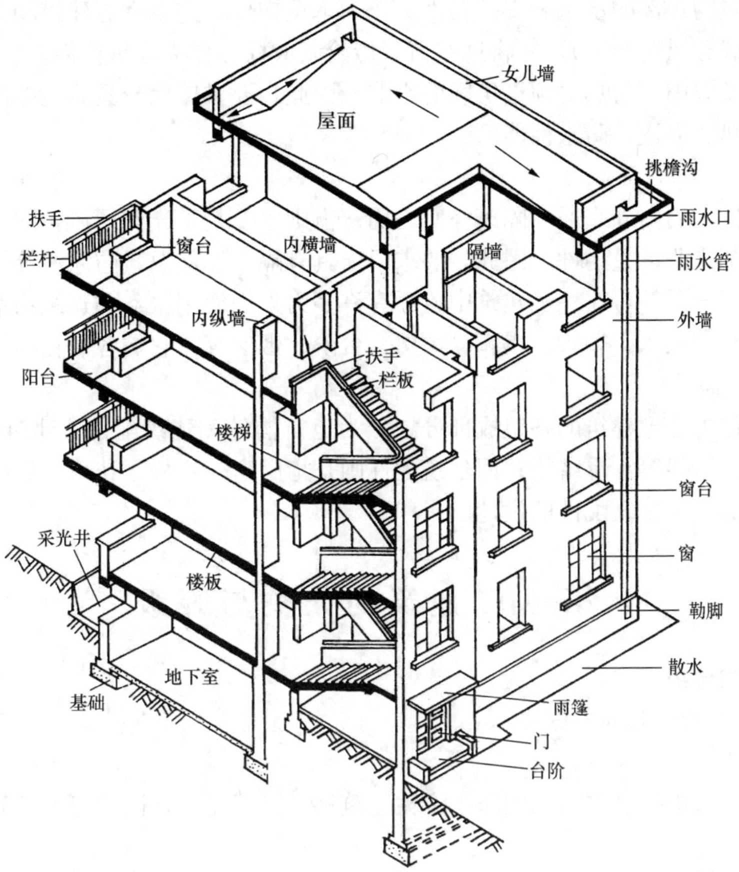

图 1-3 房屋的构造组成

二、墙或柱

有些建筑物由墙承重，有些建筑物由柱承重，墙或柱是建筑物的垂直承重构件。它承受屋面、楼地面传来的各种荷载，并把它们传给基础。外墙同时也是建筑物的围护构件，抵御自然界各种因素对室内的侵袭，内墙同时起分隔房间的作用。因此，作为承重的墙或柱，要求具有足够的承载能力和稳定性；作为围护和分隔的墙体，应具有良好的热工性能、防火性能及隔声、防水、耐久性能。

三、楼地面

楼地面包括楼层地面（楼面）和底层地面（地面），是楼房建筑中水平方向的承重构件。楼面按房间层高将整个建筑物分为若干部分，它将楼面的荷载通过楼板传给墙或柱，同时还对墙体起着水平支撑作用。因此，要求楼面应具有足够的承载能力、刚度，并应具备防火、防水、隔声的性能；地面直接与土壤相连，它承受着首层房间的荷载。因此，要求地面应具有良好的耐磨、防潮、防水、保温的性能。

四、楼梯

楼梯是楼房建筑的垂直交通设施，供人们上下楼层和紧急疏散之用。因此，要求楼梯应具有足够的通行能力、承载能力、稳定性、防火及防滑性能。

五、屋面

屋面是建筑物顶部的承重和围护构件。作为承重构件，它承受着建筑物顶部的荷载（包括自重、雪荷载和风荷载等），并将这些荷载传给墙或柱；作为围护构件，它抵御自然界风、雨、雪的侵袭及太阳辐射热对顶层房间的影响。因此，要求屋面应具有足够的承载能力、刚度及保温、隔热、隔汽、防水性能。

六、门窗

门主要是供人们内外交通和隔离空间之用；窗则主要是采光和通风，同时又有分隔和围护作用。它们都是非承重构件。因此，要求门窗具有隔声、保温、防风沙等性能。

除上述六部分以外，在一幢建筑中，还有许多为人们使用服务和建筑物本身所必需的附属部分，如阳台、散水、勒脚、踢脚、墙裙、台阶、烟囱等。它们各处在不同的部位，发挥着各自的作用。

在设计工作中还把建筑的各组成部分划分为建筑构件和建筑配件。建筑构件主要指墙、柱、梁、楼板、屋架等承重结构；而建筑配件则是指门窗、栏杆、花格、细部装修等。建筑构造设计主要侧重于建筑配件的设计。

第三节 建筑的分类与等级

一、建筑的分类

（一）按建筑的使用功能分类

1. 民用建筑

供人们居住及进行公共活动的非生产性建筑称为民用建筑。民用建筑又分为居住建筑和公共建筑。

（1）居住建筑。居住建筑是供人们生活起居用的建筑，包括住宅建筑和宿舍建筑等。

（2）公共建筑。公共建筑是供人们进行公共活动的建筑，包括行政办公建筑、文教科研建筑、文化娱乐建筑、体育建筑、商业服务建筑、旅馆建筑、医疗与福利建筑、交通建筑、邮电建筑、纪念性建筑、司法建筑、园林建筑、市政公用设施建筑等。

2. 工业建筑

工业建筑是供人们进行工业生产活动的建筑，包括生产车间、辅助车间、动力用房、仓库等建筑。

3. 农业建筑

农业建筑是供人们进行农、牧、渔业生产和加工用的建筑，包括农机站、温室、畜禽饲养场、水产品养殖场、农副产品仓库等建筑。

4. 术语

（1）裙房：在高层建筑主体投影范围外，与建筑主体相连且建筑高度不大于 24m 的附属建筑。

（2）综合楼：由两种及两种以上用途的楼层组成的公共建筑。

（3）商住楼：底部商业营业厅与住宅组成的高层建筑。

（4）网局级电力调度楼：可调度若干个省（区）电力业务的工作楼。

（5）高级旅馆：具备星级条件的且设有空气调节系统的旅馆。

（6）高级住宅：建筑装修标准高和设有空气调节系统的住宅。

（7）商业服务网点：住宅底部（地上）设置的百货店、副食店、粮店、邮政所、储蓄所、理发店等小型商业服务用房。该用房层数不超过两层、建筑面积不超过 300m^2，采用不开门窗洞口的隔墙与住宅和其他用房完全分隔。

（8）重要的办公楼、科研楼、档案楼：性质重要，建筑装修标准高，设备、资料贵重，火灾危险性大，发生火灾后损失大，影响大的办公楼、科研楼、档案楼。

（二）按建筑的规模和数量分类

1. 大量性建筑

大量性建筑是指建筑规模不大，但建造数量多，分布较广，与人们生活密切相关的建筑，如住宅、中小学校、幼儿园、中小型商店等。

2. 大型性建筑

大型性建筑是指规模大、标准高、耗资多，对城市面貌影响较大的建筑，如大型体育馆、影剧院、火车站等。

（三）按建筑高度和层数分类

（1）建筑高度的计算应符合下列规定：

1）建筑屋面为坡屋面时，建筑高度应为建筑室外设计地面至其檐口与屋脊的平均高度。

2）建筑屋面为平屋面（包括有女儿墙的平屋面）时，建筑高度应为建筑室外设计地面至其屋面面层的高度。

3）同一座建筑有多种形式的屋面时，建筑高度应按上述方法分别计算后，取其中最大值。

4）对于台阶式地坪，当位于不同高程地坪上的同一建筑之间有防火墙分隔，各自有符合规范规定的安全出口，且可沿建筑的两个长边设置贯通式或尽头式消防车道时，可分别计算各自的建筑高度。否则，应按其中建筑高度最大者确定该建筑的建筑高度。

5）局部突出屋顶的瞭望塔、冷却塔、水箱间、微波天线间或设施、电梯机房、排风和排烟机房，以及楼梯出口小间等辅助用房占屋面面积不大于 1/4 者，可不计入建筑高度。

6）对于住宅建筑，设置在底部且室内高度不大于 2.2m 的自行车库、储藏室、敞开空间，室内外高差或建筑的地下或半地下室的顶板面高出室外设计地面的高度不大于 1.5m 的部分，可不计入建筑高度。

（2）建筑层数的计算应符合下列规定：

1）建筑层数应按建筑的自然层数计算。

2）下列空间可不计入建筑层数：

① 室内顶板面高出室外设计地面的高度不大于 1.5m 的地下或半地下室；

② 设置在建筑底部且室内高度不大于 2.2m 的自行车库、储藏室、敞开空间；

③ 建筑屋顶上突出的局部设备用房、出屋面的楼梯间等。

（3）民用建筑的分类。

民用建筑根据其建筑高度和层数可分为单、多层民用建筑和高层民用建筑。高层民用建筑根据其建筑高度、使用功能和楼层的建筑面积可分为一类和二类。民用建筑的分类应符合表 1-3 的规定。

表 1-3 民用建筑的分类

<table>
<tr><td rowspan="2">名称</td><td colspan="2">高层民用建筑</td><td rowspan="2">单、多层民用建筑</td></tr>
<tr><td>一类</td><td>二类</td></tr>
<tr><td>住宅建筑</td><td>建筑高度大于 54m 的住宅建筑（包括设置商业服务网点的住宅建筑）</td><td>建筑高度大于 27m，但不大于 54m 的住宅建筑（包括设置商业服务网点的住宅建筑）</td><td>建筑高度不大于 27m 的住宅建筑（包括设置商业服务网点的住宅建筑）</td></tr>
<tr><td>公共建筑</td><td>1. 建筑高度大于 50m 的公共建筑；
2. 建筑高度 24m 以上部分任一楼层建筑面积大于 1000m² 的商店、展览、电信、邮政、财贸金融建筑和其他多种功能组合的建筑；
3. 医疗建筑、重要公共建筑；
4. 省级及以上的广播电视和防灾指挥调度建筑、网局级和省级电力调度建筑；
5. 藏书超过 100 万册的图书馆、书库</td><td>除一类高层公共建筑外的其他高层公共建筑</td><td>1. 建筑高度大于 24m 的单层公共建筑；
2. 建筑高度不大于 24m 的其他公共建筑</td></tr>
</table>

（四）按承重结构的材料及结构形式分类

1. 混凝土结构建筑

混凝土是人工石材，它由石子、砂粒、水泥、外加剂和水按一定比例拌和而成，简称“砼”。以混凝土为主要材料的结构称为混凝土结构，包括素混凝土结构、钢筋混凝土结构和预应力混凝土结构等。其中以钢筋混凝土结构建筑应用最广。

钢筋混凝土多层及高层建筑有框架结构、剪力墙结构、框架—剪力墙结构和筒体结构四种主要的结构体系。

（1）框架结构。即由梁、柱组成的框架承重体系，内、外墙仅起围护和分隔的作用，如图 1-4（a）所示。

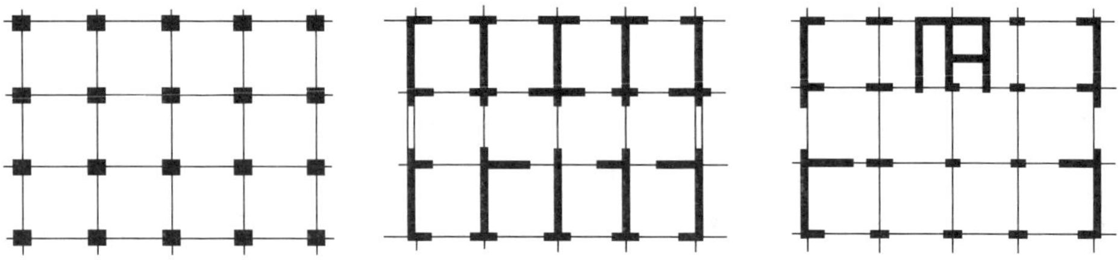

(a) (b) (c)

图 1-4 常用结构体系

（a）框架结构；（b）剪力墙结构；（c）框架—剪力墙结构

框架结构的优点是能够提供较大的室内空间，平面布置灵活，因而适用于各种多层工业厂房和仓库。在民用建筑中，适用于多层和高层办公楼、旅馆、医院、学校、商场及住宅等内部有较大空间要求的建筑。

框架结构在水平荷载下表现出抗侧移刚度小、水平位移大的特点，属于柔性结构，随着建筑层数的增加，水平荷载逐渐增大，将因侧移过大而不能满足要求。因此，框架结构建筑一般不超过 15 层。

（2）剪力墙结构。当建筑层数更多时，水平荷载的影响进一步加大，这时可将建筑的内、外墙都做成剪力墙，形成剪力墙结构，如图 1-4（b）所示。它既承担竖向荷载，又承担水平荷载——剪力，“剪力墙”由此得名。因剪力墙是一整片高大实体墙，侧面又有刚性楼盖支撑，故有很大的刚度，属于刚性结构。

剪力墙结构由于受实体墙的限制，平面布置不灵活，故适用于住宅、公寓、旅馆等小开间的民用建筑，在工业建筑中很少采用。此种结构的刚度较大，在水平荷载下侧移小，适用于 15～35 层的高层建筑。

（3）框架—剪力墙结构。为了弥补框架结构随建筑层数增加，水平荷载迅速增大而抗侧移刚度不足的缺点，可在框架结构中增设钢筋混凝土剪力墙，形成框架—剪力墙结构，如图 1-4（c）所示。

在框架—剪力墙结构建筑中，框架以负担竖向荷载为主，而剪力墙将负担绝大部分水平荷载。此种结构体系建筑，由于剪力墙的加强作用，建筑的抗侧移刚度有所提高，侧移大大减小，多用于 16～25 层的工业与民用建筑（如办公楼、旅馆、公寓、住宅及工业厂房）。

（4）筒体结构。即将剪力墙集中到建筑的内部和外围，形成空间封闭的筒体，使整个结构体系既具有极大的抗侧移刚度，又能因剪力墙的集中而获得较大的空间，使建筑平面获得良好的灵活性，由于抗侧移刚度较大，适用于更高的高层建筑（≥30 层或≥100m）。

筒体结构有单筒体结构（包括框架核心筒和框架外框筒）、筒中筒结构和成束筒结构三种形式，如图 1-5 所示。

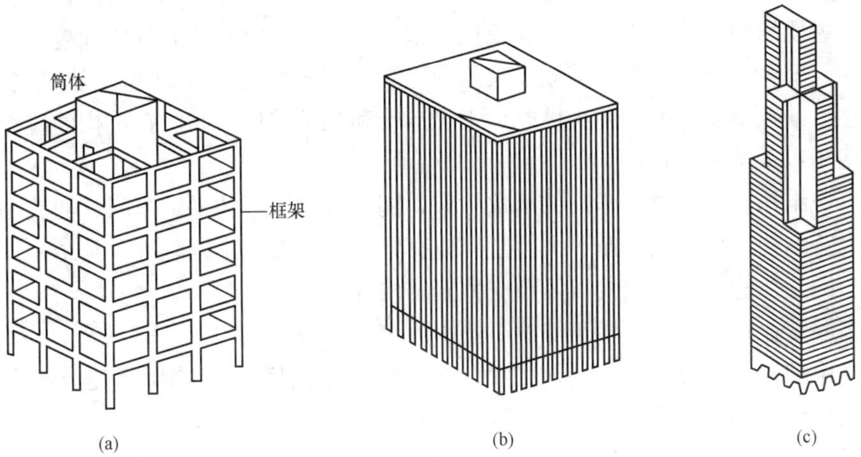

图 1-5 筒体结构

（a）框架内筒结构；（b）筒中筒结构；（c）束筒结构

2. 砌体结构建筑

砌体结构建筑是指用普通黏土砖、空心砖、混凝土中小型砌块、粉煤灰中小型砌块等块材，通过砂浆砌筑而成的建筑。根据需要，有时在砌体中加入少量钢筋，称为配筋砌体，图 1-6 所示为配筋砖砌体。

砌体结构建筑具有就地取材、造价低廉、耐火性能好、耐久性较好、保温隔热性能较好以及容易砌筑等优点。但存在强度低、自重大、抗震性能差等缺点，主要用于多层砖混结构、框架结构中的填充墙等。

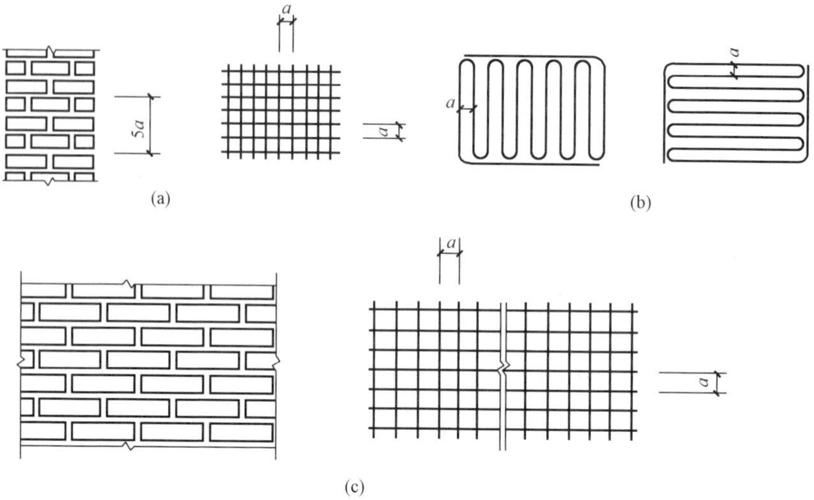

图 1-6 网状配筋砖砌体

（a）用方格网配筋的砖柱；（b）连弯钢筋网；（c）用方格网配筋的砖墙

3. 钢结构建筑

钢结构建筑是指以钢材为主要结构形成的建筑。其主要优点是承载力高，自重轻，塑性和韧性好，材质均匀；便于工厂生产和机械化施工，便于拆卸；抗震性能优越，无污染；可再生、节能、安全，符合建筑可持续发展原则等。钢结构的发展是 21 世纪建筑文明的体现。钢结构的主要缺点是易腐蚀、耐火性差、工程造价和维护费用较高。钢结构的应用正日益增多，主要用于以下结构体系：

（1）厂房结构。用于重型车间的承重骨架，例如冶金工厂的平炉车间、初轧车间等。

（2）大跨结构。用于火车站、大会堂、体育馆、展览馆、影剧院等，其结构体系要采用框架结构、网架结构、悬索结构以及预应力钢结构等。

（3）多层工业建筑结构。用于炼油工业中的多层多跨框架。

（4）高层结构。当层数在 30 层以上时，国外多采用钢结构，我国已建成的高层钢结构大多在 40 层以上，上海浦东的金茂大厦高度为 420.5m。

（5）塔桅结构。用于高度较大的无线电桅杆、广播电视塔、高压输电线路塔、火箭发射塔、石油钻井塔等。

（6）板壳结构。用于要求密封的容器，如大型储液库、煤气库等。

（7）可拆卸结构。用于临时用房和经常性移动的结构。如临时展览馆、建筑工地井架、塔式起重机、钢脚手架等。

4. 木结构建筑

木结构建筑是指以木材作为建筑物承重骨架的建筑。具有自重轻、构造简单、施工方便等优点，是我国古代建筑的主要结构类型。从唐宋到明清，经历了从程式化到高度程式化的演进，形成了一整套极为严密的定型形制。全部官式建筑都是程式化的。民间建筑大部分也是定型的，或是在定型的基础上灵活变化的。但木材易腐，耐火性及耐久性差，再加之我国木材资源有限，所以木结构建筑目前已基本不采用。

(五) 按设计使用年限分类

民用建筑按设计使用年限的分类见表 1-4。

表 1-4 设计使用年限分类

类 别	设计使用年限(年)	示 例
1	5	临时性建筑
2	25	易于替换结构构件的建筑
3	50	普通建筑和构筑物
4	100	纪念性建筑和特别重要的建筑

二、建筑的等级

建筑等级是根据建筑物的耐火性能、规模大小和复杂程度来划分的。

(一) 按建筑的耐火性能分等级

按照建筑的耐火性能,根据我国现行规范规定,一般建筑物的耐火等级分为四级,见表 1-5,高层建筑的耐火等级应分为一、二两级,见表 1-6,一类高层建筑的耐火等级应为一级,二类高层建筑的耐火等级不应低于二级;裙房的耐火等级不应低于二级;高层建筑地下室的耐火等级应为一级。耐火等级标准依据建筑物的主要构件(如墙、柱、梁、楼板、楼梯等)的燃烧性能和耐火极限两个因素来确定。

表 1-5 建筑物构件的燃烧性能和耐火极限 h

构件名称		耐火等级			
		一级	二级	三级	四级
墙	防火墙	不燃性 3.00	不燃性 3.00	不燃性 3.00	不燃性 3.00
	承重墙	不燃性 3.00	不燃性 2.50	不燃性 2.00	难燃性 0.50
	非承重外墙	不燃性 1.00	不燃性 1.00	不燃性 0.50	可燃性
	楼梯间的墙 电梯井的墙 住宅单元之间的墙 住宅分户墙	不燃性 2.00	不燃性 2.00	不燃性 1.50	难燃性 0.50
	疏散走道两侧的隔墙	不燃性 1.00	不燃性 1.00	不燃性 0.50	难燃性 0.25
	房间隔墙	不燃性 0.75	不燃性 0.50	难燃性 0.50	难燃性 0.25
柱		不燃性 3.00	不燃性 2.50	不燃性 2.00	难燃性 0.50
梁		不燃性 2.00	不燃性 1.50	不燃性 1.00	难燃性 0.50

续表

h

构件名称	耐火等级			
	一级	二级	三级	四级
楼板	不燃性 1.50	不燃性 1.00	不燃性 0.50	可燃性
屋顶承重构件	不燃性 1.50	不燃性 1.00	可燃性	可燃性
疏散楼梯	不燃性 1.50	不燃性 1.00	不燃性 0.50	可燃性
吊顶（包括吊顶搁栅）	不燃性 0.25	难燃性 0.25	难燃性 0.15	可燃性

表 1-6　建筑构件的燃烧性能和耐火极限　h

构件名称 \ 燃烧性能和耐火极限（h）		耐火等级	
		一级	二级
墙	防火墙	不燃性 3.00	不燃性 3.00
墙	承重墙、楼梯间的墙、电梯井的墙、住宅单元之间的墙、住宅分户墙	不燃性 2.00	不燃性 2.00
墙	非承重外墙、疏散走道两侧的隔墙	不燃性 1.00	不燃性 1.00
墙	房间隔墙	不燃性 0.75	不燃性 0.50
柱		不燃性 3.00	不燃性 2.50
梁		不燃性 2.00	不燃性 1.50
楼板、疏散楼梯、屋顶承重构件		不燃性 1.50	不燃性 1.00
吊顶		不燃性 0.25	难燃性 0.25

1. 构件的燃烧性能

建筑构件的燃烧性能分为不燃性、难燃性、可燃性三类。

（1）不燃性。即不燃烧材料，如天然石材、人造石材、金属材料等。

（2）难燃性。即难燃烧材料，或用可燃烧材料做成而用不燃烧材料做保护层，如沥青混凝土、经过防火处理的木材等。

（3）可燃性。即可燃烧材料，如木材等。

2. 构件的耐火极限

建筑构件的耐火极限，是指在标准耐火试验条件下，建筑构件，从受到火的作用时起，至失去支持能力，或完整性破坏，或失去隔火作用为止所用的时间，用小时（h）表示。具体判定条件如下：

（1）失去支持能力。非承重构件失去支持能力的表现为自身解体或垮塌；梁、板等受弯承重构件，失去支持能力的情况为挠曲率发生突变。

（2）完整性破坏。楼板、隔墙等具有分隔作用的构件，在试验中，当出现穿透裂缝或穿火的孔隙时，表明试件的完整性被破坏。

(3) 失去隔火作用。具有防火分隔作用的构件，试验中背火面测点测得的平均温度升到140℃（不包括背火面的起始温度），或背火面测温点任一测点的温度到达220℃时，则表明试件失去隔火作用。

（二）按建筑的规模大小、复杂程度分等级

建筑按照其规模大小、复杂程度，分成特级、一级、二级、三级、四级、五级六个级别，具体划分见表1-7。

表1-7 民用建筑的等级

工程等级	工程主要特征	工程范围举例
特级	1. 列为国家重点项目或以国际性活动为主的特高级大型公共建筑； 2. 有全国性历史意义或技术要求特别复杂的中小型公共建筑； 3. 30层以上建筑； 4. 高大空间有声、光等特殊要求的建筑物	国宾馆、国家大会堂、国际会议中心、国际体育中心、国际贸易中心、国际大型空港、国际综合俱乐部、重要历史纪念建筑、国家级图书馆、博物馆、美术馆、剧院、音乐厅、三级以上人防工程
一级	1. 高级大型公共建筑； 2. 有地区性历史意义或技术要求复杂的中小型公共建筑； 3. 16层以上29层以下或超过50m高的公共建筑	高级宾馆、旅游宾馆、高级招待所、别墅、省级展览馆、博物馆、图书馆、科学实验研究楼（包括高等院校）、高级会堂、高级俱乐部。≥300床位医院、疗养院、医疗技术楼、大型门诊楼，大中型体育馆、室内游泳馆、室内滑冰馆、大城市火车站、航运站、候机楼、摄影棚、邮电通信楼、综合商业大楼、高级餐厅、四级人防、五级平战综合人防
二级	1. 中高级、大中型公共建筑； 2. 技术要求较高的中小型建筑； 3. 16层以上29层以下住宅	大专院校教学楼、档案楼、礼堂、电影院，部省级机关办公楼、300床位以下医院、疗养院、地市级图书馆、文化馆、少年宫、俱乐部、排演厅、报告厅、风雨操场、大中城市汽车客运站、中等城市火车站、邮电局、多层综合商场、风味餐厅、高级小住宅等
三级	1. 中级、中型公共建筑； 2. 7层以上（包括7层）15层以下有电梯住宅或框架结构的建筑	重点中学、中等专科学校教学试验楼、电教楼，社会旅馆、饭馆、招待所、浴室、邮电所、门诊部、百货楼、托儿所、幼儿园、综合服务楼，一、二层商场、多层食堂、小型车站等
四级	1. 一般中小型公共建筑； 2. 7层以下无电梯的住宅、宿舍及砖混结构建筑	一般办公楼、中小学教学楼、单层食堂、单层汽车库、消防车库、消防站、蔬菜门市部、粮站、杂货店、阅览室、理发室、水冲式公共厕所等
五级	一、二层单一功能，一般小跨度结构建筑	

第四节 影响建筑构造的因素和设计原则

一、影响建筑构造的因素

（一）外界环境的影响

外界环境的影响是指自然界和人为的影响，归纳起来有以下三个方面：

1. 外力的影响

作用在建筑物上的各种力统称为荷载。荷载可归纳为恒载（如结构自重等）和活荷载（如人群、家具、雪荷载、地震荷载、风荷载等）两大类。荷载的大小是结构选型、材料选用及构造设计的重要依据。

2. 自然气候的影响

我国幅员辽阔，各地区气候、地质及水文等情况大不相同。日晒、雨淋、风雪、冰冻、地下水、地震等因素将给建筑物带来影响。对于这些影响，在构造上必须考虑相应的防护措施，如防潮、防水、保温、隔热、防温度变形等。

3. 人为因素的影响

对于人为因素，如火灾、机械振动、噪声等影响，在建筑构造上需采取防火、防振和隔声的相应措施。

（二）建筑技术条件的影响

建筑技术条件是指建筑材料技术、结构技术和施工技术等。随着这些技术的不断发展和变化，建筑构造技术受它们的影响和制约也在改变着。所以建筑构造做法不能脱离一定的建筑技术条件而存在，设计中应采取相适应的构造措施。

（三）建筑标准的影响

建筑构造设计必须考虑建筑标准。标准高的建筑，其装修质量好，设施齐全且档次高，建筑的造价相应也较高；反之，则较低。标准高的建筑，构造做法考究，反之，构造只能采取一般的做法。因此，建筑构造的选材、选型和细部做法无不根据标准的高低来确定。

二、建筑构造的设计原则

在建筑构造设计中，应根据建筑的类型特点、使用功能的要求及影响建筑构造的因素，分清主次和轻重，综合权衡利弊关系，根据以下设计原则妥善处理。

1. 技术先进

建筑构造设计中，在应用改进传统的建筑方法的同时，应大力开发对新材料、新技术、新构造的应用，因地制宜地发展适用的工业化建筑体系。

2. 经济合理

建筑构造无不包含经济因素。在设计中应掌握建筑标准，做到经济合理，在保证工程质量的前提下，尽量降低建筑造价。

3. 节约能源

建筑构造设计中，应尽可能地改进节点构造，提高外墙的保温隔热性能，改善外门窗气密性。充分利用自然光和采用自然通风换气，达到节约能源的目的。

4. 安全适用

在进行主要承重结构设计的同时，应确定构造方案。在构造方案上首先应考虑安全适用，以确保房屋使用安全，经久耐用。

5. 保护环境

建筑构造设计应选用无毒、无害、无污染、有益于人体健康的材料和产品，采用取得国家环境认证的标志产品。

6. 美观大方

建筑的美观主要是通过其平面空间组合、建筑体型和立面、材料的色彩和质感、细部的处理及刻画来体现的。建筑要做到美观大方，构造设计是非常重要的一环。

第五节 建筑标准化与模数协调

建筑业是我国国民经济的支柱产业之一。为了适应我国“四化”建设迅速发展的需要，必须改变目前建筑业劳动力密集、手工作业的落后局面，尽快实现建筑工业化，像工厂生产产品那样生产房子。建筑工业化的内容为：设计标准化、构配件生产工厂化、施工机械化、管理现代化。设计标准化是实现其他目标的前提，只有使建筑构配件乃至整个建筑物标准化，才能够实现建筑工业的现代化。

一、建筑标准化

建筑标准化主要包括两方面的内容：首先应制定各种法规、规范标准和指标，使设计有章可循；其次是设计中推行标准化设计。标准化设计可以借助国家或地区通用的标准图集来实现，设计者根据工程的具体情况选择标准构配件。实行建筑标准化，既有利于工厂定型规模生产，又可节省设计力量，加快施工速度，达到缩短设计和施工周期，提高劳动生产率和降低工程造价的目的。

二、建筑模数协调

为了实现建筑设计标准化，使不同材料、不同形状和不同制造方法的建筑构配件（或组合件）具有一定的通用性和互换性，我国颁布了《建筑模数协调标准》（GB/T 50002—2013），用以约束和协调建筑的尺度关系。

（一）建筑模数

建筑模数是选定的标准尺度单位，作为建筑物、建筑构配件、建筑制品以及建筑设备尺寸间相互协调中的增值单位。

1. 基本模数

基本模数是模数协调中最基本的数值，用 M 表示，即 1M＝100mm。建筑物和建筑物部件以及建筑组合件的模数化尺寸，应是基本模数的倍数。

2. 导出模数

导出模数分为扩大模数与分模数，其基数应符合下列规定：

（1）扩大模数。指基本模数的整倍数。其中水平扩大模数的基数为 3M、6M、12M、15M、30M、60M，其相应的尺寸分别为 300、600、1200、1500、3000、6000mm；竖向扩大模数的基数为 3M、6M，其相应的尺寸分别为 300、600mm。

（2）分模数。指基本模数的分数值。其基数为 1/10M、1/5M、1/2M，其相应的尺寸分别为 10、20、50mm。

3. 模数数列

模数数列是由基本模数、扩大模数、分模数为基础扩展成的一系列尺寸，它用以保证不同类型的建筑物及其各组成部分间的尺寸统一与协调，减少尺寸的范围以及使尺寸的叠加和分割有较大的灵活性。模数数列见表 1-8。

表 1-8　　模数数列　　mm

模数名称	基本模数	扩大模数						分模数		
模数基数	1M	3M	6M	12M	15M	30M	60M	1/10M	1/5M	1/2M
基数数值	100	300	600	1200	1500	3000	6000	10	20	50
模数数列	100	300						10		
	200	600	600					20	20	
	300	900						30		
	400	1200	1200	1200				40	40	
	500	1500			1500			50		50
	600	1800	1800					60	60	
	700	2100						70		
	800	2400	2400	2400				80	80	
	900	2700						90		
	1000	3000	3000		3000	3000		100	100	100
	1100	3300						110		
	1200	3600	3600	3600				120	120	
	1300	3900						130		
	1400	4200	4200					140	140	
	1500	4500			4500			150		150
	1600	4800	4800	4800				160	160	
	1700	5100						170		
	1800	5400	5400					180	180	
	1900	5700						190		
	2000	6000	6000	6000	6000	6000	6000	200	200	200
	2100	6300							220	
	2200	6600		6600					240	
	2300	6900								250
	2400	7200	7200	7200					260	
	2500	7500			7500				280	
	2600		7800						300	300
	2700		8400	8400					320	
	2800		9000		9000	9000			340	
	2900		9600	9600						350
	3000				10500				360	
	3100			10800					380	
	3200			12000	12000	12000	12000		400	400

模数名称	基本模数	扩　大　模　数						分　模　数		
模数基数	1M	3M	6M	12M	15M	30M	60M	1/10M	1/5M	1/2M
基数数值	100	300	600	1200	1500	3000	6000	10	20	50
模数数列	3300					15000				450
	3400					18000	18000			500
	3500					21000				550
	3600					24000	24000			600

模数数列的适用范围如下：

（1）基本模数数列。主要用于建筑物层高、门窗洞口和构配件截面。

（2）扩大模数数列。主要用于建筑物的开间或柱距、进深或跨度、层高、构配件截面尺寸和门窗洞口等处。

（3）分模数数列。主要用于缝隙、构造节点和构配件截面等处。

（二）定位轴线

把房屋看作是三向直角坐标空间网格的连续系列，当三向均为模数尺寸时称为模数化空间网格，如图 1-7 所示。三向直交面的一个面应是水平的，网格间距应等于基本模数或扩大模数。

在模数化空间网格中，确定主要结构位置的线，如确定开间或柱距、进深或跨度的线称为定位轴线。除定位轴线以外的网格线均为定位线，定位线用于确定模数化构件尺寸，如图 1-8 所示。

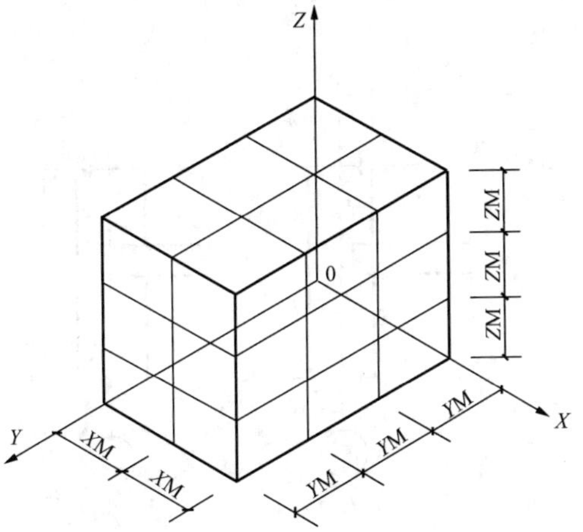

图 1-7　模数化空间网格

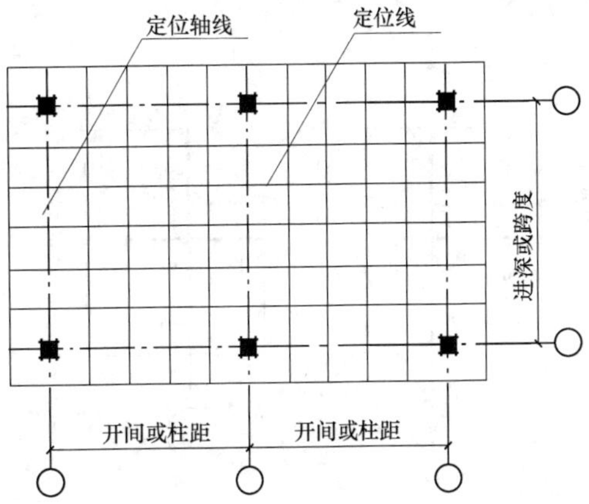

图 1-8　定位轴线和定位线

房屋需在水平和竖向两个方向进行定位，以下介绍砖混结构的定位轴线，其他结构建筑的定位轴线也可以此为参考。

1. 墙身的平面定位轴线

（1）承重外墙的定位轴线。承重外墙的顶层墙身内缘与平面定位轴线的距离为 120mm（图 1-9）。

（2）承重内墙的定位轴线。承重内墙的顶层墙身中心线应与平面定位轴线相重合（图 1-10）。

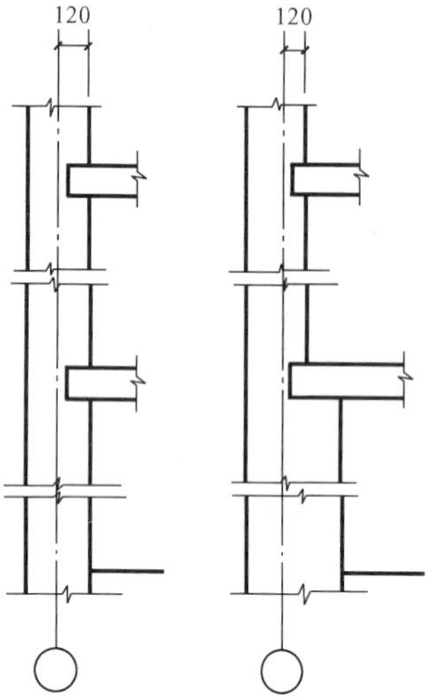

(a) (b)

图 1-9 承重外墙定位轴线
（a）底层与顶层墙厚相同；
（b）底层与顶层墙厚不相同

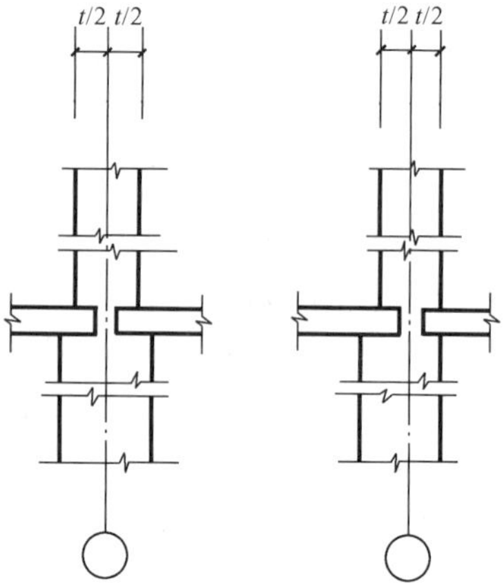

(a) (b)

图 1-10 承重内墙定位轴线
（a）定位轴线中分底层墙身；
（b）定位轴线偏分底层墙身

（3）非承重墙的定位轴线除可按承重外墙或内墙的规定定位外，还可使墙身内缘与平面定位轴线相重合。

（4）带壁柱外墙的墙身内缘与平面定位轴线相重合（图 1-11）或墙身内缘距平面定位轴线 120mm（图 1-12）。

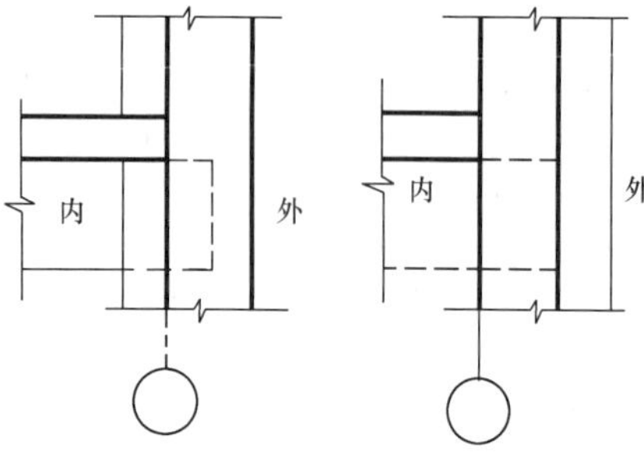

(a) (b)

图 1-11 定位轴线与墙身内缘重合
（a）内壁柱时；（b）外壁柱时

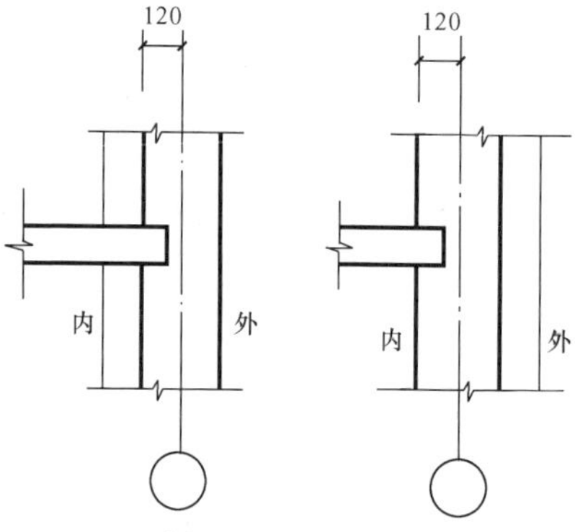

(a) (b)

图 1-12 定位轴线距墙身内缘 120mm
（a）内壁柱时；（b）外壁柱时

2. 墙身的竖向定位

（1）底层及中间层墙身竖向定位应与楼面上表面重合（图 1-13）。

（2）顶层墙身竖向定位应为屋顶结构层上表面与距墙内缘 120mm 处的外墙定位轴线的相交处（图 1-14）。

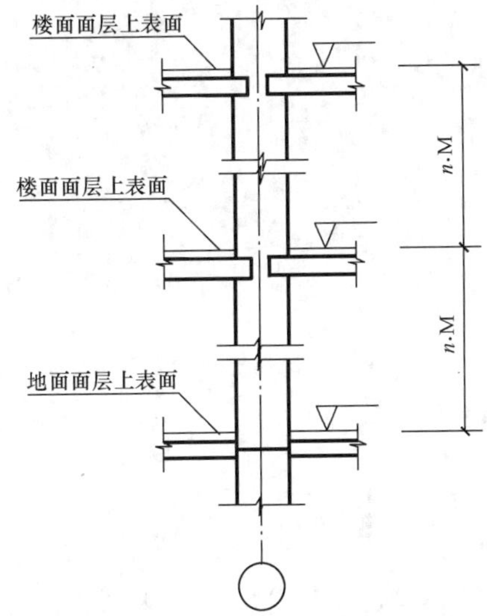

图 1-13 底层及中间层墙身竖向定位

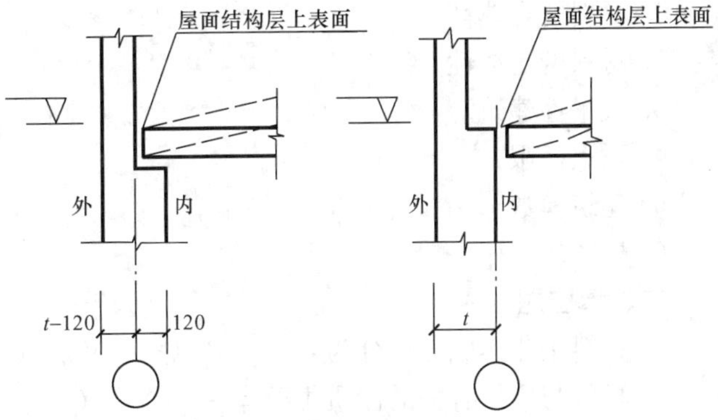

图 1-14 顶层墙身竖向定位

（三）几种尺寸及其关系

为了保证建筑制品、构配件等有关尺寸间的统一与协调，《建筑模数协调统一标准》规定了标志尺寸、构造尺寸、实际尺寸及其相互间的关系。

1. 标志尺寸

标志尺寸用来标注建筑物定位轴线、定位线之间的垂直距离（如开间或柱距、进深或跨度、层高等），以及建筑构配件、建筑组合件、建筑制品及有关设备等界限之间的尺寸。标志尺寸应符合模数数列的规定。

2. 构造尺寸

构造尺寸是建筑构配件、建筑组合件、建筑制品等生产的设计尺寸。该尺寸与标志尺寸有一定的差额。一般情况下，构造尺寸加上缝隙尺寸等于标志尺寸。缝隙尺寸也应符合模数数列的规定。

3. 实际尺寸

实际尺寸指建筑构配件、建筑组合件、建筑制品等生产制作后的实际尺寸。这一尺寸因生产误差造成与设计构造尺寸间的差值，这一差值应符合建筑公差的规定。

标志尺寸、构造尺寸和缝隙尺寸之间的关系如图 1-15 所示。

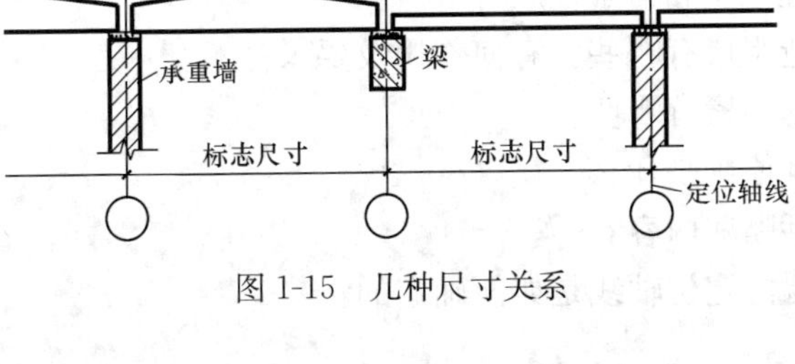

图 1-15 几种尺寸关系

复习思考题

一、名词解释

1. 材料的导热性
2. 材料的耐久性
3. 大量性建筑
4. 耐火极限
5. 建筑模数
6. 标志尺寸

二、填空题

1. 材料按化学成分可分为（　　）、（　　）和（　　）。

2. 材料与质量有关的性质主要有（　　）、（　　）、（　　）、（　　）、（　　）等。

3. 材料与水有关的性质主要有（　　）、（　　）、（　　）、（　　）、（　　）。

4. 材料与热有关的性质主要有（　　）、（　　）、（　　）、（　　）等。

5. 材料的力学性质主要有（　　）、（　　）、（　　）、（　　）。

6. 一般民用建筑主要由（　　）、（　　）、（　　）、（　　）、（　　）和（　　）等组成，其中（　　）属于非承重构件。

7. 建筑按其使用功能不同，一般可分为（　　）、（　　）和（　　）等。

8. 按照建筑的耐火性能，根据我国现行规范规定，建筑物的耐火等级分为（　　）级，耐火等级标准依据建筑物主要构件的（　　）和（　　）两个因素确定。

9. 基本模数用（　　）表示，数值为（　　）。

10. 一般情况下，构造尺寸加上（　　）尺寸等于（　　）尺寸。

三、选择题

1. 民用建筑包括居住建筑和公共建筑，其中（　　）属于居住建筑。

A. 旅馆　　B. 托儿所　　C. 疗养院　　D. 宿舍

2. 我国《建筑设计防火规范》中规定，多层住宅是指小于（　　）m。

A. 24　　B. 27　　C. 18　　D. 16

3. 普通建筑的设计使用年限为（　　）年。

A. 5　　B. 100　　C. 25　　D. 50

四、简答题

1. 建筑材料如何分类？
2. 建筑材料的物理性质和力学性质有哪些？
3. 民用建筑的构造组成有哪些？有何作用及要求？
4. 影响建筑构造的因素有哪些？
5. 建筑构造的设计原则是什么？
6. 建筑标准化包括哪些内容？
7. 承重外墙及内墙的定位轴线是如何确定的？

第二章 基础与地下室

第一节 概　　述

一、基础与地基的含义和它们的关系

基础是建筑物的墙或柱深入土中的扩大部分，是建筑物的一部分，它承受建筑物上部结构传来的全部荷载，并将这些荷载连同本身的自重一起传到地基上，地基因此而产生应力和应变。

地基是基础下部的土层，它不属于建筑物，地基承受建筑物荷载而产生的应力和应变随着土层深度的增加而减小，在达到一定深度后就可以忽略不计。直接承受荷载的土层称为持力层，持力层以下的土层称为下卧层（图 2-1）。

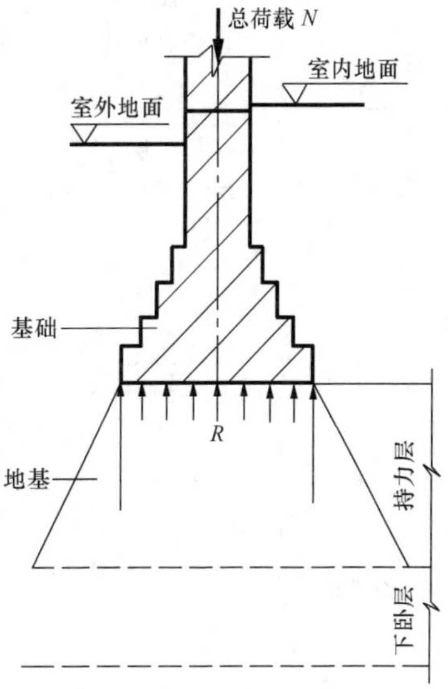

图 2-1　基础与地基的关系

基础是建筑物十分重要的组成部分，没有一个坚固而耐久的基础，上部结构就是建造得再结实，也会出问题。而地基与基础又密切相关，地基虽不是建筑物的组成部分，但它对保证建筑物的坚固耐久具有非常重要的作用。实践证明，建筑物的事故，很多是与地基基础有关的，例如建于 1913 年的加拿大特朗斯康谷仓，由于设计前不了解地基埋藏有厚达 16m 的软黏土层，建成后谷仓的荷载超过了地基的承载能力，造成地基丧失稳定性，使谷仓西侧陷入土中 8.8m，东侧抬高 1.5m，仓身倾斜 27°。

二、地基的分类

建筑物的地基可分为天然地基和人工地基两大类。

（一）天然地基

凡具有足够的承载力和稳定性，不需经过人工加固，可直接在其上建造房屋的土层称为天然地基。岩石、碎石土、砂土、黏性土等，一般可作为天然地基。

（二）人工地基

当土层的承载能力较低，但上部荷载较大，必须对土层进行人工加固，以提高其承载能力，并满足变形的要求。这种经人工处理的土层，称为人工地基。

地基处理的对象包括软弱地基和特殊土地基。软弱地基是指主要由淤泥、淤泥质土、冲填土、杂填土或其他高压缩性土层构成的地基；特殊土地基主要指湿陷性黄土等区域性特殊土构成的地基。

地基处理的方法很多，各自有不同的适用范围和作用原理。选择地基处理方法时，应对地基条件、目标要求、工程费用及材料、机具来源等方面进行综合分析，通过几种可供采用的方案比较，择优选择一种技术先进、经济合理、施工可行的方案。

地基处理方法分类如下：

（1）按处理深度可分为浅层处理和深层处理。

（2）按处理对象可分为砂性土处理和黏性土处理，饱和土处理和非饱和土处理等。

（3）按地基的加固机理不同可分为碾压夯实法、换土垫层法和排水固结法等，分类见表2-1、表2-2。

表 2-1 软弱土地基处理方法分类表

编号	分类	处理方法	原理及作用	适用范围
1	碾压夯实	重锤夯实、机械碾压、振动压实	利用压实原理，通过夯实、碾压、振动，把地基表层压实，以提高其强度，减少基压缩性和不均匀性，消除其湿陷性	适用于处理低饱和度的黏性土、粉土、砂土、碎石土、人工填土等
		强夯（动力固结）	反复将夯锤提到高处使其自由落下，给地基以冲击和振动能量，将其夯实，从而提高土的强度并降低其压缩性，在有效影响深度范围内消除土的液化及湿陷性	适用于处理碎石土、砂土、低饱和度的粉土与黏性土、湿陷性黄土素填土和杂填土等
2	换土垫层	砂石垫层、素土垫层、灰土垫层，矿渣垫层	挖去地表浅层软弱土层或不均匀土层，回填坚硬、较粗粒径的材料，并夯压密实，形成垫层，从而提高持力层的承载力	适用于处理浅层软弱地基及不均匀地基
3	排水固结	堆载预压、真空预压、降水预压	对地基进行堆载或真空预压，加速地基的固结和强度增长，提高地基的稳定性；加速深降发展，使地基沉降提前完成。降水预压则是借井点抽水降低地下水位，以增加土的自重应力，达到预压目的	适用于处理饱和软弱土。降水预压适用于渗透性较好的砂或砂质土
4	振密挤密	土或灰土挤密桩、石灰桩、砂石桩等	借助于机械、夯锤或爆破，使土的孔隙减少，强度提高；必要时，回填素土、灰土、石灰、砂和碎石等，与地基土组成复合地基，从而提高地基的承载力，减少沉降量	适用于处理无黏性土、杂填土、非饱和黏性土及湿陷性黄土等
5	置换及拌入	高压喷射注浆、水泥土搅拌等	在地基中掺入水泥、石灰或砂浆等形成增强体，与未处理部分土组成复合地基，从而提高地基的承载力，减少沉降量	适用于处理软弱黏性土、欠固结冲填土、粉砂、细砂等
6	加筋	土工合成材料加筋、锚固、加筋土、树根桩	通过在地基土中设置强度较大的土工合成材料、拉筋等加筋材料，从而提高地基的承载力，减小沉降量，或维持建筑物的稳定	适用于处理砂土、软弱土、人工填土地基
7	其他	灌浆、冻结、托换技术、纠偏技术	通过独特的技术措施处理软弱土地基	根据建筑物和地基基础情况确定

表 2-2 湿陷性黄土地基常用的处理方法

名称		适用范围	一般可处理（或穿透）基底下的湿陷性土层厚度（m）
垫层法		地下水位以上，局部或整片处理	1～3
夯实法	强夯	S_r＜60%的湿陷性黄土，局部或整片处理	3～6
	重夯		1～2

续表

名　称	适用范围	一般可处理（或穿透）基底下的湿陷性土层厚度（m）
挤密法	地下水位以上，局部或整片处理	5～15
桩基	基础荷载大，有可靠的持力层	≤30
预浸水法	Ⅲ、Ⅳ级自重湿陷性黄土场地，6m以上尚应采用垫层等方法处理	可消除地面下6m以下全部土层的湿陷性
单液硅化或碱液加固法	一般用于加固地下水位以上的已有建筑物地基	≤10 单液硅化加固的最大深度可达20m

三、对地基和基础的要求

为了保证建筑物的安全和正常使用，使基础工程做到安全可靠、经济合理、技术先进和便于施工，对地基和基础提出以下要求：

（一）对地基的要求

(1) 地基应具有足够的强度和较低的压缩性。

(2) 地基的承载力要均匀。

(3) 地基应有较好的持力层和下卧层。

(4) 尽可能采用天然地基。

（二）对基础的要求

(1) 基础应具有足够的强度和耐久性，以便有效地传递荷载和保证使用年限。

(2) 基础属于隐蔽工程，要确保按设计图纸和验收规范施工和验收。

(3) 在选材上尽量就地取材，以降低工程造价。

第二节　基础的埋置深度及影响因素

一、基础的埋置深度

基础的埋置深度是指设计室外地面到基础底面的垂直距离，简称埋深，见图2-2。

基础根据埋深的不同有浅基础和深基础之分。一般情况下，将埋深小于等于5m者称为浅基础，埋深大于5m者称为深基础。从基础的经济效果看，其埋置深度愈小，工程造价愈低，但如基础没有足够的土层包围，基础底面的土层受到压力后会把基础四周的土挤出，基础将产生滑移而失去稳定；同时，基础埋深过浅，易受外界的影响而损坏，所以基础的埋置深度一般不应小于500mm。

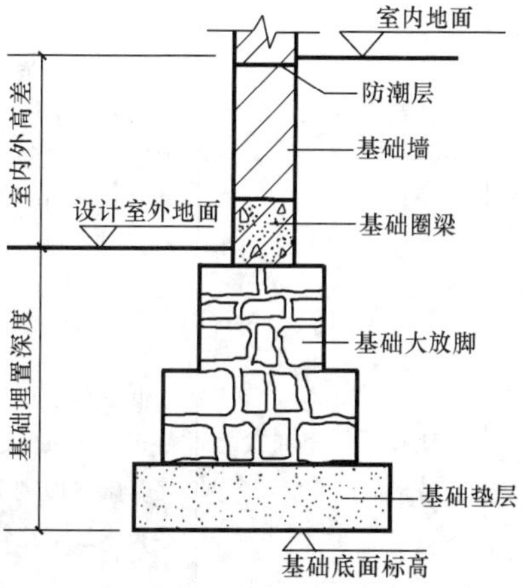

图2-2　基础埋置深度

二、影响基础埋深的因素

影响基础埋置深度的因素很多，一般应根据以下几个方面综合考虑确定：

1. 地基土层构造对基础埋深的影响（见表 2-3）

表 2-3 地基土层构造对基础埋深的影响

序号	地基土层构造	基础埋深	图示
1	均匀好土	应尽量浅埋，但也不得浅于 500mm	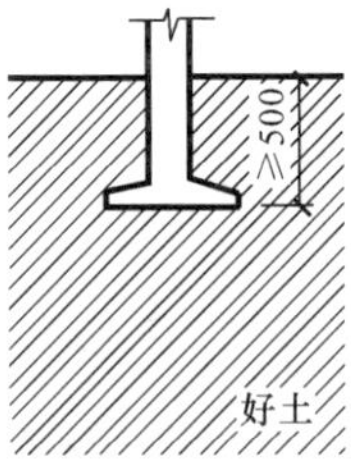
2	上层为软土，厚度在 2m 以内，下层为好土	应埋在好土层上，土方开挖量不大，既可靠又经济	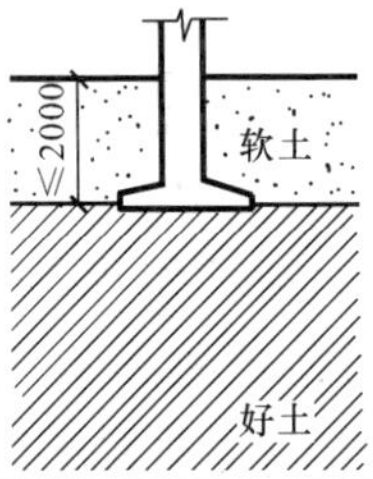
3	上层为软土，厚度在 2～5m	低层轻型建筑仍可埋在软土层内，但应加宽基础底面并加强上部结构的整体性；若是高层重型建筑，则应将基础埋在好土上，以保安全	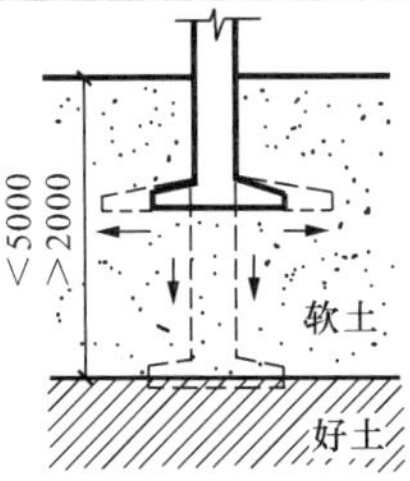
4	上层软土厚度大于 5m	可做地基加固处理，或者将基础埋在好土上；应作技术经济比较后选定	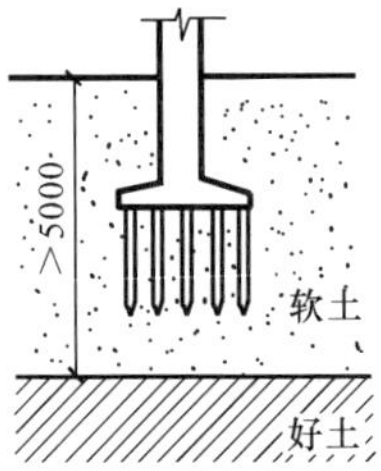
5	上层为好土，下层为软土	应力争将基础浅埋在好土层内，适当加大基础底面，以有足够厚度的持力层，并验算下卧层的应力和应变，确保建筑的安全	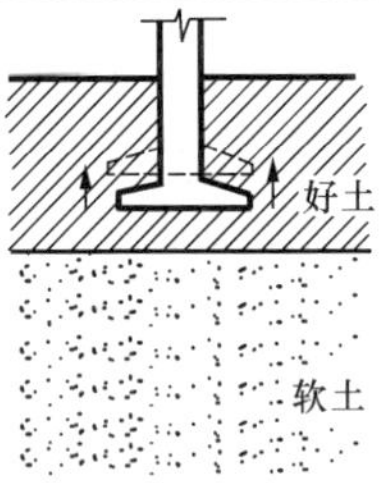
6	地基由好土和软土交替构成	低层轻型建筑应尽可能将基础埋在好土内；重型建筑可采用人工地基或将基础深埋到下层好土上，两方案可经技术经济比较后选定	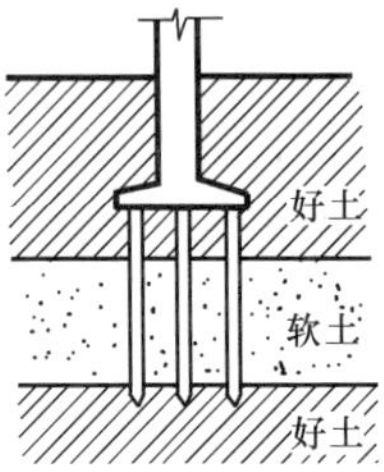

2. 地下水位对基础埋深的影响

地下水对某些土层的承载能力有很大影响，如黏性土在地下水上升时，将因含水量增加而膨胀，使土的强度降低；当地下水下降时，基础将产生下沉。为避免地下水的变化影响地基承载力及防止地下水对基础施工带来的麻烦，一般基础应力争埋在最高水位以上，如图 2-3（a）所示。

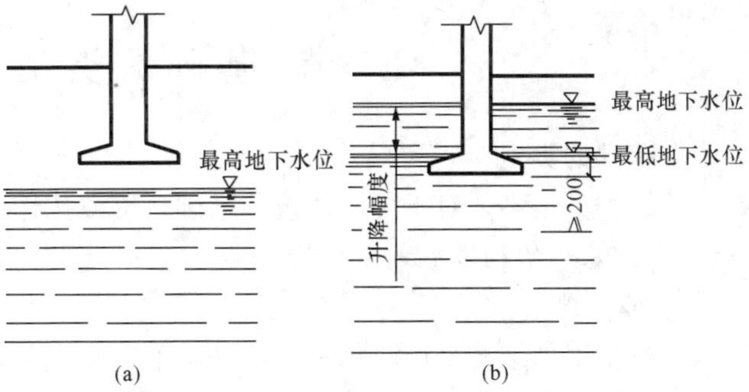

图 2-3　地下水位对基础埋深的影响
（a）地下水位较低时的基础埋置深度；
（b）地下水位较高时的基础埋置深度

当地下水位较高时，基础不得不埋置在地下水内。但应注意，基础底面宜置于最低地下水位以下 200mm，以使基础底面常年置于地下水中，也就是防止置于地下水位升降幅度之内。这是为了减少和避免地下水的浮力对建筑的影响，如图 2-3（b）所示。

3. 土的冻结深度对基础埋深的影响

当地基土的温度低于 0℃时，土内孔隙中的水大部分冻结。地基土冻结的极限深度称为冻结深度，即冰冻线，也是地面以下的冻结土与非冻结土的分界线。各地区气候不同，低温持续时间不同，冻结深度也不同。如哈尔滨为 2m，沈阳为 1.5m，北京为 0.85m，郑州为 0.2m，重庆地区则基本无冻结土。当冻土深度小于 0.5m 时，基础埋深即不受其影响。

土的冻结是由于土中水分受冷冻结成冰，体积膨胀，因而导致冻土膨胀。地基土冻结后，是否对建筑产生不良影响，主要看土冻结后会不会产生冻胀现象。若产生冻胀，冻结时的冻胀力可将房屋拱起，解冻后房屋将下沉。不均匀的冻融，引起不均匀的胀缩，因而导致建筑出现裂缝、倾斜以及破坏。地基土冻结后是否产生冻胀，主要与地基土颗粒的粗细程度、含水量大小和地下水位高低等条件有关。如地基土存在冻胀现象，特别是在粉砂、粉土和黏性土中，基础底面应置于冰冻线以下 200mm，即置于不冻土之中，以避免冻害发生，如图 2-4 所示。

4. 其他因素对基础埋深的影响

基础埋置深度除考虑地基土层构造、地下水位、土的冻结深度等因素外，还应考虑相邻建筑物基础的深度（图 2-5），新建建筑物是否有地下室、设备基础、地下管沟等因素的影响。

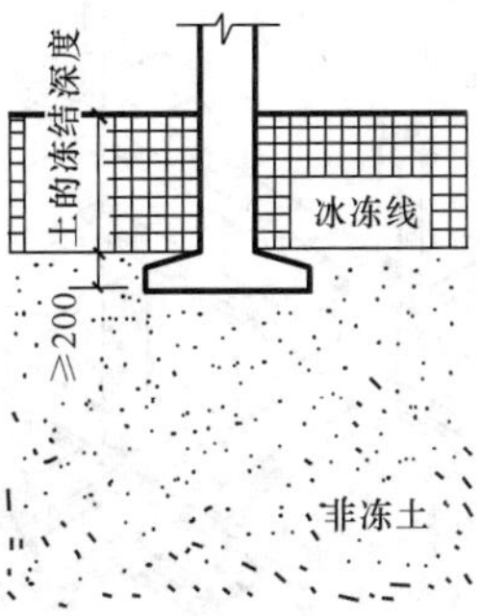

图 2-4　冰冻深度对基础埋深的影响

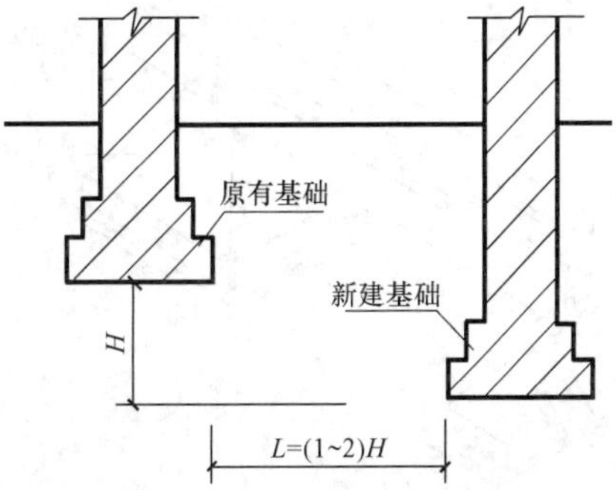

图 2-5　相邻基础的关系

第三节 基础的类型与构造

一、基础的类型

基础的类型很多，对于民用建筑的基础，可以按构造形式、材料和受力特点进行分类。

（一）按基础的构造形式分类

1. 条形基础

当建筑物上部结构采用墙承重时，基础沿墙身设置呈长条形，这种基础称为条形基础或带形基础（图 2-6）。条形基础常用砖、石、混凝土等材料建造。当地基承载能力较小，荷载较大时，承重墙下也可采用钢筋混凝土条形基础。

2. 独立基础

当建筑物上部结构为梁、柱构成的框架、排架及其他类似结构时，其基础常采用方形或矩形的单独基础，称独立基础。独立基础的形式有阶梯形、锥形、杯形等（图 2-7），主要用于柱下。当建筑是以墙作为承重结构，而地基承载力较弱或埋深较大时，为了节约基础材料，减少土石方工程量，亦可采用墙下独立基础。为了支撑上部墙体，在独立基础上可设基础梁或拱等连续构件（图 2-8）。

3. 井格基础

当建筑物上部荷载不均匀，地基条件较差时，常将柱下基础纵横相连组成井字格状，叫井格基础（图 2-9 ）。它可以避免独立基础下沉不均的弊病。

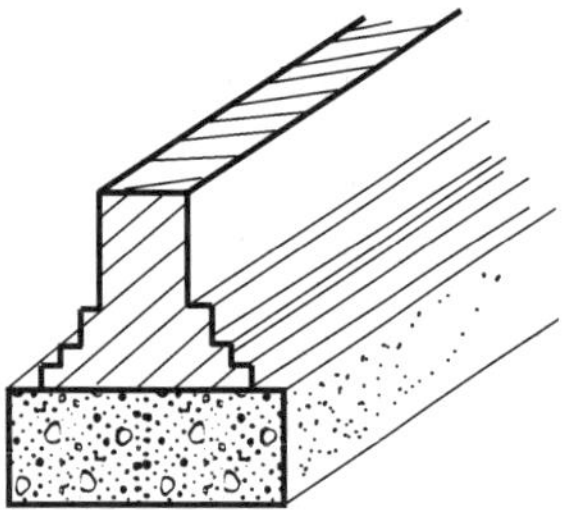

图 2-6　条形基础

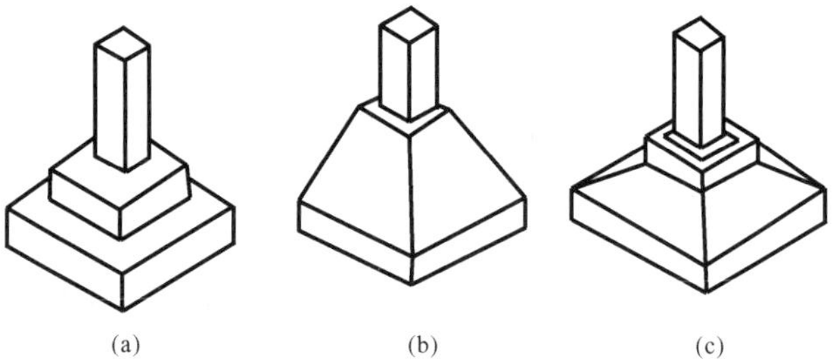

图 2-7　独立基础

（a）阶梯形；（b）锥形；（c）杯形

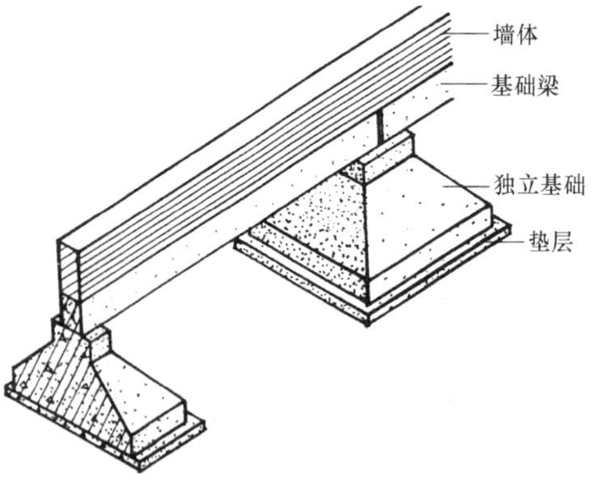

图 2-8　墙下独立基础

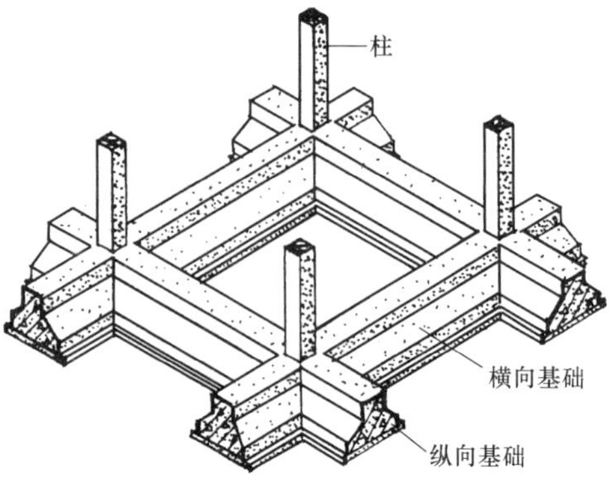

图 2-9　井格基础

4. 筏片基础

当建筑物上部荷载很大或地基的承载力很小时，可由整片的钢筋混凝土板承受整个建筑的荷载并传给地基，这种基础形似筏子，故称筏片基础，也称满堂基础。其形式有板式和梁板式两种（图 2-10）。

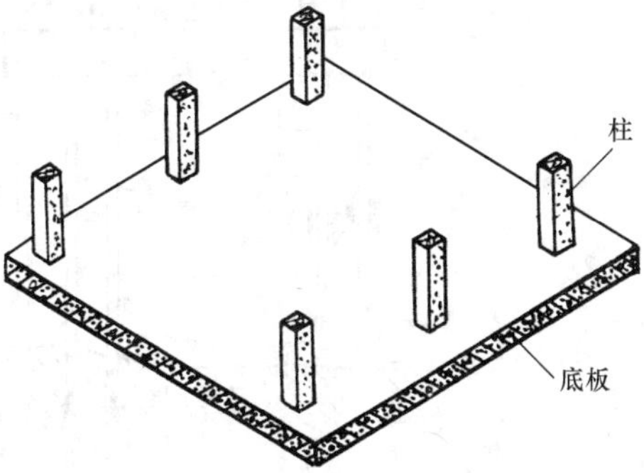

(a)

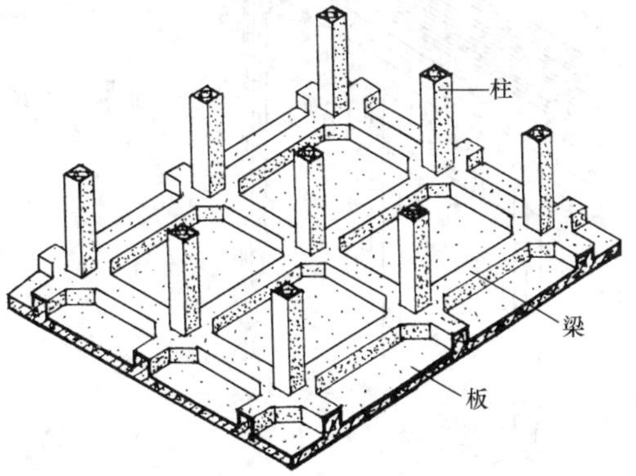

(b)

图 2-10 筏片基础

(a) 板式基础；(b) 梁板式基础

5. 箱形基础

当钢筋混凝土基础埋置深度较大，为了增加建筑物的整体刚度，有效抵抗地基的不均匀沉降，常采用由钢筋混凝土底板、顶板和若干纵横墙组成的箱形整体来作为房屋的基础，这种基础称为箱形基础（图 2-11）。箱形基础具有较大的强度和刚度，且内部空间可用作地下室，故常作为高层建筑的基础。

6. 桩基础

当建筑物荷载较大，地基的软弱土层厚度在 5m 以上及基础不能埋在软弱土层内时，常采用桩基础，它是天然地基深基础方案之一。桩基础具有承载力高，沉降量小，节省基础材料，减少挖填土方工程量，改善施工条件和缩短工期等优点。因此，近年来桩基础应用较为广泛。

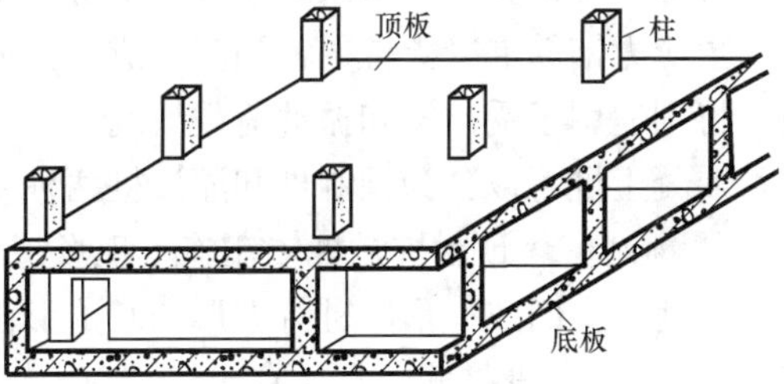

图 2-11 箱形基础

(1) 桩基础的组成。桩基础是由桩身和承台组成，在承台上面是上部结构，如图2-12所示。柱身像置于土中的柱子一样，而承台则类似钢筋混凝土扩展式浅基础。桩身尺寸是按设计确定的，再按照设计的点位置入土中。在桩的顶部灌注钢筋混凝土承台，以支承上部结构，使建筑物荷载均匀地传递到桩基上。在寒冷地区，承台下应铺设100～200mm 左右厚的粗砂或焦渣，以防止土壤冻胀引起承台的反拱破坏。

(2) 桩基按受力情况分类。桩基可分为摩擦桩与端承桩。摩擦桩只是用桩挤实软弱土层，靠桩壁与土壤的摩擦力承担总荷载，如图 2-13 (a) 所示。这种桩适合坚硬土层较深，总荷载较小的工程；端承桩是将桩尖直接支承在岩石或硬土层上，用桩身支承建筑的总荷载，也称做柱桩，如图 2-13 (b) 所示。这种桩适用于坚硬土层较浅、荷载较大的工程。

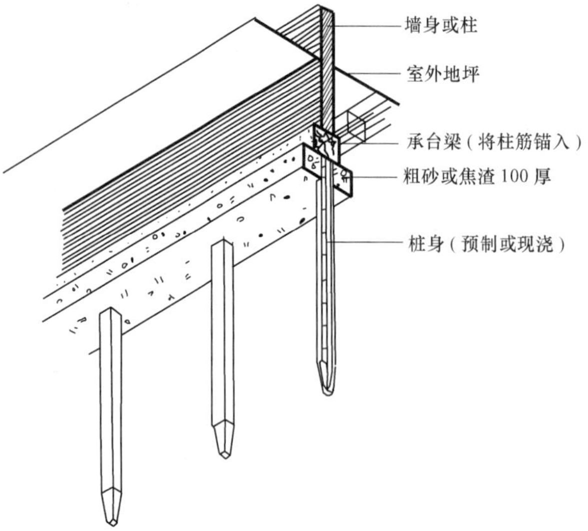

图 2-12 桩基础的组成

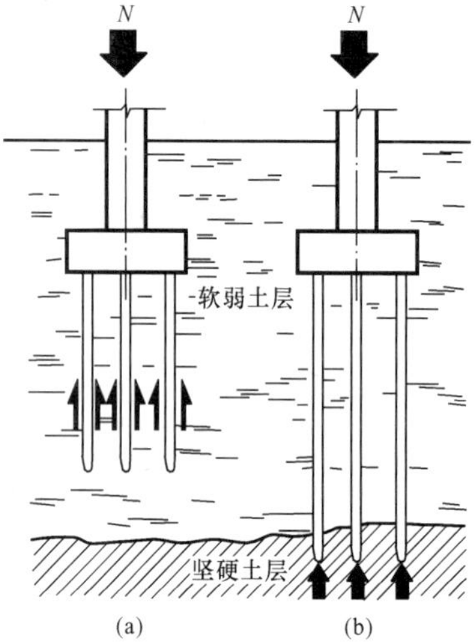

图 2-13 桩基础受力类型
(a) 摩擦桩；(b) 端承桩

(3) 桩基按材料分类。桩基按材料不同可分为混凝土桩、钢桩、木桩和组合材料桩等。

1) 混凝土桩。混凝土桩还可分为素混凝土桩、钢筋混凝土桩和预应力钢筋混凝土桩。

素混凝土桩由于受混凝土抗拉强度低的影响，一般只用在桩纯粹承压条件下，不适于荷载条件复杂多变的情况，因而它的应用已很少。

钢筋混凝土桩的配筋率较低（一般为 0.3%～1.0%），取材方便，价格便宜，耐久性好。桩基工程绝大部分采用钢筋混凝土桩。

预应力钢筋混凝土桩通常预制而成，桩体在抗弯、抗拉及抗裂等方面比钢筋混凝土桩更强，特别适用于受冲击和振动荷载情况。

混凝土桩可以分为预制桩和灌注桩两种基本的类型。

a. 预制桩。预制桩是桩体在施工现场或工厂先预制好，然后运至工地，用各种沉桩方法埋入地层中而成。预制桩有方形和八边形截面或中空方形和圆形截面等，截面边长一般为 250～550mm，管桩截面直径有 400、550mm 几种。中空形桩更适用于摩擦型桩，因为单位体积混凝土可提供更大的接触面。圆形中空桩基运用离心原理浇制而成。各桩横截面如图 2-14 所示。钢筋的作用是抵抗起吊和运输中产生的弯矩、竖向荷载。这类桩按预定的长度预制并养护，然后运往施工现场。

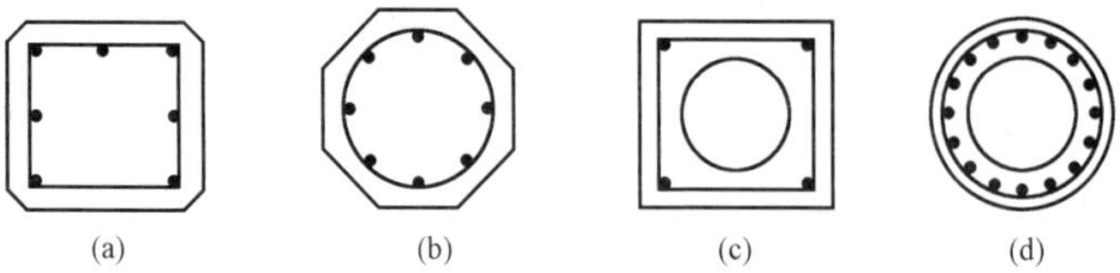

图 2-14 预制混凝土桩
(a) 方形；(b) 八边形；(c) 中空方形；(d) 中空圆形

限于运输和起吊能力，目前工厂预制的桩一般不超过 13.5m，现场制作的长度可大些，但限于桩架高度，一般在 20～30m 以内。桩长度不够时，需要在沉桩过程中接长。

预制混凝土桩的强度等级不宜低于 C30，采用静压法沉桩时也不宜低于 C20，对预应力混凝土桩不宜低于 C40。预制桩纵向钢筋混凝土保护层厚度不宜低于 30mm。预制桩的桩端可将主筋合拢焊在桩端的辅助钢筋上，也可在合拢主筋上再包以钢板桩靴。

预制桩桩身质量易于保证和控制，承载力高，能根据需要制成多种尺寸和形状。桩身混凝土密实，抗腐蚀能力强。桩身制作方便，成桩速度快，适合大面积施工。沉桩过程中的挤土效应可使松散土层的承载能力提高。

预制桩也有一些缺点，如需运输、起吊、打桩，为避免损坏桩体需要配置较多钢筋，选用较高强度等级混凝土，使得预制桩造价较高。打桩时噪声大，对周围土层扰动大。不易穿透较厚的坚硬土层达到设计标高，往往需通过射水或预钻孔等辅助措施来沉桩，还常因桩打不到设计标高而截桩，造成浪费。挤土效应有时会引起地面隆起，道路、管线等损坏，桩产生水平位移或挤断、相邻桩上浮等，因此需合理确定沉桩顺序。沉桩一般从中间开始，向两端或周围进行，或者分段进行。

b. 灌注桩。现场灌注桩是先在地基土中钻孔或挖孔，然后下放钢筋笼和填充混凝土而成，如图 2-15 所示。灌注桩的材料除钢筋混凝土和素混凝土外，还有砂、碎石、石灰、水泥和粉煤灰等，这些材料与桩周围土构成复合地基，丰富了地基处理的措施。

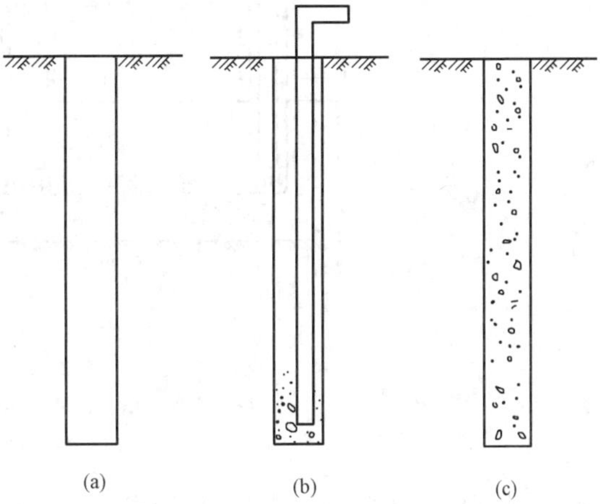

图 2-15 现场灌注桩

(a) 泥浆护壁钻孔；(b) 灌浆管孔底浇筑；(c) 灌注完成

灌注桩混凝土的强度等级不得低于 C15，水下灌注时不得低于 C20。灌注桩纵向钢筋混凝土保护层厚度不应小于 35mm；水下灌注混凝土，其保护层厚度不得小于 50mm。

当持力层承载力较低时，可采用扩底桩。例如：钻挖成扩底锥孔后再灌注混凝土。其他形成扩底桩的方法有：用内夯管夯击孔底刚浇筑的混凝土，以便形成扩大的混凝土球状物，这样的扩底桩又称为夯扩桩，如图 2-16（a）～（c）所示；在孔底进行可控制的爆破，形成爆扩桩，如图 2-16（d）～（f）所示。桩墩是通过在地基中成孔后灌注混凝土形成大口径断面柱形深基础，即以单个桩墩代替群桩及承台。桩墩基础底部可支承于基岩之上，也可嵌入基岩或较坚硬的土层中。当桩墩受力很大时，也可用钢套筒或钢核桩墩，如图 2-17 所示。桩墩一般为直柱形，在桩墩底土较坚硬的情况下，为使桩墩底承受较大的荷载，也可将桩墩底端尺寸扩大而做成扩底桩墩。桩墩断面形状常为圆形，其直径不小于 0.8m。

灌注桩其钢材使用量一般较低，比预制桩经济，造价为预制桩的 40%～70%。适于各种地层，桩长可灵活调整，桩端扩底可充分发挥桩身强度和持力层承载力。但它成桩质量不易保证，桩身易出现断桩、缩颈、夹泥、沉渣和混凝土析出等质量问题。

2）钢桩。钢桩通常为管桩或轧制的 H 型钢桩，槽钢和工字钢也可用作钢桩。但热轧宽

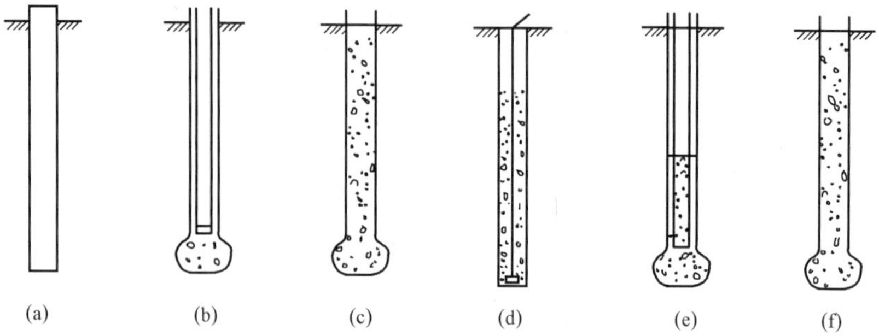

图 2-16 拔管夯扩灌注桩和爆扩桩

（a）钻孔下套管；（b）内夯管捣实；（c）成桩；（d）钻孔放引线及注混凝土；（e）引爆；（f）灌混凝土成桩

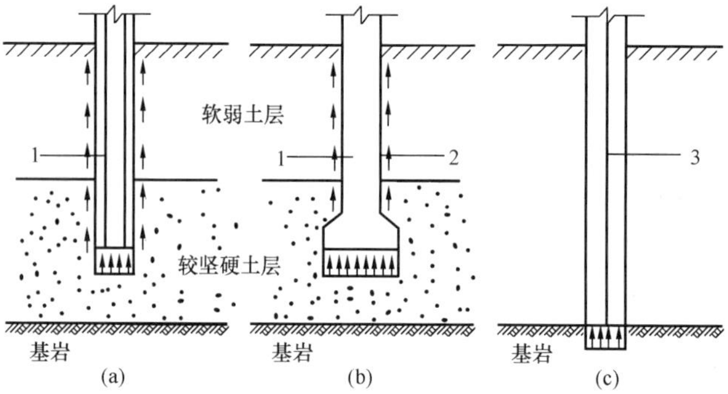

图 2-17 桩墩

（a）摩擦桩墩；（b）摩擦桩墩；（c）端承桩墩

1—钢筋；2—钢套筒；3—钢核

翼缘 H 型钢更适用些，因为其腹板和翼缘等厚且长度相近，而槽钢和工字钢的腹板比翼缘薄且长，如图 2-18 所示。我国《建筑桩基技术规范》（JGJ 94—2008）中列出了常用 H 型钢桩的截面尺寸。钢桩如果不得不接长时，可用焊接或铆接。

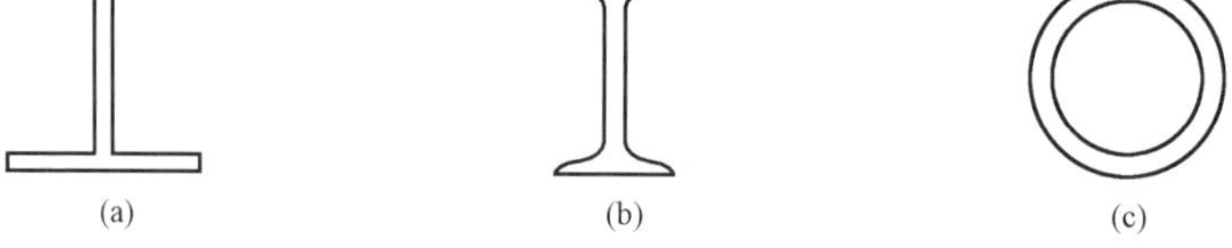

图 2-18 钢桩的横截面

（a）H 形（宽翼缘）；（b）工字形；（c）管形

钢管桩可开口或闭口打入。当桩很难打入时，比如遇到密实的砂砾、页岩和软岩时，钢管桩可以焊上圆锥形桩端（或桩靴）。大多数情况下，钢管桩在打入后用混凝土填实，形成组合材料桩。

钢桩存在锈蚀的问题，例如：遇到泥炭土和另外一些有机土，它们都具有腐蚀性，一般应加厚钢桩（超过实际设计截面）。很多情况下，在桩的表面涂上有效的防腐层，且打桩时涂层也不容易损坏。在大多数腐蚀区域，有混凝土外壳的钢桩也能有效地防腐蚀。

钢桩材料强度高、抗冲击性能好、接头易于处理、施工质量稳定，还可根据弯矩沿桩身的变化情况局部加强其断面刚度和强度。钢桩的最大缺点是造价相对较高和前面提到的存在锈蚀问题。在我国，钢桩目前应用较少，一般只用在特别重大和一些特殊的建设工程中，如火电厂厂房基础、软基上的高重结构物等。

3）木桩。木桩用树干制成，大多数木桩的最大长度为 10～20m，桩端直径不应小于 150mm。木桩的承载力一般限制在 220～270kN。作为桩的木材应该是直的、完好的。木桩一般用于临时工程，但当整个桩处于水位以下时，可以作为结构的永久基础。

木桩不能承受很大的打击力，因此，在桩端可以套上钢靴、在桩顶套上金属箍，以防破坏。木桩应尽量避免接头，特别是当承受拉伸荷载或水平荷载时。但如果必须接头时，可以用金属管套或铆钉和螺栓连接。管套的长度至少为木桩直径的 5 倍。为了连接紧密，接头末端应该锯正，装配位置应仔细修整；采用金属铆钉和螺栓连接时，接头末端也应该锯正，在铆钉连接的部位应削平。如果木材足够长，但其横断面尺寸不足，可以几根胶合在一起，或者用 3～4 根圆木组合起来。如果木桩处于饱和土中，其寿命可以很长。但在海水中，木桩受到各种有机物的侵蚀，在短短几个月便会遭到严重的破坏，在水位以上的桩还容易受到昆虫的破坏。用防腐剂（如杂酚油）对木桩进行处理，可提高其寿命。

4）组合材料桩。组合材料桩指一根由两种或两种以上材料组成的桩。整个桩长分段采用木材、钢材或混凝土材料。例如：在钢管内填充混凝土的桩，下部为预制桩、上部为灌注桩、中间为预制桩外包灌注桩等，即为组合材料桩。

（4）桩基按成桩方法分类。按成桩方法可分为挤土桩、部分挤土桩和非挤土桩。

挤土桩是在成桩过程中，大量排挤土，使桩周围土受到严重扰动，土的工程性质有很大改变的桩。挤土桩引起的挤土效应使地面隆起和土体侧移，施工常带有噪声，导致对周围环境的较大影响。但它不存在泥浆及弃土污染问题。这类桩主要有打入或静压成的实心或闭口预制混凝土桩、闭口钢管桩及沉管灌注桩等。

部分挤土桩在成桩过程中，引起部分挤土效应，使桩周围土受到一定程度的扰动。这类桩主要有打入或压入 H 型钢桩、开口管桩、预钻孔植桩及长螺旋钻孔、冲孔灌注桩等。非挤土桩采用钻孔、挖孔等方式将与桩体积相同的土体排出，对周围土体基本没有扰动，但废泥浆、弃土等可能会对环境造成影响。这类桩主要有干作业挖孔桩、泥浆护壁钻孔桩和套管护壁灌注桩等。

（5）桩基按桩径分类。按桩径可分为小直径桩、中等直径桩和大直径桩。

小直径桩指桩径 $d \leqslant 250$mm 的桩，如树根桩。它的施工机械、施工场地及施工方法一般较为简单，在基础托换、支护结构、地基处理等工程中得到广泛应用。

中等直径桩，250mm$<d<$800mm，这种桩大量应用于工业与民用建筑的基础，成桩方法和工艺很多。

大直径桩，$d \geqslant 800$mm，此类桩大多为钻、冲、挖孔灌注桩，还有大直径钢管桩等，通常用于高重型结构物基础，单桩承载力高，可实现柱下单桩形式。多为端承型桩。

（二）按基础的材料及受力特点分类

（1）刚性基础（无筋扩展基础）。凡是由刚性材料建造、受刚性角限制的基础，称为刚性基础。刚性材料一般是指抗压强度高、抗拉和抗剪强度较低的材料。如砖、石、混凝土、灰土等材料建造的基础，属于刚性基础，见图 2-19（a）。这类基础的大放脚（基础的扩大部分）较高，体积较大，埋置较深。适用于土质较均匀、地下水位较低、六层以下的砖墙承重建筑。

一般情况下，基础的底面积愈大，其底面的压强愈小，对地基的负荷愈有利。但放大的尺寸超过一定范围，超过基础材料本身的抗拉、抗剪能力，就会产生冲切破坏。从图 2-20 中可看出，破坏的方向不是沿墙或柱的外侧垂直向下，而是与垂线形成一个角度，这个角度就是材料特有的刚性角 α，它是宽 b 与高 h 所夹的角。只有控制基础的宽高比(b/h)，才能保证基础不被破坏。

（2）柔性基础（扩展基础）。主要是指钢筋混凝土基础，它是在混凝土基础的底部配以钢筋，利用钢筋来抵抗拉应力，使基础底部能够承受较大的弯矩。这种基础不受材料刚性角的限制，故称为柔性基础，见图 2-19（b）。这类基础大放脚矮，体积小、挖方少、埋置浅。适用于土质较差、荷载较大、地下水位较高等条件下的大中型建筑。

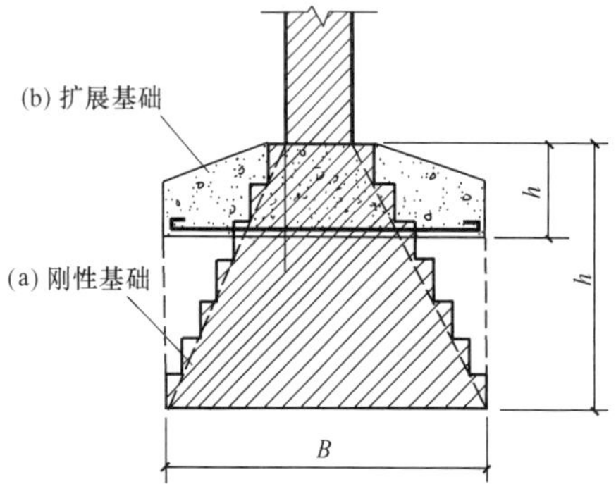

图 2-19 刚性基础与柔性基础（扩展基础）比较

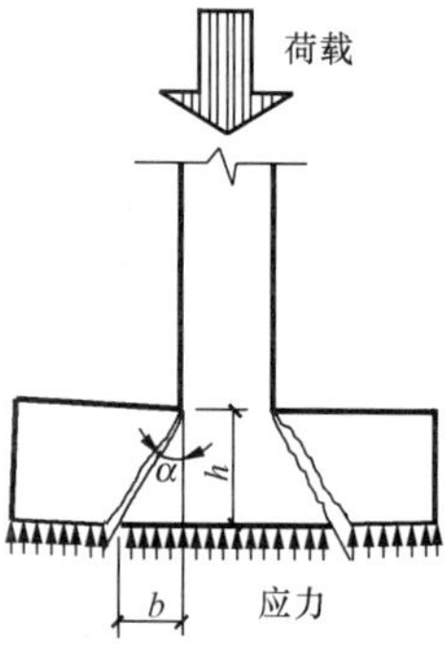

图 2-20 刚性角的形成

二、刚性基础构造

（一）砖基础

用非黏土烧结砖砌筑的基础叫砖基础。它具有取材容易，价格较低，施工简便等优点。但由于砖的强度、耐久性、抗冻性和整体性均较差，因而只适合于地基土质好、地下水位较低，五层以下的砖混结构中。

砖基础断面一般都做成阶梯形，这个阶梯形通常称为大放脚（图 2-21）。大放脚从垫层上开始砌筑，其台阶宽高比允许值为 $b/h \leqslant 1/1.5$。为保证大放脚的刚度，应为“二皮一收”（等高式）或“二皮一收”与“一皮一收”相间（间隔式），但其最底下一级必须用二皮砖厚。一皮即一皮砖，标注尺寸为 60mm，每收一次，两边各收 1/4 砖长。砌筑前基槽底面要铺 20mm 厚的砂垫层。

（二）毛石基础

毛石是一种天然石材经粗略加工使其基本方整，便于人力搬运及操作的石料，粒径一般不小于 300mm。毛石基础的强度、抗水、抗冻、抗腐蚀性能均较好。但由于毛石自重较大，操作要求高，运输、堆放不便，故毛石基础多适用于邻近山区，石材丰富，一般标准的砖混结构中。

毛石基础的做法有两种。一种是毛石灌浆基础，即在基坑内先铺一层高约 400mm 的毛

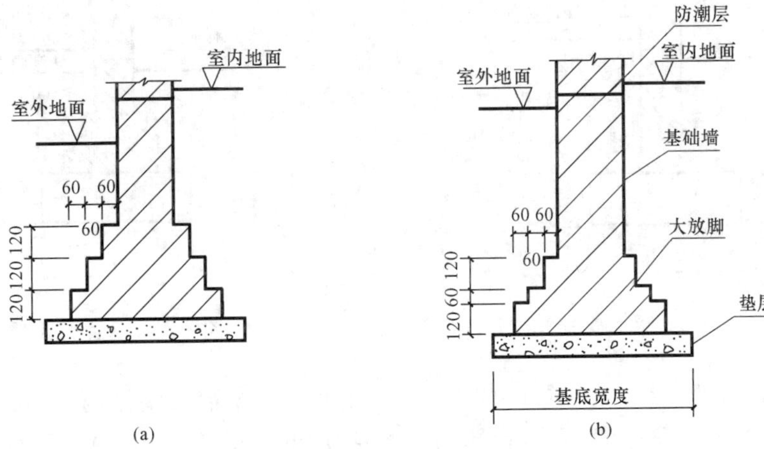

图 2-21　砖基础

（a）等高式大放脚；（b）间隔式大放脚

石后，灌以 M2.5 砂浆，然后分层施工；另一种是浆砌毛石基础，即边铺砂浆边砌毛石。两种做法均要求毛石大小交错搭配，缝内砂浆饱满，灰缝错开。

毛石基础断面形式一般为阶梯形，其台阶宽高比允许值为 $b/h \leqslant 1/1.5$（图 2-22）。为了便于砌筑和保证砌筑质量，基础顶部宽度不宜小于 500mm，且要比墙或柱每边宽出 100mm。每个台阶的高度不宜小于 400mm，退台宽度不应大于 200mm。当基础底面宽度小于 700mm 时，毛石基础应做成矩形截面。毛石顶面砌墙时应先铺一层水泥砂浆。

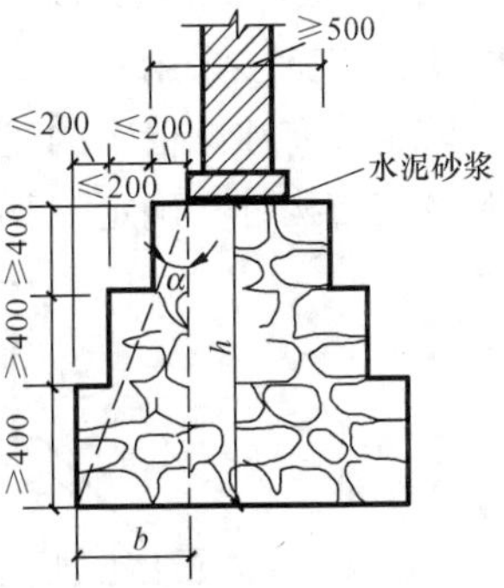

图 2-22　毛石基础

（三）灰土基础

在砖基础下用灰土做垫层，便形成灰土基础（图 2-23）。在地下水位较低的地区，低层房屋采用灰土基础，可节省材料，提高基础的整体性。

灰土是用经过消解后的石灰粉和黏性土按一定比例加适量的水拌和夯实而成。其配合比为 3∶7 或 2∶8，一般采用 3∶7，即 3 分石灰粉，7 分黏性土（体积比），通常称“三七灰土”。灰土需分层夯实，每层均需铺 220mm，夯实后为 150mm 厚，通称一步。三层及三层以上的混合结构和轻型厂房，多采用三步灰土，厚 450mm；三层以下混合结构房屋多采用两步灰土，厚 300mm。垫层超过 100mm 按基础使用和计算。

灰土基础具有施工简便，造价便宜，可以节约水泥和砖石材料的优点。但由于灰土抗冻性、耐水性较差，所以灰土基础应设置在地下水位以上，冰冻线以下。

（四）三合土基础

在砖基础下用石灰、砂、骨料（碎砖、碎石或矿渣）组成的三合土做垫层，形成三合土基础（图 2-24）。这种基础具有施工简单、造价低廉的优点。但其强度较低，只适用于四层及四层以下的建筑，且基础应埋置在地下水位以上。

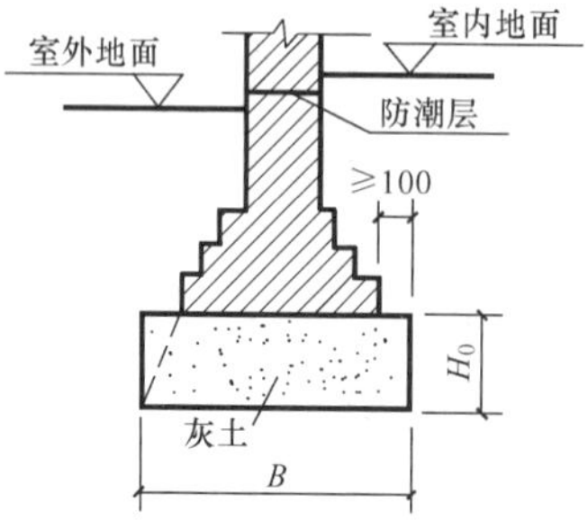

图 2-23 灰土基础

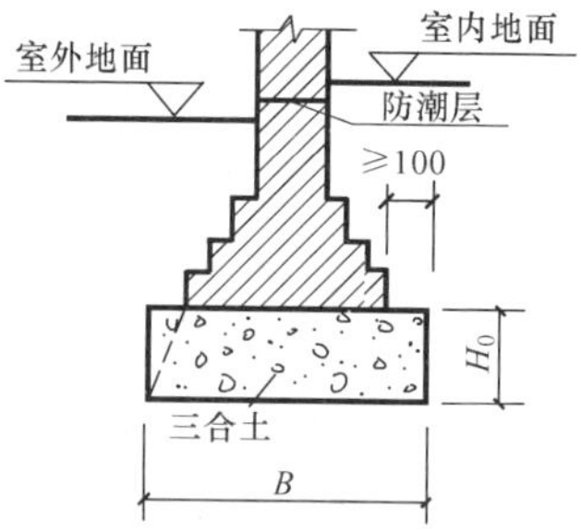

图 2-24 三合土基础

三合土的配比为 1∶3∶6 或 1∶2∶4。三合土应均匀铺入基槽内，加适量水拌和夯实，每层厚 150mm，总厚度 $H_0 \geqslant 300$mm，宽度 $B \geqslant 600$mm。三合土铺至设计标高后，在最后一遍夯打时，宜浇浓灰浆。待表面灰浆略微风干后，再铺上薄薄一层砂子，最后整平夯实。

（五）混凝土和毛石混凝土基础

这种基础多采用 C15 或 C20 混凝土浇筑而成，它坚固耐久、抗水、抗冰，多用于地下水位较高或有冰冻情况的建筑。它的断面形式和有关尺寸，除满足刚性角外，不受材料规格限制，按结构计算确定。其基本形式有梯形、阶梯形等（图 2-25）。

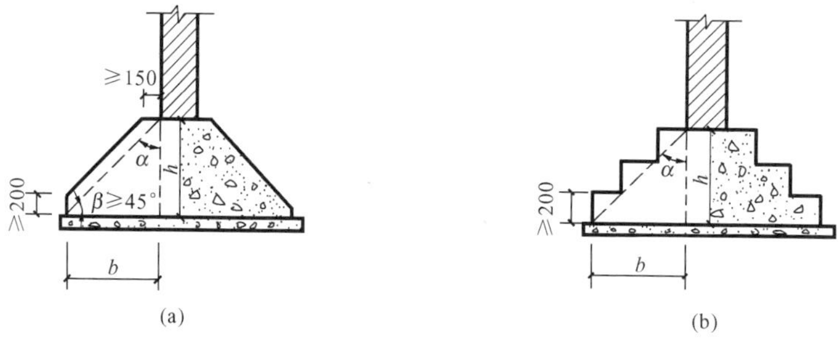

图 2-25 混凝土基础
（a）梯形；（b）阶梯形

基础底面下可设置垫层，垫层多用低强度等级的混凝土或三合土，厚度 80～100mm，每侧加宽 80～100mm。垫层不计入基础面积，作用是找平坑槽，便于放线和传递荷载。

混凝土的强度、耐久性、防水性都较好，是理想的基础材料。在混凝土基础体积过大时，可以在混凝土中加入适量毛石，即是毛石混凝土基础。加入的毛石粒径不得超过 300mm，也不得大于基础宽度的1/3，加入的毛石体积为总体积的 20%～30%，且应分布均匀。

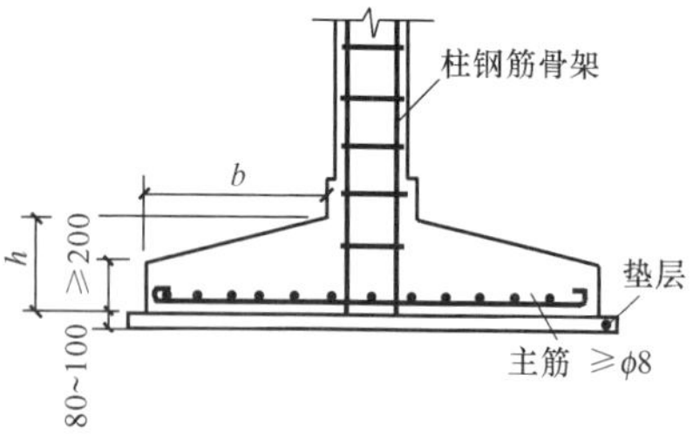

图 2-26 柔性基础（扩展基础）构造

三、柔性基础（扩展基础）构造

柔性基础就是在基础受拉区的混凝土中配置钢筋，由弯矩产生的拉应力全部由钢筋承担，因而不受刚性角的限制。基础的“放脚”可以做得很宽、很薄，所以也叫板式基础（图 2-26）。它的截面面积较刚性基础小得多，挖土方量也少得多，但是它增加了钢筋和混凝土的用量，综合造价还是较高。

柔性基础相当于倒置的悬臂板，板端最薄处不应小于 200mm，根部厚度需进行计算，一般最经济厚度为 $b/4$。

柔性基础属受弯构件，混凝土的强度等级不宜低于 C20，钢筋需进行计算求得，但受力筋直径不宜小于 8mm，间距不宜大于 200mm。当用等级较低的混凝土作垫层时，为使基础底面受力均匀，垫层厚度一般为 80～100mm。为保护基础钢筋，当有垫层时，保护层厚度不宜小于 35mm，不设垫层时，保护层厚度不宜小于 70mm。

第四节 地下室构造

在建筑物首层下面的房间称为地下室，它是在限定的占地面积中争取到的使用空间。在城市用地比较紧张的情况下，把建筑向上下两个空间发展，是提高土地利用率的手段之一。如高层建筑的基础很深，利用这个深度建造一层或多层地下室，既增加了使用面积，又省掉房心填土之费用，一举两得。图 2-27 为地下室示意图。

一、地下室的类型

地下室主要是按照功能和与室外地面的关系进行分类。

（一）按功能分类

1. 普通地下室

普通地下室是建筑空间在地下的延伸，通常为单层，有时根据需要可达数层。其耐火等级、防火分区、安全疏散、防排烟设施、房间内部装修等应符合防火规范的有关规定。

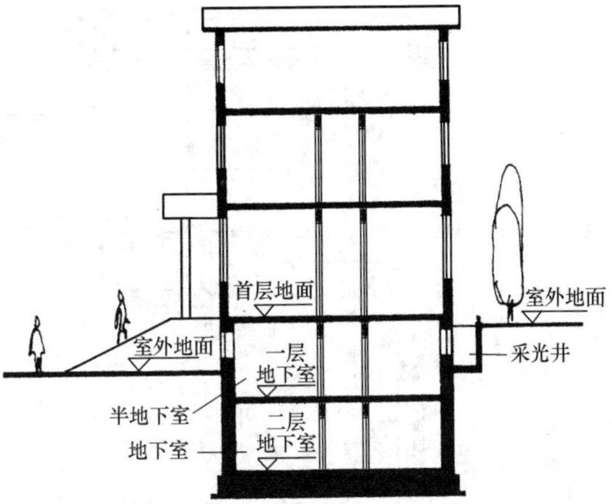

图 2-27 地下室示意图

2. 防空地下室

防空地下室是修建在地面房屋下面的人防建筑，它可以用做专业队掩蔽所和人员掩蔽所等。在平面布置、结构选型、通风防潮、采光照明和给水排水等方面，应采取相应措施使其充分发挥战备效益、社会效益和经济效益。

（二）按地下室与室外地面的关系分类

1. 地下室

房间地面低于室外设计地面的平均高度大于该房间平均净高的 1/2 者为地下室。

2. 半地下室

房间地面低于室外设计地面的平均高度大于该房间平均净高的 1/3，且不大于 1/2 者为半地下室。

二、地下室的组成与构造要求

地下室一般由底板、墙体、顶板、楼梯和门窗五大部分组成。

1. 底板

底板处于最高地下水位之上时，可按一般地面工程做法，即垫层上现浇混凝土

60～80mm 厚，再做面层；如底板处于地下水位之中时，底板不仅承受地面垂直荷载，还要承受地下水的浮力。因此，要求它具有足够的强度、刚度和抗渗性能。通常采用钢筋混凝土底板。

2. 墙体

墙体的主要作用是承受上部结构的垂直荷载，并承受土、地下水和土壤冻胀的侧压力。因此，要求它必须具有足够的强度和防潮、防水的性能。一般采用砖墙、混凝土墙或钢筋混凝土墙。

3. 顶板

顶板与楼板基本相同，常采用现浇或预制的钢筋混凝土板。如为人防地下室必须采用现浇板，并按有关规定决定板的厚度和混凝土强度等级。

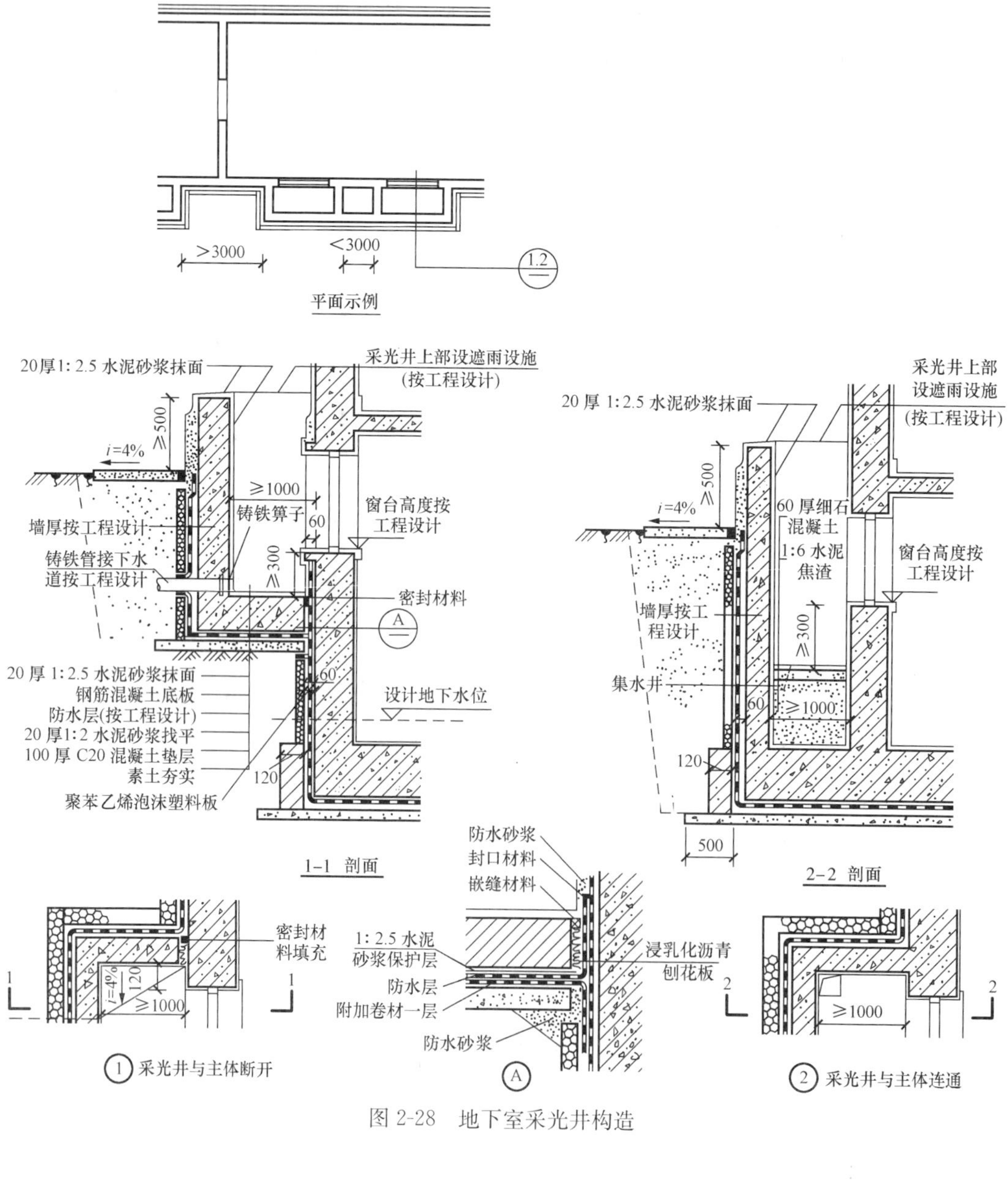

图 2-28　地下室采光井构造

4. 楼梯

楼梯可与地面以上部分的楼梯间结合布置。对于人防地下室，要设置两个直通地面的出入口，并且必须有一个是独立的安全出口。这个安全出口周围不得有较高的建筑物，以防因突袭倒塌堵塞出口，影响疏散。

5. 门窗

普通地下室的门窗与地上房间门窗相同。地下室外窗如在室外地坪以下时，应设置采光井，以利于室内采光、通风和室外行走安全。人防地下室一般不允许设窗，如需设窗，应做好战时封堵措施。外门应按防护等级要求，设置防护门、防护密闭门。

三、地下室采光井构造

地下室的外窗处，可按其与室外地面的高差情况设置采光井。采光井可以单独设置，也可以联合设置，视外窗的间距而定。图 2-28 为地下室采光井构造。

第五节　地下工程防水与防潮

地下工程的外墙和底板都埋在地下，常年受到土中水分和地下水的侵蚀、挤压，如不采取有效的构造措施，地面水或地下水将渗透到地下工程内，轻则引起墙皮脱落，墙面霉变，影响美观、使用，重则降低建筑物的耐久性，甚至破坏。因此，地下工程的防水和防潮是确保地下工程能够正常使用的关键环节，应根据现场的实际情况，确定防水或防潮的构造方案。做到安全可靠，万无一失。

一、地下工程防水

当设计最高地下水位高于地下室底板标高时，底板和部分外墙被浸在水中，外墙受到地下水的侧压力，底板受到浮力。在这种情况下，必须考虑对地下工程采取防水措施。

地下工程的防水等级标准分为三级，见表 2-4。

表 2-4　　**地下工程防水等级标准**

防水等级	标　准
一级	不允许渗水，结构表面无湿渍
二级	不允许漏水，结构表面可有少量湿渍；工业与民用建筑：总湿渍面积不应大于总防水面积（包括顶板、墙面、地面）的 1/1000；任意 $100m^2$ 防水面积上的湿渍不超过 1 处，单个湿渍的最大面积不大于 $0.1m^2$
三级	有少量漏水点，不得有线流和漏泥沙 任意 $100m^2$ 防水面积上的漏水点数不超过 7 处，单个漏水点的最大漏水量不大于 2.5L/d，单个湿渍的最大面积不大于 $0.3m^2$

地下工程的防水设防要求应根据使用功能、结构形式、环境条件、施工方法及材料性能等因素，按表 2-5 选用。

表 2-5　　**不同防水等级的适用范围**

防水等级	适　用　范　围
一级	人员长期停留的场所；因有少量湿渍会使物品变质、失效的储物场所及严重影响设备正常运转和危及工程安全运营的部位；极重要的战备工程
二级	人员经常活动的场所；在有少量湿渍的情况下不会使物品变质、失效的储物场所及基本不影响设备正常运转和工程安全运营的部位；重要的战备工程
三级	人员临时活动的场所；一般战备工程

地下工程防水有：①防水混凝土防水；②卷材防水；③水泥砂浆防水；④涂料防水；⑤金属防水。地下工程的钢筋混凝土结构，应采用防水混凝土，并根据防水等级的要求采用其他防水措施。

（一）防水混凝土防水

混凝土防水是由防水混凝土依靠材料自身的憎水性和密实性来达到防水的目的。防水混凝土既是承重结构，又是围护结构，并具有可靠的防水性能。因而简化了施工，加快了工程进度，改善了劳动条件。防水混凝土分为普通防水混凝土和掺外加剂的防水混凝土。普通防水混凝土是对混凝土中骨料进行科学级配，对水灰比进行精确计算，按要求严格振捣，从而起到防水作用；掺外加剂的防水混凝土，则是在混凝土中掺入加气剂或密实剂，来提高其抗渗性能而达到防水目的。为了保证防水效果，防水混凝土结构厚度不应小于 250mm，裂缝宽度不得大于 0.2mm，并不得贯通。迎水面钢筋保护层的厚度应大于等于 50mm，当遇有腐蚀性介质时，应适当加厚。其使用环境温度不得高于 80℃。

地下工程防水混凝土防水构造示例：图 2-29 为桩基础防水构造；图 2-30 为条形基础与独立基础防水构造；图 2-31 为地下连续墙与底板防水构造。

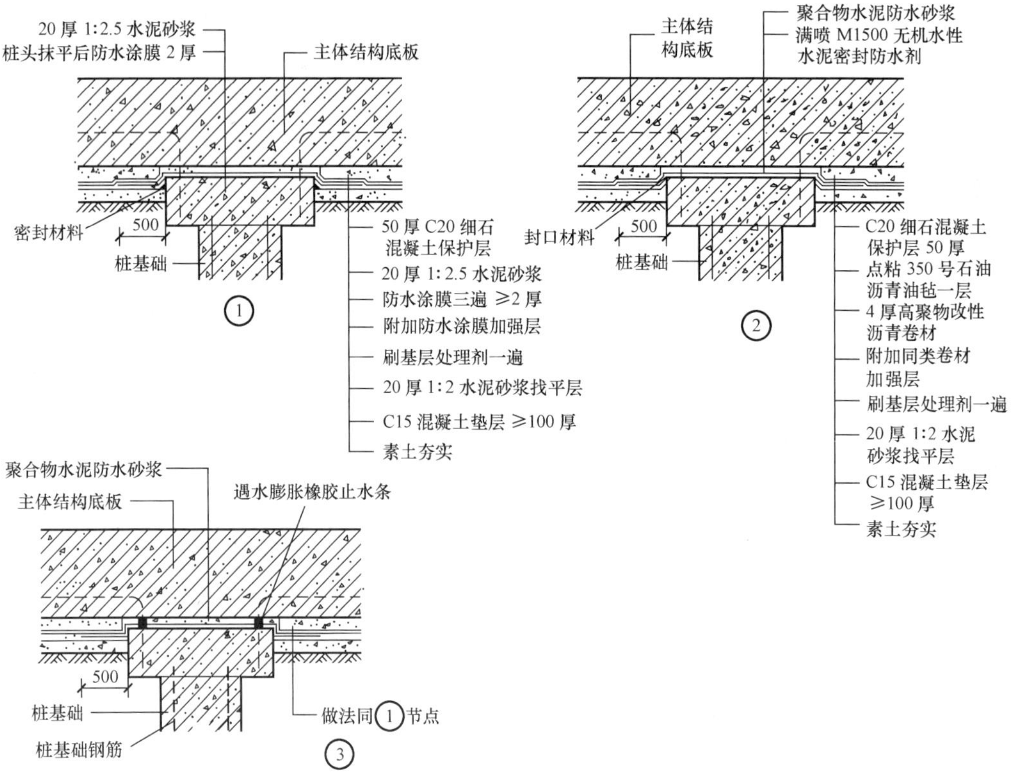

图 2-29 桩基础防水构造

（二）卷材防水

卷材防水属于柔性防水，适用于受侵蚀性介质作用或受振动作用的地下工程防水，应铺设在混凝土结构主体的迎水面，它是在结构主体底板垫层至墙体顶端的基面上，在外围形成的封闭的防水层。卷材防水层一般有外防外贴法和外防内贴法两种施工方法。

（1）外防外贴法（简称外贴法）：如图 2-32 所示，待混凝土垫层及砂浆找平层施工完

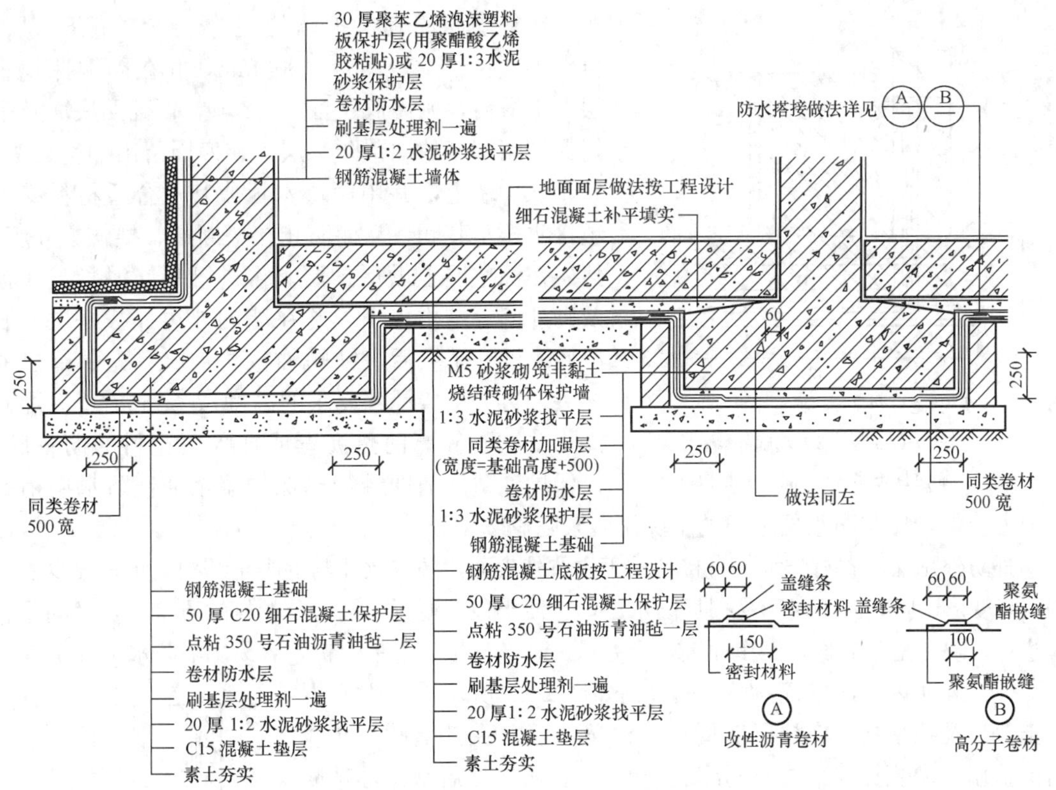

图 2-30 条形基础与独立基础防水构造

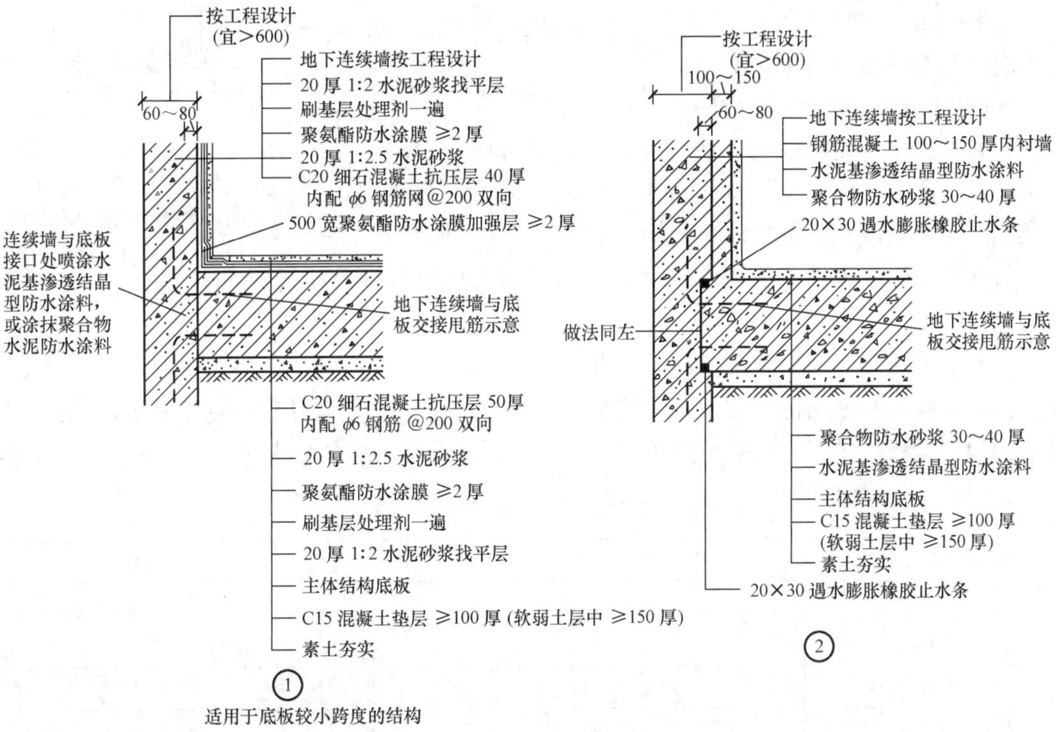

图 2-31 地下连续墙与底板防水构造

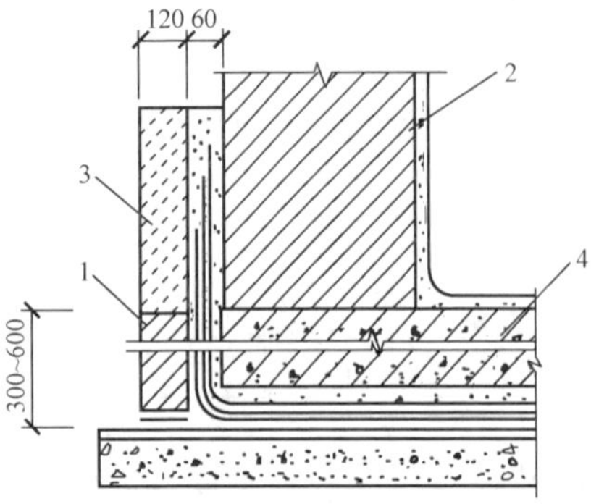

图 2-32　外贴法施工示意图
1—永久保护墙；2—基础外墙；
3—临时保护墙；4—混凝土底板

毕，在垫层四周砌保护墙的位置干铺油毡条一层，再砌半砖保护墙高 300～600mm，并在内侧抹找平层。干燥后，刷冷底子油 1～2 道，再铺贴底面及砌好保护墙部分的油毡防水层，在四周留出油毡接头，置于保护墙上，并用两块木板或其他合适材料将油毡接头压于其间，从而防止接头断裂、损伤、弄脏。然后在油毡层上做保护层。再进行钢筋混凝土底板及砌外墙等结构施工，并在墙的外边抹找平层，刷冷底子油。干燥后，铺贴油毡防水层（先贴留出的接头，再分层接铺到要求的高度）。完成后，立即刷涂 1.5～3mm 厚的热沥青或加入填充料的沥青胶，以保护油毡。随即继续砌保护墙至油毡防水层稍高的地方。保护墙与防水层之间的空隙用砂浆随砌随填。

外防外贴法，卷材防水层直接粘贴于主体外表面，防水层能与混凝土结构同步，较少受结构沉降变形影响，施工时不易损坏防水层，也便于检查混凝土结构及卷材的质量，发现问题容易修补。缺点是工期长，工作面大，土方量大，卷材接头不易保护，容易影响防水工程质量。

（2）外防内贴法（简称内贴法）：如图 2-33 所示，先做好混凝土垫层及找平层，在垫层四周干铺油毡一层并在其上砌一砖厚的保护墙，内侧抹找平层，刷冷底子油 1～2 遍，然后铺贴油毡防水层。完成后，表面涂刷 2～4mm 厚热沥青或加填充料的沥青胶，随即铺撒干净、预热过的绿豆砂，以保护油毡。接着进行钢筋混凝土底板及砌外墙等结构施工。

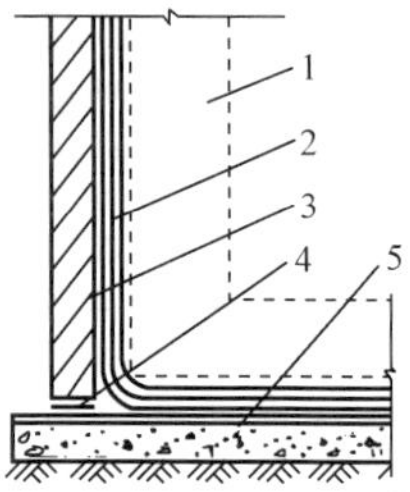

图 2-33　内贴法施工示意图
1—尚未施工的地下室墙；
2—卷材防水层；3—永久保护墙；
4—干铺油毡一层；5—混凝土垫层

外防内贴法，可一次完成防水层的施工，工序简单，土方量较小，卷材防水层无需临时固胶留茬，可连续铺贴。缺点是立墙防水层难以和主体同步受结构沉降变形影响，防水层易受损，卷材及混凝土的抗渗质量不易检查，如发生渗漏，修补困难。

卷材防水层应选用高聚物改性沥青防水卷材类或合成高分子防水卷材类。

（1）高聚物改性沥青防水卷材：具有耐老化、耐侵蚀、不浸润等特性和良好的憎水性、弹塑性、耐候性和黏结性。适用于受侵蚀性介质作用或受振动作用、基层变形较小、迎水面设防的地下工程。搭接边应采用热熔黏结。选用厚度及常用材料见表 2-6、表 2-7。

表 2-6　　高聚物改性沥青防水卷材厚度的选用

防水等级	设防道数	厚度（mm）
一级	二道或二道以上	单层≥4.0 双层≥3.0×2
二级	二道	
三级	宜一道	≥4.0
	复合	≥3.0

注　表中所述设防道数不包括混凝土结构自防水。

表 2-7　　常用高聚物改性沥青防水卷材

类　型	名　　称	代号
弹性体改性	SBS 橡胶改性沥青防水卷材	J1-1
	自粘性聚酯胎 SBS 橡胶改性沥青防水卷材	J1-2
	SBR 橡胶改性沥青防水卷材	J1-3
	丁苯橡胶改性氧化沥青防水卷材	J1-4
	自粘性化纤胎橡胶改性沥青防水卷材	J1-5
塑性体改性	APP 改性沥青防水卷材	J1-6
	APO 改性沥青防水卷材	J1-7
	APAO 改性沥青防水卷材	J1-8
共混体改性	棉胶沥青聚氯乙烯防水卷材	J1-9
	铝箔面橡塑共混体改性沥青防水卷材	J1-10
	橡塑改性沥青聚乙烯胎防水卷材	J1-11

（2）合成高分子防水卷材：具有抗拉强度高、延伸率大、弹性高、温度特性好、耐水性能优异等特性。适用于受侵蚀性介质或振动作用的基层变形量较大、迎水面设防的地下工程。橡胶型卷材采用冷粘法施工；树脂型卷材、塑料板采用热熔、热风焊接施工。选用厚度及常用材料见表 2-8、表 2-9。

表 2-8　　合成高分子防水卷材厚度的选用

防水等级	设防道数	厚度（mm）
一级	三道或三道以上	单层≥1.5 双层总厚≥1.2×2
二级	二道	
三级	宜一道	≥1.5
	复合	≥1.2

注　表中所述设防道数不包括混凝土结构自防水。

表 2-9　　常用合成高分子防水卷材

类型	名　　称		代号
均质片	硫化橡胶类	三元乙丙橡胶防水卷材	J2-1
		氯化聚乙烯—橡胶共混防水卷材	J2-2
		氯丁橡胶、氯磺化聚乙烯、氯化聚乙烯防水卷材等	J2-3
		再生三元乙丙—丁基橡胶防水卷材	J2-4
	非硫化橡胶类	三元乙丙橡胶防水卷材	J2-5
		氯化聚乙烯—橡胶共混防水卷材	J2-6
		氯化聚乙烯防水卷材	J2-7
	树脂类（塑料板）	聚氯乙烯防水卷材（PVC）等	J2-8
		乙烯—醋酸乙烯共聚物（EVA）、聚乙烯等	J2-9
		乙烯—共聚物沥青（ECB）等	J2-10
复合片	硫化橡胶类	乙丙、丁基、氯丁橡胶、氯磺化聚乙烯等	J2-11
	非硫化橡胶类	氯化聚乙烯、乙丙、丁基、氯丁橡胶、氯磺化聚乙烯等	J2-12
	树脂类（塑料板）	聚氯乙烯防水卷材（PVC）等	J2-13
		聚乙烯防水板（PE、LDPE、HDPE）等	J2-14
其　他		纳基膨润土防水毡、防水板（单层使用厚度≥6.4mm）	J2-15
		聚合物水泥柔性防水卷材	J2-16

地下工程卷材防水构造示例，如图 2-34、图 2-35 所示。

（三）水泥砂浆防水

水泥砂浆防水属于刚性防水，适用于埋置深度不大，使用时不会因结构沉降，温度、湿度变化以及受振动等产生有害裂缝的地下防水工程。水泥砂浆防水层可采用多层抹压施工，并宜与其他防水措施复合使用。它可用于结构主体的迎水面或背水面。

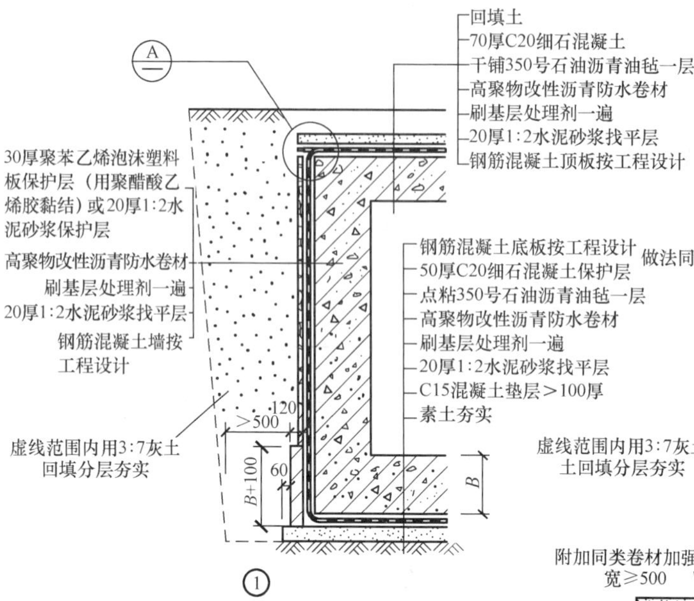

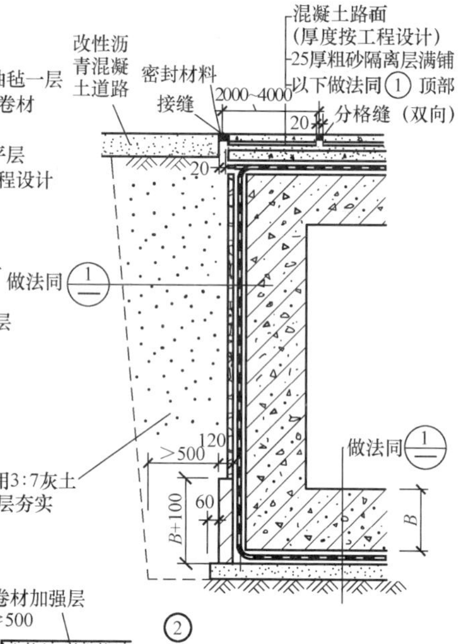

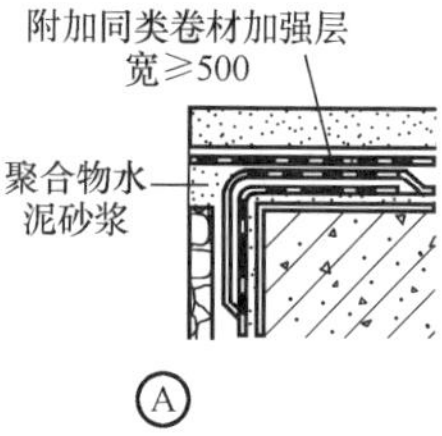

选用合成高分子防水卷材作法按表1施工　表1

墙体	底板
涂刷基层处理剂	点粘350号石油沥青油毡一层
高分子卷材防水层	高分子卷材防水层
	涂刷基层处理剂

注：1.卷材种类及厚度由设计人定。
2.如为外防内贴法，防水层可用5~6厚聚乙烯泡沫塑料片作保护层（用氯丁胶黏结）。
3.B表示底板厚度。

图 2-34　卷材防水构造（一）

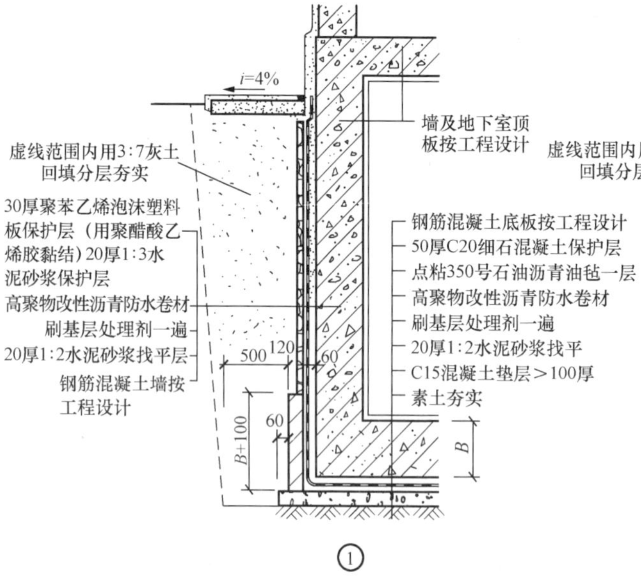

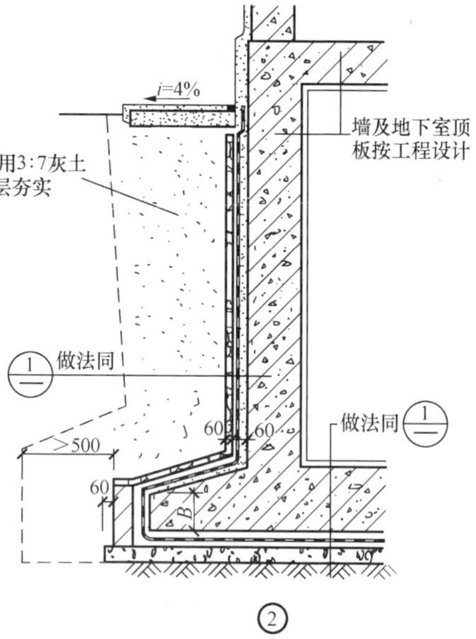

选用合成高分子防水卷材作法按表1施工　表1

墙体	底体
涂刷基层处理剂	点粘350号石油沥青油毡一层
高分子卷材防水层	高分子卷材防水层
	涂刷基层处理剂

注：1.卷材种类及厚度由设计人定。
2.如为外防内贴法，防水层可用5~6厚聚乙烯泡沫塑料片作保护层（用氯丁胶黏结）。
3.B表示底板厚度。

图 2-35　卷材防水构造（二）

水泥砂浆防水具有高强度、抗刺穿、湿粘性等特性。它包括普通防水砂浆、聚合物水泥砂浆和掺外加剂或掺和料防水砂浆。由于普通防水砂浆的多层做法比较繁琐，故工程中已不多用。

水泥砂浆的厚度规定及常用材料见表 2-10、表 2-11。

表 2-10　水泥砂浆厚度规定

名　　称	厚度（mm）
聚合物水泥砂浆防水层	单层：6～8；双层：10～12
掺外加剂或掺和料水泥砂浆、普通水泥砂浆	18～20

表 2-11　常用水泥砂浆防水材料

类　型	名　　称	代号
聚合物水泥砂浆	有机硅防水砂浆	S-1
	阳离子氯丁胶乳防水砂浆	S-2
	EVA 聚合物防水砂浆	S-3
	丙烯酸酯共聚乳液防水砂浆	S-4
	不饱和聚酯树脂防水砂浆	S-5
	丁苯胶乳防水砂浆	S-6
	钢纤维（合成纤维）聚合物防水砂浆	S-7
外加剂、掺和料水泥砂浆（宜多层抹压）	补偿收缩（掺膨胀剂）水泥砂浆	S-8
	硅粉、粉煤灰水泥砂浆	S-9
	减水剂水泥砂浆	S-10
	水泥防水剂防水砂浆	S-11
	无机铝盐防水砂浆	S-12
	钢纤维（合成纤维）补偿收缩防水砂浆	S-13
普通水泥砂浆防水层（宜多层抹压）		S-14

地下工程水泥砂浆防水构造示例，如图 2-36 所示。

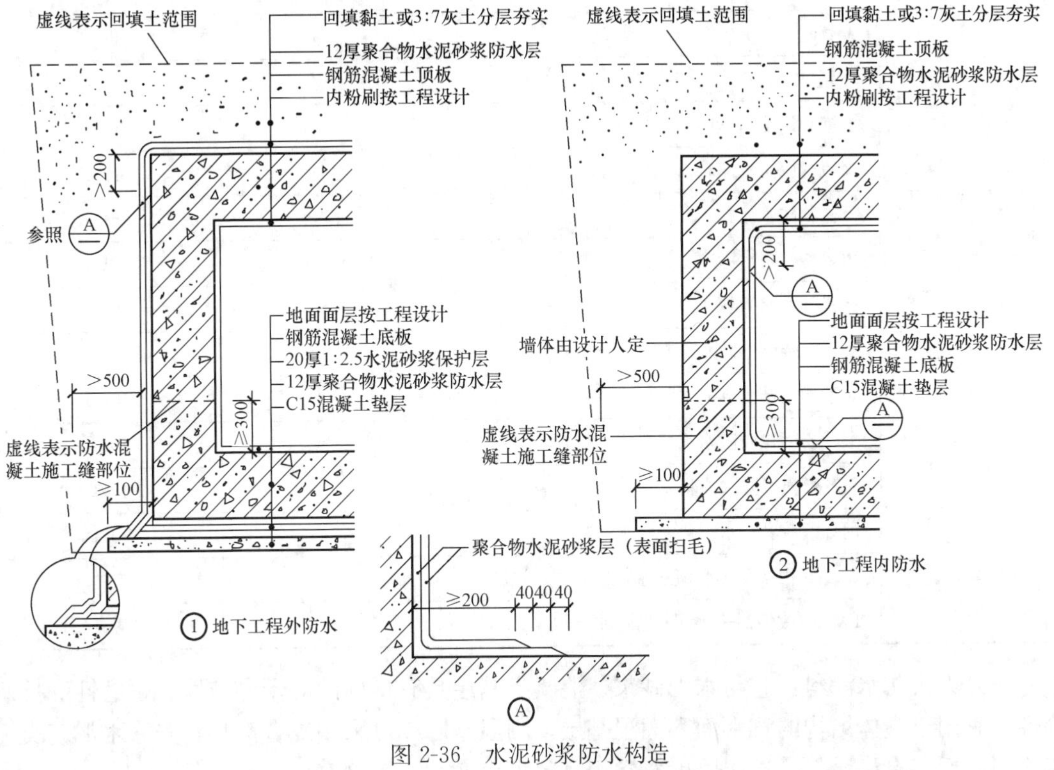

图 2-36　水泥砂浆防水构造

（四）涂料防水

涂料防水层包括有机防水涂料和无机防水涂料。有机防水涂料宜用于结构主体的迎水面；无机防水涂料宜用于结构主体的背水面。

有机防水涂料包括反应型、水乳型、聚合物水泥防水涂料；无机防水涂料包括水泥基防水涂料、水泥基渗透结晶型防水涂料。

（1）有机防水涂料：具有良好的延伸性、整体性和耐腐蚀性。适宜在迎水面设防。深埋、振动、变形较大的工程宜选用高弹性涂料。水乳型、聚合物水泥基有机涂料可用于潮湿基层。选用厚度及常用材料见表 2-12、表 2-13。

表 2-12　有机防水涂料厚度选用

防水等级		厚度（mm）		
		反应型	水乳型	聚合物水泥
一级	三道以上	1.2～2.0	1.2～1.5	1.5～2.0
二级	二道			
三级	一道	—	—	≥2.0
	复合	—	—	≥1.5

注　表中所注设防道数不包括混凝土结构自防水。

表 2-13　常用有机防水涂料

类　型	名　　称	代号
反　应　型	聚氨酯防水涂料	T1-1
	环氧树脂防水涂料	T1-2
	不饱和聚酯树脂防水涂料	T1-3
	聚硫橡胶防水涂料	T1-4
水　乳　型	硅橡胶防水涂料	T1-5
	丙烯酸酯防水涂料	T1-6
	有机硅防水涂料	T1-7
	聚氯乙烯弹性防水涂料	T1-8
	聚丁或丁苯胶乳防水涂料	T1-9
	三元乙丙橡胶防水涂料	T1-10
	SBS 弹塑性防水涂料	T1-11
水泥聚合物	丙烯酸胶乳—水泥复合防水涂料	T1-12
	EVA、丙烯酸酯乳液—水泥复合防水涂料	T1-13
	EVA、改性剂—水泥复合防水涂料	T1-14

（2）无机防水涂料：它与水泥砂浆、混凝土基层具有良好的湿干黏结性、耐磨性和抗刺穿性。宜用于主体结构的背水面和潮湿基层。潮湿基层亦可采用复合涂料，先涂水泥基类无机涂料，后涂有机涂料。选用厚度及常用材料见表 2-14、表 2-15。

表 2-14 无机防水涂料厚度选用

防水等级		水泥基（厚度 mm）	渗透结晶型（厚度 mm）	
			水泥基（粉末型）	溶液型
一级	三道以上		≥0.8	按要求喷涂
二级	二道	1.5～2.0	≥0.8	—
三级	一道	≥2.0	—	—
	复合	≥1.5	—	—

注 表中所注设防道数不包括混凝土结构自防水。

表 2-15 常用无机防水涂料

类型		名称	代号
水泥基		堵漏防水粉（剂）	T2-1
		水泥基防水涂料	T2-2
渗透结晶型	水泥基	CCCW	T2-3
	溶液型	渗密液	T2-4
		M1500 无机水性水泥密封防水剂	T2-5

地下工程涂料防水构造示例，如图 2-37 所示。

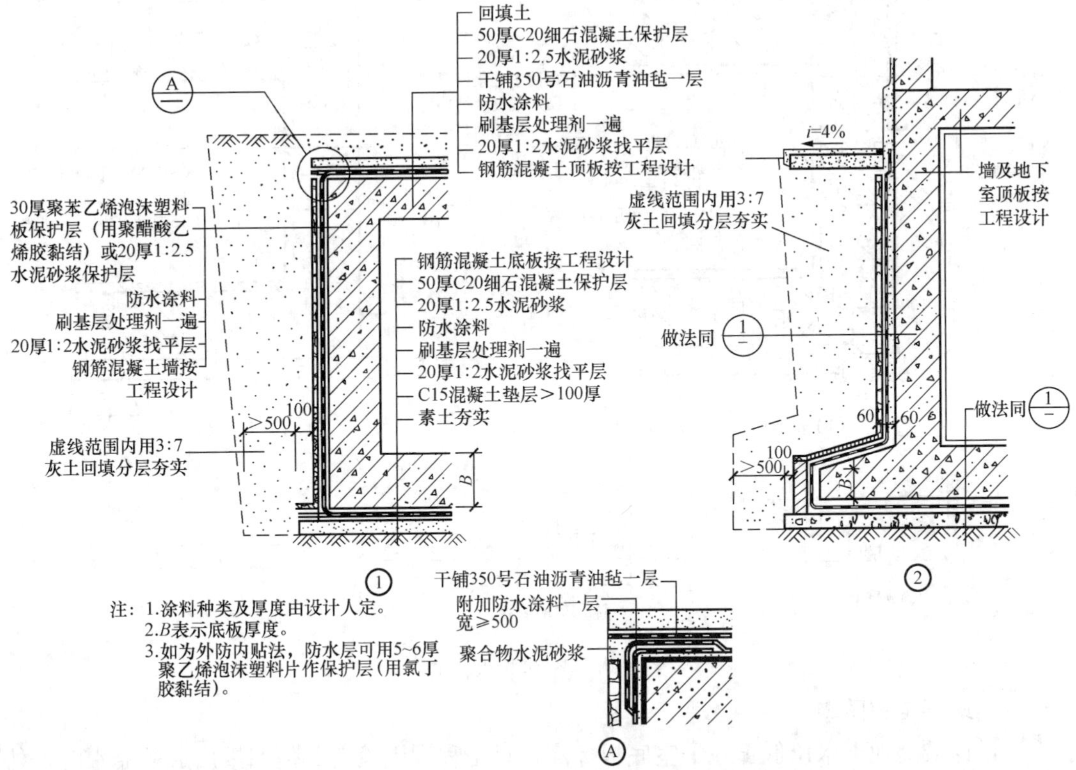

图 2-37 涂料防水构造

（五）金属防水

金属防水层主要用于工业厂房地下烟道、电炉基坑、热风道等有高温高热以及振动较大、防水要求严格的地下防水工程。它只起防水作用，其承重部分仍以钢筋混凝土承担。

金属防水层分内防水和外防水两种做法。采用内防水时，金属防水层应与混凝土结构内的钢筋焊牢或焊接一定数量的锚固件；采用外防水时，金属防水层应焊在混凝土结构预埋件上，焊缝检查合格后，应将其与结构间的空隙用水泥砂浆灌实。

金属防水层常用材料见表 2-16。

表 2-16 金属防水层常用材料

名　　称	厚度（mm）	代号
碳素结构钢	民用 3～6，工业用 8～12	G-1
低合金高强度结构钢	民用 3～6，工业用 8～12	G-2
铝、锡、锑合金防水卷（板）材	＞0.45	G-3
不锈钢板	0.5～1.2	G-4

地下工程金属防水构造示例，如图 2-38 所示。

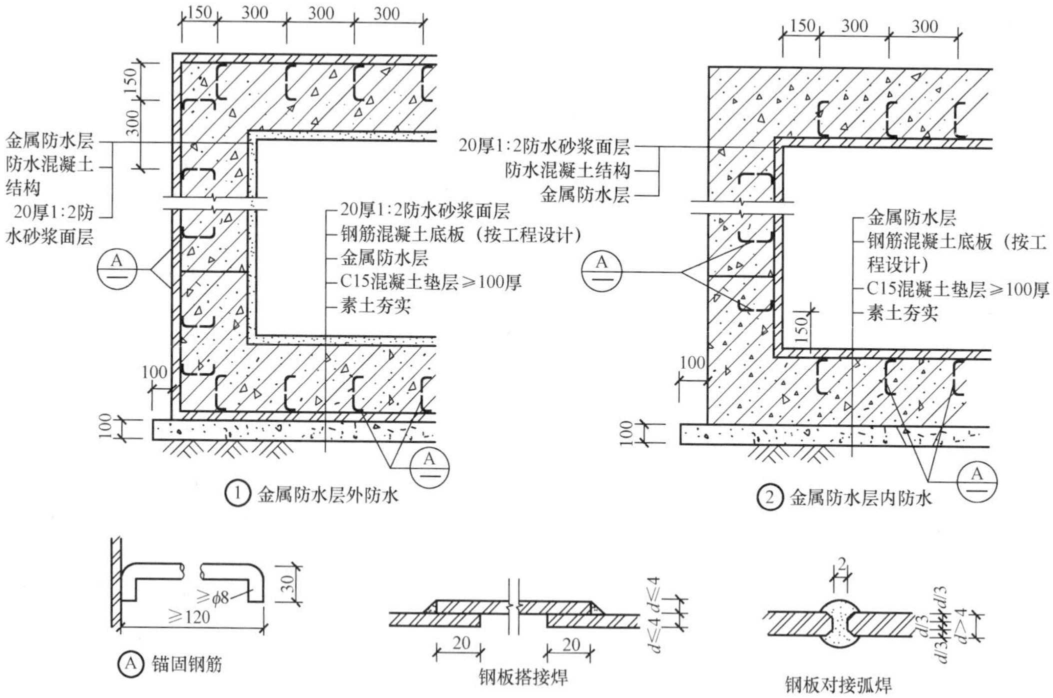

图 2-38　金属防水构造

二、地下工程防潮

当设计最高地下水位低于地下室底板标高，且工程周围没有其他因素形成的滞水时，外墙和底板只受到土层中潮气的影响。在这种情况下，应考虑对地下工程采取防潮措施。

地下工程防潮措施只适用于防无压水（如毛细管水及地下水下渗而造成的无压水）。

防潮层常用材料做法见表 2-17。

表 2-17　防潮层常用材料

编号	防 潮 层 做 法
1	防水涂料详见表 2-12、表 2-13、表 2-14、表 2-15
2	水泥砂浆防水层详见表 2-10、2-11

地下工程防潮构造示例，如图 2-39 所示。

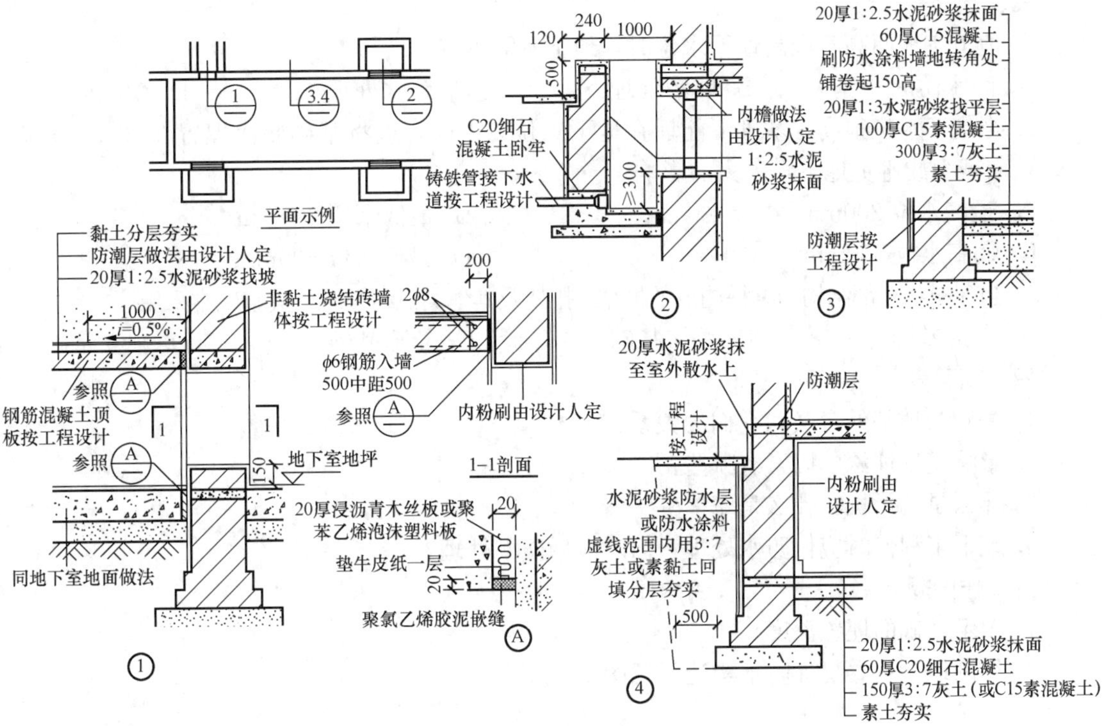

图 2-39　地下工程防潮构造

复习思考题

一、名词解释

1. 基础埋深
2. 刚性基础
3. 柔性基础
4. 刚性角
5. 箱形基础

二、填空题

1. 建筑物的地基可分为（　　）和（　　）两大类。
2. 采用人工加固地基的方法通常有（　　）、（　　）和（　　）等。
3. 基础按构造形式分为（　　）、（　　）、（　　）、（　　）、（　　）和（　　）等

类型。

4. 地下室按使用功能可分为（　　）和（　　）；按埋置深度可分为（　　）和（　　）。

5. 地下室一般由（　　）、（　　）、（　　）、（　　）和（　　）等部分组成。

6. 地下工程防水一般有（　　）防水、（　　）防水、（　　）防水、（　　）防水、（　　）防水等。

7. 卷材防水层一般有（　　）和（　　）两种施工方法。

三、选择题

1. 地下室地面高于最高地下水位时，地下室需做（　　）。

A. 防水防冻处理　B. 防潮处理　C. 防水处理　D. 防冻处理

2. 当地下水位很高，基础不能埋在地下水位以上时，应将基础底面埋置在（　　）以下，从而减少或避免地下水浮力的影响。

A. 最高水位 200mm　B. 最低水位 200mm

C. 最高水位 500mm　D. 最低水位 500mm

3. 当建筑物上部结构为梁柱构成的框架、排架及其他类似结构时，其基础常采用（　　）。

A. 条形基础　B. 井格基础　C. 箱形基础　D. 独立基础

四、简答题

1. 基础与地基的含义和它们的关系如何？

2. 影响基础埋深的因素有哪些？

3. 什么是端承桩？什么是摩擦桩？

4. 地下工程何时应做防水处理？何时应做防潮处理？

五、作图题

1. 图示基础的埋置深度。

2. 绘制地下室卷材外防水构造示意图。

第三章 墙 体

第一节 概 述

墙体是组成建筑空间的竖向构件。它下接基础，中隔楼板，上连屋顶，是建筑物的重要组成部分。其造价、工程量和自重往往是建筑物所有构件当中所占份额最大的。长期以来，人们一直围绕着墙体的技术和经济问题进行着不懈的努力和探索，并取得了一定的进展。

一、墙体的类型

（一）按墙体在建筑物中所处的位置及方向分类

（1）按墙体所处的位置不同，可分为外墙和内墙。凡位于建筑物四周的墙称为外墙；位于建筑物内部的墙称为内墙。外墙的主要作用是抵抗大气侵袭，保证内部空间舒适，故又称为外围护墙；内墙的主要作用是分隔室内空间，保证各房间的正常使用。

（2）按墙体所处的方向不同，又可分为纵墙和横墙。沿建筑物长轴方向布置的墙称为纵墙，有外纵墙和内纵墙之分，外纵墙也称檐墙；沿建筑物短轴方向布置的墙称为横墙，有外横墙和内横墙之分，外横墙通常称为山墙。墙体的名称如图 3-1 所示。

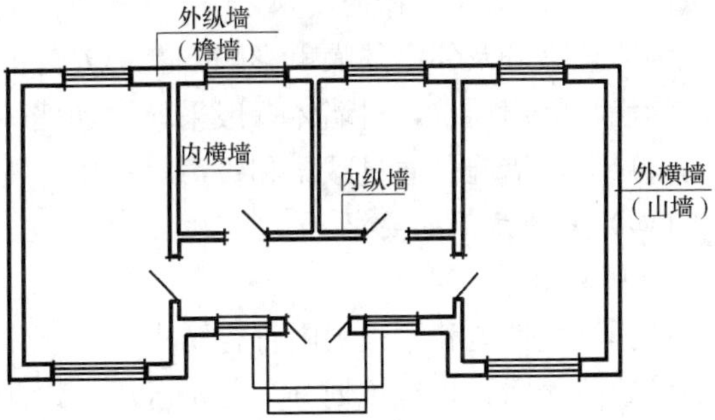

图 3-1 墙体的名称

此外，窗与窗或门与窗之间的墙称为窗间墙；窗洞下方的墙称为窗下墙；屋顶上部高出屋面的墙称为女儿墙等。

（二）按墙体受力情况分类

按墙体受力情况的不同，可分为承重墙和非承重墙。凡是承担上部构件传来荷载的墙称为承重墙；不承担上部构件传来荷载的墙称为非承重墙。非承重墙包括自承重墙和隔墙，自承重墙仅承受自身重量而不承受外来荷载，而隔墙主要用作分隔内部空间而不承受外力。在框架结构中，不承受外来荷载，自重由框架承受，仅起分隔作用的墙，称为框架填充墙。

（三）按墙体材料分类

按墙体所用材料不同有砖墙、石墙、土墙、混凝土墙、钢筋混凝土墙，以及利用各种材料制作的砌块墙、板材墙等。

（四）按墙体构造方式分类

按墙体构造方式可以分为实体墙、空体墙和组合墙三种。实体墙由单一材料组成，如普通砖墙、实心砌块墙等。空体墙也由单一材料组成，可由单一材料砌成内部空腔或材料本身具有孔洞，如空斗墙、空心砌块墙等；组合墙由两种及两种以上材料组合而成，如混凝土墙、加气混凝土复合板材墙等。

（五）按墙体施工方法分类

按墙体施工方法不同可分为叠砌式墙、预制装配式墙和现浇整体式墙三种。叠砌式墙是用零散材料通过砌筑叠加而成的墙体，如砖墙、石墙和各种砌块墙等；预制装配式墙是指将在工厂制作的大、中型墙体构件，用机械吊装拼合而成的墙体，如大板建筑、盒子建筑等；现浇整体式墙是现场支模和浇筑的墙体，如现浇钢筋混凝土墙等。

二、墙体的设计要求

（一）具有足够的强度和稳定性

墙体的强度与砌体本身的强度等级、所用砂浆的强度等级、墙体尺寸、构造以及施工技术有关；墙体的稳定性则与墙的长度、厚度、高度密切相关，同时也与受力支承情况有关。一般通过控制墙体的高厚比,利用圈梁、构造柱以及加强各部分之间的连接等措施，增强其稳定性。

（二）满足热工方面的要求

热工要求主要是指外墙体的保温与隔热。对于外墙体的保温，通常采用增加墙体厚度、选择导热系数小的墙体材料、采用多种材料的组合墙以及防止外墙中出现凝结水、空气渗透等措施加以解决；对于外墙的隔热，一般可以通过选用热阻大，重量大，表面光滑、平整、浅色的材料作饰面，窗口外设遮阳等措施，达到降低室内温度的目的。

（三）满足隔声方面的要求

为防止室外及邻室的噪声影响，获得安静的工作和休息环境，墙体应具有一定的隔声能力。为满足隔声要求，对墙体一般采取增加墙体密实性及厚度，采用有空气间层或多孔性材料的夹层墙等措施。通过减振和吸声等作用，提高墙体的隔声能力。

（四）其他方面的要求

1. 防火要求

选择燃烧性能和耐火极限符合防火规范规定的材料。在大型建筑中，还要按防火规范的规定设置防火墙，将建筑划分为若干区段，以防止火势蔓延。

2. 防水防潮要求

位于卫生间、厨房、实验室等有水的房间及地下室的墙，应采取防水、防潮措施。选择良好的防水材料以及恰当的做法，保证墙体的坚固耐久性，使室内有良好的卫生环境。

3. 建筑工业化要求

建筑工业化的关键是墙体改革。尽可能采用预制装配式墙体材料和构造方案，为生产工厂化、施工机械化创造条件，以降低劳动强度，提高墙体施工的工效。

三、墙体结构布置要求

结构布置是指梁、板、墙、柱等结构构件在房屋中的总体布局。大量性民用建筑的结构布置方案，通常有以下几种，如图 3-2 所示。

（一）横墙承重方案

横墙承重方案是将楼板两端搁置在横墙上，荷载由横墙承受，纵墙只起纵向稳定和围护作用。该方案特点是横向间距小，又有纵墙拉结，使建筑物的整体性好，空间刚度较大，对抵抗风力、地震力等水平荷载的作用十分有利。该方案适用于使用功能为小房间的建筑，如住宅、宿舍等，见图 3-2（a）。

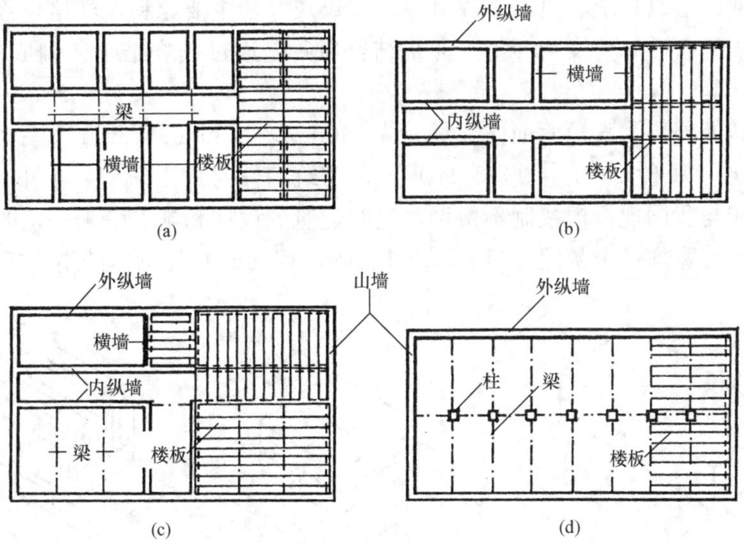

图 3-2　墙体结构布置方案

（a）横墙承重；（b）纵墙承重；（c）纵横墙混合承重；（d）部分框架承重

（二）纵墙承重方案

纵墙承重方案是将大梁或楼板搁置在内外纵墙上，荷载由纵墙承受，横墙为非承重墙，仅起分隔房间的作用。该方案特点是房间平面布置较为灵活，适用于需要较大房间的建筑，如教学楼、办公楼等，见图 3-2（b）。

（三）纵横墙混合承重方案

由于建筑空间变化较多，结构方案可根据需要布置，房屋中一部分用横墙承重，另一部分用纵墙承重，形成纵横墙混合承重方案。该方案的特点是建筑组合灵活，空间刚度较好。适用于开间、进深变化较多的建筑，如医院、实验楼等，见图 3-2（c）。

（四）部分框架承重方案

当建筑需要大空间时，采用部分框架承重，四周为墙承重，楼板的荷载传给梁、柱或墙。该方案的特点是房屋的总刚度主要由框架保证，水泥及钢材用量较大，适用于内部需要大空间的建筑，如商店、综合楼等，见图 3-2（d）。

第二节　墙　体　构　造

一、墙体材料

墙体材料是房屋建筑主要的围护和结构材料。目前常用的墙体材料有砖、砌块、钢筋混凝土板材和砌筑砂浆。

（一）砌墙砖

凡由黏土、工业废料或其他地方资源为主要原料，以不同工艺制成，在建筑中用于砌筑承重和非承重墙体的砖，统称为砌墙砖。

砌墙砖可分为普通砖和空心砖两大类。

（1）普通砖：它是没有孔洞或孔洞率小于 15%的砖，按照生产工艺分为烧结砖和非烧结砖。烧结普通砖是以黏土、页岩、煤矸石、粉煤灰等为主要原料，经焙烧而成，包括黏土砖、页岩砖、煤矸石砖、粉煤灰砖等；非烧结普通砖是通过非烧结工艺制成的，如碳化砖、蒸氧砖、蒸压砖等。

烧结普通砖的外形为直角六面体，尺寸为240mm×115mm×53mm［图3-3（a)］。砖的长、宽、厚之比约为4∶2∶1［图3-3（b)］，在砌筑墙体时加上灰缝，上下错缝方便灵活。但这种规格的砖与我国现行模数制不协调，这给建筑的设计和施工带来一定的麻烦。在工程实际中常以一个砖宽加一个灰缝（115mm+10mm=125mm）为砌体的组合模数。

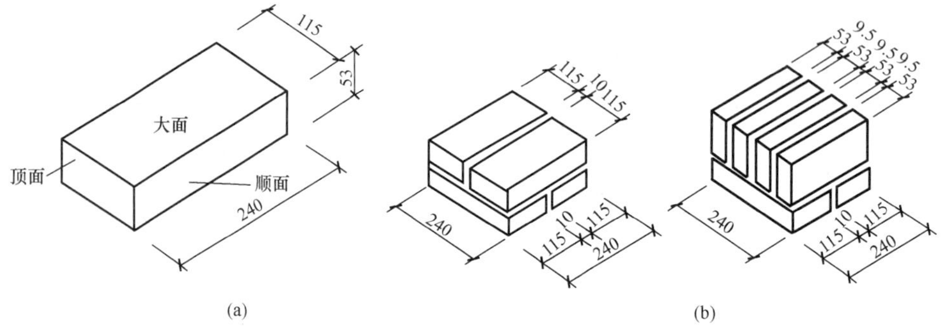

图3-3　普通砖的尺寸关系

（a）普通砖的尺寸；（b）普通砖的组合尺寸关系

（2）空心砖：它是指孔洞率等于或大于15%的砖，其中孔的尺寸小而数量多者又称为多孔砖。

烧结空心砖为顶面有孔且孔洞较大的砖（图3-4），其尺寸有290mm×190mm×90mm和240mm×180mm×115mm两种；烧结多孔砖为大面有孔，孔多且小的砖（图3-5），其尺寸有190mm×190mm×90mm和240mm×115mm×90mm两种。

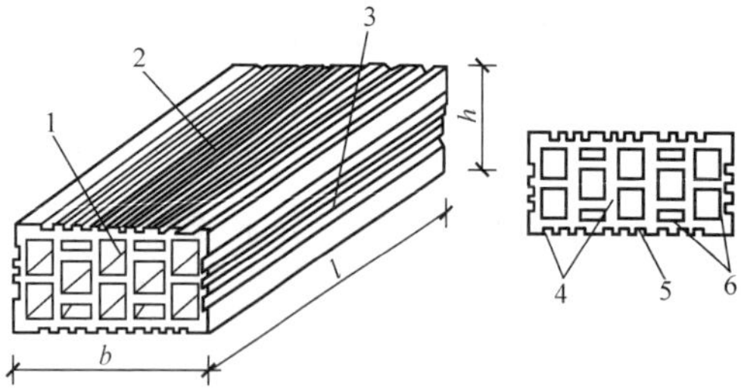

图3-4　烧结空心砖的外形

1—顶面；2—大面；3—顺面；4—肋；

5—凹槽线；6—外壁

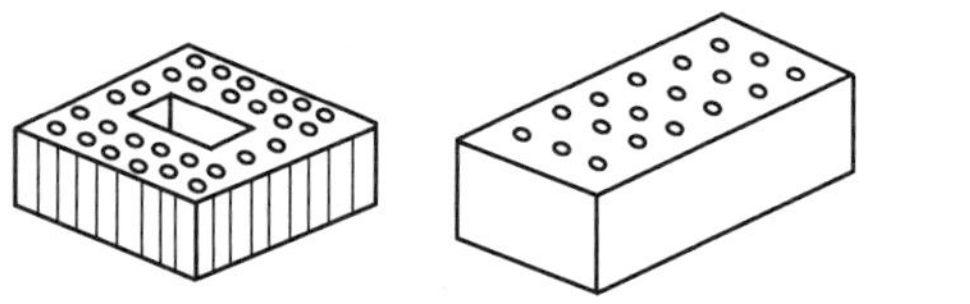

图3-5　烧结多孔砖的外形

烧结普通砖既具有一定的强度和耐久性，又具有良好的保温隔热性能。但其中的实心黏土砖由于生产时毁田取土量大、能耗高、自重大，属墙体材料革新中的淘汰产品。

砖的强度等级是根据其抗压强度和抗弯强度综合确定的，分别为MU30、MU25、MU20、MU15、MU10、MU7.5六个等级。

（二）砌块

砌块是形体较大的人造石材。按形态分为实心砌块和空心砌块；按产品规格分为大型（高度大于980mm）砌块、中型（高度为380～980mm）砌块和小型（高度为115～380mm）砌块；按生产工艺分为烧结砌块和蒸氧蒸压砌块；按主要材料分为普通混凝土砌块、轻骨料混凝土砌块、硅酸盐砌块、石膏砌块等。

建筑砌块是一种新型的墙体材料，它不仅具有生产工艺简单、生产周期短、砌筑效率高、适应性强等特点，而且可以充分地利用地方资源和工业废渣，以节省黏土资源和改善环境。同时，通过空心化还可改善墙体的保温隔热性能，以利节能。因此，建筑砌块是当前大力推广的墙体材料之一。

（三）钢筋混凝土

随着房屋层数和高度的进一步增加，水平荷载对房屋的影响增大。此时，采用钢筋混凝土墙体，为整个房屋提供很大的抗剪强度和刚度，一般称这种墙体为“抗震墙”或“剪力墙”。

（四）板材

随着建筑结构体系的改革和大开间多功能框架结构的发展，各种轻质和复合多功能墙用板材也蓬勃兴起。目前可用于墙体的板材品种很多，按墙板的功能分为外墙板、内墙板和隔墙板；按墙板的规格分为大型墙板、条板拼装的大板和小张的轻型板；按墙板的结构分为实心板、空心板和多功能复合墙板。

以建筑板材为围护结构的建筑体系，具有质轻、节能、施工方便快捷、使用面积大、开间布置灵活等特点，因此，具有良好的发展前景。

（五）砌筑砂浆

将砖、石、砌块等黏结成整体的砂浆称为砌筑砂浆。它起着黏结砖、石及砌块，传递荷载，协调变形的作用。同时砂浆具有嵌缝，提高墙体的防寒、隔热和隔声的能力。砌筑砂浆要求有一定的强度，以保证墙体的承载能力，同时还要求有适当的流动性和保水性，即具有良好的和易性，方便施工。

砌筑砂浆通常使用的有水泥砂浆、石灰砂浆及混合砂浆三种。

(1) 水泥砂浆：由水泥、砂加水拌和而成，它属于水硬性材料，强度高，防潮性能好，较适合于砌筑潮湿环境的墙体。

(2) 石灰砂浆：由石灰膏、砂加水拌和而成，它属于气硬性材料，强度不高，常用于砌筑一般、次要的民用建筑中地面以上的墙体。

(3) 混合砂浆：由水泥、石灰膏、砂加水拌和而成，这种砂浆强度较高，和易性和保水性较好，常用以砌筑工业与民用建筑中地面以上的墙体。

砂浆的强度等级分为六级，即 M20、M15、M10、M7.5、M5.0 及 M2.5。常用的砌筑砂浆是 M5.0、M10 。

二、墙体的组砌方式

组砌是指砖、砌块在墙体中的排列方式。墙体在组砌时应遵循“内外搭接、上下错缝”的原则，使砖、砌块在墙体中能相互咬合，以增加墙体的整体性，保证墙体不出现连续的垂直通缝，确保墙体的强度。砖之间搭接和错缝的距离一般不小于 60mm；砌块之间搭接长度不宜小于砌块长度的 1/3。

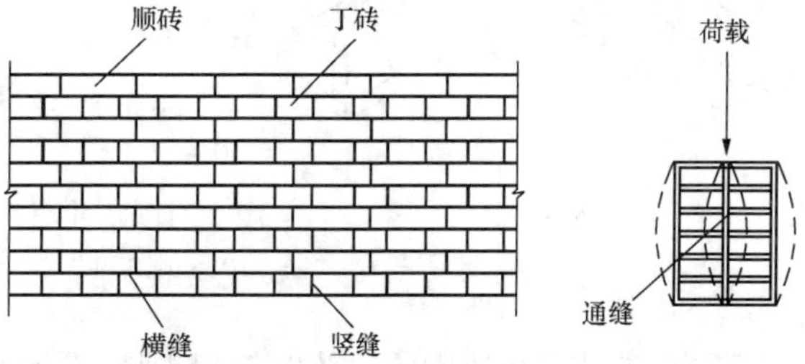

图 3-6　普通砖墙组砌名称及错缝示例

（一）砖墙的组砌方式

图 3-6 为非黏土烧结普通砖墙的组

砌名称及错缝示例。当墙面不抹灰作清水时，组砌还应考虑墙面图案美观。

在砖墙的组砌中，把砖的长方向垂直于墙面砌筑的砖叫丁砖，把砖的长方向平行于墙面砌筑的砖叫顺砖。上下皮之间的水平灰缝称横缝，左右两砖之间的垂直缝称竖缝。要求丁砖和顺砖交替砌筑，灰浆饱满，横平竖直（图 3-6）。常见的砖墙体有以下几种砌筑方式。

1. 实体墙

实体墙的组砌方式如图 3-7 所示。

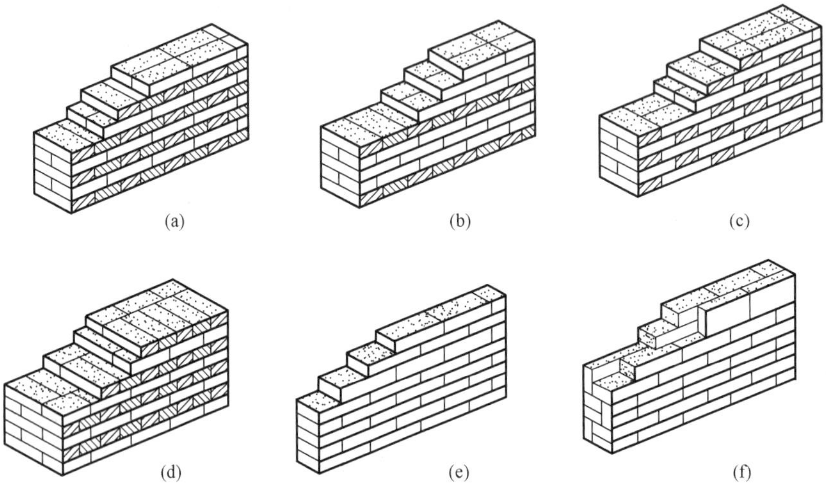

图 3-7　实体墙的组砌方式

（a）一顺一丁；（b）多顺一丁；（c）丁顺相间；

（d）370mm 墙；（e）120mm 墙；（f）180mm 墙

2. 空斗墙

侧立砌筑的砖叫斗砖，内外皮斗砖之间离开较大空隙或填入松散材料而形成的墙叫空斗墙。内外皮斗砖之间需用通砖拉结，拉结砖可用丁斗砖，也可用卧砌丁砖（眠砖）。用眠砖拉结的叫有眠空斗墙；用丁斗砖拉结的叫无眠空斗墙，如图 3-8 所示。

空斗墙用料省、自重轻、保温隔热好，适用于炎热、非震区低层民用建筑。

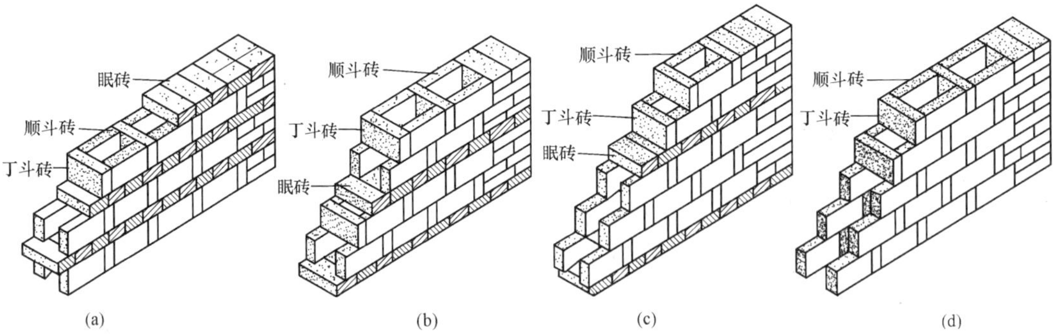

图 3-8　有眠空斗墙与无眠空斗墙

（a）一眠一斗；（b）一眠二斗；（c）一眠三斗；（d）无眠空斗

3. 空心墙

用空心砖、多孔砖砌筑墙体时，根据墙厚设计要求可顺砌或丁砌，上下皮搭接 1/2 砖，这种砖一般均有整砖与半砖两种规格。因此，在墙的端头、转角、内外墙交接、壁柱、独立柱等处均不必砍砖，必要时也可用普通砖镶砌，如图 3-9 所示。

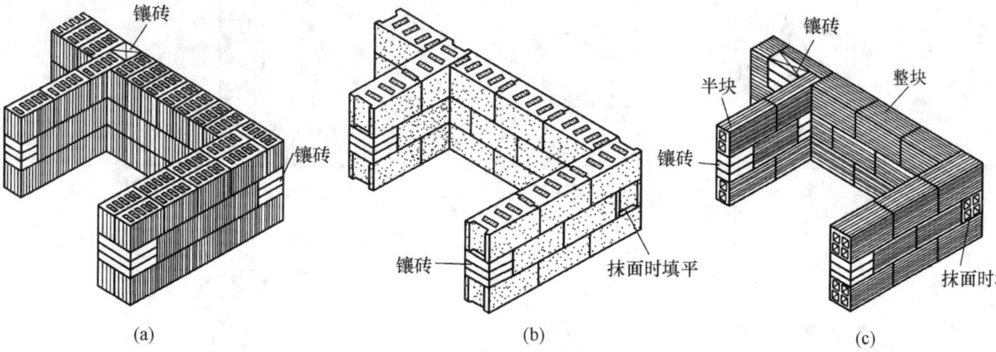

图 3-9　空心墙的构造

（a）五孔砖墙；（b）矿渣空心砖墙；（c）陶土空心砖墙

4. 组合墙

为改善墙体的热工性能，外墙可采用砖与其他保温材料结合而成的组合墙。组合墙一般有内贴保温材料、中间填保温材料以及在墙体中间留空气间层等构造做法，如图 3-10 所示。

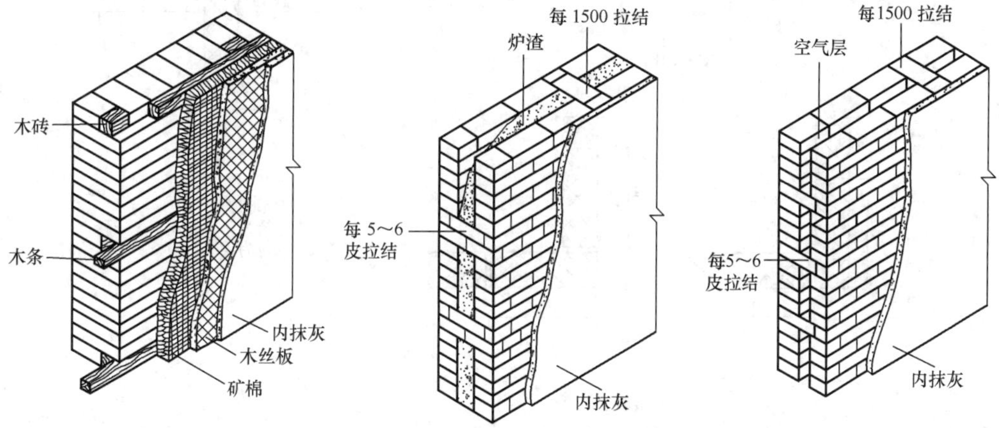

图 3-10　组合墙的构造

（a）单面贴保温材料；（b）墙中填保温材料；（c）墙中留空气层

（二）砌块的组砌方式

图 3-11 为加气混凝土砌块墙平面组砌示例；图 3-12 为加气混凝土砌块墙立、剖面组砌示例。

三、墙体的细部构造

为了保证墙体的耐久性和墙体与其他构件的连接，应在其相应的位置进行构造处理。墙体的细部构造包括墙脚、踢脚与墙裙、门窗洞口、墙身加固及变形缝构造等。

（一）墙脚构造

墙脚包括勒脚、散水与明沟、防潮层等部分。

1. 勒脚

勒脚是外墙接近室外地面处的表面部分。其主要作用：一是保护近地墙身不因外界雨、

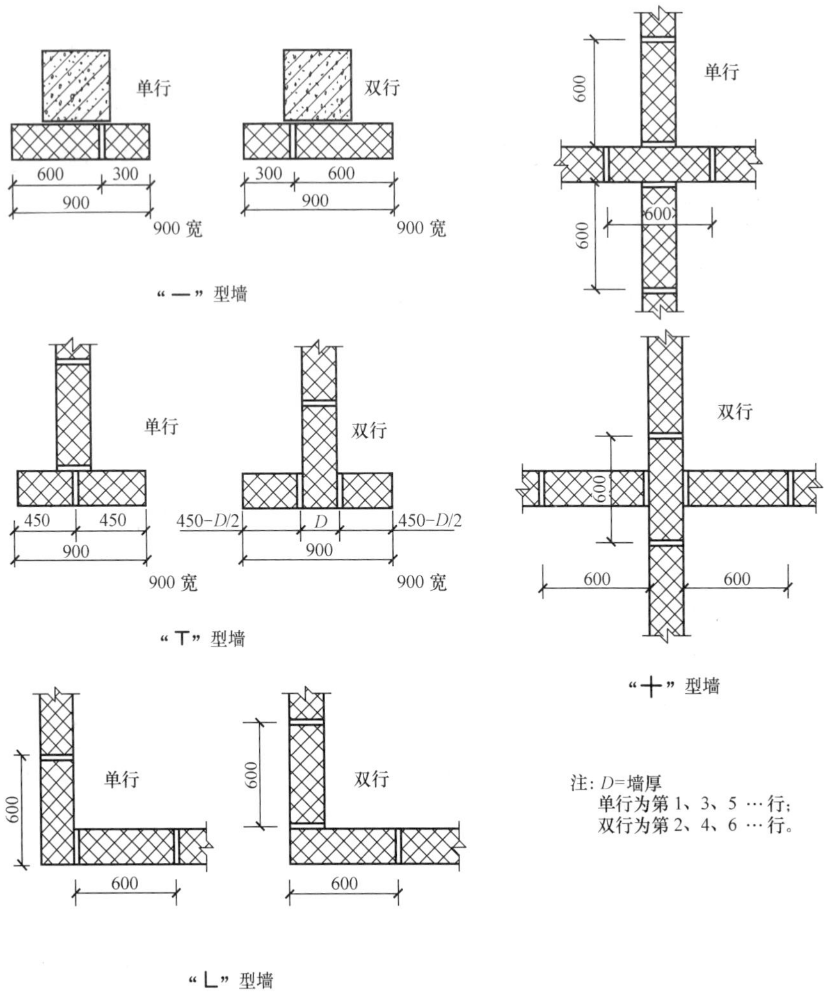

图 3-11 加气混凝土砌块墙平面组砌示例

雪的侵袭而受潮、受冻以致破坏；二是加固墙身，以防因外界机械性碰撞而使墙身受损；三是对建筑物立面处理产生一定的效果。

勒脚的常见做法有以下几种：

（1）勒脚表面抹灰：在勒脚部位抹灰 20～30mm 厚，如 1∶2.5 水泥砂浆等［图 3-13（a）］。

（2）勒脚贴面：在勒脚部位用天然石材或人工石材贴面，如花岗石、面砖等［图 3-13（b）］。

（3）在勒脚部位增加墙体的厚度，再做饰面［图 3-13（c）］。

（4）用石材代替普通砖砌筑勒脚，如毛石等［图 3-13（d）］。

勒脚的高度主要取决于防止地面水上溅的影响，一般应距室外地坪 500mm 以上，同时还应兼顾建筑的立面效果，可以做到窗台或更高些。

2. 散水与明沟

为了防止雨水和室外地面水沿建筑物渗入，危害基础，需在建筑物四周设置散水或明沟，将勒脚附近的地面水导至建筑范围以外。

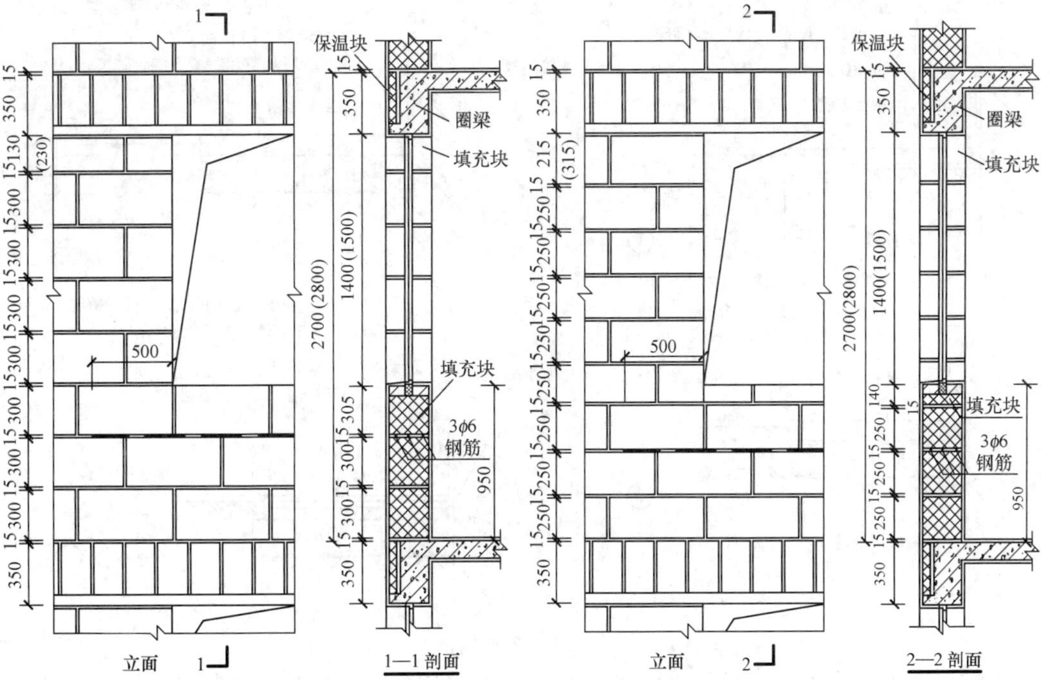

2700 (2800) 层高，300 高砌块，1400 (1500) 窗高
外墙砌块组砌示例

2700 (2800) 层高，250 高砌块，1400 (1500) 窗高
外墙砌块组砌示例

图 3-12　加气混凝土砌块墙立、剖面组砌示例

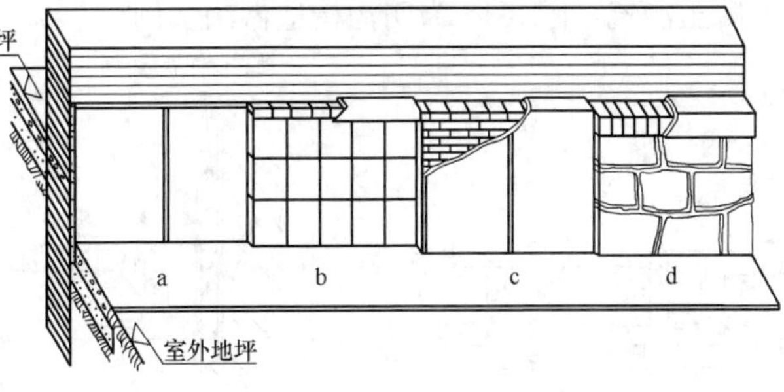

图 3-13　常用勒脚构造

a—表面抹灰；b—贴面；c—加厚墙做饰面；d—毛石

（1）散水。散水是沿建筑物外墙四周设置的向外倾斜的坡面。其作用是把屋面下落的雨水排到远处，进而保护墙基不受雨水等侵蚀。散水适用于年降水量较少，或建筑四周易于排除地面水的情况，否则应采用明沟散水。

散水的宽度一般为 600～1000mm。为保证屋面雨水能够落在散水上，当屋面采用无组织排水方式时，散水的宽度应比屋檐的挑出宽度大 200mm 左右；为了加快雨水的流速，散水表面应向外侧倾斜，坡度一般为 3%～5%，外边缘比室外地面高出 20～30mm 为宜；散水每隔 6m 需设伸缩缝一道，缝宽 20mm，散水与外墙间设通长缝，缝宽 10mm，缝内填沥青胶泥；散水下如设防冻层，做法为加铺 300 厚中砂。散水所用材料有砖、混凝土、水泥砂浆及石材等，图 3-14 为散水构造做法示例。

（2）明沟。明沟又称阳沟、排水沟，位于建筑物的四周。其作用是把屋面下落的雨水有

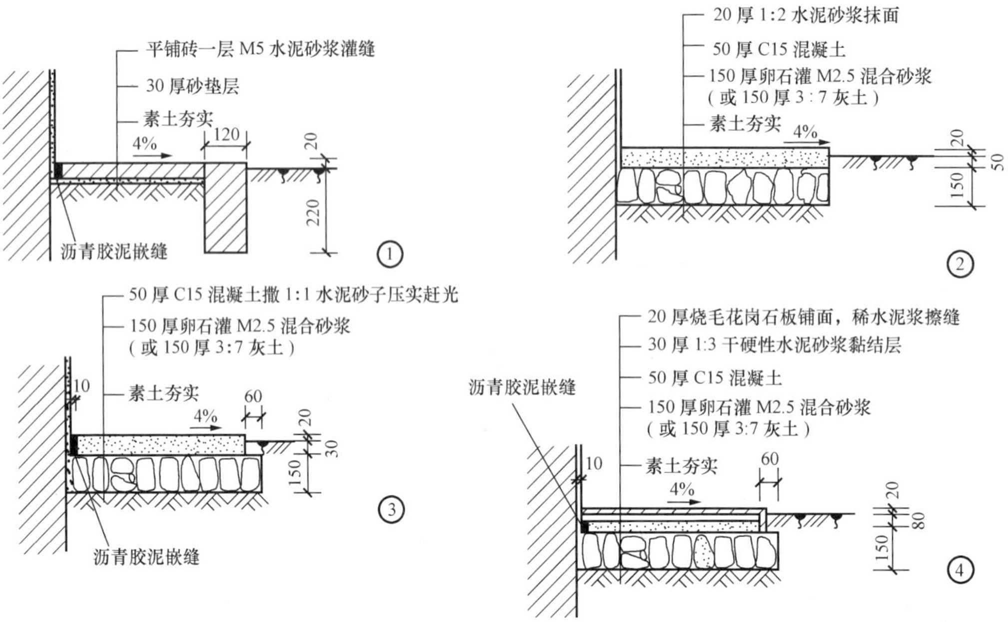

图 3-14　散水构造

组织地导向地下排水集井（又称集水口）而流入下水道。明沟面层为 5 厚 1∶2.5 水泥砂浆抹面（内掺 5%防水粉）；沟底应有不小于 1%的纵向坡度；混凝土明沟沿长度方向每隔 6m 需设伸缩缝。明沟一般在降雨量较大的地区采用。

明沟通常采用混凝土浇筑，图 3-15 为明沟构造做法示例。

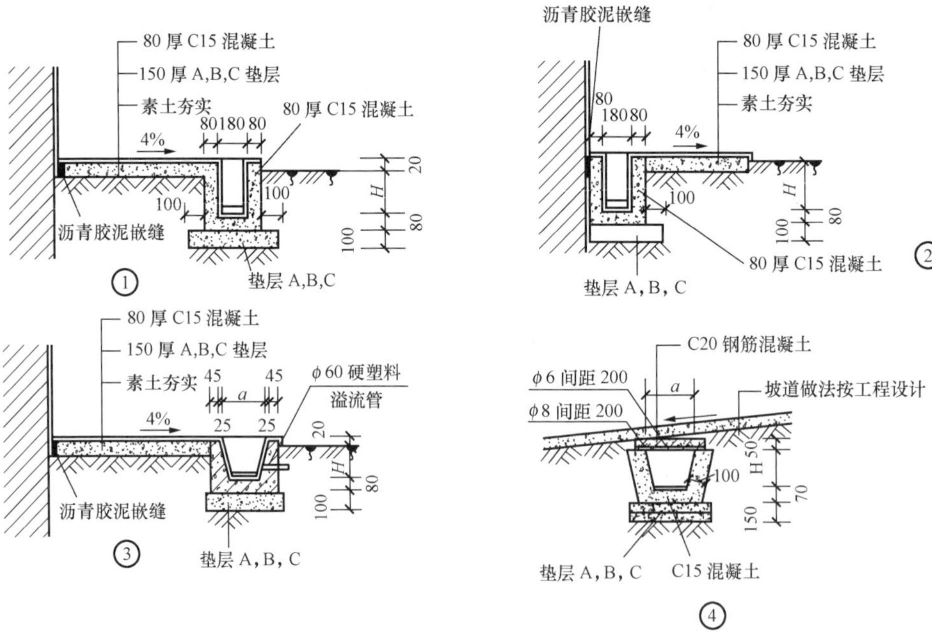

明沟通过坡道或台阶

注：1. 明沟宽度 $a \leqslant 300$，深度 H 按工程设计；
2. 垫层 A：100 厚 C15 或碎砖夯实灌 M2.5；
混合砂浆，简称“碎石垫层”；
垫层 B：150 厚卵石灌 M2.5 混合砂浆，简称“卵石垫层”；
垫层 C：150 厚 3:7 灰土，简称“灰土垫层”。

图 3-15　明沟构造

3. 墙身防潮

墙身防潮的方法是在墙脚铺设防潮层，防止土壤和地面水渗入墙体。

（1）防潮层的位置。当室内地面垫层为混凝土等密实材料时，防潮层的位置应设在垫层范围内，低于室内地面 60mm 处，同时还应至少高于室外地面 50mm；当室内地面垫层为透水材料时（如炉渣、碎石等），其位置可与室内地面平齐或高于室内地面 60mm；当内墙两侧地面出现高差时，应在墙身内设高低两道水平防潮层，并在土壤一侧设垂直防潮层。墙身防潮层的位置如图 3-16 所示。

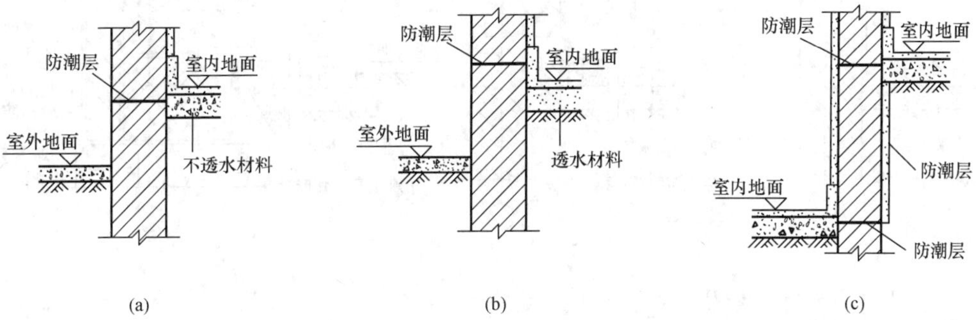

图 3-16　墙身防潮层的位置

（a）地面垫层为密实材料；（b）地面垫层为透水材料；（c）室内地面有高差

（2）防潮层的做法。墙身防潮层的做法通常有以下三种：

1）防水砂浆防潮层：采用 20 厚 1∶2.5 水泥砂浆（掺水泥重量 3%～5%的防水剂）。适用于砌体墙的水平或垂直防潮。此种做法构造简单，但砂浆开裂或不饱满时，影响防潮效果。

2）钢筋混凝土防潮层：采用 60 厚的 C15 细石混凝土带，内配 2ϕ6。适用于砌体墙的水平防潮，其防潮性能好。

3）涂料防潮层：采用 20 厚 1∶2.5 水泥砂浆找平层；涂刷聚氯乙烯防水涂料两道（每道用料约 1kg/m^2）。适用于砌体墙的垂直防潮，防潮效果好。施工时，应在找平层干燥后涂刷防水涂料，待前一道干燥后再涂第二道，且两道的涂刷方向应相互垂直。

如果墙脚采用不透水的材料（如石材或混凝土等），或设有钢筋混凝土地圈梁时，可以不设防潮层。

图 3-17 为加气混凝土砌块墙防潮做法示例。

（二）踢脚与墙裙构造

1. 踢脚

踢脚是室内楼地面与墙面相交处的构造处理。它的作用是保护墙的根部，使人们清洗楼地面时不致污染墙身。踢脚面层宜用强度高、光滑耐磨、耐脏的材料做成。通常应与楼地面面层所用材料一致。踢脚凸出墙面抹灰面或装饰面宜为 3～8mm。踢脚块材厚度大于 10mm 时，其上端宜做坡线脚处理。复合地板踢脚板厚度不应小于 12mm；踢脚高度一般为 100～150mm。常用的踢脚有水泥砂浆踢脚、塑料地板踢脚、水磨石踢脚、石质板材踢脚、硬木踢脚等（图 3-18）。

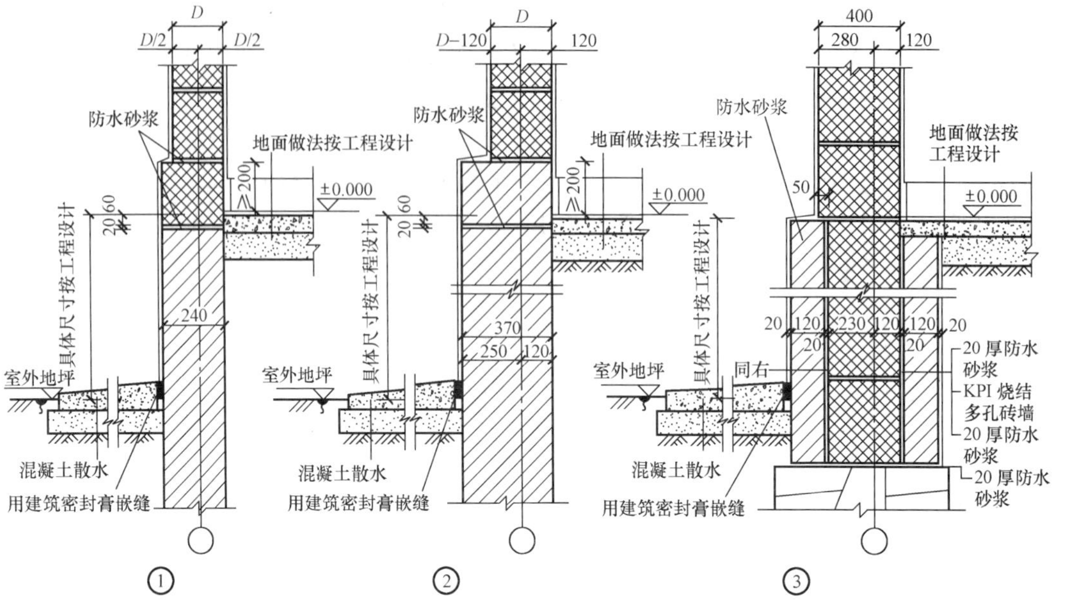

注：1. ① 适用于加气混凝土主体墙厚 $D\leqslant250$；

② 适用于加气混凝土主体墙厚 $250<D\leqslant350$；

③ 适用于严寒地区（加气混凝土主体墙厚为 400）。

2. 防水砂浆配比为 1:3，水泥砂浆中加入 3%～5% 防水粉。

3. 外饰面做法按工程设计。

图 3-17 加气混凝土砌块墙身防潮做法

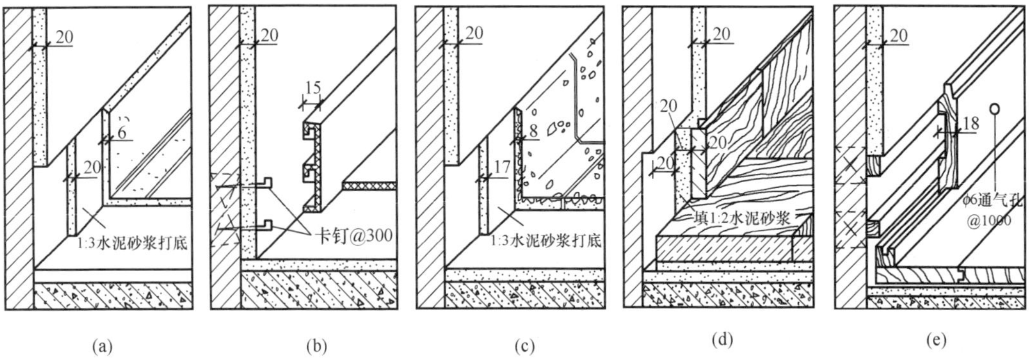

图 3-18 踢脚构造

（a）水泥砂浆踢脚；（b）塑料地板踢脚；（c）水磨石踢脚；（d）大理石（花岗石）踢脚；（e）硬木踢脚

2. 墙裙

墙裙是踢脚的延伸，高度一般为 1200～1800mm。卫生间、厨房墙裙的作用是防水和便于清洗，多用于水泥砂浆墙裙、乳胶漆墙裙、瓷砖墙裙、水磨石墙裙、石质板材墙裙等（图 3-19）；一般居室内墙裙主要做装饰，常用纸面石膏板贴面墙裙、塑料条形和板墙裙、胶合板（或实木板）墙裙等，图 3-20 为木墙裙构造做法示例。

（三）门窗洞口构造

1. 窗台

凡位于窗洞口下部的墙体构造处理称为窗台，它分为内窗台和外窗台。

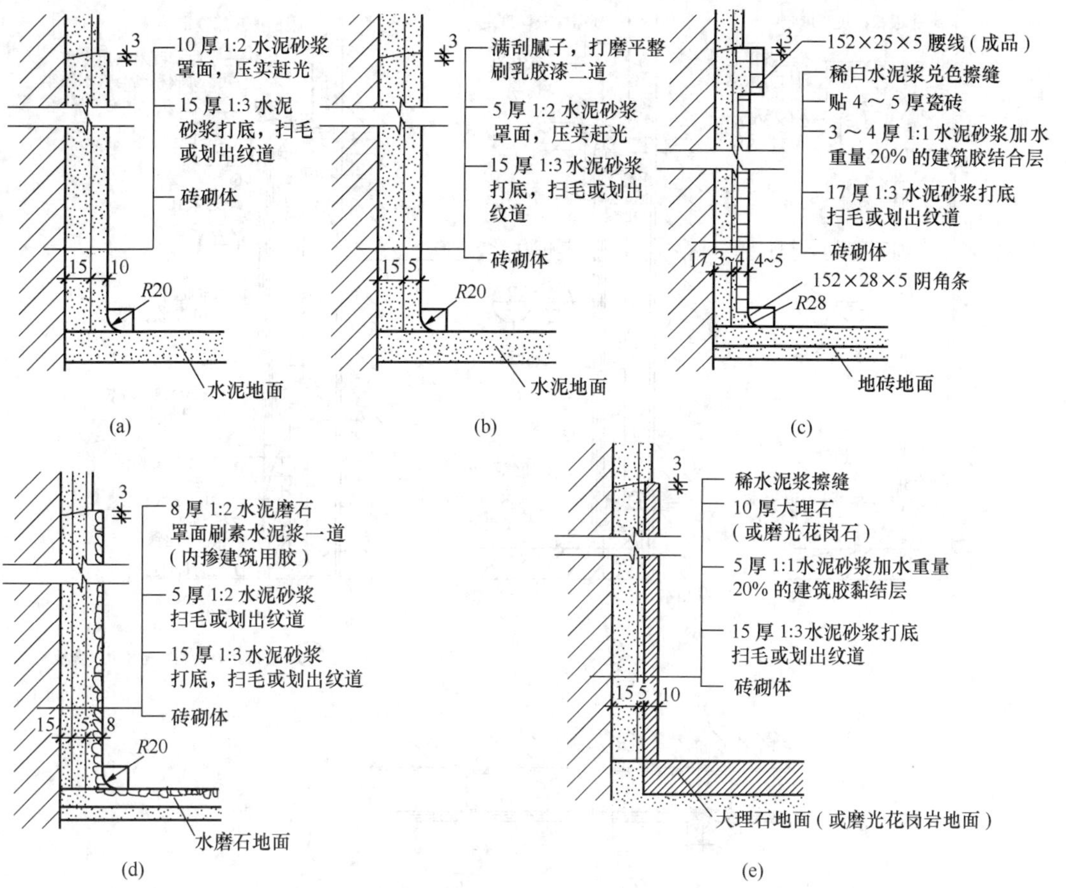

图 3-19　墙裙构造

（a）水泥砂浆墙裙；（b）乳胶漆墙裙；（c）瓷砖墙裙；

（d）水磨石墙裙；（e）大理石（磨光花岗石）墙裙

外窗台的主要作用是为了排除雨水；内窗台的主要作用是保护墙面并可放置物品。

外窗台有悬挑和不悬挑两种。悬挑窗台常用砖砌或采用预制钢筋混凝土，其挑出的尺寸应不小于 60mm，且必须抹出滴水槽或鹰嘴线（图 3-21、图 3-22），以免排水时雨水沿窗台底面流至下部墙体；对于不悬挑的窗台，宜采用光洁度较好的外装修材料，如面砖、天然石材等（图 3-23），以减轻对墙面的水迹污染。

外窗台面一般应低于内窗台面，且应抹成外倾坡以利排水，防止雨水流入室内。设计窗台的标高以内窗台为准。内窗台可用预制水磨石窗台板、大理石（花岗石）窗台板及木制窗台板等做法（图 3-24）。

2. 门窗过梁

为了支撑门窗洞口上传来的荷载，并把这些荷载传递给洞口两侧的墙体，常在门窗洞顶上设置一根横梁，这根横梁就叫过梁。根据材料和构造方式不同，过梁有钢筋混凝土过梁、砖拱过梁及钢筋砖（砌块配筋）过梁三种做法。

（1）钢筋混凝土过梁。钢筋混凝土过梁承载能力强，适应性强，可用于较宽的门窗洞口。按照施工方法不同，钢筋混凝土过梁可分为现浇和预制两种。其中预制钢筋混凝土过梁

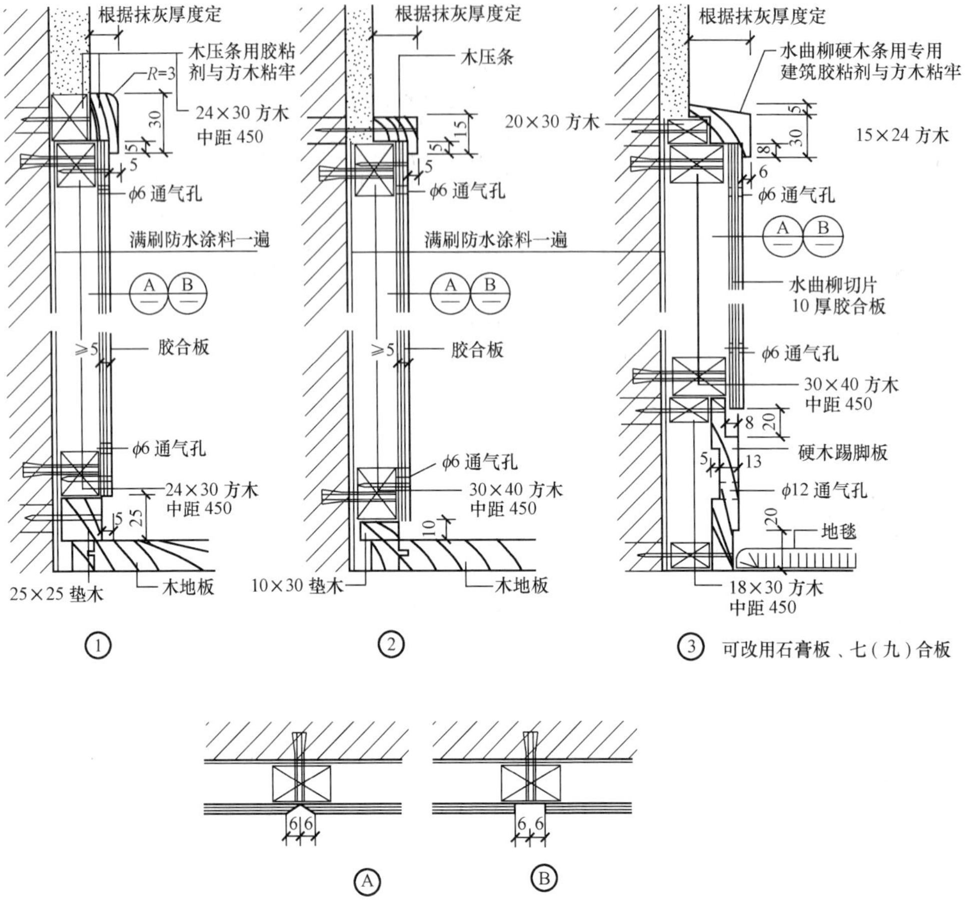

图 3-20 木墙裙构造

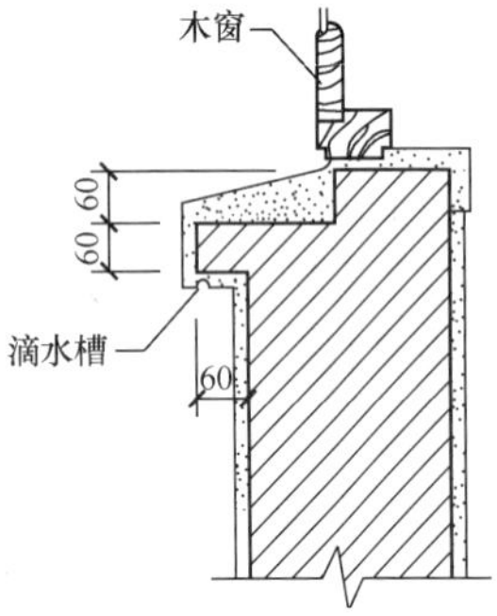

图 3-21 悬挑窗台构造

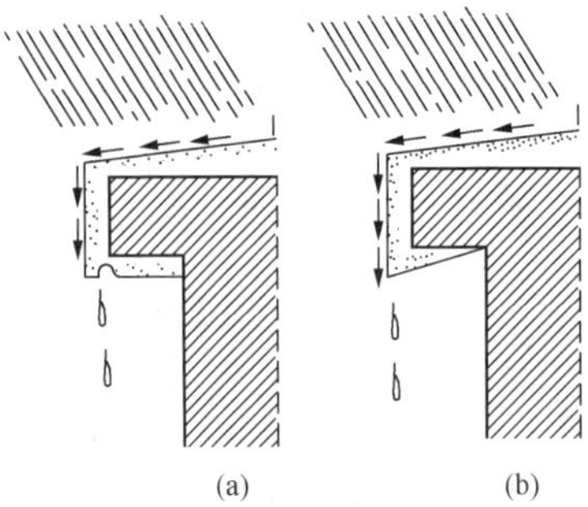

图 3-22 滴水槽与鹰嘴线

(a) 滴水槽；(b) 鹰嘴线

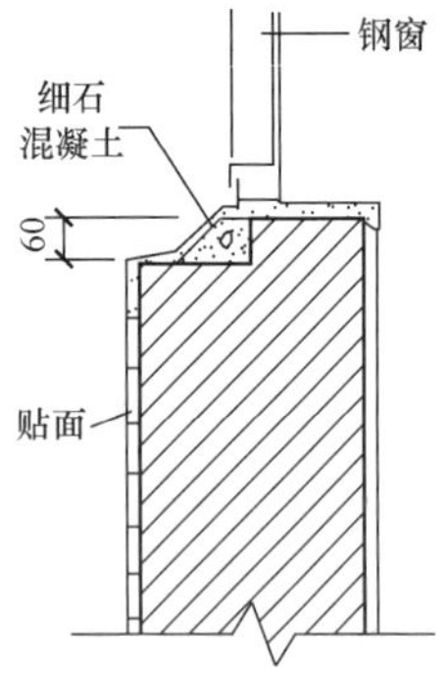

图 3-23 无悬挑窗台构造

施工速度快，是最常用的一种。图 3-25 为钢筋混凝土过梁的几种形式。

平墙过梁（矩形截面过梁）施工制作方便，是常用的形式，见图 3-25（a）。过梁宽度一般同墙厚，高度按结构计算确定，但应配合砖（砌块）的规格。过梁两端伸进墙体内的支撑长度不小于 240mm。在立面中往往有不同形式的窗，过梁的形式应配合处理。如有窗套的窗，

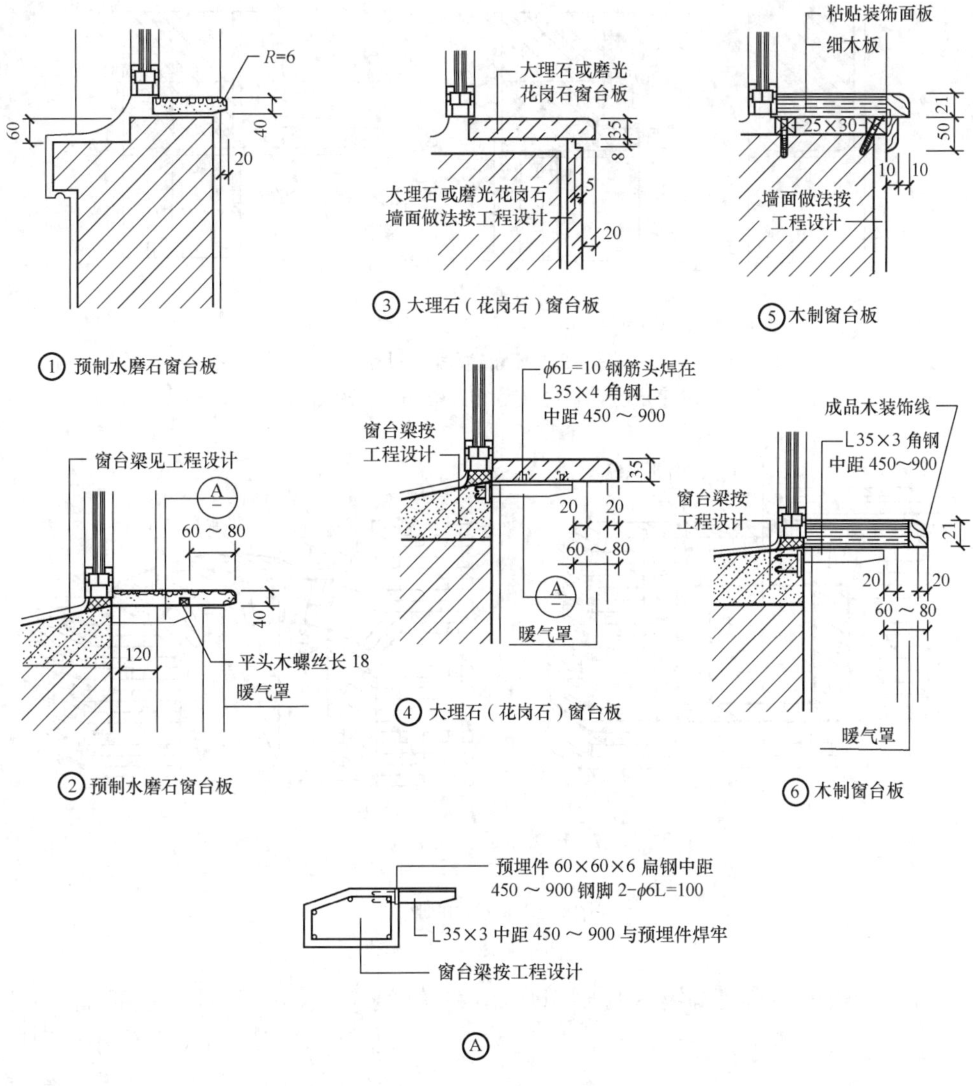

图 3-24　内窗台构造

过梁截面为 L 形，挑出 60mm，厚 60mm，见图 3-25（b）。又如带窗楣板的窗，可按设计要求出挑，一般可挑 300～500mm，厚度 60mm，见图 3-25（c）。

（2）砖拱过梁。砖拱过梁是我国的一种传统做法，形式有平拱、弧拱两种（图 3-26）。其中平拱在建筑中采用较多。平拱砖过梁是将砖侧砌而成，灰缝上宽下窄，使侧砖向两边倾斜，相互挤压形成拱的作用，两端下部伸入墙内 20～30mm，中部的起拱高度为跨度的 1/50～1/100。

平拱砖过梁的优点是钢筋、水泥用量少，缺点是施工速度慢。用于非承重墙上的门窗，洞口宽度应小于 1.2m。有集中荷载或半砖墙不宜使用。

（3）钢筋砖（砌块配筋）过梁。钢筋砖（砌块配筋）过梁是在砖（砌砖）缝中配置钢筋，形成能承受弯矩的加筋砌体。由于钢筋砖（砌块）施工比较简单，因此目前应用比较广泛。

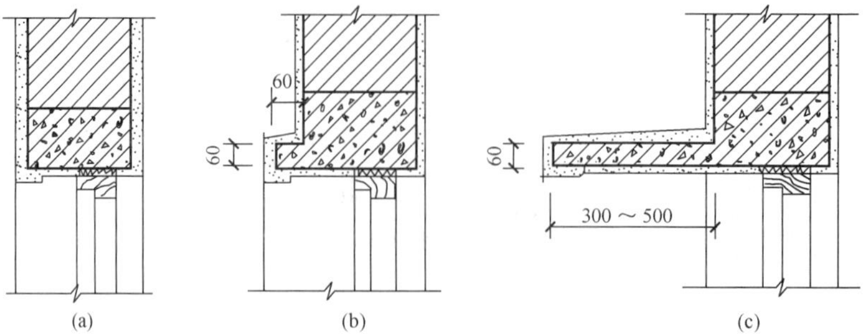

图 3-25　钢筋混凝土过梁
（a）平墙过梁；（b）带窗套过梁；（c）带窗楣过梁

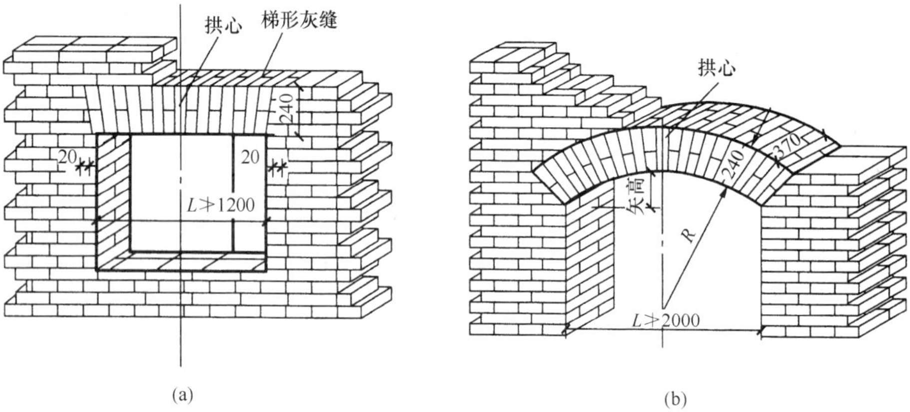

图 3-26　砖拱的形式
（a）平拱（平碹）；（b）弧拱

钢筋砖过梁中砖的强度等级不小于 MU7.5，砌筑砂浆等级不小于 M5。这部分砖砌体厚度应在 4 皮砖以上，且不小于洞口宽度的 1/5。在砖砌体下部设置钢筋，钢筋两端伸入墙内 250mm，并做弯钩，钢筋的根数不少于 2 根，同时，不少于每 1/2 砖 1 根。为了使钢筋与上部砖砌体共同工作，底面砂浆的厚度应不小于 30mm，如图 3-27 所示。

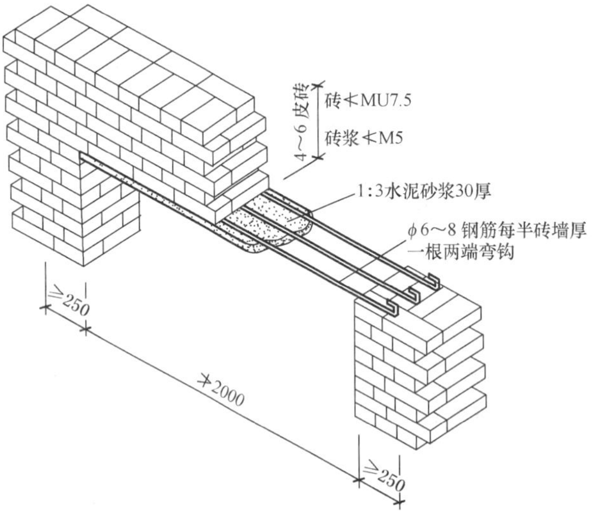

图 3-27　钢筋砖过梁构造

砌块配筋过梁构造，如图 3-28 所示。

（四）墙身加固构造

1. 圈梁

圈梁也称腰箍，是沿建筑物四周外墙及部分内墙在同一水平面上设置的连续封闭的梁。其主要作用是增强

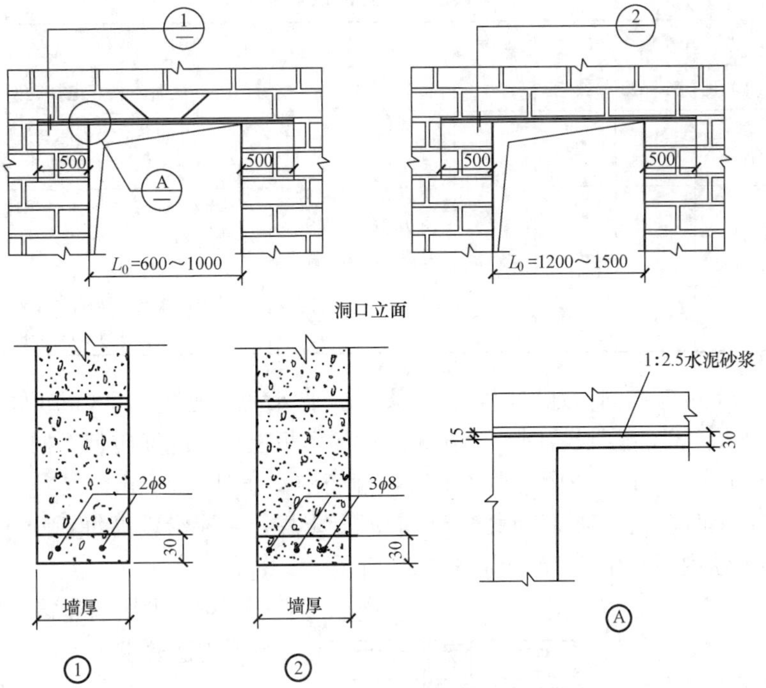

图 3-28 砌块配筋过梁构造

房屋的整体刚度和稳定性，减轻地基不均匀沉降对房屋的破坏，抵抗地震力的影响。圈梁的数量和位置应按建筑抗震设计规范（GB 50011—2001）的相关规定设置，且具有下列构造要求。

（1）圈梁通常设置在基础墙处、檐口处和楼板处。当屋面板、楼板与窗洞口间距较小，而且抗震设防等级较低时，也可以把圈梁设在窗洞口上皮，兼做过梁使用，过梁部分的钢筋应按计算用量单独配置。

（2）圈梁应连续地设在同一水平面上，并形成封闭状。当不能在同一水平面上闭合时，应增设附加圈梁以确保圈梁为一连续封闭的整体，如图 3-29 所示。

（3）圈梁有钢筋混凝土和钢筋砖两种做法，其中钢筋混凝土圈梁应用最为广泛。钢筋混凝土圈梁的截面宽度宜与墙体厚度相同，且不小于 240mm。高度宜为砖（砌块）高的倍数，且不宜小于 120mm（200mm）。圈梁一般均按构造配置钢筋，纵向钢筋不应小于 4φ10，箍筋间距不大于 250mm。

2. 构造柱

构造柱是沿墙体上下贯通的钢筋混凝土柱。其主要作用是与各层圈梁连接，形成空间骨架，以增强建筑的整体刚度，提高墙体抗变形的能力。

对于砖墙建筑，构造柱应符合下列构造要求。

（1）在房屋四角及内外墙交接处，楼梯间等部位设置构造柱，设置要求见表 3-1。

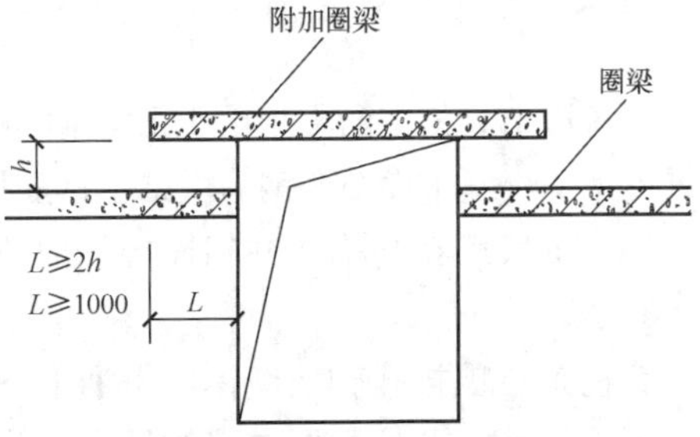

图 3-29 附加圈梁

表 3-1　　**多层砖房构造柱的设置要求**

地震设防烈度	6度	7度	8度	9度	设置部位	
房屋层数	四、五	三、四	二、三		外墙四角，错层部位，横墙与外纵墙交接处，较大洞口两侧，大房间内外墙交接处	7～8度时，楼、电梯的四角
	六～八	五、六	四	二		隔一开间(轴线)横墙与外墙交接处，山墙与内纵墙交接处。7～9度时，楼、电梯的四角
		七	五、六	三、四		内墙（轴线）与外墙交接处，内墙局部较小墙垛外。7～9度时，楼、电梯间的四角。8度时无洞口内横墙与内纵墙交接处。9度时内纵墙与横墙（轴线）交接处

（2）构造柱下端应锚固于地梁内，无地梁时应伸入室外地坪下500mm处。上部与楼板层圈梁连接，如圈梁为隔层设置时，应在无圈梁的楼板层设置配筋砖带。构造柱的截面尺寸不应小于180mm×240mm，内配4ϕ12主筋，箍筋ϕ6，间距250mm。混凝土强度等级不应低于C15。在施工时，应先砌墙，后浇筑钢筋混凝土柱，并应沿墙高每500mm设2Φ6拉结钢筋，每边伸入墙内不宜小于1m，如图3-30所示。

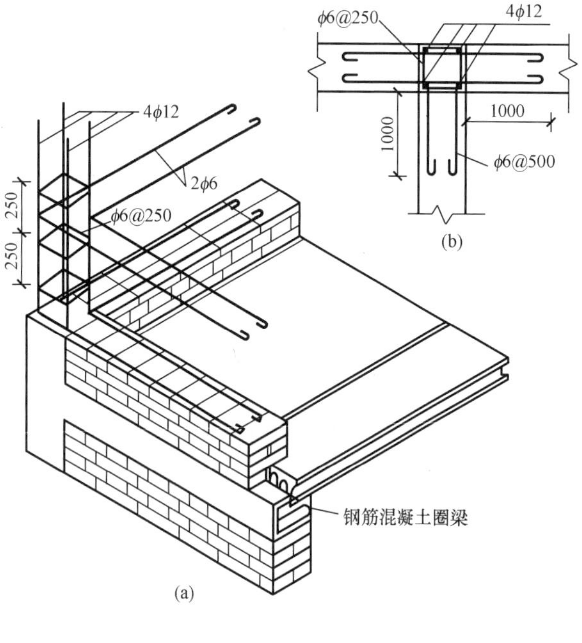

图3-30　砖墙建筑的构造柱设置
（a）外墙转角构造柱；（b）内外墙构造柱

对于砌块墙建筑，构造柱应符合下列构造要求。

（1）构造柱应在所有纵横墙交接处，较大洞口的两侧设置。对单排孔砌块墙在纵横墙交接处、较大洞口的两侧等部分设置构造柱时，应考虑墙体收缩、温度应力作用和地震作用等因素，在墙体中增设分布构造柱。

（2）构造柱应与基础梁和楼层圈梁锚固。构造柱的截面尺寸不应小于190mm×200mm，纵筋不应少于4ϕ12，混凝土强度等级不应低于C20；设计烈度为7度、8度的砌块墙建筑，除满足一般构造要求外，尚应采取抗震构造措施，加设钢筋混凝土构造柱后，其高度限值可增加3m。构造柱间距不大于8m。构造柱的截面尺寸不应小于240mm×180mm，主筋不小于4ϕ12，箍筋间距不宜大于250mm。墙与构造柱之间应沿墙高度在每皮水平灰缝中设2ϕ6钢筋联结，钢筋伸入墙内不应小于1m，如图3-31所示。

（3）砌块墙在与构造柱相连接的部位应预留马牙槎，马牙槎的长度宜为90mm。

3. 芯柱

芯柱是在单排孔砌块墙体内贯通上下砌块孔洞的现浇钢筋混凝土柱。芯柱内设置一根主筋，不设箍筋。芯柱主要在墙体转角和内外墙交叉部位、门窗洞口两侧以及在墙体内分布设

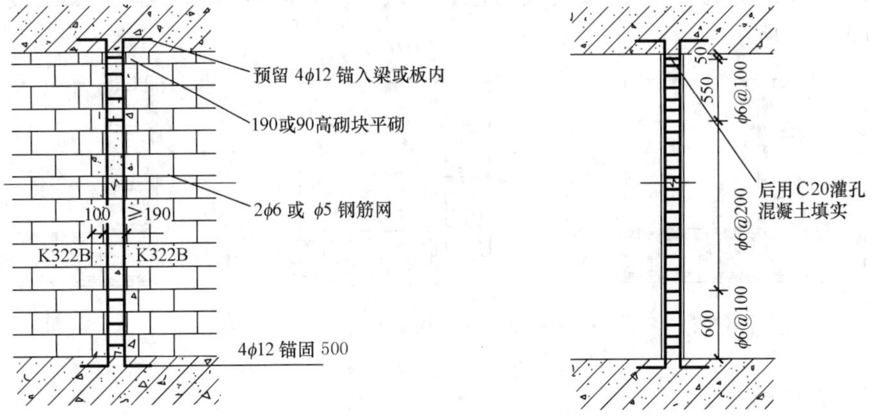

图 3-31　砌块建筑的构造柱设置

置，它与水平灰缝钢筋、混凝土配筋带、圈梁和过梁等共同工作，对墙体进行约束，以提高墙体的整体性能，加强抗震和承载能力。

芯柱应符合下列构造要求。

(1) 对不采用构造柱的单排孔砌块建筑，应按表 3-2 要求的位置与数量集中设置钢筋混凝土芯柱；对横墙较少的房屋，应按照增加一层的要求设置。

表 3-2　　**砌块建筑芯柱集中设置要求**

地震设防烈度	6 度设防	7 度设防	8 度设防	设置部位	设置数量
房屋层数	4	3	2	外墙转角，楼梯间四角，大房间内外交接处	外墙转角，灌实 3 个孔；内外墙交接处，灌实 4 个孔
	5	4	3	外墙转角，楼梯间四角，大房间内外交接处山墙与内纵墙交接处，隔开间横墙（轴线）与外纵墙交接处	
	7	6	5	外墙转角，楼梯间四角，各内墙（轴线）与外墙交接处；8 度时，内纵墙与横墙（轴线）交接处和洞口两侧	外墙转角，灌实 5 个孔；内外墙交接处，灌实 4 个孔；内墙交接处，灌实 4～5 个孔；洞口两侧各灌实 1 个孔
	8	7	6	外墙转角，楼梯间四角，各内墙（轴线）与外墙交接；内纵墙与横墙（轴线）交接处和洞口两侧	外墙转角，灌实 7 个孔；内外墙交接处，灌实 5 个孔；内墙交接处，灌实 6～7 个孔；洞口两侧各灌实 1～2 个孔

(2) 对采用构造柱的单排孔砌块建筑，应考虑墙体收缩、温度应力作用和地震作用等因素，在墙体内均匀设置分布芯柱。

(3) 芯柱应在设计楼层范围内贯通墙身与楼板，并与上下圈梁整体现浇；芯柱的截面尺寸不宜小于 120mm×120mm 或 145mm×100mm，宜用不低于 C20 的灌孔混凝土浇筑。

(4) 每根芯柱内插 1 根不小于 ϕ12 的竖向钢筋；8 度设防的 6 层房屋芯柱钢筋应不小于 1ϕ14mm。钢筋在芯柱底部与楼层圈梁和基础梁锚固，顶部与屋盖圈梁锚固。

(5) 在钢筋混凝土芯柱处，沿墙高每隔 600mm 应设 ϕ4 钢筋网片拉结，每边伸入墙体不宜小于1m。7度设防地区7层、8度设防地区6层的房屋应沿墙高每隔400mm设一道。芯柱构造如图3-32所示。

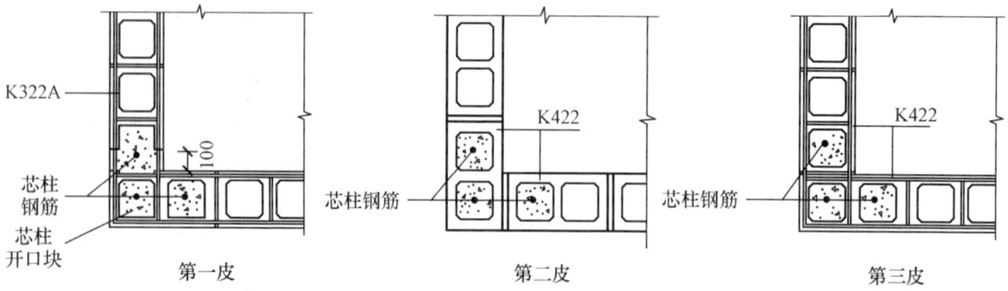

图3-32 芯柱构造

（五）变形缝构造

由于温度变化、地基不均匀沉降和地震因素的影响，使建筑物发生裂缝或破坏，故在设计时，事先将房屋划分成若干个独立的部分，使各部分能自由地变化。这种将建筑物垂直分开的预留缝称为变形缝。变形缝包括伸缩缝、沉降缝和防震缝三种。

1. 变形缝的设置

变形缝设置应按设缝的性质和条件设计，使其在产生位移或变形时不受阻，不被破坏，并不破坏建筑物。

(1) 伸缩缝。为防止建筑构件因温度变化，热胀冷缩使房屋出现裂缝或破坏，在沿建筑物长度方向，相隔一定距离预留垂直缝隙。这种因温度变化而设置的缝称为伸缩缝或温度缝。伸缩缝是从基础顶面开始，将墙体、楼板、屋顶全部构件断开，因为基础埋于地下，受气温影响较小，不必断开。伸缩缝的宽度一般为20～30mm。

伸缩缝的间距主要与结构类型、材料和当地温度变化情况有关，砌体房屋伸缩缝的最大间距见表3-3；钢筋混凝土结构伸缩缝的最大间距见表3-4。

表3-3 砌体房屋伸缩缝的最大间距 (m)

砌体类别	屋面或楼面的类别		间距
各种砌体	整体式或装配整体式钢筋混凝土结构	有保温层或隔热层的屋面、楼面	50
		无保温层或隔热层的屋面	40
	装配式无檩体系钢筋混凝土结构	有保温层或隔热层的屋面	60
		无保温层或隔热层的屋面	50
	装配式有檩体系钢筋混凝土结构	有保温层或隔热层的屋面	75
		无保温层或隔热层的屋面	60
烧结普通砖空心砖砌体	黏土瓦或石棉水泥瓦屋面 木屋面或楼面 砖石屋面或楼面		100
石砌体			80
硅酸盐、硅酸盐砌块和混凝土砌块砌体			75

注 1. 层高大于5m的混合结构单层房屋，其伸缩缝间距可按表中数值乘以1.3采用，但当墙体采用硅酸盐砖、硅酸盐砌块和混凝土砌块砌筑时，不得大于75m；

2. 温差较大且变化频繁地区和严寒地区不采暖的房屋及构筑物墙体的伸缩缝最大间距，应按表中数值予以适当减少。

表 3-4　**钢筋混凝土结构伸缩缝最大间距**　(m)

序　号	结　构　类　型		室内或土中	露　天
1	排架结构	装配式	100	70
2	框架结构	装配式	75	50
		现浇式	55	35
3	剪力墙结构	装配式	65	40
		现浇式	45	30
4	挡土墙及地下室墙壁等结构	装配式	40	30
		现浇式	30	20

注　1. 如有充分依据或可靠措施，表中数值可以增减；

2. 当屋面板上部无保温或隔热措施时，框架、剪力墙结构的伸缩缝间距，可按表中露天一栏的数值选用，排架结构可按适当低于室内一栏的数值选用；

3. 排架结构的柱顶面（从基础顶面算起）低于 8m 时，宜适当减少伸缩缝间距；

4. 外墙装配内墙现浇的剪力墙结构，其伸缩缝最大间距按现浇式一栏的数值选用。滑模施工的剪力墙结构，宜适当减小伸缩缝间距。现浇墙体在施工中应采取措施减少混凝土收缩应力。

（2）沉降缝。为防止建筑物各部分由于地基不均匀沉降引起房屋破坏所设置的垂直缝称为沉降缝。沉降缝将房屋从基础到屋顶全部构件断开，使两侧各为独立的单元，可以垂直自由沉降。沉降缝在建筑中应设置的部位如图 3-33 所示。

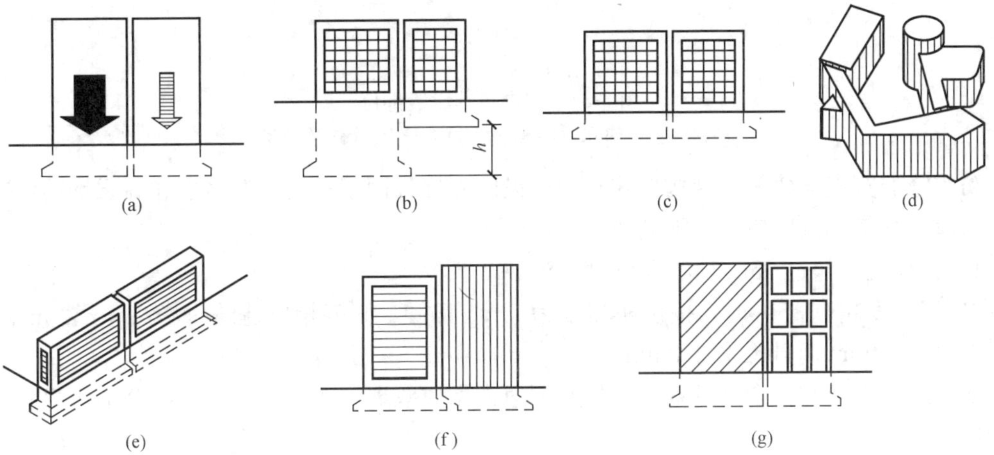

图 3-33　沉降缝的设置部位

（a）荷载相差悬殊；（b）埋深相差悬殊；（c）地基承载力相差较大；（d）建筑物体形较复杂；（e）建筑物长度较大；（f）与旧建筑物毗连；（g）结构类型不同

沉降缝的宽度与地基情况及建筑物的高度有关，地基越软弱，建筑物高度越大，缝宽也就越大，其宽度见表 3-5。

表 3-5　**沉 降 缝 的 宽 度**

地基情况	建筑物高度	沉降缝宽度（mm）
一般地基	$H<5m$	30
	$H=5\sim10m$	50
	$H=10\sim15m$	70

续表

地基情况	建筑物高度	沉降缝宽度（mm）
软弱地基	2～3 层 4～5 层 5 层以上	50～80 80～120 >120
湿陷性黄土地基		≥30～70

（3）防震缝。为防止建筑物的各部分在地震时相互撞击，造成变形和破坏而设置的缝称为防震缝。在设防烈度为 7～9 度的地区内，应设置防震缝。一般情况下，防震缝仅在基础以上设置，但防震缝应同伸缩缝和沉降缝协调布置，做到一缝多用。当防震缝与沉降缝结合设置时，基础也应断开。防震缝在建筑中应设置的部位如图 3-34 所示。

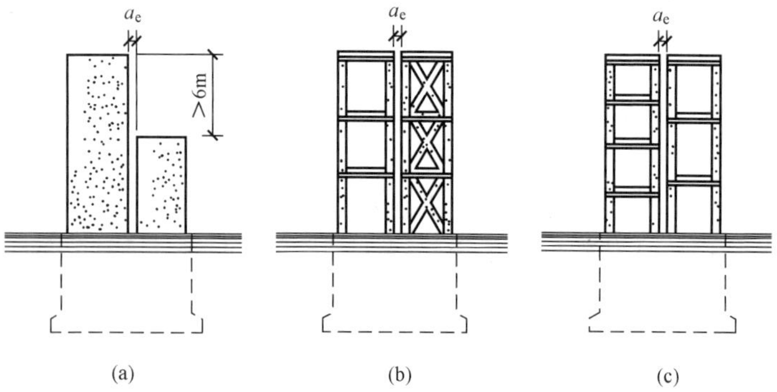

图 3-34 防震缝的设置部位

（a）高差大于 6m；（b）结构刚度差异大；（c）有错层

防震缝的宽度与建筑的结构形式和地震设防烈度等因素有关。对多层和高层钢筋混凝土结构房屋，其最小宽度应符合下列要求：

1）当高度不超过 15m 时，可采用 70mm；

2）当高度超过 15m 时，按设防烈度为 7 度、8 度、9 度相应建筑每增高 4m、3m、2m 时，缝宽在 70mm 基础上增加 20mm。

防震缝应沿建筑物全高设置，缝的两侧通常做成双墙或双柱，以使各部分结构都有较好的刚度。

2. 墙体变形缝的构造

变形缝的构造和材料应根据其部位需要分别采取防排水、防火、保温、防老化、防腐蚀、防虫害和防脱落等措施。

伸缩缝应保证建筑构件在水平方向自由变形；沉降缝应满足构件在垂直方向自由沉降变形；防震缝主要是防地震水平波的影响。但三种缝的构造基本相同。墙体变形缝的构造处理，要求既要保证在变形缝两侧墙体的自由伸缩、沉降与摆动，又要密封严实，以满足防风沙、防飘雨、保温隔热和外形美观的要求。砖混结构变形缝处，可采用单墙或双墙承重方案，框架结构可采用悬挑方案。

墙体变形缝的构造，在外墙与内墙处理中，由于位置不同而各有侧重。缝的宽度不同，构造处理不同。

（1）外墙变形缝。为保证外墙自由变形，并防止风雨影响室内，缝口可采用镀锌薄钢板或铝板等盖缝调节。图 3-35 为外墙变形缝构造示例。

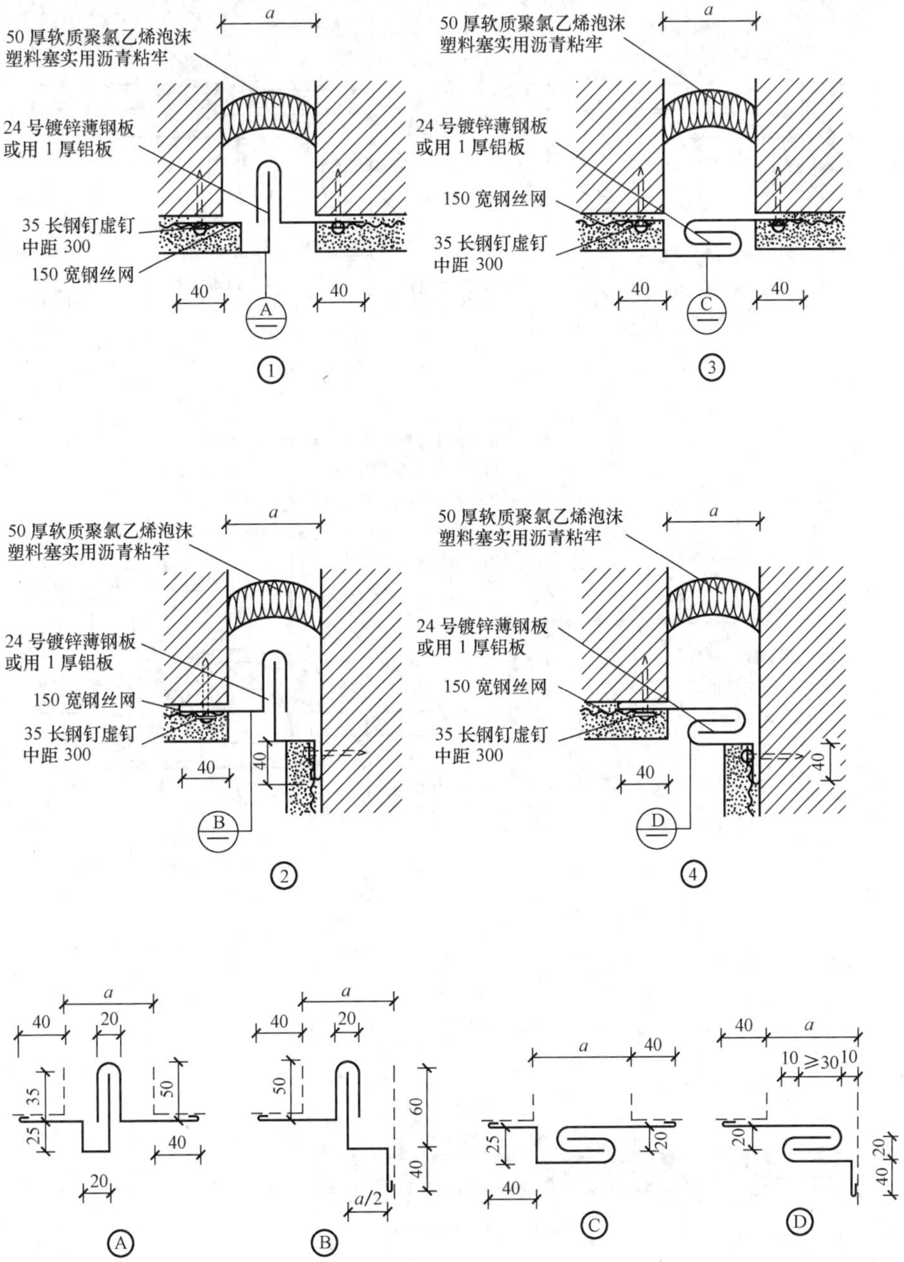

图 3-35 外墙变形缝构造

（2）内墙变形缝。内墙变形缝着重表面处理，可采用木板或金属板盖缝。图 3-36 为内墙变形缝构造示例。

图 3-37 为加气混凝土砌块墙变形缝构造示例（适用于内外墙）。

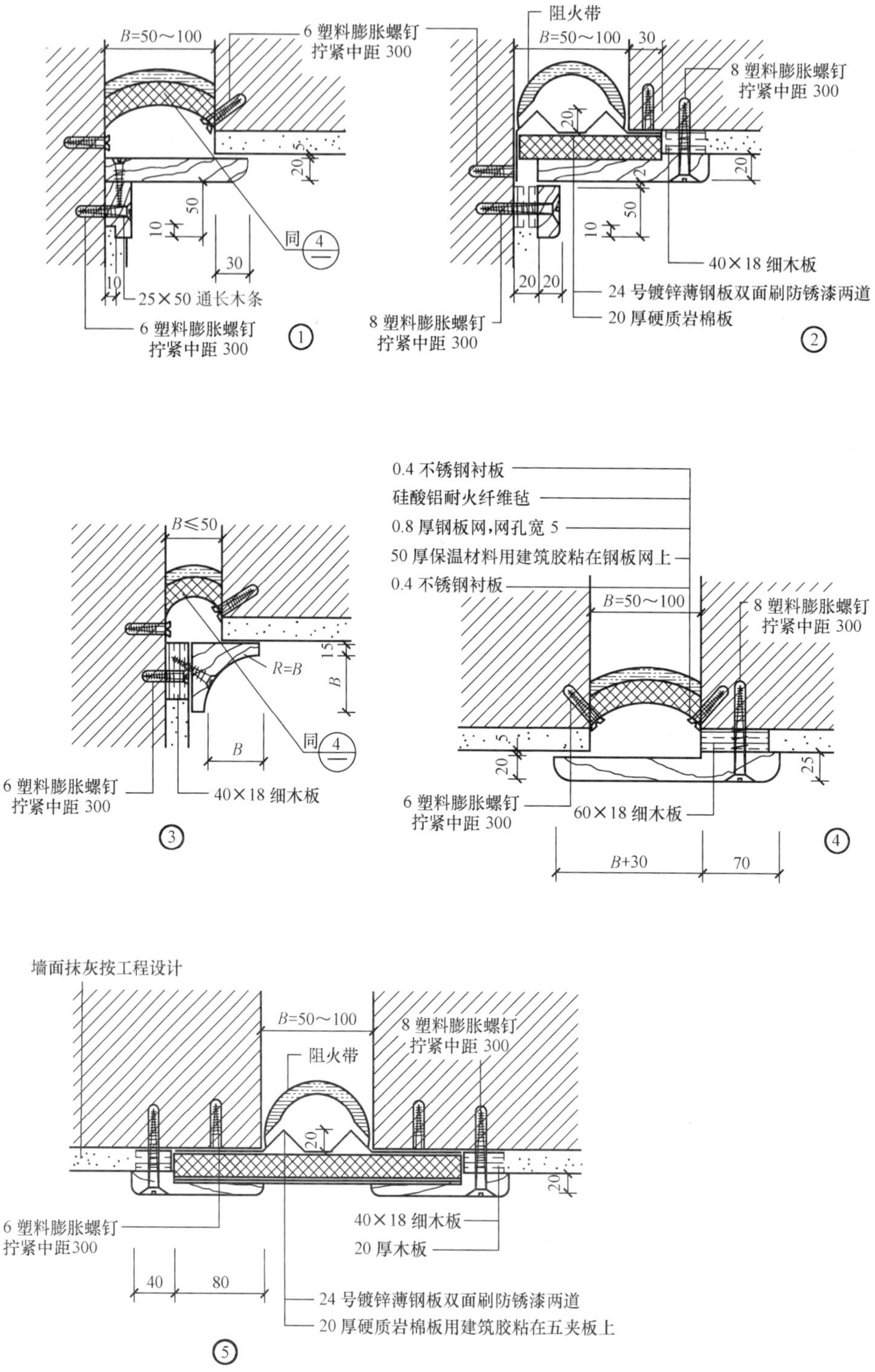

图 3-36 内墙变形缝构造

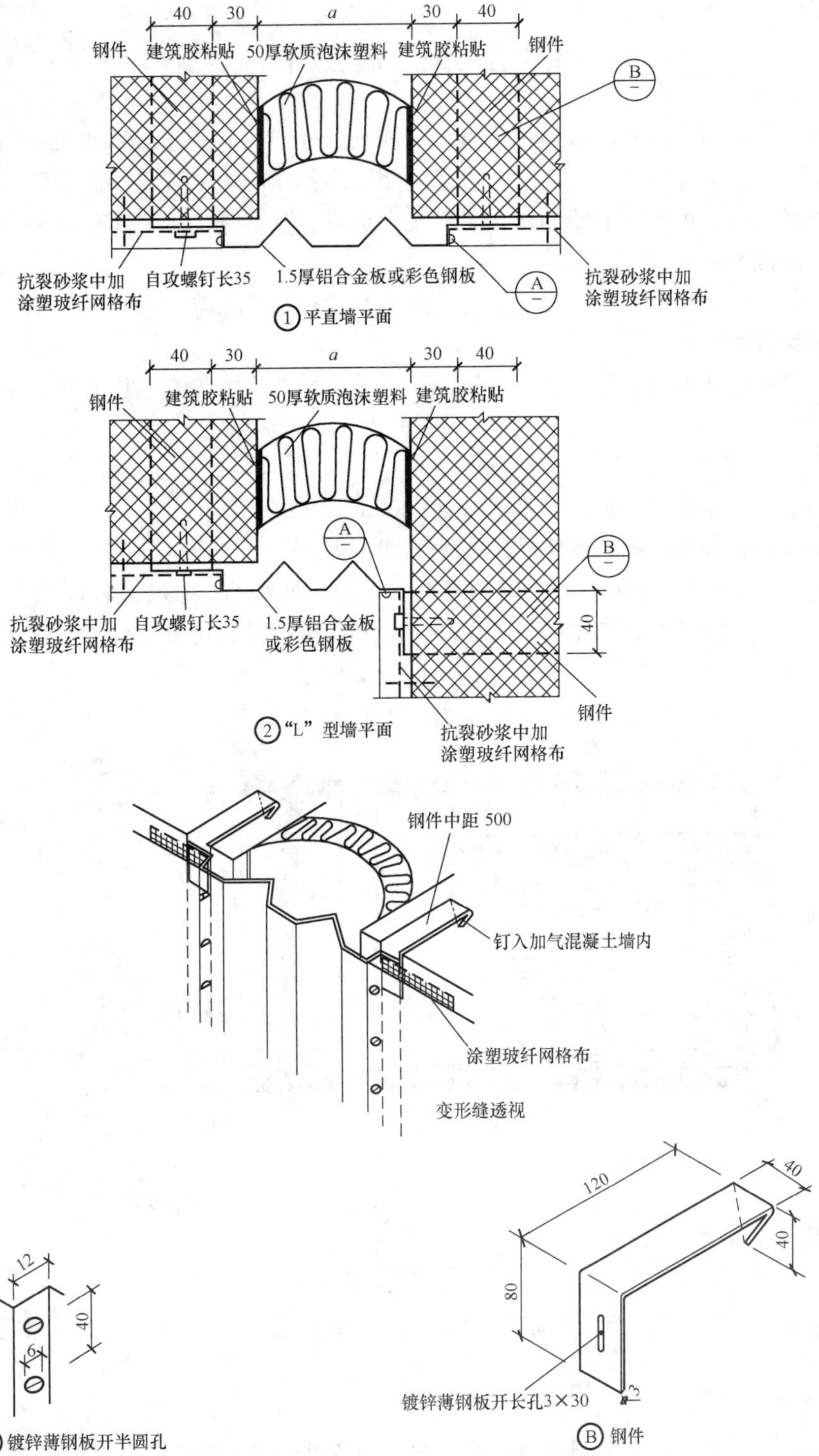

图 3-37　加气混凝土砌块墙变形缝构造

第三节　隔墙构造

建筑物内分隔房间的非承重墙称为隔墙。在现代建筑中，为了提高平面布局的灵活性，大量采用隔墙以适应建筑功能的变化。由于隔墙不承受任何外来荷载，且本身的重量还要由楼板或小梁来承受，因此对隔墙的基本要求是自重轻、厚度薄、便于拆卸，并具有一定的隔声、防火、防潮和耐腐蚀等性能。

隔墙按构造方式可分为块材隔墙、立筋隔墙和板材隔墙三类。

一、块材隔墙

块材隔墙是用普通砖、空心砖、加气混凝土等块材砌筑而成的，常用的有普通砖隔墙和砌块隔墙。

1. 普通砖隔墙

普通砖隔墙有半砖（120mm）和 1/4 砖（60mm）两种。

半砖隔墙用普通砖顺砌，砌筑砂浆强度等级一般不低于 M5。当隔墙高度大于 3m 或墙长大于 5m 时，应采取加强措施。具体方法是使隔墙与两端的承重墙或柱固结，同时在墙内每隔 500～800mm 设 2ϕ6 拉结钢筋。为使隔墙的上端与楼板之间结合紧密，隔墙顶部采用斜砌立砖或每隔 1m 用木楔打紧，图 3-38 为半砖隔墙构造。

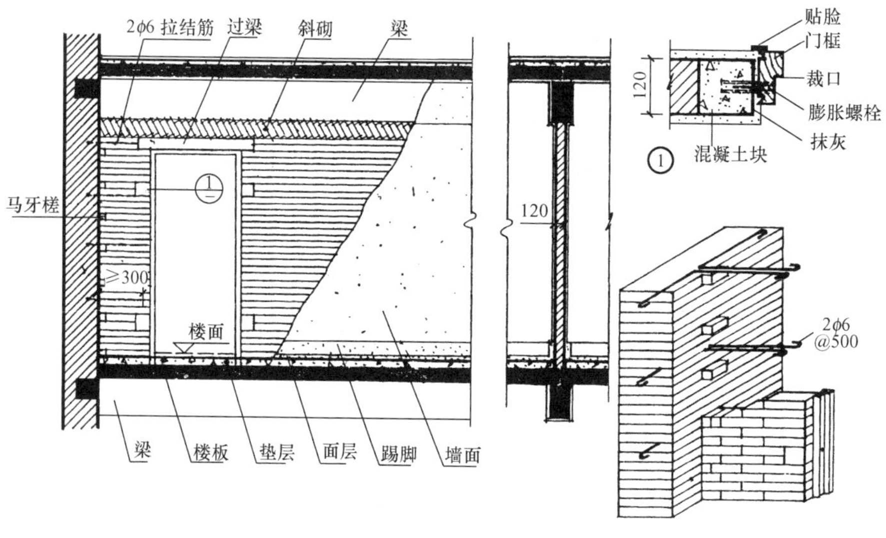

图 3-38　半砖隔墙构造

1/4 砖隔墙是由普通砖侧砌而成，由于其操作复杂，稳定性差，对抗震不利，不宜提倡。

2. 砌块隔墙

为了减轻隔墙重量，常采用比普通砖大而轻的各种砌块，如加气混凝土砌块、炉渣混凝土砌块、陶粒混凝土砌块等。隔墙厚度由砌块尺寸而定，一般为 90～120mm 厚。砌块大多具有质轻、孔隙率大、隔热性能好等优点，但吸水性强。因此，砌筑时，应在墙下先砌 3～5 皮烧结普通砖。

砌块隔墙厚度较薄，也需采取加强稳定性措施，其方法与砖隔墙类似。图 3-39 为加气混凝土砌块隔墙构造。

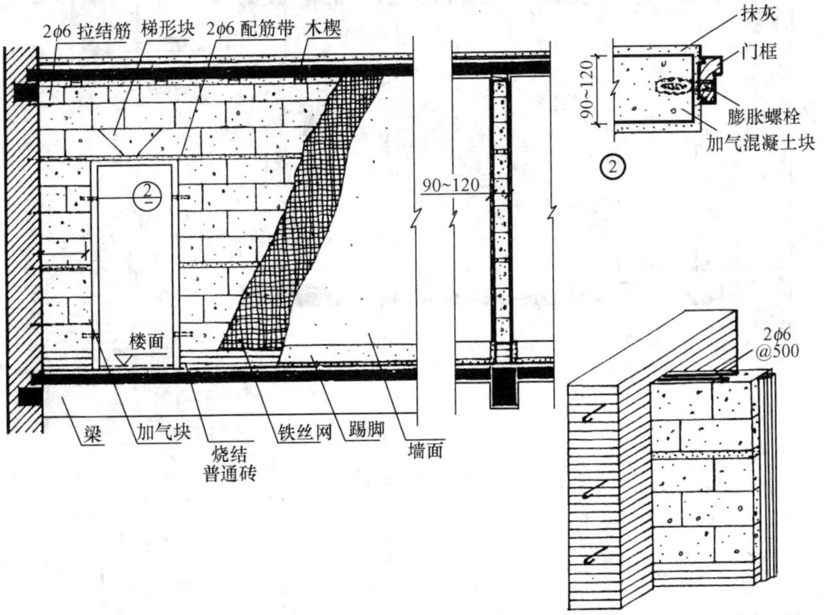

图 3-39　加气混凝土砌块隔墙构造

二、立筋隔墙

立筋隔墙也称立柱隔墙或龙骨隔墙，是由木骨架或金属骨架及墙面材料两部分组成。根据墙面材料的不同，立筋隔墙分为有板条抹灰墙、石膏板墙等。这类隔墙自重轻，一般可直接设在楼板上，板下可不设梁。又因墙中有空气夹层，隔声效果较好。但这类隔墙防水、防潮能力较差，不宜用在潮湿房间。

1. 板条抹灰隔墙

板条抹灰隔墙简称板条墙。它是在由上槛、下槛、立龙骨、斜撑等构件组成骨架上钉灰板条，然后抹灰而成。灰板条尺寸一般为 1200mm×24mm×6mm。板条间留出 6～10mm 的空隙，使灰浆能挤到板条缝的背面，咬住板条。图 3-40 为木骨架板条抹灰隔墙构造。

板条抹灰隔墙耗费木材多，施工复杂，湿作业多，难以适应建筑工业化的要求，目前已很少采用。

2. 石膏板隔墙

它是用薄壁型钢、石膏板条等材料做骨架，石膏板作面板的隔墙。目前采用薄壁型钢骨架的较多，称为轻钢龙骨石膏板。

轻钢骨架由上槛、下槛、横龙骨、竖龙骨组成。其隔墙做法是，在楼板垫层上浇筑混凝土墙垫，用射钉将下槛、上槛和边龙骨分别固定在墙垫、楼板底和砖墙上，安装中间龙骨及横撑，用自攻螺丝安装底板及面板，用 50mm 宽玻璃纤维带粘贴板缝、壁纸或其他装饰面料。图 3-41 为轻钢龙骨石膏板隔墙构造。

轻钢龙骨石膏板隔墙具有刚度好、耐火、防水、隔声等特点，是目前在建筑中使用较多的一种隔墙。

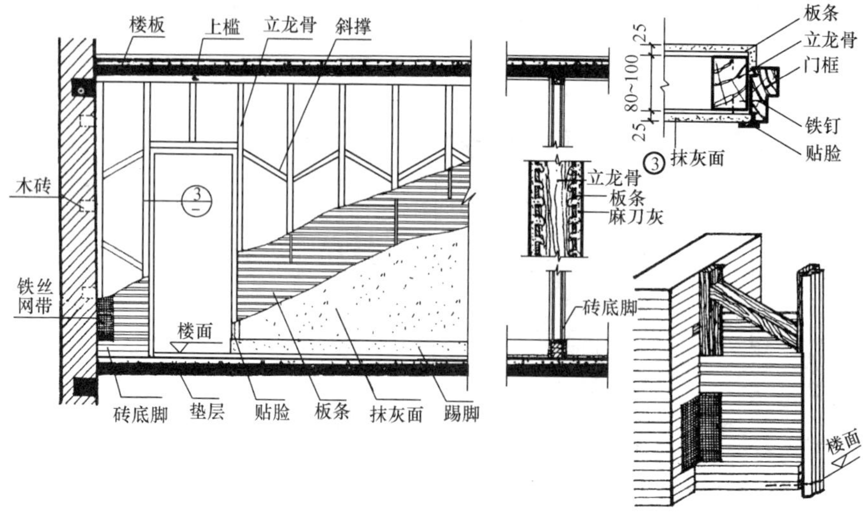

图 3-40 木骨架板条抹灰隔墙构造

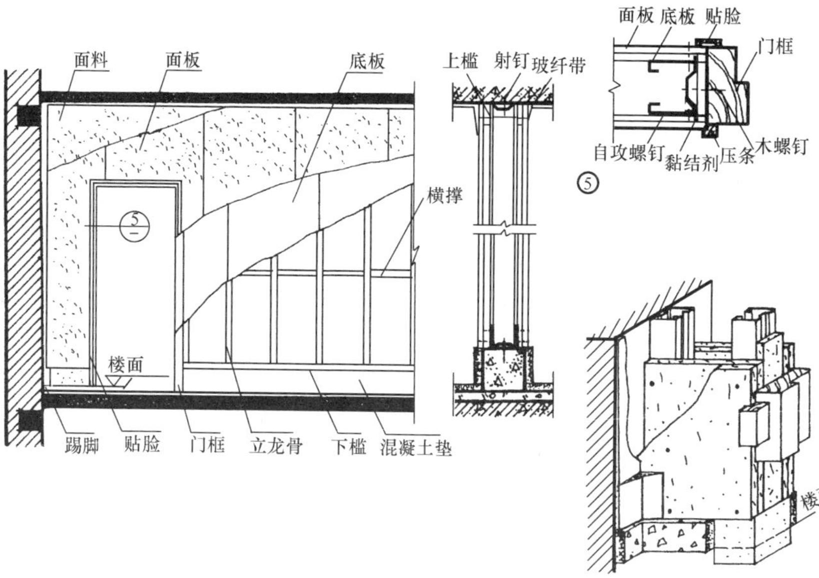

图 3-41 轻钢龙骨石膏板隔墙构造

三、板材隔墙

板材隔墙是指单板高度相当于房间净高，面积较大，且不依赖骨架，由工厂制作为成品板材，现场组装而成的隔墙。目前成品板材主要有加气混凝土条板、石膏条板、泰柏板等。

板材隔墙的做法是，在楼板垫层上浇筑混凝土墙垫，门洞两侧安装门框板（板上附有木砖），依此安装整块条板，端部不足处安装补板（按尺寸锯割）。板间企口缝用石膏胶泥黏结，门框与门框板连接处用木螺丝固定，粘贴装饰面料后钉木压条。踢脚部分可抹水泥砂浆，也可镶贴水磨石踢脚板。图 3-42 为增强石膏空心条板隔墙构造。

板材隔墙装配性好，施工速度快，现场湿作业少，拆迁较方便，防火性能好；但也存在隔声效果较差，取材受条件限制，抗侧向推力较差等缺点。

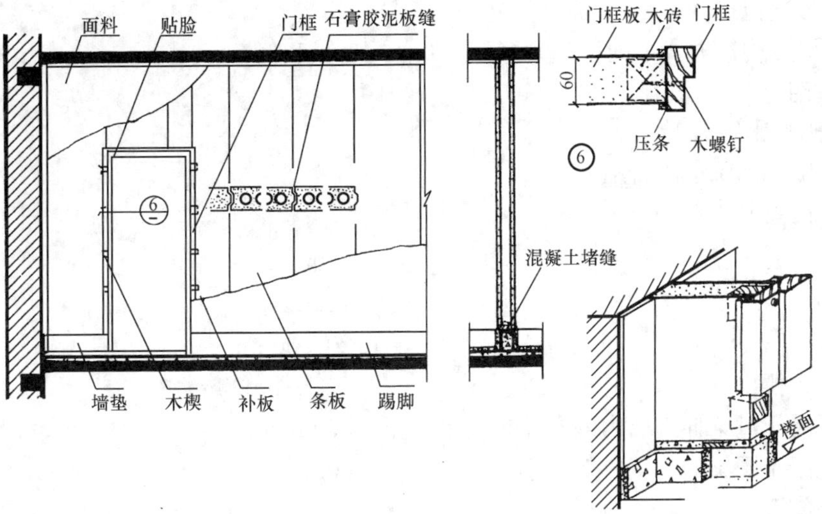

图 3-42　增强石膏空心条板隔墙构造

复习思考题

一、名词解释

1. 过梁
2. 散水
3. 勒脚
4. 圈梁
5. 构造柱
6. 芯柱
7. 变形缝

二、填空题

1. 沿建筑物短轴方向布置的墙称为（　　），（　　）通常称为山墙。

2. 墙体按受力情况的不同，可分为（　　）和（　　）。

3. 大量性民用建筑的结构布置方案，通常有（　　）方案、（　　）方案 、（　　）方案及（　　）方案等。

4. 目前常用的墙体材料有（　　）、（　　）、（　　）及砌筑砂浆。

5. 烧结普通砖的规格为（　　）。

6. 常用的砌筑砂浆有（　　）、（　　）和（　　）。

7. 在砖墙的组砌中，把砖的长方向垂直与墙面砌筑的砖叫（　　）；把砖的长方向平行于墙面砌筑的砖叫（　　）；侧立砌筑的砖叫（　　）。

8. 根据材料和构造方式不同，过梁有（　　）、（　　）和（　　）。

9. 钢筋混凝土过梁，按照施工方法不同，可分为（　　）和（　　）两种。

10. 常用的过梁形式有（　　）、（　　）等。

11. 变形缝包括（　　）、（　　）和（　　）。

12. 隔墙按构造方式不同可分为（　　）、（　　）和（　　）。

三、作图题

1. 绘制墙脚构造图。
2. 绘制附加圈梁的构造图。

四、连线题

散水宽	240mm
勒脚高	120mm
伸缩缝宽	20～30mm
悬挑窗台挑出	600～1000mm
钢筋混凝土过梁伸进墙内的支撑长度不小于	500mm
钢筋混凝土圈梁的高度一般不小于	60mm

五、简答题

1. 简述墙体的类型及设计要求。
2. 墙体的承重方案有几种？各自有什么特点？
3. 勒脚的作用是什么？常见的做法有哪些？
4. 墙身防潮层的作用是什么？常用的做法有哪几种？水平防潮层的位置应如何设置？
5. 过梁主要有哪几种？构造如何？
6. 圈梁的作用是什么？构造如何？一般设置在什么位置？
7. 简述构造柱的作用及构造。
8. 伸缩缝的间距主要受什么因素的影响？
9. 简述各类变形缝的设置原则。
10. 伸缩缝、沉降缝、防震缝是否可以相互代替？为什么？
11. 隔墙的种类和构造要求有哪些？

第四章　楼　地　面

第一节　概　　述

楼地面是楼房建筑中水平方向的承重构件，包括楼层地面（楼面）和底层地面（地面）。楼面分隔上下楼层空间，地面直接与土壤相连。由于它们均是供人们在上面活动的，因而具有相同的面层；但由于它们所处的位置不同、受力不同，因而结构层有所不同。楼面的结构层为楼板，楼板将所承受的上部荷载及自重传递给墙或柱，再由墙、柱传给基础，楼板有隔声等功能要求。地面的结构层为垫层，垫层将所承受的地面荷载及自重均匀地传给夯实的地基，对地面有防潮等要求。

一、楼面的基本组成

为了满足使用要求，楼面通常由面层、结构层（楼板）、顶棚层三部分组成。必要时，对某些有特殊要求的房间加设附加层，如防水层、隔声层和隔热层等。图 4-1 为楼面的基本组成。

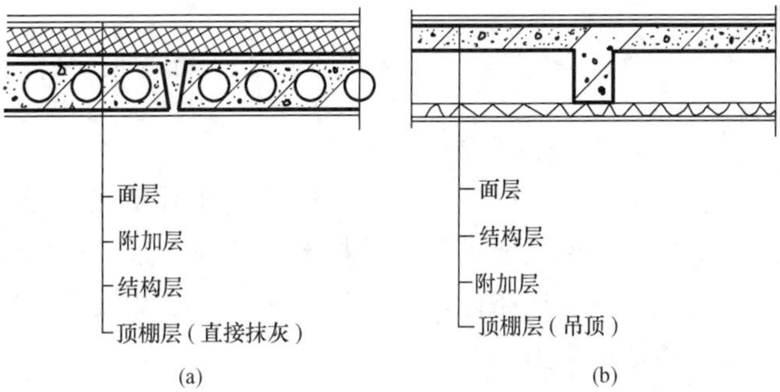

图 4-1　楼面的基本组成

（a）预制钢筋混凝土楼板；（b）现浇钢筋混凝土楼板

1. 面层

它是指人们进行各种活动与其接触的楼面表面层。面层起着保护楼板、分布荷载、室内装饰等作用。楼面的名称是以面层所用材料而命名的，如面层为水泥砂浆则称为水泥砂浆楼面。

2. 结构层

结构层又称楼板，由梁或拱、板等构件组成。它承受整个楼面的荷载，并将这些荷载传给墙或柱，同时还对墙身起水平支撑作用。

3. 顶棚层

顶棚层是楼面的下面部分。根据不同建筑物的要求，在构造上有直接抹灰顶棚、粘贴类顶棚和吊顶棚等多种形式。

二、楼面的设计要求

为保证楼面的结构安全和正常使用，对楼面设计有以下三方面要求。

1. 应具有足够的强度和刚度

楼板作为承重构件，应有足够的强度，在承受自重和使用荷载下不会破坏；为保证正常使用，楼面必须具有足够的刚度，在荷载作用下，构件弯曲挠度不会超过许可值。

2. 满足隔声、防火、热工、防水方面的要求

为防止噪声通过上下相邻的房间，影响其使用，楼面应具有一定的隔声能力；楼面应根

据建筑物的等级和防火要求进行设计，以避免和减少火灾发生对建筑物的破坏作用；对于有一定的温度、湿度要求的房间，常在楼面中设置保温层，以减少通过楼面的热交换作用。

此外，一些房间，如厨房、厕所、卫生间等，楼面潮湿、易积水，应注意处理好楼面的防渗漏问题；对楼面变形缝也应进行合理的构造处理。楼面变形缝应结合建筑物的结构（墙、柱）变形缝位置而设置，变形缝应贯通楼面各层。其构造做法如图 4-2 所示。

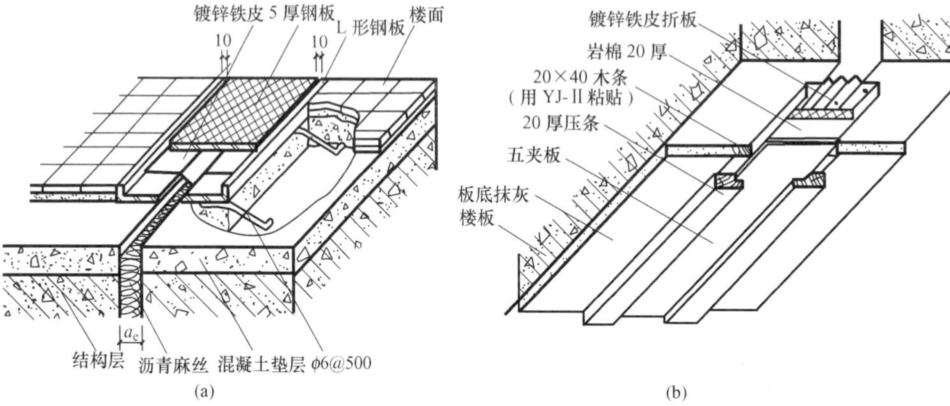

图 4-2　楼面变形缝的构造

（a）面层变形缝；（b）顶棚变形缝

3. 满足建筑经济的要求

一般情况下，多层房屋楼板的造价占土建造价的 20%～30%。因此，应注意结合建筑物的质量标准、使用要求及施工技术条件等因素，选择经济合理的结构形式和构造方案，尽量为工业化施工创造条件，加快施工速度，并降低工程造价。

三、楼板的类型

楼面根据其结构层使用的材料不同，可分为木楼板、砖拱楼板、钢楼板、压型钢板组合楼板及钢筋混凝土楼板等。

（1）木楼板具有自重轻、构造简单等优点。但由于它不防火，耐久性差且耗木材量大，现已极少采用。

（2）砖拱楼板可以节约钢材、水泥、木材，但由于它自重大，承载力及抗震性能较差，施工较复杂，目前一般也不采用。

（3）钢楼板由于钢材价格昂贵，耗钢量大，应慎重采用。

（4）压型钢板组合楼板具有刚度大，整体性好且有利于施工等优点，但由于用钢量大，造价高，目前主要用于钢框架结构中。

（5）钢筋混凝土楼板强度高、刚度大，耐久性和耐火性好，混凝土可塑性大，可浇灌成各种形状和尺寸的构件，因而比较经济合理，被广泛采用。

第二节　钢筋混凝土楼板

钢筋混凝土楼板按其施工方式不同，可分为现浇式、预制装配式和装配整体式三种。

一、现浇式钢筋混凝土楼板

现浇式钢筋混凝土楼板是经在施工现场支模板、绑扎钢筋、浇捣混凝土及养护等工序而成的楼板。这种楼板整体性好，抗震性强，能适应各种建筑平面构件形状的变化。但它模板用量多，现场湿作业量大，工期长，且施工受季节影响较大。

现浇式钢筋混凝土楼板，根据受力和传力情况的不同，可分为板式楼板、梁板式楼板和无梁楼板等。

（一）板式楼板

当房间的跨度不大时，楼板内不设梁，板直接支撑在四周的墙上，荷载由板直接传给墙体，这种楼板称为板式楼板。板式楼板有单向板与双向板之分（图 4-3）。

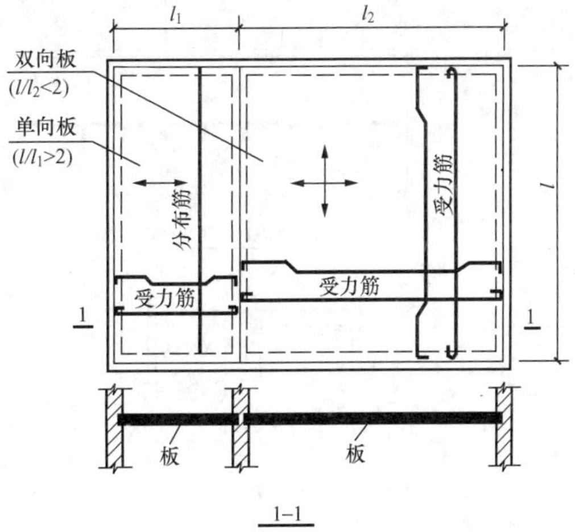

图 4-3　板式楼板

1. 单向板

当板的长边与短边之比大于 2 时，板基本上沿短边单方向承受荷载，这种板称为单向板。通常把单向板的受力钢筋沿短边方向布置。

2. 双向板

当板的长边与短边之比小于或等于 2 时，板上的荷载沿双向传递，在两个方向产生弯曲，这种板称为双向板。在双向板中受力钢筋沿双向布置。它较单向板刚度好，且可节约材料，充分发挥钢筋的受力作用。

板式楼板底面平整、美观、施工方便，适用于小跨度房间，如走廊、厕所和厨房等。

（二）梁板式楼板

当房间的跨度较大时，板的厚度和板内配筋均会增大。为使板的结构更经济合理，常在板下设梁以控制板的跨度。这样楼板上的荷载就先由板传给梁，再由梁传给墙或柱。这种楼板称为梁板式楼板（又称肋形楼板）。根据梁的构造情况又可分为单梁式、复梁式和井梁式楼板。

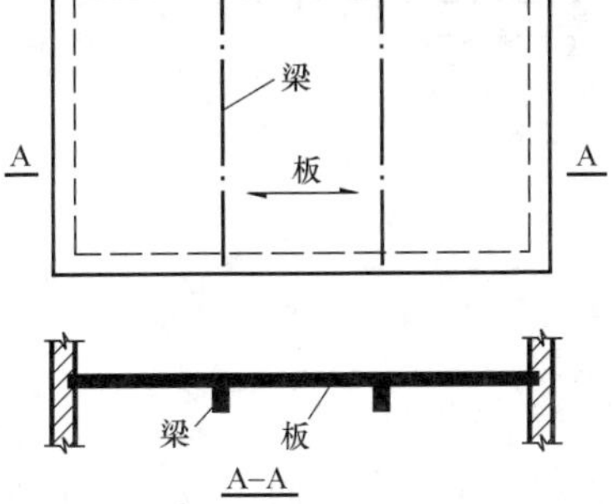

图 4-4　单梁式楼板

1. 单梁式楼板

当房间平面尺寸不大时，可以仅在一个方向设梁，梁可以直接支撑在承重墙上，这种楼板称为单梁式楼板见图 4-4。

2. 复梁式楼板

当房间平面尺寸任何一个方向均大于 6m 时，则应在两个方向设梁，甚至还应设柱。梁有主梁和次梁之分。次梁与主梁一般是垂直相交，板搁置在次梁上，次梁搁置在主梁上，主梁搁置在墙或柱上。这种楼板称为复梁式楼板见图 4-5。主梁跨度一般为 5～8m，次梁跨度一般为 4～6m。板跨一般为 1.7～2.7m，板的厚度一般为 60～80mm。

复梁式楼板适用于面积较大的房间，构造简单而刚度大，可埋设管道，施工方便，比较经济，因而被广泛用于公共建筑、居住建筑和多层工业建筑中。

3. 井梁式楼板

当房间尺寸较大，并接近正方形时，常沿两个方向布置等距离、等截面的梁（不分主次

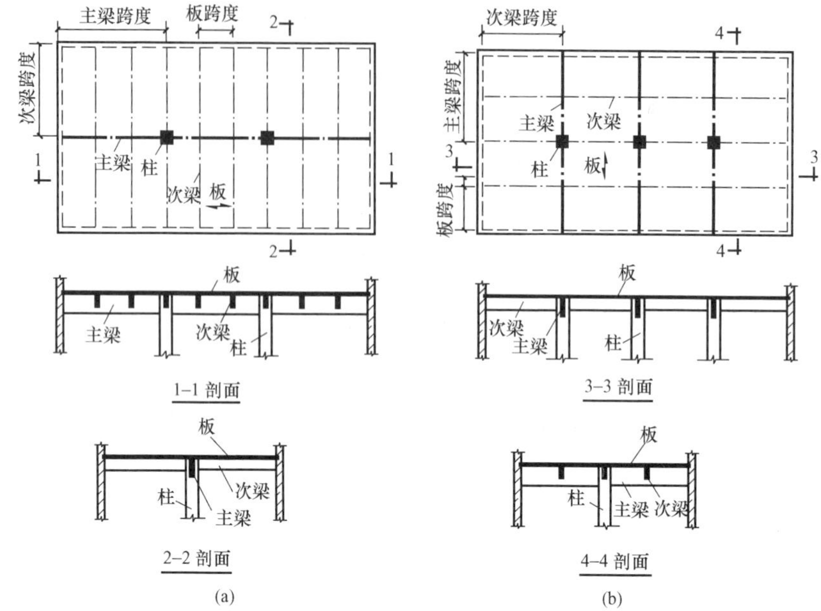

图 4-5　复梁式楼板

（a）纵向主梁方案；（b）横向主梁方案

梁），从而形成井格式结构，这种结构通常称为井梁式楼板结构（图 4-6）。这种结构中部不设柱，梁跨可达 30m，板跨一般为 3m 左右。为了美化楼板下部的图案，梁格可布置成正井式［图 4-6（a）］和斜井式［图 4-6（b）］。

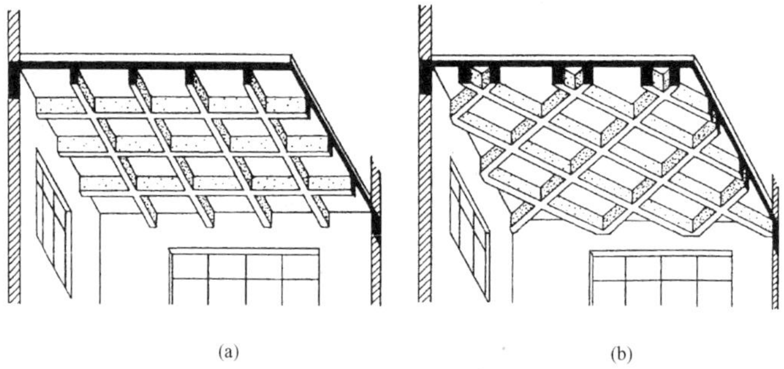

图 4-6　井梁式楼板

（a）正井式；（b）斜井式

井梁式楼板一般可用于门厅或需较大空间的大厅。

（三）无梁楼板

直接支撑在柱上，而不设主梁和次梁的楼板称为无梁楼板见图 4-7。为增加柱的支撑面积，减小板跨，改善板的受力条件，一般可在柱顶上加设柱帽或托板，见图 4-8。无梁楼板柱网一般为正方形，有时也可为矩形。柱距一般为 6m 左右较为经济，板的最小厚度通常为 120mm。

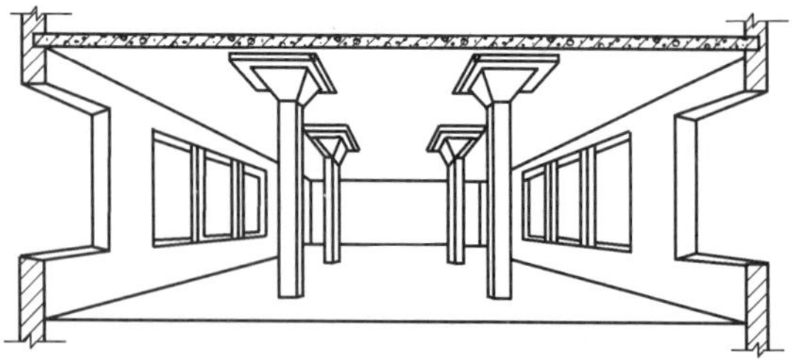

图 4-7　无梁楼板

无梁楼板顶棚平整，室内净空大，采光通风效果好，且施工较简单，多用于楼层荷载较大的商场、展览馆和仓库等建筑中。

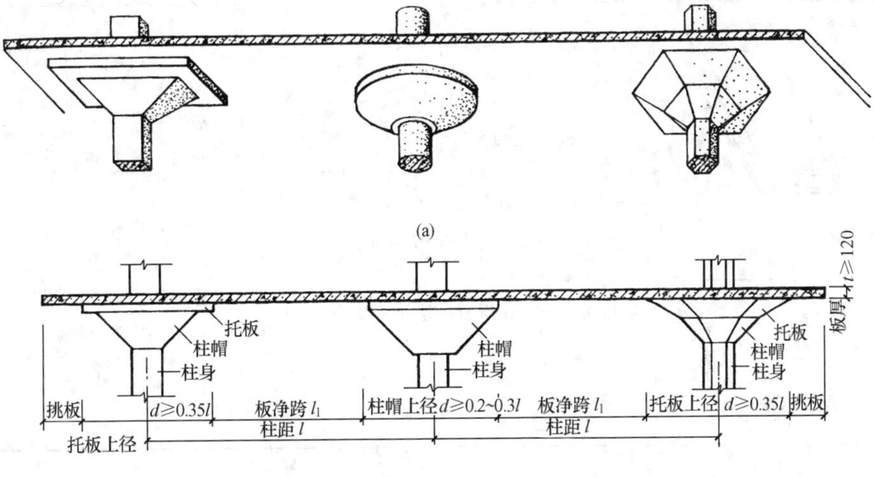

图 4-8　无梁楼板的柱帽形式

(a) 仰视图；(b) 正视图

二、预制装配式钢筋混凝土楼板

预制装配式钢筋混凝土楼板是指把预制构件厂生产或现场制作的钢筋混凝土板安装拼合而成的楼板。这种楼板可提高建筑工业化施工水平，节约模板，缩短工期，且施工不受季节限制；但其整体性较差，在有较高抗震设防要求的地区应当慎用。

(一) 板的类型

常用的预制钢筋混凝土板，根据其截面形式，一般有实心平板、槽形板和空心板三种类型。其构件特点、优缺点与适用范围见表 4-1。

表 4-1　常用的钢筋混凝土板

构件名称	图　示	构 件 特 点	优缺点与适用范围
实心平板	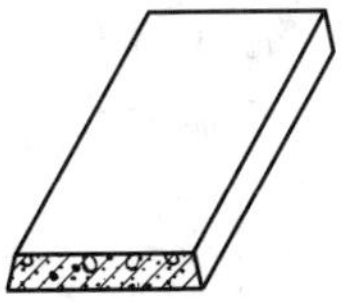	经济跨度≤2.5m。 板厚可取跨度的 $\frac{1}{30}$，一般为 60～100mm，板的宽度为 400～900mm	上下表面平整，制作简单，安装方便。 宜用在荷载不大、小跨度的走道、管沟盖板等处
槽形板（正槽）	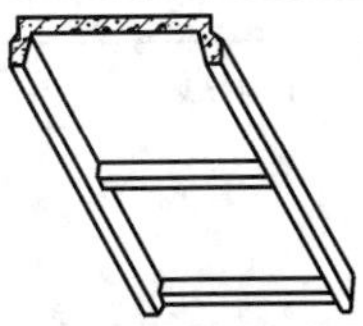	槽形板可分正槽形板与倒槽形板两种。 槽形板板跨 L 为 3～6m，板宽为 500～1200mm，肋高 h 为 150～300mm	自重轻，节省材料，受力性能好，便于开洞。 板面较薄，隔声隔热性能较差，可通过吊顶棚、填充轻质材料等措施解决
槽形板（倒槽）	倒槽板 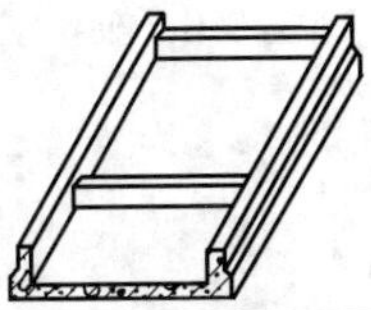	槽形板需在纵肋之间增加横肋。板端伸入砖墙部分应用砖块填实或从端肋封闭	槽形板大量应用于屋面板，厕所、厨房的楼板及具有高级装修的楼面

续表

构件名称	图　　示	构 件 特 点	优缺点与适用范围
空心板	方孔板 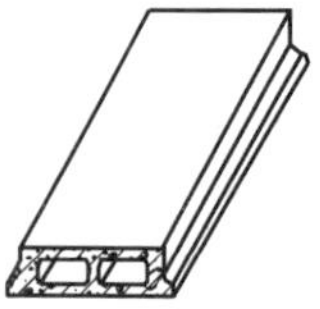 圆孔板 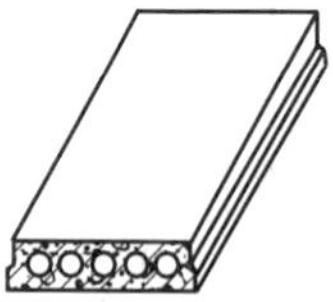	短向板长度为 2.1～4.2m，非预应力板厚 150mm，预应力板厚 120mm。预应力板可制成 4.5～6m 的长向板，板厚 180～240mm。为节约材料应优先选用预应力板。 板端孔洞须用混凝土块堵严抹平	上下板面平整。 自重较轻，用料省，受力合理，刚度较大。 隔热隔声效果好。 板面不能随便开洞。 一般适用于工业与民用建筑的楼面和屋面，是用量最多的构件

（二）板的布置方式

在进行板的布置时，首先应根据房间的开间、进深尺寸确定板的支撑方式，然后根据板的规格进行布置。板的支撑方式有板式和梁板式两种。预制板直接搁置在墙上的称为板式布置，见图 4-9（a）；若预制板支撑在梁上，梁再搁置在墙上的称为梁板式布置，见图 4-9（b）。

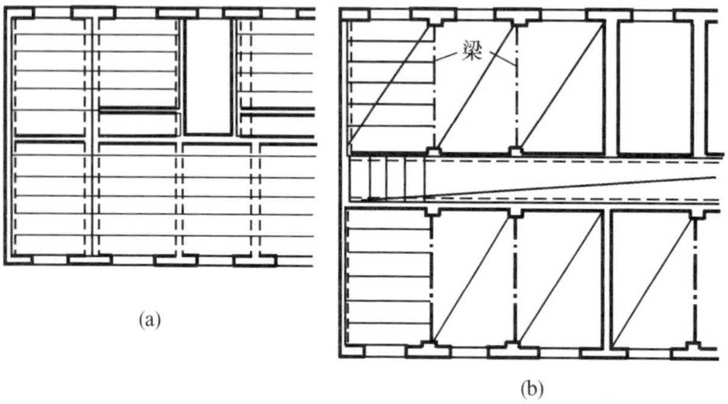

图 4-9　预制楼板结构布置

（a）板式结构布置；（b）梁板式结构布置

在确定板的规格时，应首先以房间的短边为板跨进行，一般要求板的规格、类型愈少愈好，以简化板的制作与安装。同时应避免出现三面支撑情况，即楼板的纵边不得搁置在梁上或砖墙内，否则，在荷载作用下，板会产生裂缝。

（三）梁的截面形式

梁的截面形式有矩形、T 形、十字形、花篮形等。其构造特点、优缺点与适用范围见表 4-2。

表 4-2　　常用的钢筋混凝土梁

构件名称	图　　示	构 件 特 点	优缺点与适用范围
矩形梁	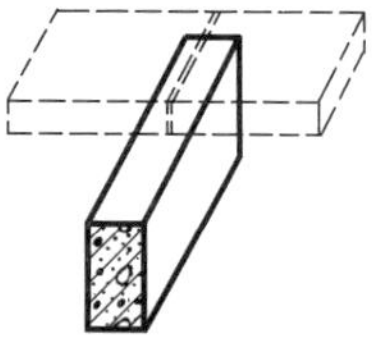	预应力钢筋混凝土梁跨度一般在 7m 以内。构件的制作长度一般比跨度小 20～50mm。梁高 h 一般取 $\left(\frac{1}{14}\sim\frac{1}{8}\right)L$（$L$ 为梁的跨度）	外形简单，制作方便，应用广泛

续表

构件名称	图 示	构 件 特 点	优缺点与适用范围
T 形梁	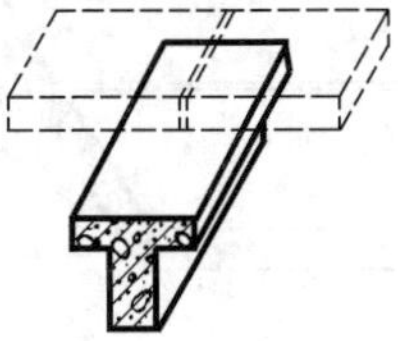	受拉区混凝土截面减小，但梁端支撑处应将截面做成矩形	用料省，自重较轻，受力合理。制作较复杂，仰视时，梁底不太美观
倒 T 形梁	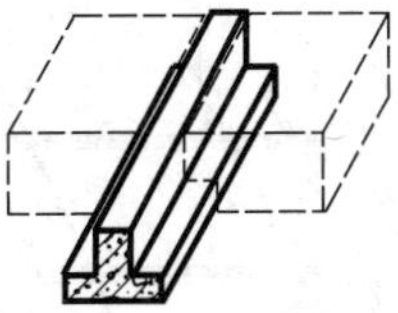	将板搁置在梁底台影处，台影为悬挑结构	梁面与板面平，可增大房屋净空。板端较复杂，制作不便
十字梁	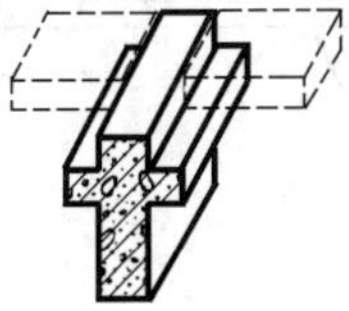	将板搁置在梁上侧台影处，板与梁顶适平	可增大房屋净高，梁截面复杂，制作不便
花篮梁	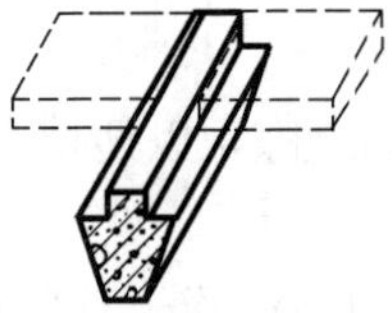	将板搁置在梁上侧台影处，板与梁顶适平	可增大房屋净高，梁截面复杂，制作不便
缺口梁	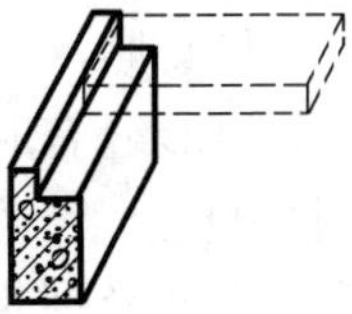	将板搁置在梁顶端缺口处	可增大房屋净高，梁截面复杂，制作不便
L 形梁	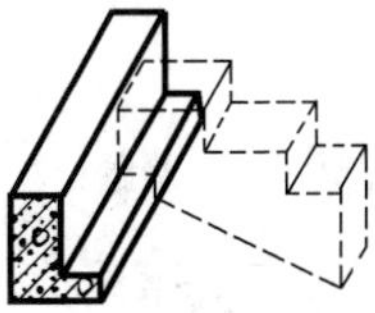	同倒 T 形梁	适用于装配式楼梯

（四）板的细部构造

1. 板的搁置及锚固

预制板搁置在墙上或梁上时，均应有足够的搁置长度。一般在砖墙上的搁置长度不宜小于 100mm；在梁上的搁置长度应不小于 80mm。地震地区板端深入外墙、内墙和梁的长度分别应不小于 120、100mm 和 80mm。并且在搁置时，还应采用 M5 水泥砂浆坐浆 20mm 厚，以利于二者的连接。

为了增强楼板的整体刚度，特别是在地基条件较差地区或地震区，应在板与墙以及板端与板端连接处设置锚固钢筋，见图 4-10。

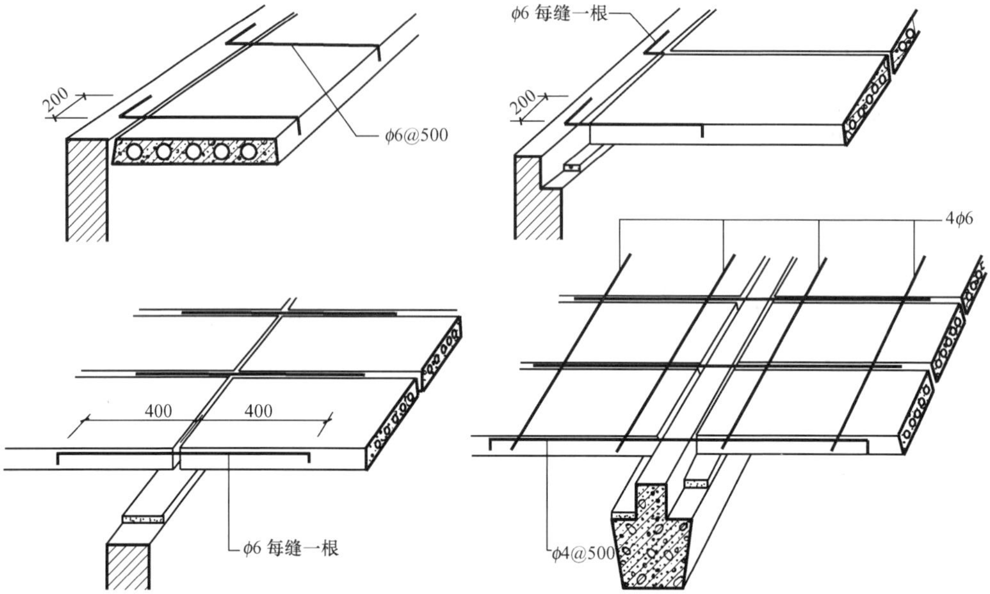

图 4-10　板的锚固

2. 板缝的处理

安装预制板时，为使板缝灌浆密实，要求板块之间离开一定的缝隙，以便填入水泥砂浆或细石混凝土。

板的接缝有端缝和侧缝两种。板的端缝一般需在板缝内灌筑细石混凝土，以加强连接；板的侧缝一般有三种形式：V 形、U 形和凹形，如图 4-11 所示。其中凹形缝有利于加强楼板的整体刚度。

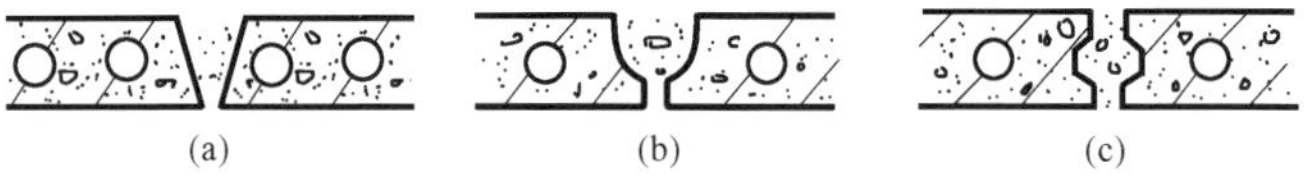

图 4-11　板缝的形式

（a）V 形缝；（b）U 形缝；（c）凹形缝

板的排列受到板宽规格的限制，在具体布置房间楼板时，经常出现小于一块板宽度的缝隙。遇到这种情况，可视缝隙大小采取如下措施，见图 4-12。

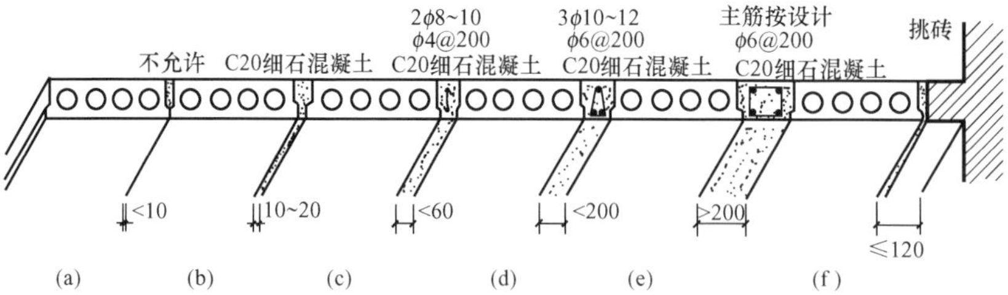

图 4-12　板缝处理措施

（1）当板缝为 10～20mm 宽时，应以细石混凝土灌缝，见图 4-12（b）。

（2）当板缝小于 60mm 时，应加设 2φ8～10 钢筋，用细石混凝土灌缝，见图 4-12（c）。

(3) 当板缝小于200mm时，应加设3ϕ10～12钢筋，用细石混凝土灌缝，见图4-12 (d)。

(4) 当板缝大于200mm时，应按设计计算配置钢筋骨架，用细石混凝土灌缝，见图4-12 (e)。

(5) 当邻近墙体的距离不大于120mm时，可采用挑砖做法，见图4-12 (f)。

规范要求，板缝不得小于10mm，以便有利于板间连接，见图4-12 (a)。

3. 隔墙与楼板的关系

在预制楼板上，采用轻质材料作隔墙时，可将隔墙直接设置在楼板上；若采用自重较大的材料，如烧结普通砖作隔墙，则不宜将隔墙直接搁置在楼板上，特别应避免将隔墙的荷载集中在一块板上。通常将隔墙设置在两块板的接缝处。采用实心平板和空心板的楼板，在隔墙下的板缝处设梁或现浇钢筋混凝土板带来支撑隔墙，见图4-13 (a)、(c)；若采用槽形板的楼板，隔墙可直接搁置在板的纵肋上，见图4-13 (b)。

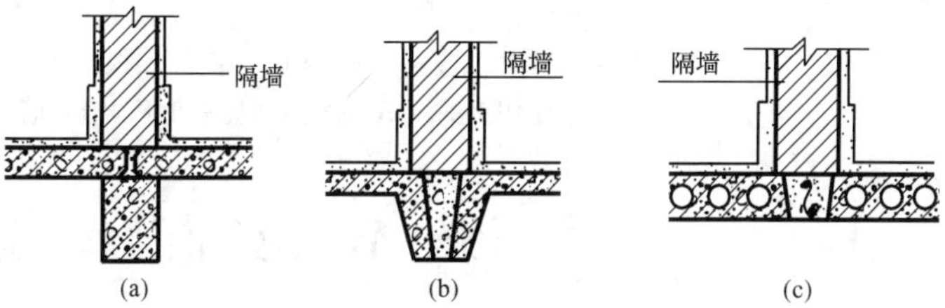

图4-13　隔墙与楼板的关系

(a) 隔墙支撑在梁上；(b) 隔墙支撑在纵肋上；(c) 板缝配筋

三、装配整体式钢筋混凝土楼板

装配整体式钢筋混凝土楼板是采用部分预制构件，经现场安装，再整体浇筑混凝土面层所形成的楼板。这种楼板具有整体性强和节约模板的优点。按结构及构造方式的不同，这种楼板有密肋填充块楼板和叠合式楼板等做法。

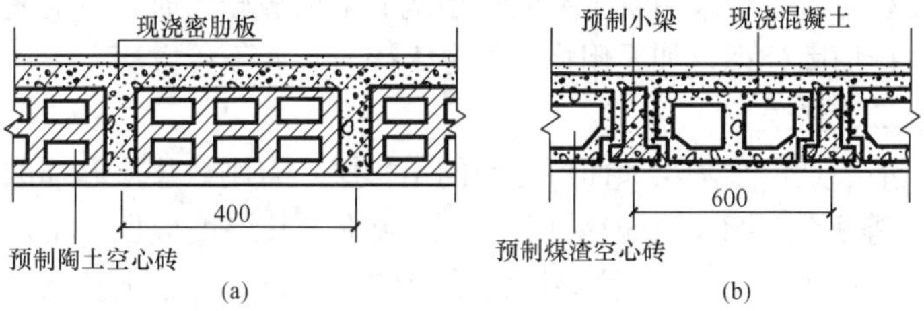

图4-14　密肋填充块楼板

(a) 现浇密肋填充块楼板；(b) 预制小梁填充块楼板

(一) 密肋填充块楼板

密肋填充块楼板由密肋楼板和填充块叠合而成，如图4-14所示。密肋楼板有现浇密肋楼板[图4-14(a)]、预制小梁现浇楼板[图4-14(b)]等。密肋楼板间填充块，常用陶土空心砖、矿渣混凝土空心砖、加气混凝土块等。

密肋填充块楼板由于肋间距小，肋的截面尺寸不大，使楼板结构所占的空间较小。此种楼板常用于学校、住宅、医院等建筑中。

(二) 叠合式楼板

叠合式楼板是由预制板和现浇钢筋混凝土层叠合而成的装配整体式楼板。这种楼板节约模板，整体性较好，但施工较麻烦，如图4-15所示。

叠合式楼板的预制钢筋混凝土薄板既是永久性模板，又能与上部的现浇层共同工作。预制板底平整，可直接做各种顶棚装修。因此，薄板具有结构、模板、装修三方面的功能。目前这种楼板已在住宅、学校、办公楼、仓库等建筑中应用。

现浇叠合层的厚度一般为100～120mm，混凝土的强度等级不低于C20。为保证预制薄板与叠合层有较好的连接，薄板上表面需刻槽处理，如图 4-15（a）所示；也可在薄板上表面露出较规则的三角形结合钢筋，如图 4-15（b）所示。

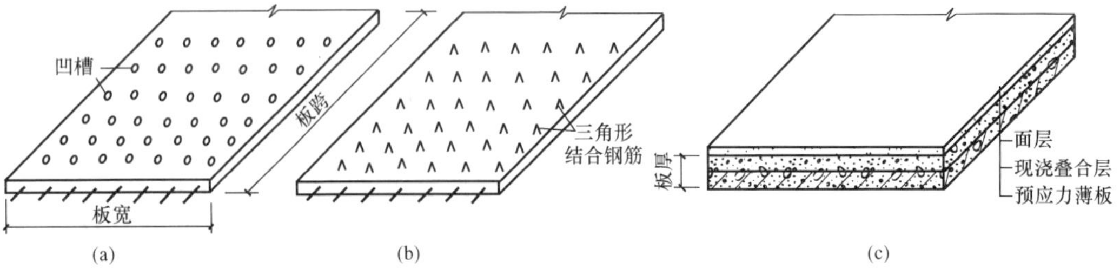

图 4-15 叠合楼板

（a）薄板面刻凹槽；（b）薄板面外露三角形结合钢筋；（c）叠合组合板

第三节 地 面 构 造

地面是建筑物底层与土壤相接的部分，它承受着地面上的荷载，并将这些荷载均匀地传给地基。

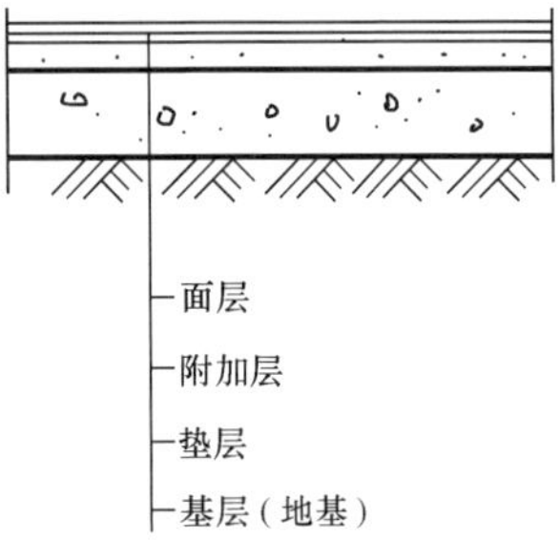

图 4-16 地面的基本构造层

地面的基本构造层为面层、垫层和基层（地基）。为满足其他方面的要求，地面往往还增加相应的附加构造层，如找平层、结合层、防潮层、保温层、防水层等，如图 4-16 所示。

一、基层

基层是位于地面垫层下的承重层，又称地基。当地面上荷载较小时，一般采用素土夯实；当地面上荷载较大时，可对基层进行加固处理，如采用换土或夯入碎砖、碎石等方法。

二、垫层

垫层是位于基层和面层之间的结构层，有刚性垫层和非刚性垫层之分。刚性垫层常用低强度等级混凝土，一般采用 C10 混凝土，其厚度应根据上部荷载的大小确定，常用的厚度为 60～100mm。非刚性垫层常采用砂、碎石、三合土及灰土等材料，其厚度根据材料和构造要求，通常为 60～120mm。

刚性垫层常用于整体面层和薄而脆的块材面层，如水磨石地面、锦砖地面、大理石地面等。

非刚性垫层常用于面层材料厚且强度较高的地坪中，如砖地面、混凝土地面等。

对某些室内荷载大且地基又较差并且有保温等特殊要求的，或面层装修标准较高的建筑，可在基层上先做非刚性垫层，再做一层刚性垫层，即复式垫层，如图 4-17 所示。

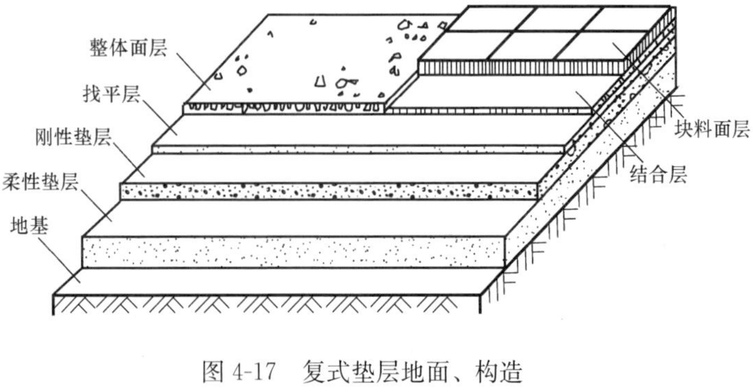

图 4-17 复式垫层地面、构造

三、面层

面层是指人们进行各种活动与其接触的地面表面层。根据房间使用功能的不同，面层应满足坚固、耐磨、平整、光洁、不起尘、易于清洁、有一定的弹性以及防水、防火等方面的要求。地面的名称是以面层所用材料而命名的，如面层为水泥砂浆则称为水泥砂浆地面；面层为木材则称为木地面等。

此外，当地面处设有变形缝时，应采取相应的构造措施，如图 4-18 所示。

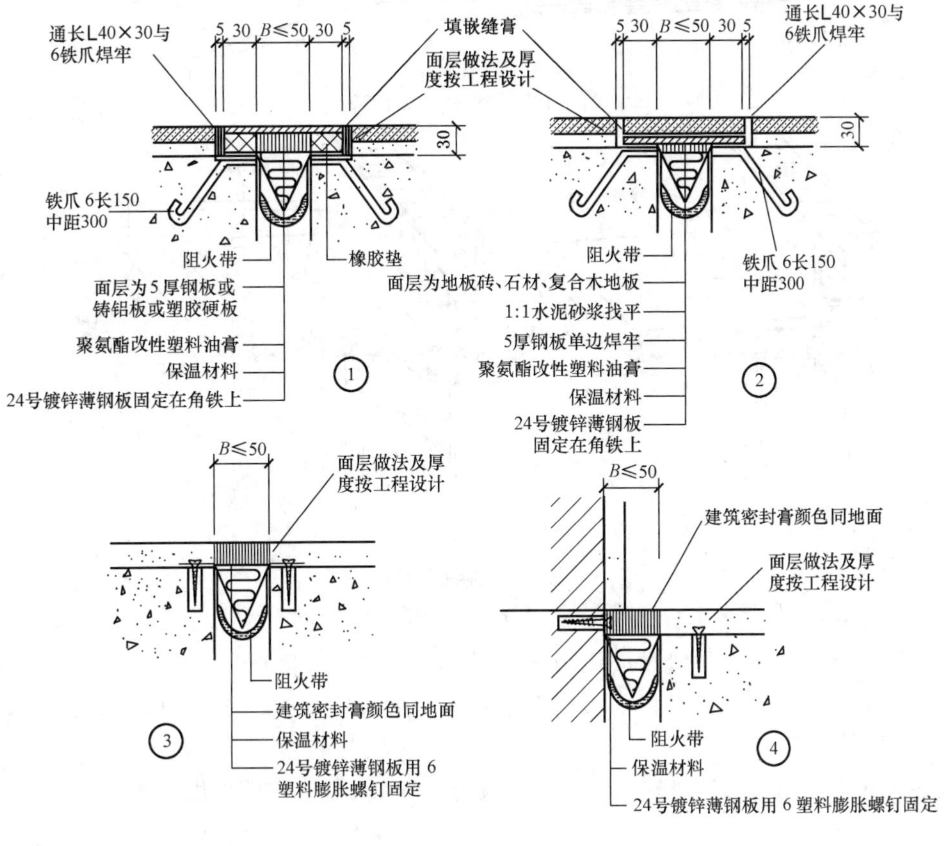

图 4-18 地面变形缝构造

第四节 雨 篷 与 阳 台

一、雨篷

在房屋入口处为了遮雨需设置雨篷。通常多采用钢筋混凝土悬挑式结构。其悬挑长度一般为 0.9～1.5m。大型雨篷下常加柱，形成门廊，见图 4-19。

雨篷有板式和梁板式，见图 4-20。当采用现浇雨篷板时，板的厚度可渐变，端部厚度不小于 50mm，根部厚度一般不小于 1/8 板长，且不小于 70mm。为防止雨篷产生倾覆，常将雨篷与门上过梁（或圈梁）浇在一起，如图 4-20（a）所示。板式雨篷可采用无组织排水。

图 4-19 加柱式大型雨篷

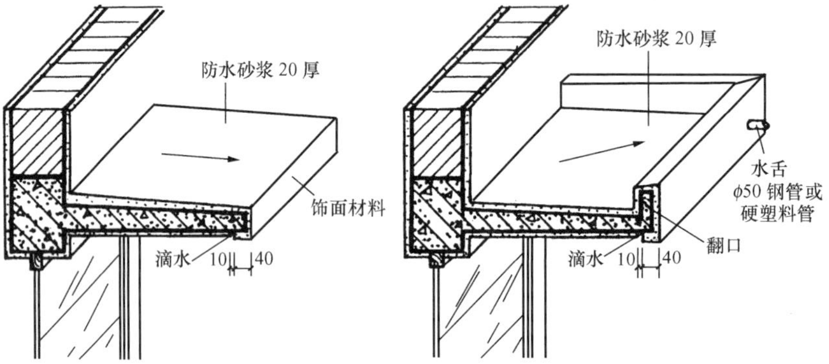

(a) (b)

图 4-20 雨篷构造

(a) 板式雨篷；(b) 梁板式雨篷

当挑出长度较大时，一般做成梁板式，梁从门过梁（或圈梁）挑出。通常为了底板平整，也为了防止周边滴水，常将周边梁向上翻起，形成反梁式，并采用有组织排水，如图 4-20（b）所示。

雨篷顶面应采用防水砂浆抹面，厚度一般为 20mm，并在靠墙处做泛水。

二、阳台

阳台是在楼房中供人们室外活动的平台。阳台的设置对建筑物的立面造型起着重要的作用。

（一）阳台的形式

阳台按其与外墙的相对位置，可分为凸阳台、凹阳台和半凸半凹阳台，如图 4-21 所示；阳台按其在建筑平面上的位置，可分为中间阳台与转角阳台；阳台按施工方法可分为现浇阳台和预制阳台。

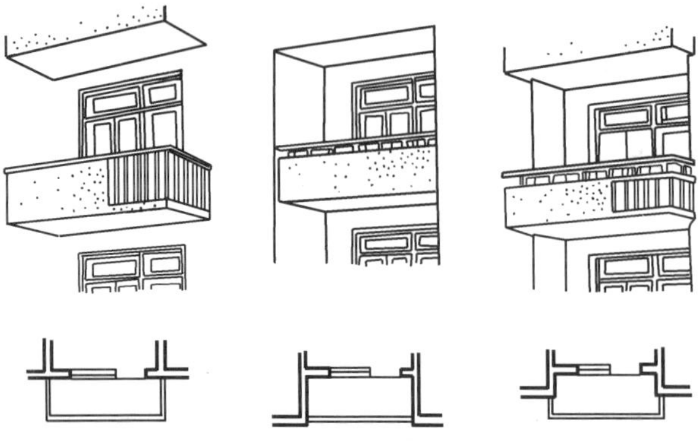

(a) (b) (c)

图 4-21 阳台的形式

(a) 凸阳台；(b) 凹阳台；(c) 半凸半凹阳台

（二）阳台承重结构的布置

阳台承重结构通常是楼板的一部

分，因此，阳台承重结构应与楼板的结构布置统一考虑，主要采用钢筋混凝土阳台板。钢筋混凝土阳台板可采用现浇式、装配式或现浇与装配相结合的方式。

1. 凹阳台

凹阳台实为楼板层的一部分，所以它的承重结构布置可按楼板层的受力分析进行。

2. 凸阳台

凸阳台的受力构件为悬挑构件，按悬挑方式的不同，有挑板式和挑梁式两种。挑出长度在1200mm以内，可用挑板式；大于1200mm可用挑梁式。考虑到下层的采光，阳台进深不宜太大。

（1）挑板式，即阳台的承重结构是由楼板挑出的阳台板构成，见图4-22。这种阳台板底平整、造型简洁，但结构构造及施工较麻烦。挑板式阳台板具体的悬挑方式有两种：一种是楼板悬挑阳台板，见图4-22（a）；另一种是墙梁悬挑阳台板，见图4-22（b）、（c）。

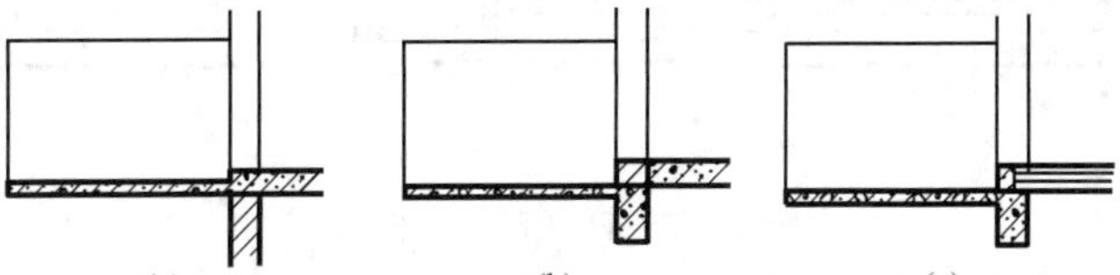

(a)　(b)　(c)

图4-22　挑板式阳台

（a）楼板悬挑阳台板；（b）墙梁悬挑阳台板（墙不承重）；（c）墙梁悬挑阳台板（墙承重）

（2）挑梁式，即在阳台两端设置挑梁，挑梁上搁板，见图4-23。此种阳台构造简单、施工方便，阳台板与楼板规格一致，是较常采用的一种方式。在处理挑梁与板的关系上有几种方式：一种是挑梁外露，见图4-23（a）；第二种是在挑梁梁头设置边梁，见图4-23（b）；第三种是设置L形挑梁，梁上搁置卡口板，见图4-23（c）。

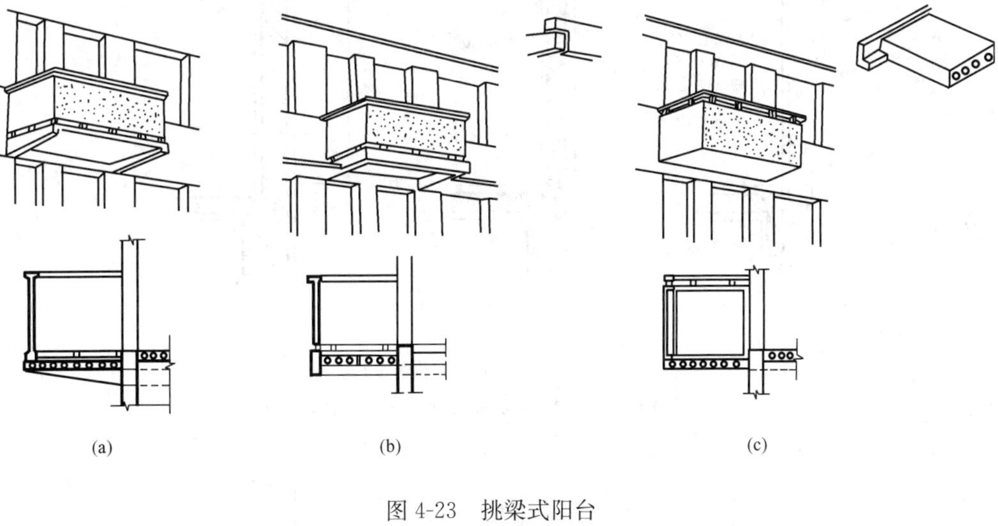

(a)　(b)　(c)

图4-23　挑梁式阳台

（a）挑梁外露；（b）设置边梁；（c）L形挑梁卡口板

（三）阳台的细部构造

1. 栏杆（栏板）的形式

阳台的栏杆（栏板）与扶手均是保证人们在阳台上活动安全而设置的，要求坚固可靠、舒适美观。扶手高度不应低于1.05m，高层建筑不应低于1.1m，镂空栏杆的垂直杆件间净距离不能大于110mm。

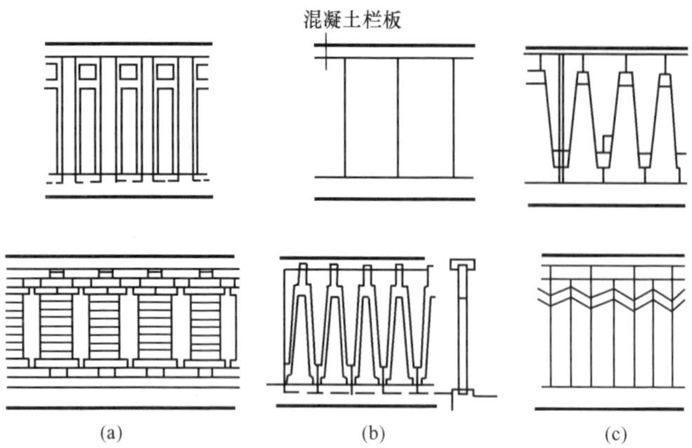

图 4-24　栏杆（栏板）的形式

（a）砖砌栏杆与栏板；（b）钢筋混凝土栏杆与栏板；（c）金属栏杆

栏杆（栏板）从材料上分，有金属、钢筋混凝土和砌体等；从外形上分，有镂空式和实心组合式等，如图 4-24 所示。

阳台扶手按材料分，有砖砌体、钢筋混凝土及金属材料等。

2. 连接构造

根据阳台栏杆（栏板）及扶手材料和形式的不同，其连接构造方式有多种，如图 4-25 所示。

3. 阳台的排水处理

为防止雨水流入室内，阳台地面的设计标高应较室内地面低 20～50mm，阳台的排水分为外排水和内排水。外排水适应于低层或多层建筑，此时，阳台地面应向排水口做 1%～2%的坡度，排水口处埋设 ϕ50 的镀锌钢管或塑料管水舌，水舌挑出长度至少为 80mm，以防落水溅到下面的阳台上，见图 4-26；内排水适用于高层建筑或某些有特殊要求的建筑，一般是在阳台内侧设置地漏，将积水引入雨水立管，见图 4-27。

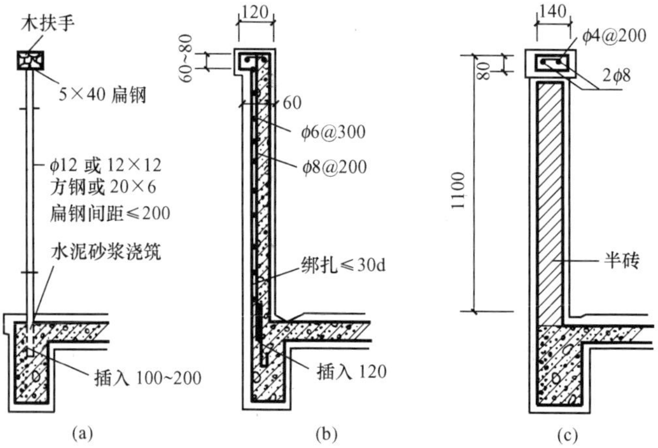

图 4-25　阳台栏杆（栏板）的构造

（a）金属栏杆；（b）现浇混凝土栏板；（c）砖砌栏板

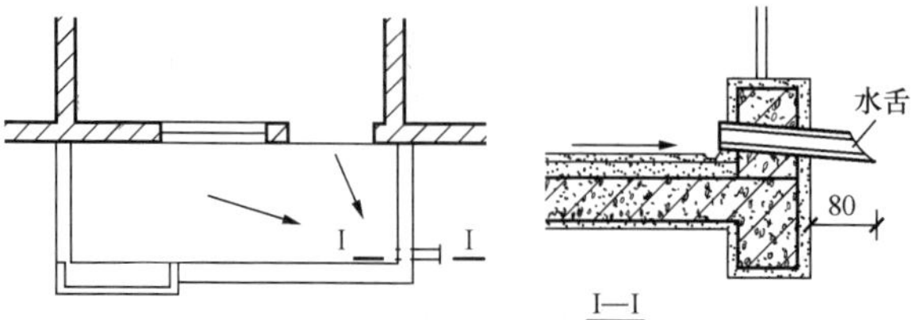

图 4-26　排水管排水

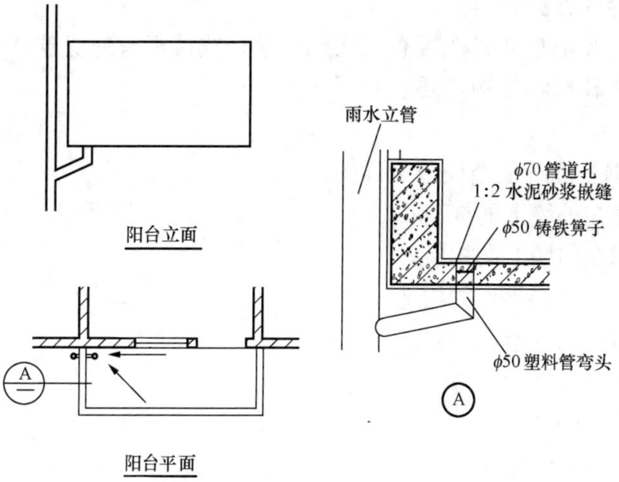

图 4-27　雨水管排水

复习思考题

一、名词解释

1. 现浇钢筋混凝土楼板
2. 预制钢筋混凝土楼板
3. 肋形楼板
4. 雨篷

二、填空题

1. 楼地面包括（　　）和（　　），其中（　　）由（　　）、结构层和（　　）组成；（　　）由（　　）、（　　）和地基组成。必要时，对某些有特殊要求的房间加设（　　），如防水层、隔声层等。

2. 钢筋混凝土楼板按其施工方式不同，可分为（　　）、（　　）和（　　）三种。

3. 现浇钢筋混凝土楼板，根据受力和传力情况的不同，可分为（　　）、（　　）和（　　）等。

4. 常用的预制钢筋混凝土板，根据其截面形式，一般有（　　）、（　　）和（　　）三种类型。

5. 板的侧缝一般有（　　）、（　　）和（　　）三种形式。

6. 装配整体式钢筋混凝土楼板，按结构及构造方式的不同，有（　　）和（　　）等做法。

7. 雨篷通常多采用钢筋混凝土（　　）结构。

8. 阳台按其与外墙的相对位置，可分为（　　）、（　　）和（　　）。

三、简答题

1. 楼地面包括哪两部分？它们有什么样的联系和区别？
2. 楼层地面的设计要求有哪些？
3. 现浇钢筋混凝土楼板何谓单向板？何谓双向板？

4. 调整预制板缝的方法有哪些?

5. 装配式楼板与装配整体式楼板有何区别? 叠合式楼板有何优越性。

6. 雨篷的作用是什么? 其构造要点有哪些?

四、作图题

1. 绘制装配式钢筋混凝土楼板节点详图。

(1) 空心板支撑在外墙上的构造;

(2) 空心板支撑在内墙上的构造;

(3) 空心板支撑在花篮梁上的构造;

(4) 挑砖调节板缝的构造;

(5) 现浇板带调节板缝的构造。

2. 绘图表示雨篷的构造。

3. 绘制楼地面变形缝的构造。

4. 绘制梁板布置图:

某房间由 2 个 3300mm 开间组成，进深 4200mm，四周墙厚均为 240mm。设横向梁一根，梁宽 250mm，梁高自选。铺设预制空心楼板，板厚 120mm，板宽 900mm。试绘制梁板平面布置图和纵、横剖面图。标注尺寸、标注梁高、楼板块数和现浇板带宽度，比例 1∶30。

第五章　垂直交通设施

第一节　概　　述

两层以上的房屋就需要有垂直交通设施，包括楼梯、电梯、自动扶梯、台阶、坡道、爬梯以及工作梯等。这些设施要求做到使用方便、结构可靠、防火安全、造型美观和施工方便。楼梯作为竖向交通和人员紧急疏散的主要设施，使用最为广泛；垂直升降电梯则用于高层建筑或使用要求较高的宾馆等多层建筑；自动扶梯仅用于人流量大且使用要求高的公共建筑，如商场、候车楼等；台阶用于室内外高差之间和室内局部高差之间的联系；坡道则由于其无障碍流线，常用于多层车库通行汽车和医疗建筑中通行担架车等，在其他建筑中，坡道也作为残疾人轮椅车的专用交通设施；爬梯专用于消防和检修等；工作梯是供工作人员工作用的交通设施。

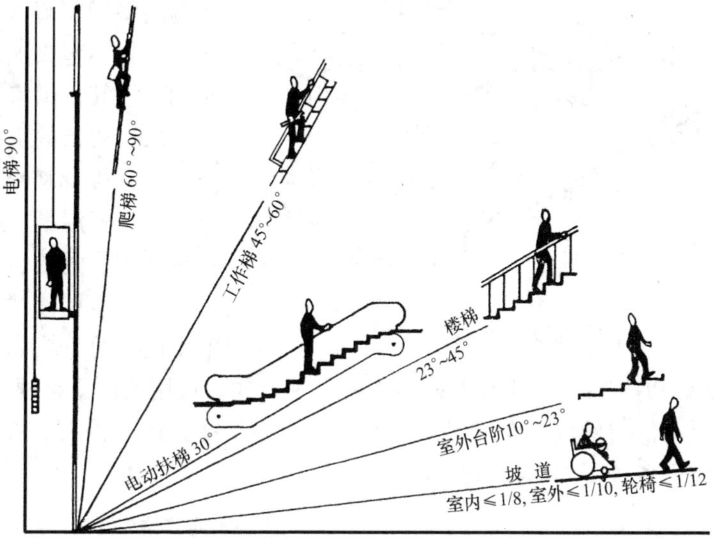

图 5-1　各种垂直交通设施的适用坡度

垂直交通设施的选用，是由建筑本身及环境条件决定的，也就是按垂直方向尺寸（即高差）与水平方向尺寸所形成的坡度来选定，坡度可用角度或高长比值表示，见图 5-1。

第二节　楼　　梯

一、楼梯的组成

楼梯是由连续行走的楼梯段、休息平台和维护安全的栏杆（或栏板）、扶手以及相应的支承结构组成的作为楼层之间垂直交通用的建筑部件，如图 5-2 所示。

1. 楼梯段

楼梯段是联系两个不同标高平台的倾斜构件，它由若干踏步和斜梁或板构成。为了消除疲劳，每一楼梯段的踏步数量一般不应超过 18 级，同时考虑人们行走的习惯性，楼梯段的踏步数量也不应少于 3 级。

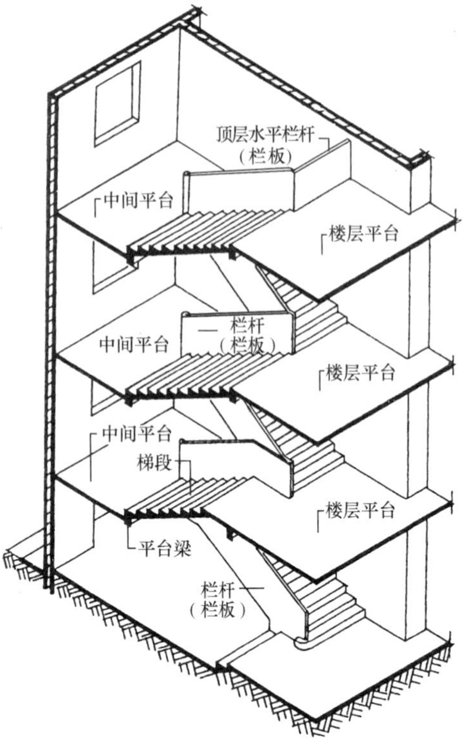

图 5-2　楼梯的组成

2. 休息平台

休息平台是指两楼梯段之间的水平构件。根据所处的位置不同，有中间休息平台和楼层休息平台之分。位于两楼层之间的平台称为中间休息平台；与楼层地面标高一致的平台称为楼层休息平台。其主要作用是供人们行走时改变行进方向和缓解疲劳，故又称为休息平台。

3. 栏杆（栏板）扶手

栏杆（栏板）扶手是设在楼梯段及休息平台边缘的，具有一定的安全高度，用于保障人身安全或分割空间用的防护分割构件。安全防护设施。其应以坚固、耐久的材料制作，并应能承受现行国家标准《建筑结构荷载规范》（GB 50009—2012）及其他国家现行相关标准规定的水平荷载。

二、楼梯的类型

（1）楼梯按结构材料的不同，有木楼梯、钢楼梯和钢筋混凝土楼梯等。其中钢筋混凝土楼梯具有坚固、耐久、防火等优点，使用最为广泛。

（2）楼梯按楼层间梯段数量和上下楼层方式的不同，可分为直跑梯、双跑梯、多跑梯、交叉梯、剪刀梯、弧形梯及螺旋梯等多种形式。选用的原则是根据楼梯间的平面形状与大小、楼层高低与层数、人流多少与缓急、使用功能、造型需要、投资限额和施工条件等因素来确定。各种不同的楼梯形式见表 5-1。

表 5-1　各种不同的楼梯形式

名　称	图　　示	构造特点	适用范围
直跑楼梯	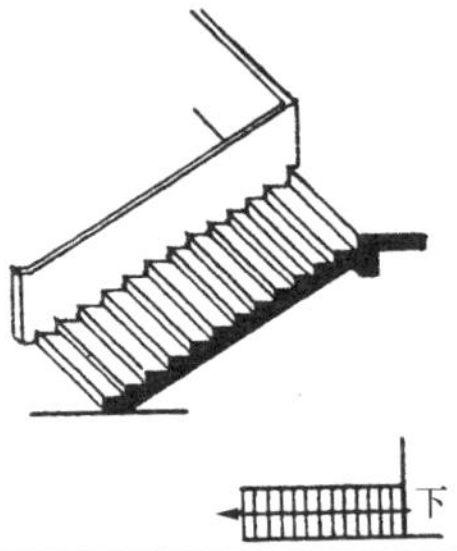	只有一个楼梯段，不设中间平台，所占宽度较小，但长度较大	层高较小的建筑，一般层高不超过 3m
双跑直楼梯	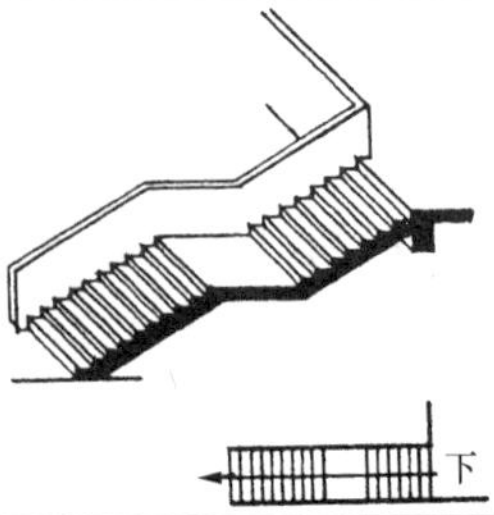	两个楼梯段间设一个中间平台，两梯段在一条直线上。占用宽度较小，但长度较大	楼梯间窄而长的建筑

续表

名称	图示	构造特点	适用范围
双跑平行楼梯	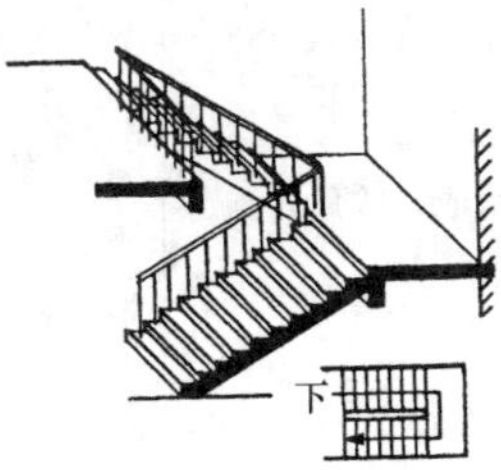	由两个楼梯段和一个中间平台组成，在休息平台处转向 180°，占用长度较小，但宽度较大	用途最广，如用于住宅及公共建筑
双跑直角楼梯	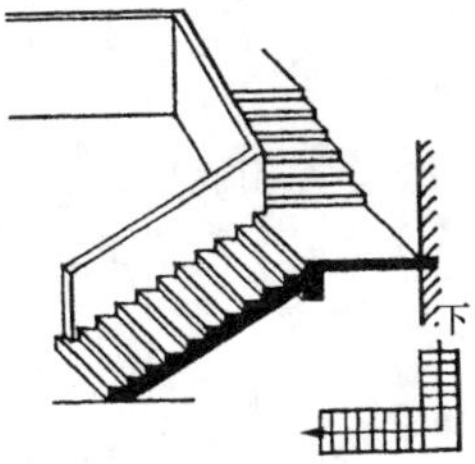	中间平台处转角 90°，两梯段均可沿墙设置，充分利用空间	公共建筑大厅和窄小的跃层住宅
双合平行楼梯	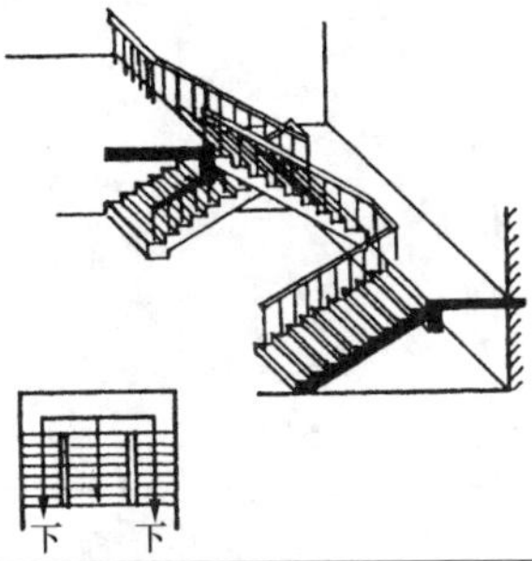	两个平行梯段到中间平台处合并为一个宽梯段	公共建筑的主要楼梯
双分平行楼梯	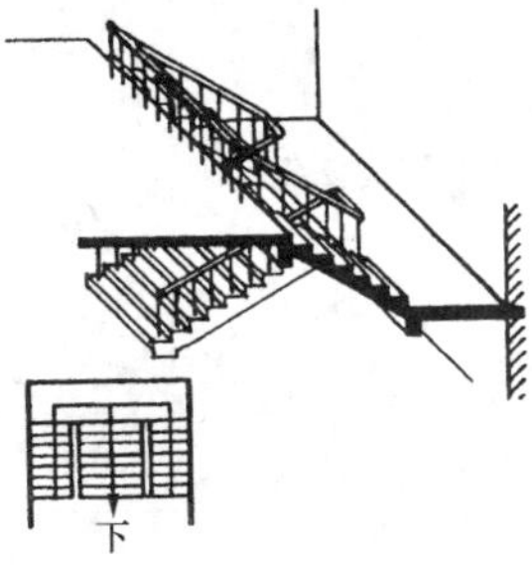	一个宽梯段到中间平台处分为两个窄梯段	公共建筑的主要楼梯
三跑楼梯	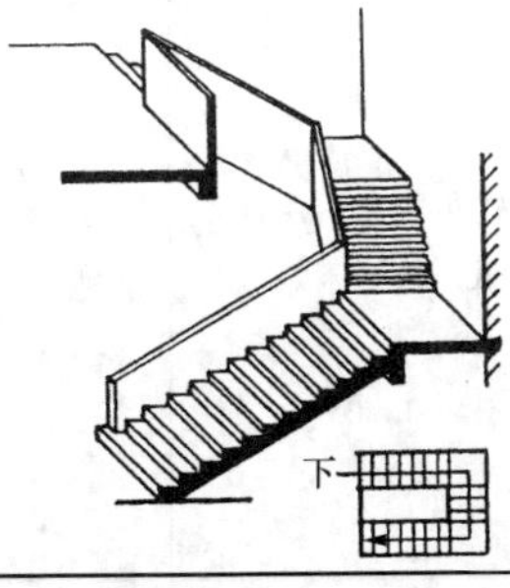	由三个梯段和两个中间平台组成，占用面积宽而短，梯井较宽	公共建筑

续表

名称	图示	构造特点	适用范围
扇形楼梯	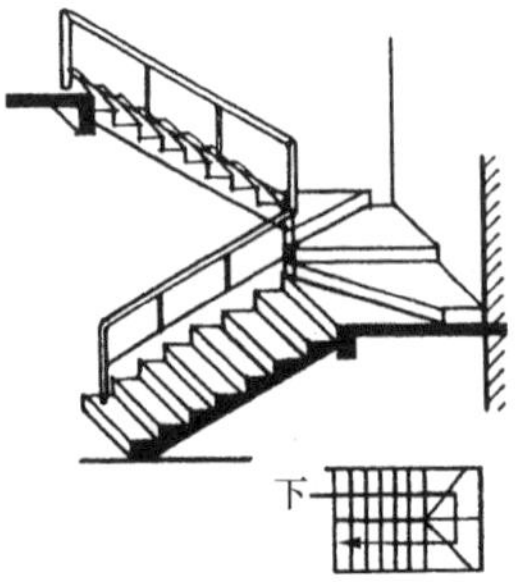	中间平台处由扇形踏步组成，转角处行走不便	次要及辅助楼梯，不宜作主要楼梯和疏散楼梯
剪刀式楼梯	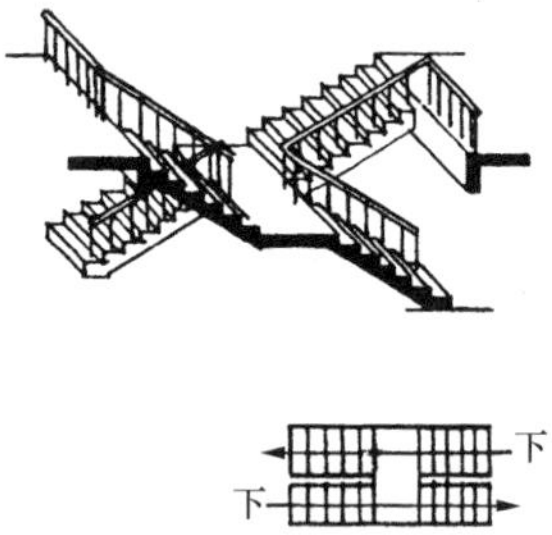	四个梯段用一个中间平台相连，占用面积较大，行走方便	人流较多的公共建筑
交叉楼梯	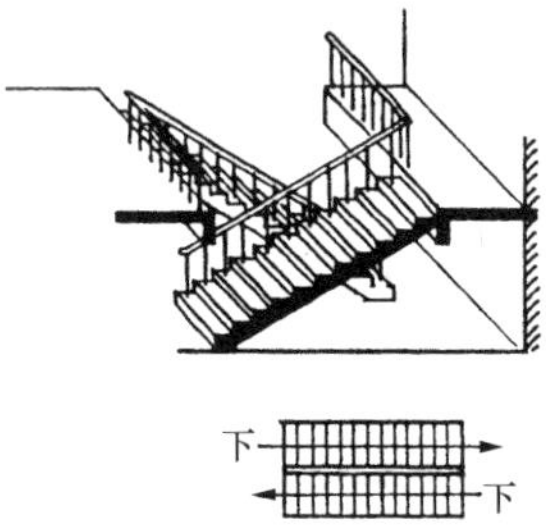	两个直跑楼梯交叉而不相连	人流较多的公共建筑
弧线形楼梯	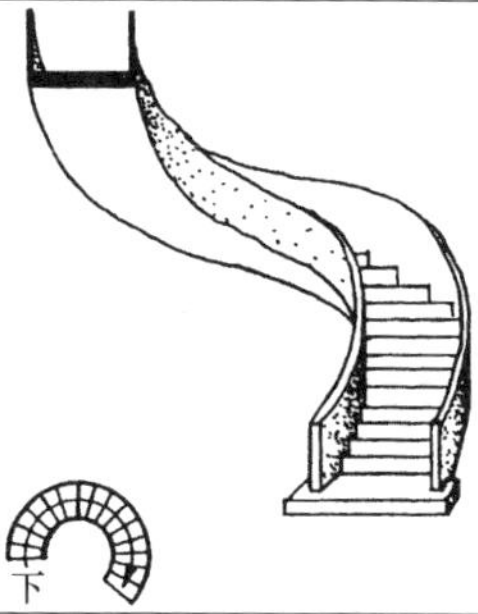	楼梯段为弧形，造型优美、构造复杂、施工不便	公共建筑门厅
螺旋楼梯	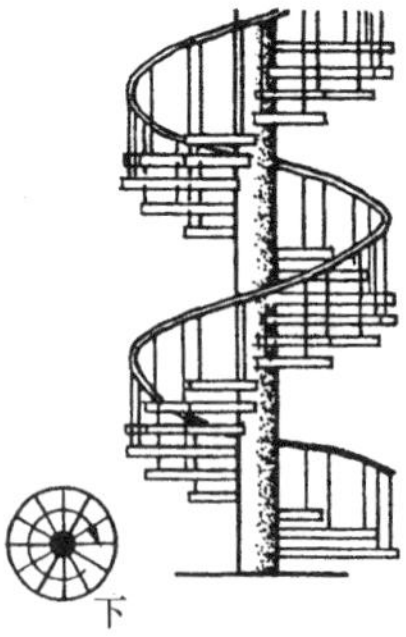	楼梯踏步围绕一根中心柱布置，占用面积小，造型优美，但行走不便，施工困难	跃层式住宅和检修梯

三、楼梯的尺度

（一）楼梯的坡度

楼梯的坡度视建筑的功能类型而定，一般情况下，人流多的公共建筑的楼梯应平缓；人流较少的住宅建筑的楼梯可稍陡；次要楼梯可更陡些。楼梯的坡度范围一般在 23°～45°之间。正常情况下应当把楼梯坡度控制在 38°以内，一般认为 30°是楼梯的适宜坡度，如图 5-1 所示。

（二）踏步尺度

踏步由踏面和踢面组成。楼梯踏步尺度是指踏步的宽度和踏步的高度。踏步的宽度应与成人的脚长相适应，踏步的高度应结合踏步宽度符合成人步距。踏步的宽与高必须有一个恰当的比例关系，才会使人行走时不会感到吃力和疲劳。踏步的宽度与高度可用下列经验公式求得

$$2r+g=s$$

式中 r——踏步高度；

g——踏步宽度；

s——人的平均步距一般为 560～630mm。

民用建筑中，楼梯踏步的宽度和高度应符合表 5-2 的规定。

表 5-2　楼梯踏步最小宽度和最大高度　　m

楼梯类别		最小宽度	最大高度
住宅楼梯	住宅公共楼梯	0.260	0.175
	住宅套内楼梯	0.220	0.200
宿舍楼梯	小学宿舍楼梯	0.260	0.150
	其他宿舍楼梯	0.270	0.165
老年人建筑楼梯	住宅建筑楼梯	0.300	0.150
	公共建筑楼梯	0.320	0.130
托儿所、幼儿园楼梯		0.260	0.130
小学校楼梯		0.260	0.150
人员密集且竖向交通繁忙的建筑和大、中学校楼梯		0.280	0.165
其他建筑楼梯		0.260	0.175
超高层建筑核心筒内楼梯		0.250	0.180
检修及内部服务楼梯		0.220	0.200

注　螺旋楼梯和扇形踏步离内侧扶手中心 0.250m 处的踏步宽度不应小于 0.220m。

梯段内每个踏步高度、宽度应一致，相邻梯段的踏步高度、宽度宜一致。当受条件限制，踏步宽度较小时，可以在踏步的细部进行适当变化来增加踏面的尺寸，如采用加做踏步檐或使踢面倾斜，如图 5-3 所示。

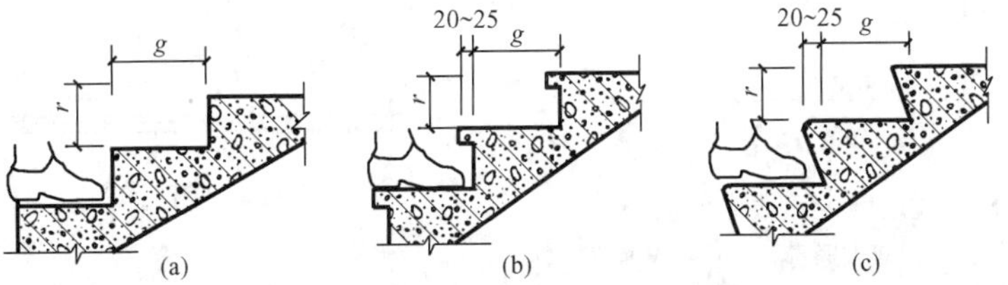

图 5-3　踏步尺寸与人脚的关系

（a）正常处理的踏步；（b）加做踏步檐；（c）踢面倾斜

（三）梯段尺度

楼梯梯段尺度包括梯段宽度和梯段长度。当一侧有扶手时，梯段净宽应为墙体装饰面至扶手中心线的水平距离；当双侧有扶手时，梯段净宽应为两侧扶手中心线之间的水平距离。当有凸出物时，梯段净宽应从凸出物表面算起。梯段净宽除应符合现行国家标准《建筑设计防火规范（2018 年版）》GB 50016—2014 及国家现行相关专用建筑设计标准的规定外，供日常主要交通用的楼梯梯段净宽应根据建筑物使用特征，按每股人流宽度为 0.55m+(0～0.15)m 的人流股数确定，并不应少于两股人流。(0～0.15)m 为行进中人体的摆幅，公共建筑人流众多的场所应取上限值。一般单股人流通行时，梯段宽度应不小于 900mm，见图 5-4（a)；双股人流通行时为 1100～1400mm，见图 5-4（b)；三股人流通行时为 1650～2100mm，见图 5-4（c)。

梯段长度（L）则是每一梯段的水平投影长度，其值为 $L=(N-1)\times b$，其中 g 为踏步水平投影步宽，N 为梯段踏步数。此处需注意踏步数为踢面步高数。

（四）休息平台宽度

休息平台宽度指楼梯间墙面至转角扶手中心线的水平距离，它分为中间平台宽度和楼层平台宽度。梯段改变方向时，扶手转向端处的平台最小宽度不应小于梯段宽度，并不得小于 1.20m，当有搬运大型物件需要时应适量加宽。以保持疏散宽度一致，并能使家具等大型物件通过，见图 5-5。直跑楼梯的中间平台宽度不应小于 0.9m。

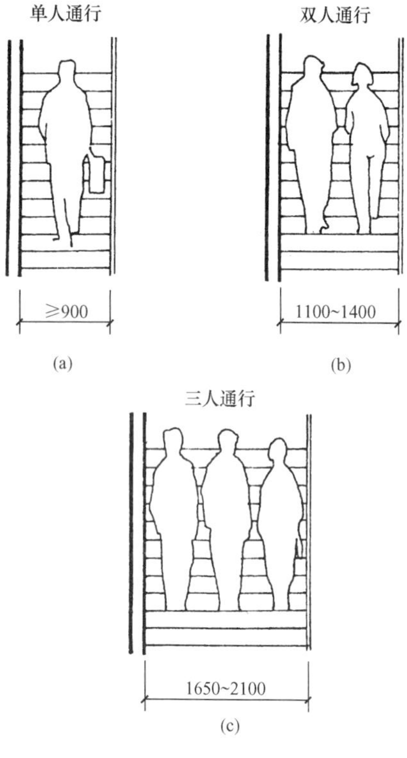

图 5-4　梯段宽度与人流股数的关系

（a）单人通行；（b）双人通行；（c）三人通行

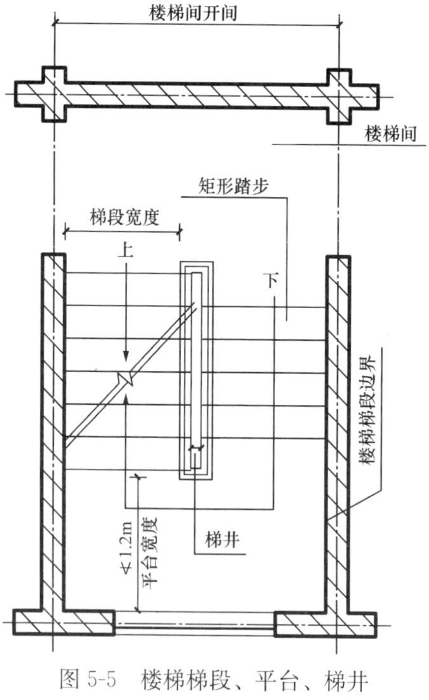

图 5-5　楼梯梯段、平台、梯井

（五）梯井宽度

梯井是指梯段之间形成的空档，此空档从顶层到底层贯通。为了安全，其宽度应小些，以 60～200mm 为宜。托儿所、幼儿园、中小学校及其他少年儿童专用活动场所，当梯井净宽大于 0.2m 时，必须采取防止少年儿童坠落的措施。

（六）栏杆（栏板）扶手的高度

梯段栏杆（栏板）扶手的高度是自踏步前缘线至扶手顶面的垂直距离。其高度根据人体重心高度和楼梯坡度大小等因素确定，一般为 0.9m 左右；靠楼梯井一侧水平扶手长度超过 0.5m 时，其高度不应小于 1.05m；供儿童使用的楼梯应在 0.5～0.6m 高度增设扶手，见图 5-6。

（七）楼梯的净空高度

楼梯的净空高度是指平台下或梯段下通行人时，应具有的最低高度要求。规范规定，楼梯平台上部及下部过道处的净高不应小于 2m，梯段净高不宜小于 2.20m。梯段净高为自踏步前缘（包括最低和最高一级踏步前缘线以外 0.30m 范围内）量至上方突出物下缘间的垂直高度，见图 5-7。

当采用平行双跑楼梯且在底层中间休息平台下设置通道时，为保证平台下的净高，可采取以下方式解决：

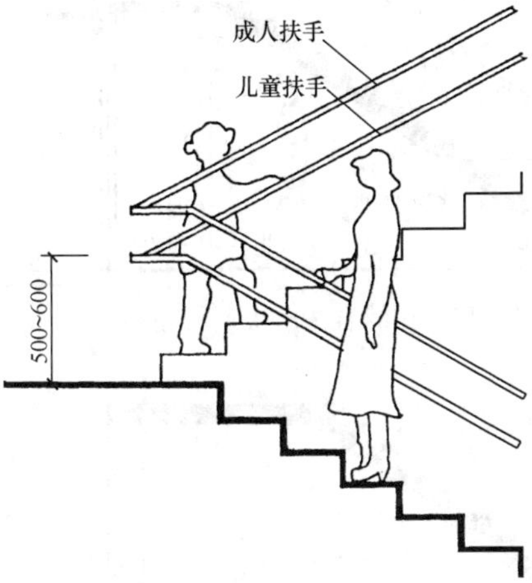

图 5-6 栏杆（栏板）扶手高度

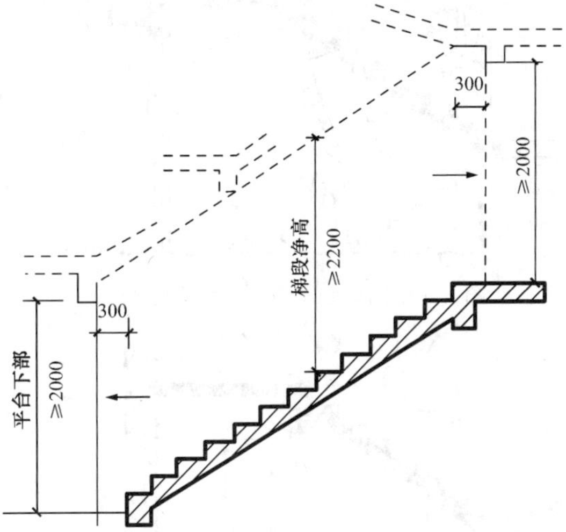

图 5-7 楼梯的净空高度

（1）改用长短跑楼梯，即将底层的等跑梯段变为长短跑梯段。起步第一跑为长跑，以提高中间平台标高，见图 5-8。这种方式仅在楼梯间进深较大时采用，此时应注意保证平台上面的净空高度和宽度。

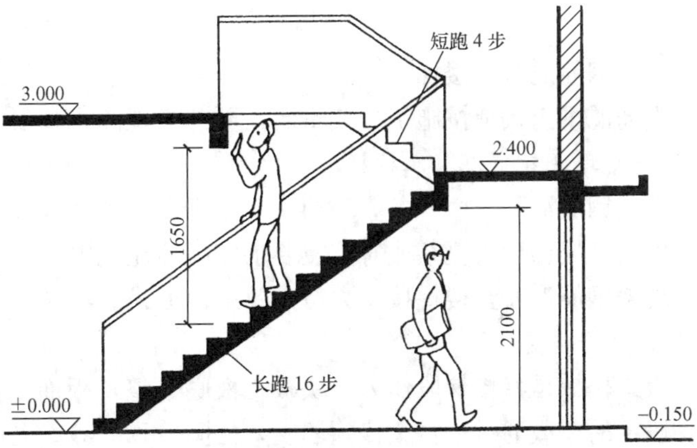

图 5-8 用长短梯段解决通行净高

（2）下沉地面，即局部降低底层中间平台下地坪标高，使其低于底层室内地坪标高 ±0.000，以满足净空高度要求，见图 5-9。这种处理方式可保持等跑梯段，使构件统一，但提高了整个建筑物的高度。此时应注意，降低后的中间平台下地坪标高仍应高于室外地坪标高，以免雨水内溢。

(3) 综合法，即将长短跑法和下沉地面法综合一体解决通行净高问题（图 5-10)。这种处理方式可兼有前两种方式的优点，并减少其缺点。

(4) 不设置平台梁。平台梁高为其梁长的 1/12 左右，一般均在 300～400mm 之间。如果去掉平台梁，这个尺寸确实在解决通行净高时起着一定作用。不设平台梁是从结构上进行调整，即将上、下梯段和平台组成一个整体式的折板，将板端直接支承在承重墙体上，这样的变动可以解决 200～300mm 的净高问题，见图 5-11。

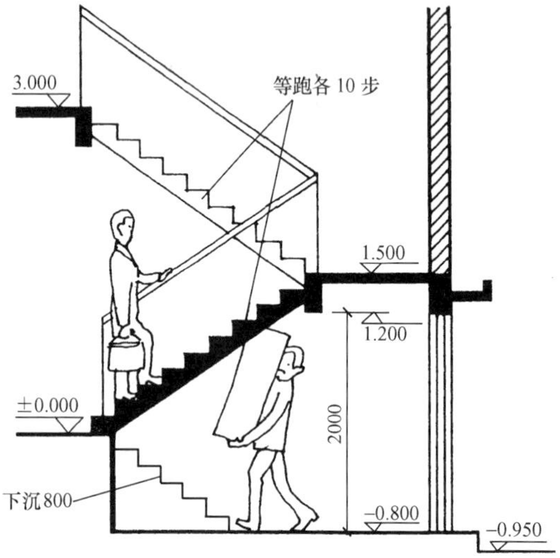

图 5-9 下沉地面解决通行净高

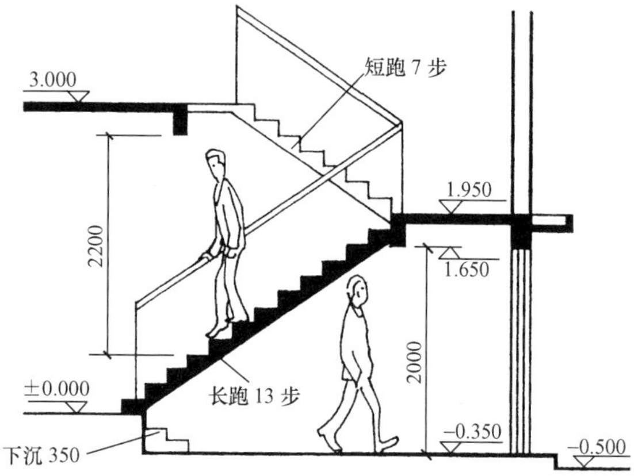

图 5-10 用综合法解决通行净高

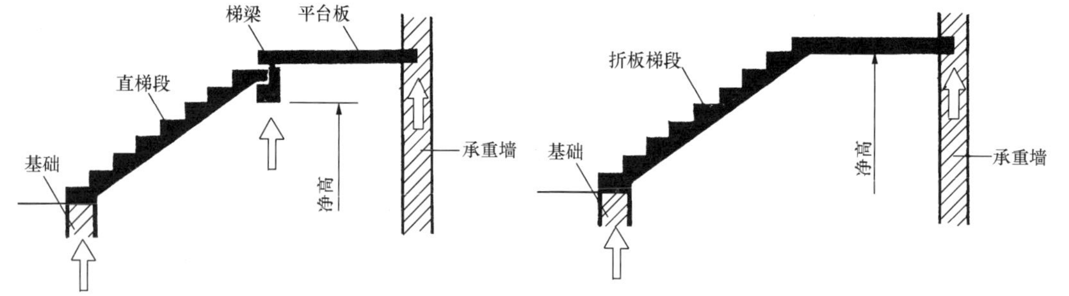

图 5-11 用折板提高通行净高

四、钢筋混凝土楼梯

钢筋混凝土楼梯按施工方式不同，可分为现浇式和预制装配式两类。

（一）现浇钢筋混凝土楼梯

现浇钢筋混凝土楼梯的整体性好，造型随意性强，但现场施工繁琐、湿作业多、工期长，多用于楼梯形式复杂或对抗震要求较高的建筑中。

现浇钢筋混凝土楼梯按受力特点及结构形式的不同，可分为板式楼梯和梁板式楼梯。

1. 板式楼梯

板式楼梯是将楼梯段作为一块板，板底平整，板面上做成踏步，梯段两端设置平台梁，楼梯段上的荷载通过平台梁传到墙上，见图 5-12 (a)；也可不设平台梁，将梯段板和平台板现浇为一体，楼梯段上的荷载直接传递到墙上，见图 5-12 (b)。这种楼梯构造简单，施工方便，但自重大，材料消耗多，适用于楼梯段跨度及荷载较小的楼梯。

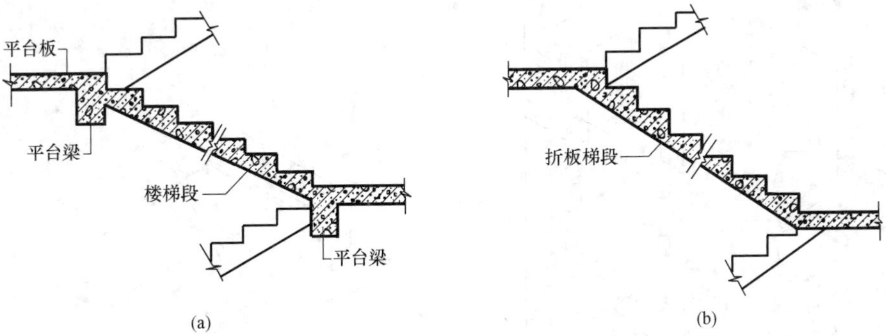

图 5-12　现浇钢筋混凝土板式楼梯

（a）设平台梁的梯段；（b）不设平台梁的梯段

2. 梁板式楼梯

梁板式楼梯是指在梯段中设有斜梁的楼梯。踏步板的荷载通过梯段斜梁传至平台梁，再传到墙上。按斜梁位置的不同有明步和暗步之分。明步是将梁设置在踏步板之下，上面踏步露明，见图 5-13（a）；暗步是使梁和踏步板的下表面取平，踏步包在梁内，见图5-13（b）。这种楼梯模板比较复杂，但受力较好，用料比较经济，适用于各种长度的楼梯。

（二）装配式钢筋混凝土楼梯

装配式钢筋混凝土楼梯是将楼梯分隔成若干部分，在预制厂制作，到现场安装的楼梯。这种方式可加快施工速度，减少现场湿作业，有利于建筑工业化。但楼梯的造型和尺寸将受到局限，且应具有一定的吊装设备。

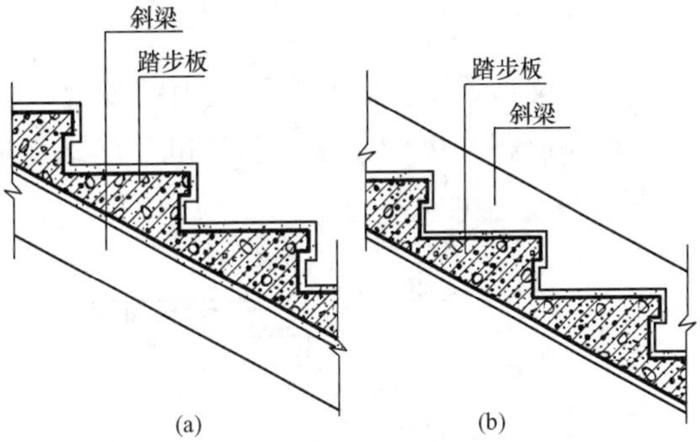

图 5-13　现浇钢筋混凝土梁板式楼梯

（a）明步楼梯；（b）暗步楼梯

装配式钢筋混凝土楼梯按构件尺寸的不同，可分为小型构件装配式楼梯和大、中型构件装配式楼梯两类。

1. 小型构件装配式楼梯

小型构件装配式楼梯具有构件小而轻、容易制作、便于安装的优点，但由于构件数量多，现场湿作业亦较多，施工速度较慢，通常用于施工机械化程度较低的房屋建筑中。

小型构件装配式楼梯主要有墙承式和梁承式两种。

（1）墙承式楼梯。按支撑方式的不同有双墙支撑式和悬挑踏步式两种。

双墙支撑式楼梯是把预制的踏步板搁置在两侧的墙上，在砌筑墙体时，随砌随安放踏步板。这种楼梯两个梯段间设墙后，阻挡了视线、光线，感觉空间狭窄，在搬运大件家具设备时感到不方便。为了解决通视的问题，可以在墙体的适当部位开设观察孔，见图 5-14。双墙支撑式楼梯宜用于低标准的次要建筑。

悬挑踏步式楼梯是将踏步板的一端嵌固于楼梯间侧墙中，另一端悬挑并安装栏杆的楼梯，见图 5-15。这种形式仅适用于次要楼梯且悬挑尺寸不宜大于 900mm，地震区不宜采用。

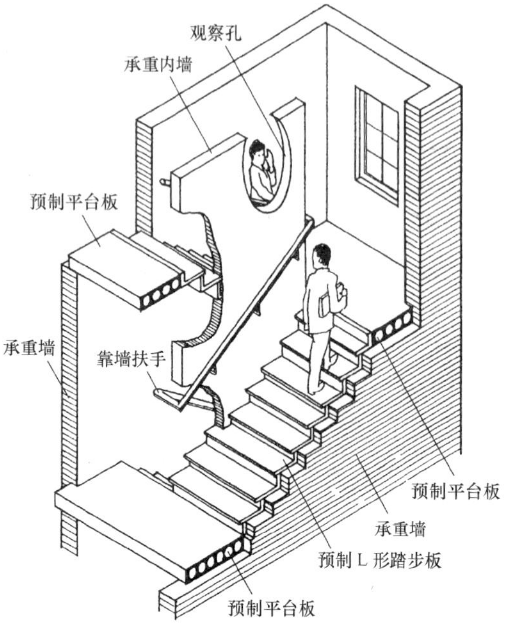

图 5-14 双墙支承式楼梯

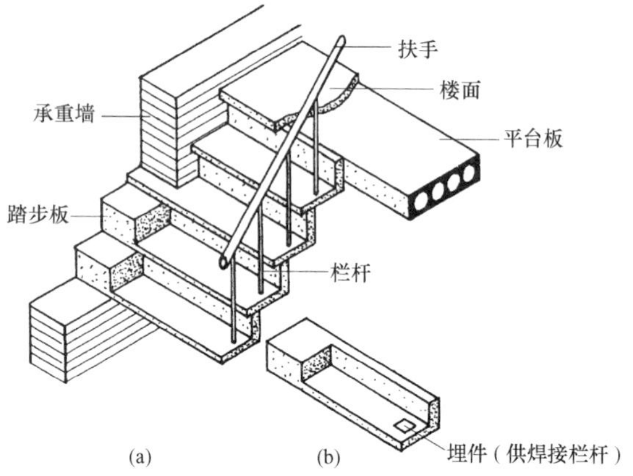

图 5-15 悬挑踏步式楼梯

(a) 悬挑踏步式楼梯示意；(b) 踏步构件

(2) 梁承式楼梯。其梯段是由踏步板和斜梁组成。梯段斜梁通常做成锯齿形、矩形和L形。锯齿形斜梁用于支撑一字形和L形踏步板，见图5-16 (a)、(b)；矩形和L形斜梁用于

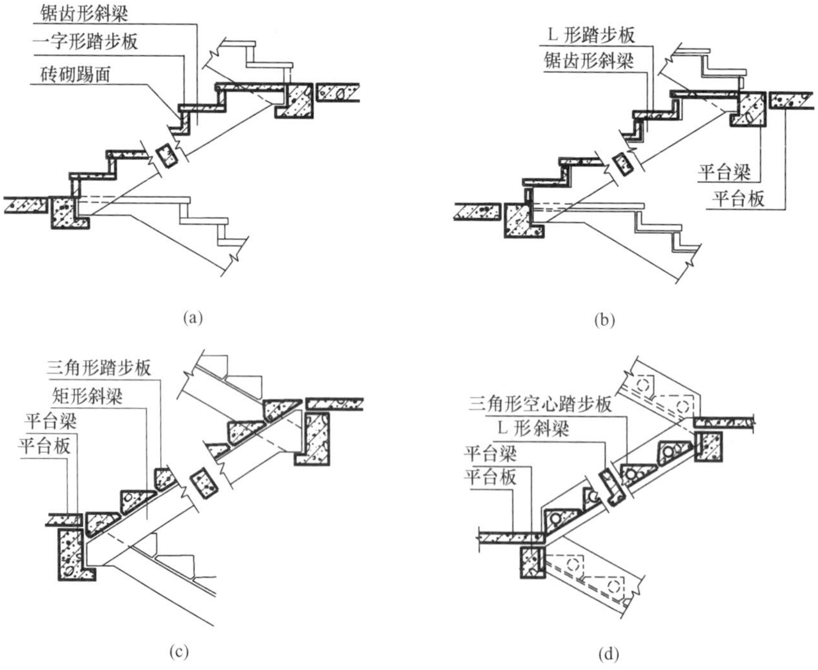

图 5-16 梁承式楼梯

(a) 一字形踏步板锯齿形斜梁；(b) L形踏步板锯齿形斜梁；(c) 三角形踏步板矩形斜梁；(d) 三角形踏步板L形斜梁

支撑三角形踏步板，见图 5-16（c）、（d）。一字形和 L 形踏步板与斜梁之间用水泥砂浆找平，三角形踏步板与斜梁之间用水泥砂浆自下而上逐个叠砌。

2. 大、中型构件装配式楼梯

大、中型构件装配式楼梯可以减少预制构件的种类和数量，简化施工过程，减轻劳动强度，加快施工速度；但构件制作和运输较麻烦，施工现场需要有大型吊装设备，以满足安装要求。这种楼梯适用于在成片建设的大量性建筑中使用。

按楼梯段构造形式的不同，大、中型构件装配式楼梯主要有板式和梁板式两种。

（1）板式楼梯，是把楼梯分解为平台梁、平台板和板式梯段等几个构件进行预制安装而成的，见图 5-17。

（2）梁板式楼梯，是把楼梯分解为平台梁、平台板和梁板式梯段等几个构件进行预制安装而成的。梁板式梯段多为槽板式，见图 5-18。

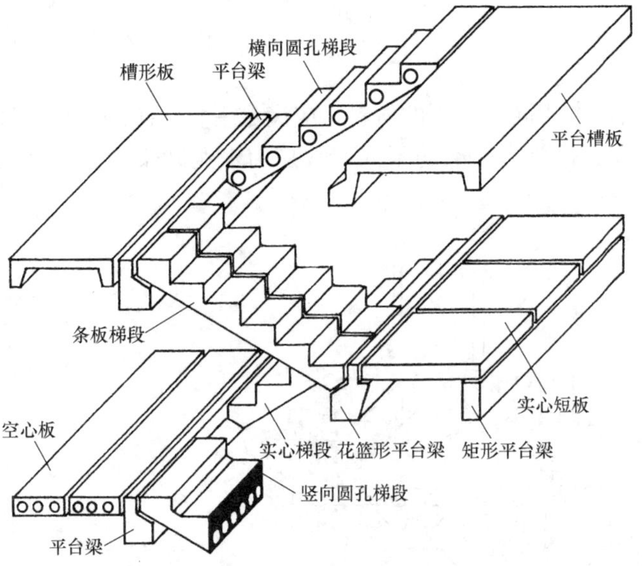

图 5-17　装配式板式楼梯构件组合示意图

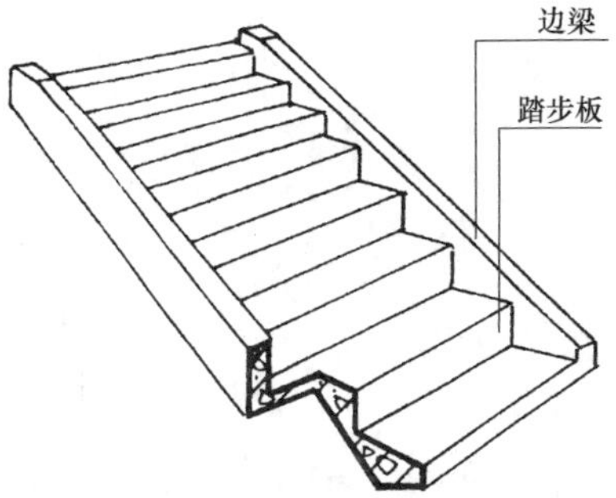

图 5-18　梁板式梯段

楼梯段安装时，应用水泥砂浆铺垫，还应在斜梁与平台梁结合处，用插筋套接或预埋钢板电焊的方法连接牢固，见图 5-19。

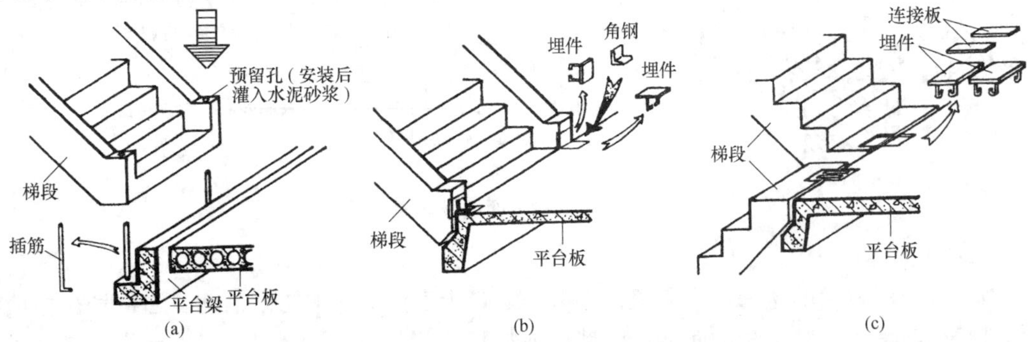

图 5-19　梯段与平台的连接

（a）插筋连接；（b）角钢连接；（c）连接板焊接

位于建筑物底层的第一跑楼梯段下部应设基础，称为梯基。梯基的形式一般为条形，可选用砖、石等材料砌筑而成，见图 5-20（a）；也可采用平台梁代替，见图 5-20（b）。

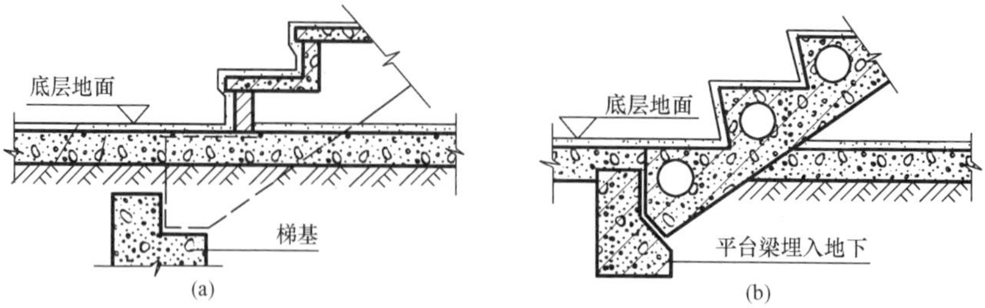

图 5-20 梯基构造示意图

（a）梯段与梯基连接；（b）平台梁代替梯基

五、楼梯的细部构造

（一）踏步面层及防滑处理

1. 踏步面层

楼梯踏步面层的做法与楼地面做法基本相同。选用的材料，应满足平整、耐磨、便于清洁、防滑和美观等方面的要求。根据造价和装修标准的不同，常采用水泥砂浆面、水磨石面、大理石面、地毯面等，如图 5-21 所示。

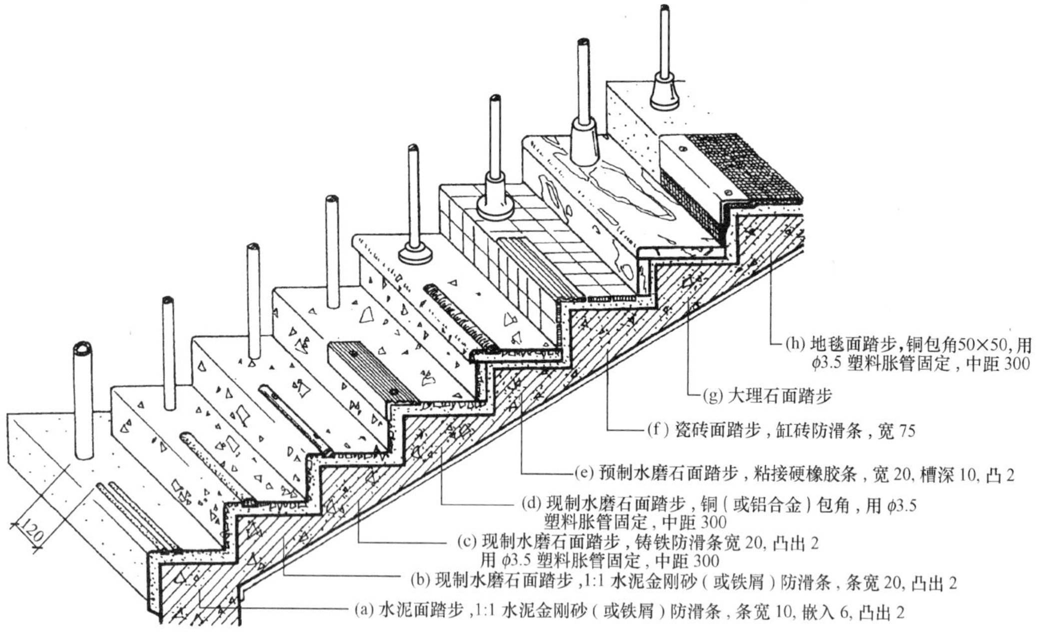

图 5-21 楼梯踏步面层及防滑处理

2. 防滑处理

对于人流量较大的楼梯，为避免行人滑倒，踏步表面应采取防滑措施。通常是在靠踏步阳角部位做防滑条，防滑条的两端应距墙面或栏杆（栏板）留出不小于 120mm 的空隙，以便清扫垃圾和冲洗。防滑条的材料应耐磨、美观、行走舒适，常用的有水泥铁屑、水泥金刚砂、铸铁、铜、铝合金、缸砖等，其具体做法如图 5-21 所示。

(二) 栏杆 (栏板) 及扶手构造

1. 栏杆 (栏板) 的形式与构造

栏杆 (栏板) 的形式可分为空花式、栏板式、混合式等类型。

(1) 空花式。一般采用扁钢、圆钢、方钢，也可采用木、铝合金等材料制作。其杆件形成的空花尺寸不宜过大，一般不大于 110mm。经常有儿童活动的建筑，栏杆的分格应设计成不易儿童攀登的形式，以确保安全，如图 5-22 所示。

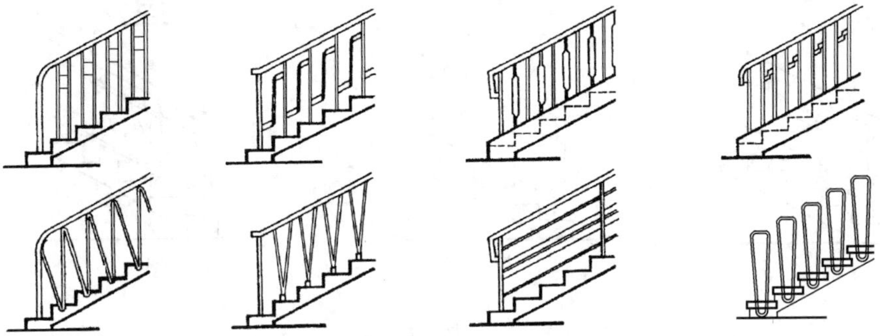

图 5-22　空花栏杆

(2) 栏板式。一般采用砖、钢板网水泥、钢筋混凝土、有机玻璃及钢化玻璃等材料制作，如图 5-23 所示。

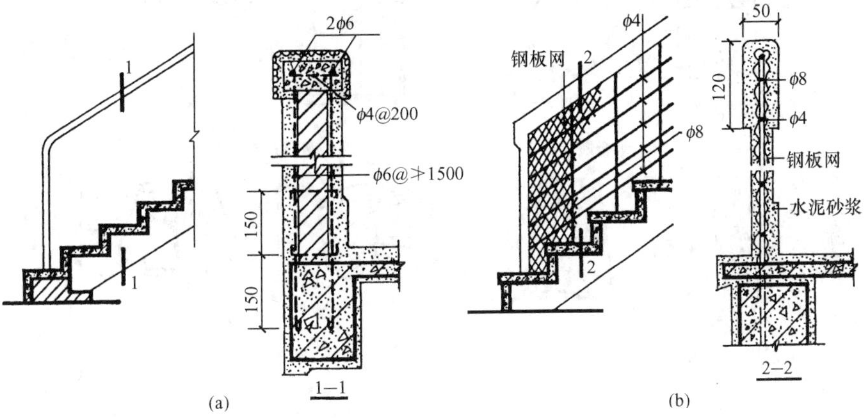

图 5-23　栏板

(a) 1/4 砖砌栏板；(b) 钢板网水泥栏板

(3) 混合式。是指空花式和栏板式两种形式的组合，其栏杆竖杆常采用钢材或不锈钢等材料，其栏板部分常采用轻质美观材料制作，如木板、塑料贴面板、铝板、有机玻璃板和钢化玻璃板等。图 5-24 所示为混合式栏板的几种常见做法。

2. 扶手

楼梯扶手位于栏杆 (栏板) 顶面，供人们上下楼梯时依扶之用。扶手一般由硬木、钢管、铝合金管及塑料等材料做成。扶手断面形式多样，图 5-25 为几种常见扶手类型。

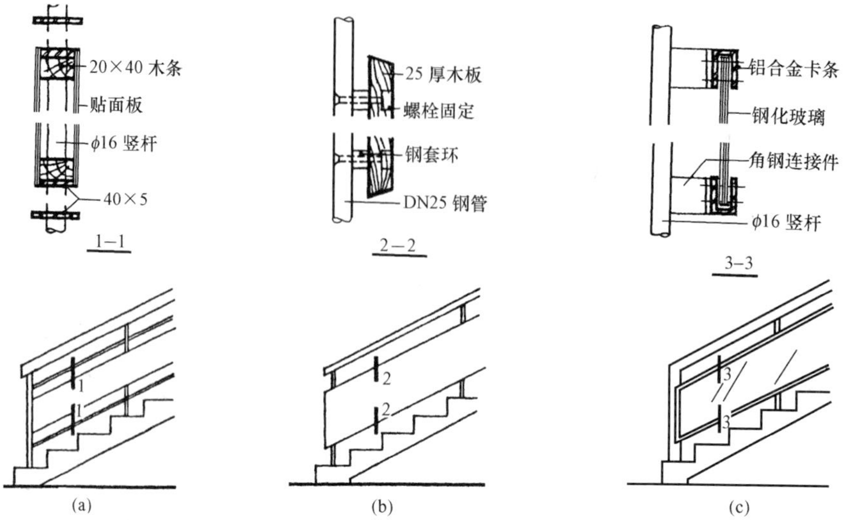

图 5-24　混合式栏杆

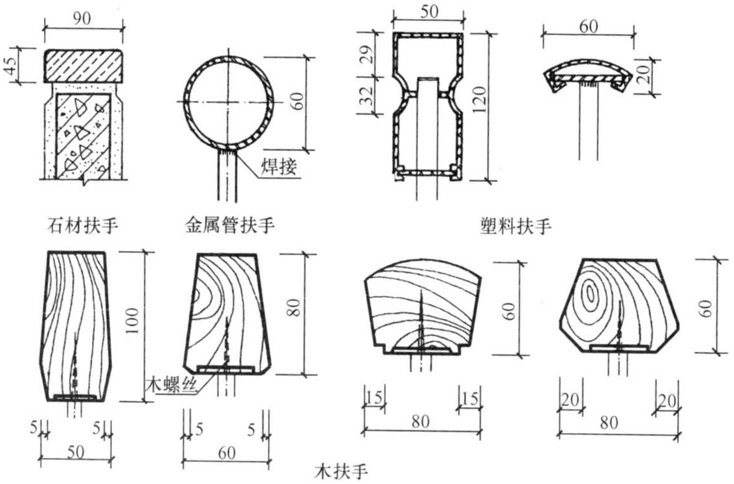

图 5-25　扶手类型

3. 栏杆、扶手连接构造

（1）栏杆与扶手连接，如图 5-25 所示。空花式和混合式栏杆，当采用木材或塑料扶手时，一般在栏杆竖杆顶部设通长扁钢与扶手底面或侧面槽口榫接，用木螺钉固定；金属管材扶手与栏杆竖杆连接一般采用焊接或铆接。

（2）栏杆与梯段、平台连接，见图 5-26。一般是在梯段和平台上预埋钢板焊接或预留孔插接。为了保护栏杆和增加美观，可在栏杆下端增设套环。

（3）扶手与墙面连接。扶手与墙面应有可靠的连接，当墙体为砖墙时，可留洞，将扶手连接杆件伸入洞内，用混凝土嵌固，见图 5-27（a）；当墙体为钢筋混凝土时，一般采用预埋

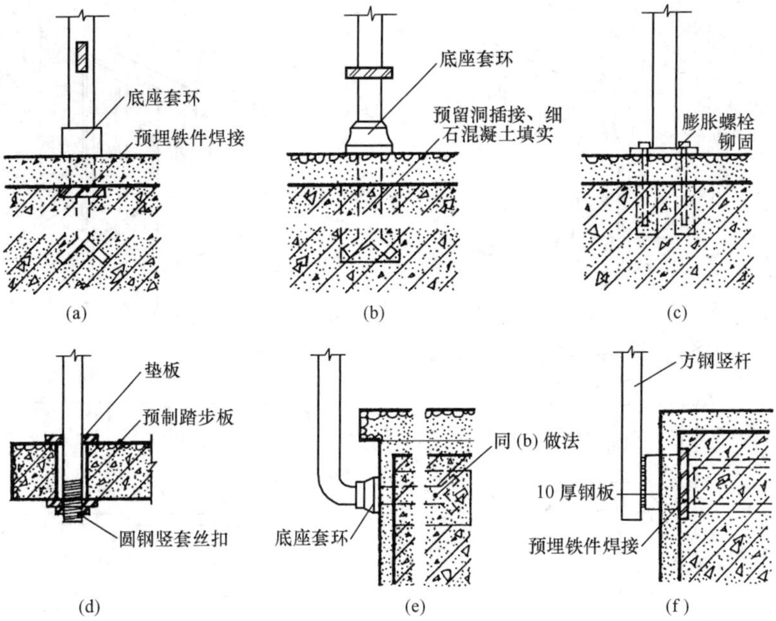

图 5-26　栏杆与梯段、平台连接

钢板焊接，见图 5-27（b）。在栏杆扶手结束处与墙面相交，也应有可靠的连接，见图 5-27（c）、（d）。

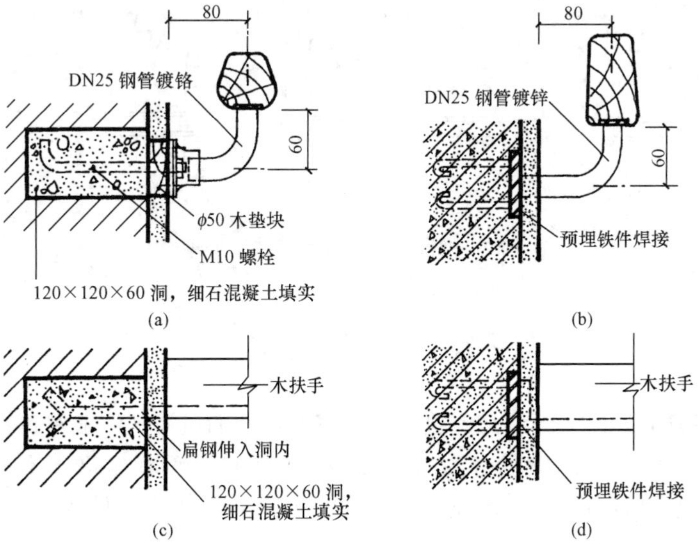

图 5-27　扶手与墙面连接

（4）楼梯起步和梯段转折处的栏杆扶手处理。在底层第一跑梯段起步处，为增强栏杆刚度和美观，可以对第一级踏步和栏杆扶手进行特殊处理，如图 5-28 所示。在梯段转折处，由于梯段间的高差关系，为了保持栏杆高度一致和扶手的连续，需根据不同情况进行处理，如图 5-29 所示。

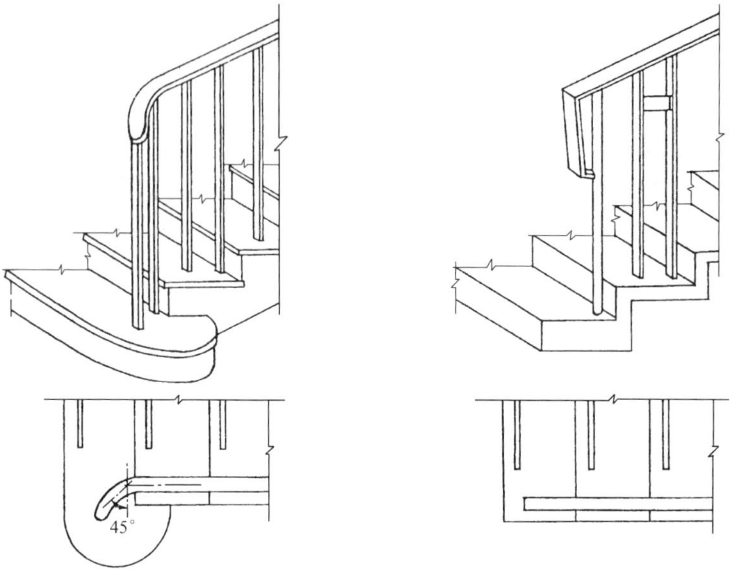

图 5-28 楼梯起步处理

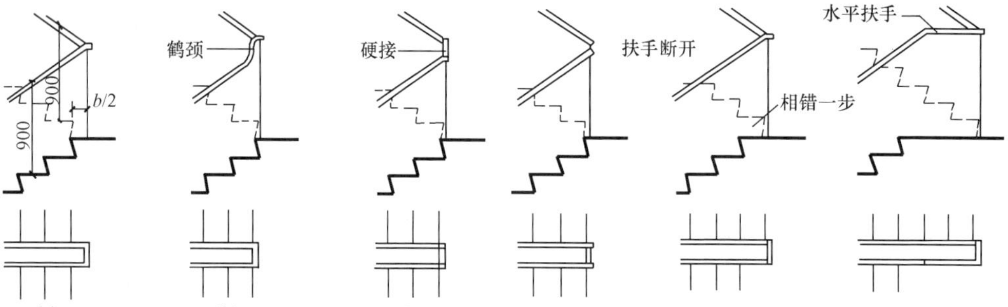

图 5-29 梯段转折处的栏杆扶手处理

第三节 台 阶 与 坡 道

大部分台阶和坡道设在室外，是建筑入口与室外地面的过渡。一般建筑物为了防水、防潮等方面的要求，室内外地面应设有高差。民用建筑室内地面通常高于室外地面 300mm，单层工业厂房室内地面通常高于室外地面 150mm。在建筑物出入口处，应设置台阶或坡道，以满足室内外交通联系方便的要求。

一、台阶与坡道的形式

台阶是连接室外或室内的不同标高的楼面、地面，供人行的阶梯式交通道，由平台与踏步组成。其形式有三面踏步式及单面踏步式等；坡道是连接室外或室内的不同标高的楼面、地面，供人行或车行的斜坡式交通道，多为单面坡式。在某些大型公共建筑中，为考虑汽车能在大门入口处通行，可采用台阶与坡道相结合的形式，如图 5-30 所示。公共建筑室内外台阶踏步宽度不宜小于 0.3m，踏步高度不宜大于 0.15m，并不宜小于 0.10m，踏步应防滑。

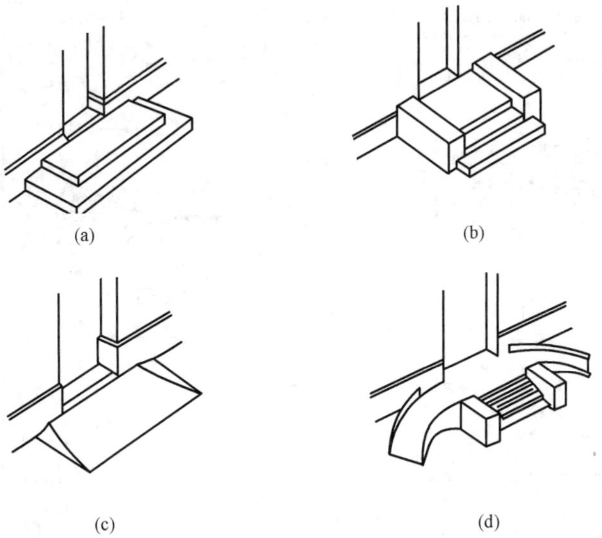

图 5-30　台阶与坡道的形式

(a) 三面踏步式；(b) 单面踏步式；(c) 坡道式；(d) 踏步与坡道结合式

室内台阶踏步数不宜少于 2 级，当高差不足 2 级时，宜按坡道设置；台阶总高度超过 0.7m 时，应在临空面采取防护设施；阶梯教室、体育场馆和影剧院观众厅纵走道的台阶设置应符合国家现行相关标准的规定。室内坡道的坡度不宜大于 1∶8，室外坡道的坡度不宜大于 1∶10。当室内坡道水平投影长度超过 15.0m 时，宜设休息平台，平台宽度应根据使用功能和设备尺寸所需缓冲空间而定；坡道应采取防滑措施；当坡道总高度超过 0.7m 时，应在临空面采取防护设施；供轮椅使用的坡道应符合现行国家标准《无障碍设计规范》(GB 50763—2012) 的有关规定；机动车和非机动车使用的坡道应符合现行行业标准《车库建筑设计规范》(JGJ 100—2015) 的有关规定。

二、台阶构造

台阶分实铺和架空两种构造形式，大多数台阶采用实铺。实铺台阶的构造与地面构造基本相同，由基层、垫层和面层组成。基层是素土夯实层；垫层多为卵石灌浆、混凝土或灰土等；面层有整体和铺贴两大类，如水泥砂浆、水磨石、石质板材等。在严寒地区，为保证台阶不受土壤冻涨的影响，应把台阶下部一定深度范围内的原土换掉，改设砂垫层。实铺台阶构造如图 5-31 所示。

当台阶尺度较大或土壤冻涨严重时，为保证台阶不开裂，往往选用架空台阶。架空台阶的平台板和踏步板均为预制混凝土板，分别搁置在梁上或砖砌地垄墙上。架空台阶构造如图 5-32 所示。

三、坡道构造

坡道一般均采用实铺，构造要求与台阶基本相同。垫层的强度和厚度应根据坡道长度及上部荷载的大小进行选择，严寒地区的坡道同样需要在垫层下部设置砂垫层。坡道的坡度较大时，可在面层上作防滑处理，以保证行人和车辆的安全。坡道构造如图 5-33 所示。

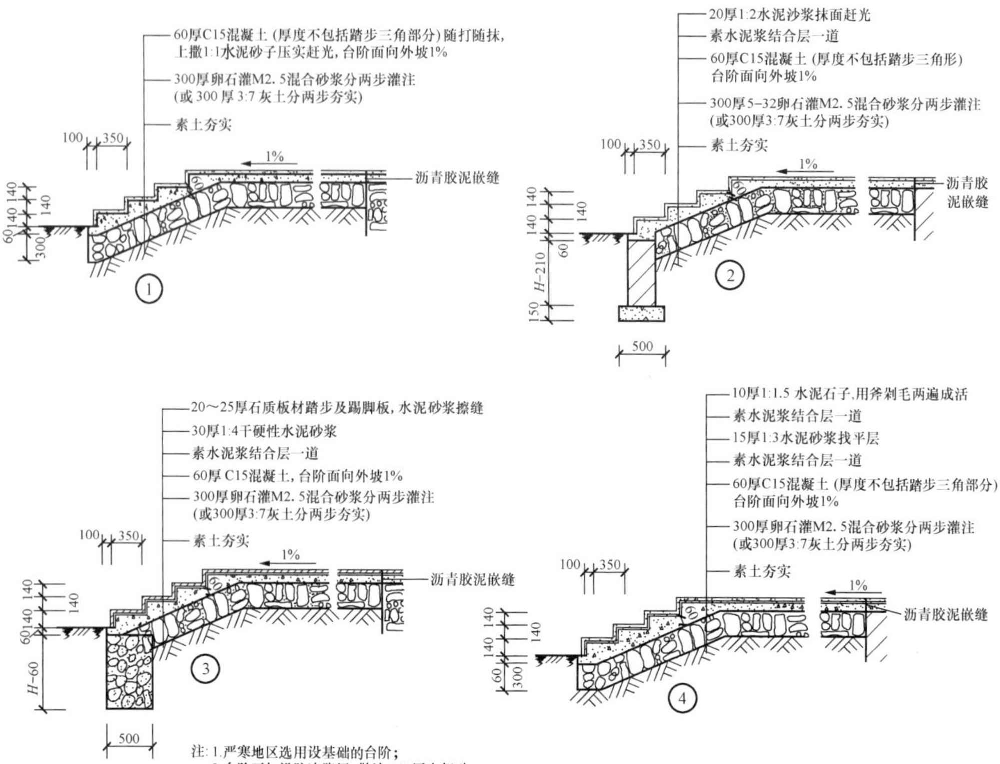

注：1.严寒地区选用设基础的台阶；
2.台阶下如设防冻胀层，做法：300厚中粗砂。

图 5-31 实铺台阶构造

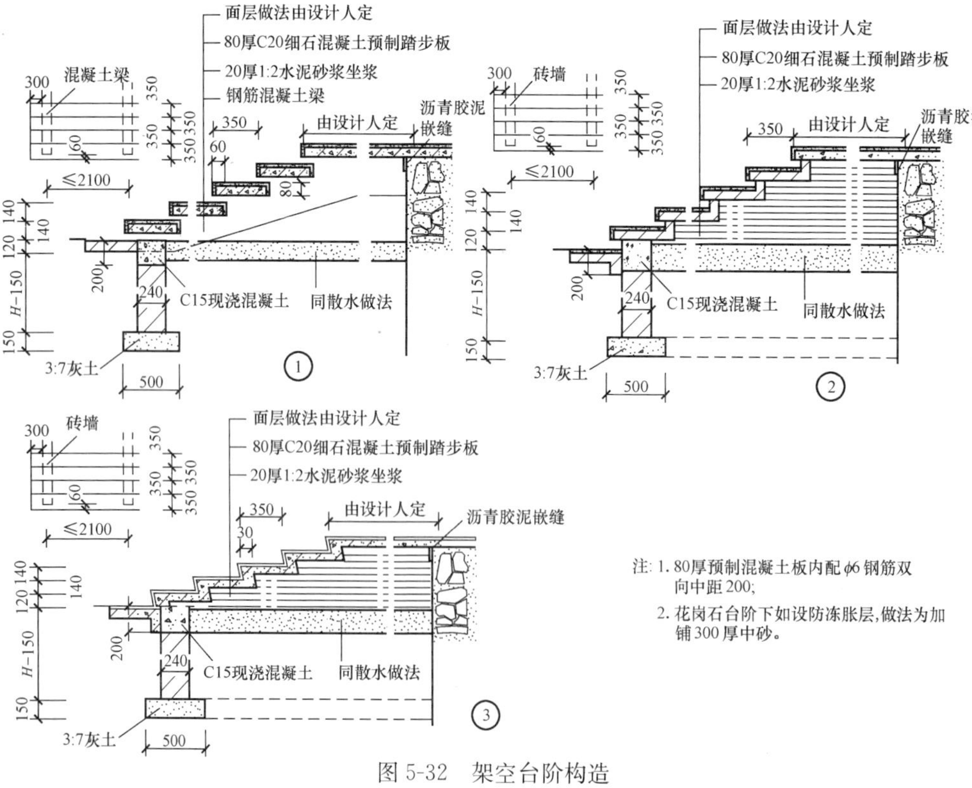

注：1. 80厚预制混凝土板内配ϕ6钢筋双向中距200；
2. 花岗石台阶下如设防冻胀层，做法为加铺300厚中砂。

图 5-32 架空台阶构造

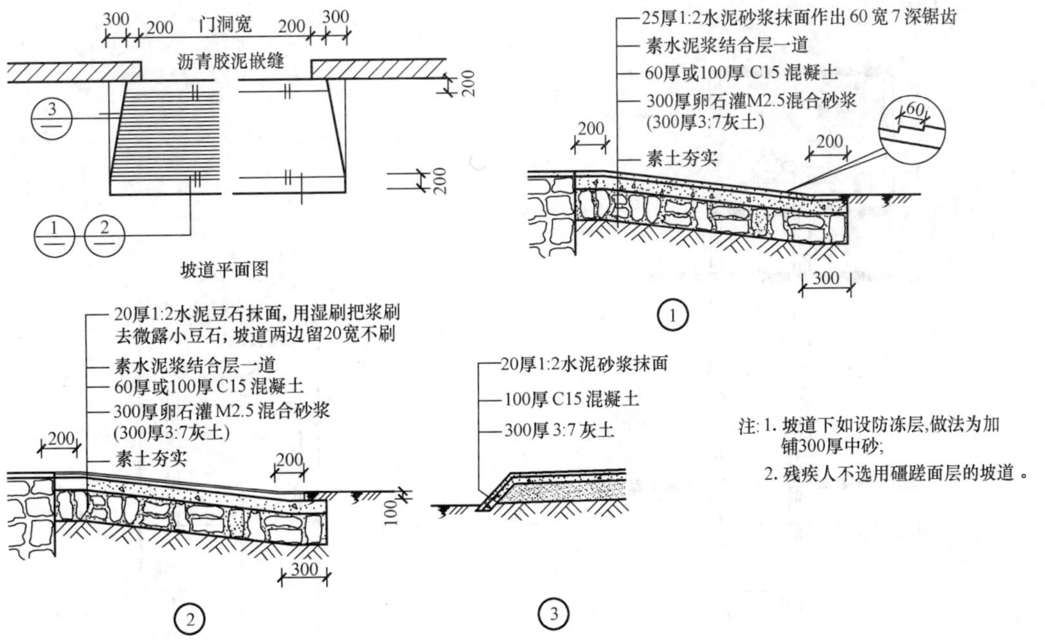

图 5-33　坡道构造

第四节　电梯与自动扶梯

一、电梯

（一）电梯的类型

（1）按使用性质分有客梯、病床梯、货梯、杂物梯和观赏梯等。

（2）按电梯运行速度分有低速电梯、中速电梯和高速电梯。

（3）按电梯的拖动方式分有交流拖动电梯、直流拖动电梯和液压电梯。

（4）按消防要求分有普通乘客电梯和消防电梯。

（二）电梯的组成

电梯主要由井道、轿厢、机房、平衡重等几部分组成，如图 5-34 所示。

1. 井道

井道是电梯运行的竖向通道，可用砖或钢筋混凝土制成。井道内部设置电梯导轨、平衡重等电梯运行配件。井道还应开设通风孔、排烟孔和检修孔。井道应只供电梯使用，不允许布置无关的管线。

2. 轿厢

轿厢是垂直交通和运输的主要容器，要求坚固、防火、通风、便于检修和疏散。轿厢门一般为推拉门，有一侧推拉和中分推拉两种。轿厢内应设置层数指示灯、运行控制器、排风扇、报警器等。

3. 机房

机房是安装电梯运行动力设施的房间，有顶层机房和底层机房两种，前者使用颇广。机房的平面和剖面尺寸均应满足布置机械和电控设备的需要，并留有足够的管理、维护空间。

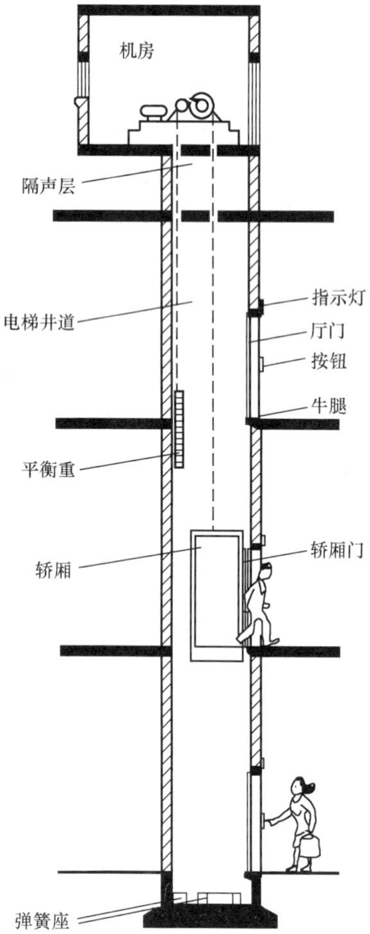

图 5-34 电梯的组成

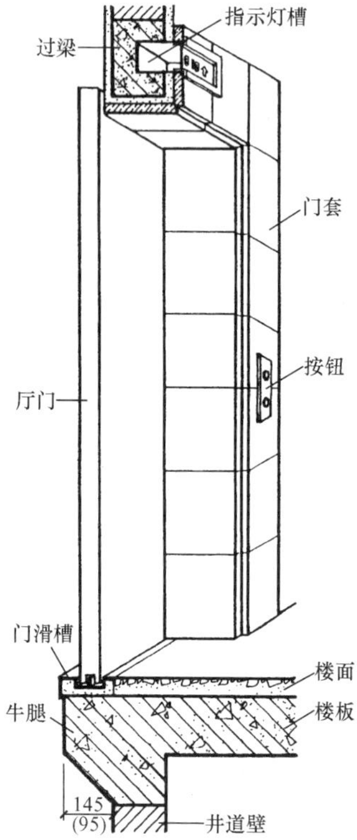

图 5-35 厅门构造

由于电梯运行时，设备噪声较大，会对井道周边房间产生影响。为了减小噪声，有时在机房下部设置隔声层。

4. 平衡重

平衡重是由铸铁块叠合而成，用以平衡轿厢的自重和荷载，减少起重设备的功率消耗。

5. 厅门

电梯的出入口称为厅门。厅门的外装修叫门套，用以突出其位置并设置指示灯和按钮。厅门构造如图 5-35 所示。

二、自动扶梯

自动扶梯是一种连续运行的垂直交通设施，承载力较大，安全可靠，被广泛用于大量人流的建筑中，如火车站、商场、地铁车站等处。自动扶梯由电动机械牵动，梯级踏步（坡道）连同扶手同步运行，机房设在楼板下面。自动扶梯可以正逆方向运行，既可提升又可下降，在机器停止运行时，可作为普通楼梯（坡道）使用，如图 5-36 所示。

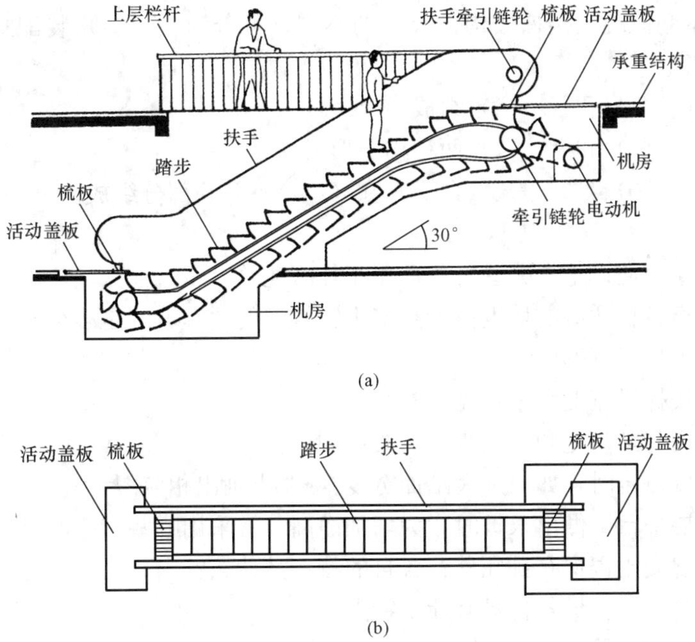

图 5-36 自动扶梯示意图

（a）剖面示意；（b）平面示意

复习思考题

一、名词解释

1. 扶手的高度
2. 楼梯的净空高度
3. 梯井
4. 板式楼梯
5. 电梯

二、填空题

1. 楼梯一般由（　　）、（　　）和（　　）三部分组成。

2. 一个楼梯段的踏步数量一般不宜超过（　　）级，同时也不宜少于（　　）级。

3. 平台有（　　）和（　　）之分。

4. 踏步由（　　）和（　　）组成。

5. 扶手高度常采用（　　）mm；靠楼梯井一侧水平扶手长度超过 0.5m 时，其高度不应小于（　　）mm；儿童使用的扶手高度一般为（　　）mm 。

6. 梯井一般以（　　）mm 为宜。

7. 楼梯段部位的净高不应小于（　　）m，平台部位的净高不应小于（　　）m。起止踏步前缘与顶部凸出物内边缘线的水平距离不应小于（　　）m。

8. 钢筋混凝土楼梯按施工方式不同，可分为（　　）和（　　）两类。

9. 现浇钢筋混凝土楼梯按受力特点及结构形式的不同，可分为（　　）和（　　）。

10. 装配式钢筋混凝土楼梯按构件尺寸的不同，可分为（　　）装配式楼梯和（　　）装配式楼梯等类型。

11. 台阶由（　　）和（　　）组成。

12. 台阶分（　　）和（　　）两种构造形式。

13. 电梯由（　　）、（　　）、（　　）和（　　）等几部分组成。

三、简答题

1. 建筑的垂直交通设施有哪些？各适用于什么建筑？

2. 楼梯、坡道各自适应的坡度范围是多少？楼梯的适宜坡度是多少？

3. 常见的楼梯形式有哪些？

4. 如何确定楼梯段宽度和平台宽度？

5. 楼梯踏步高与踏步宽和行人步距的关系如何？

6. 在保证坡度一定时，如何加大踏面宽度？（要求画出相应图示）。

7. 建筑物底层平台下做出入口时，为增加净高，常采用哪些措施？

8. 现浇钢筋混凝土楼梯有哪几种？各自的特点是什么？

9. 明步楼梯和暗步楼梯各自具有什么特点？

10. 室外台阶的平面形式有几种？

四、作图题

1. 绘出楼梯踏面的防滑构造图。

2. 绘出栏杆与踏步的连接构造图。

3. 绘出扶手与栏杆的连接构造图。

4. 绘出一种室外台阶的构造图。

5. 绘出一种室外坡道的构造图。

第六章　屋　　面

第一节　概　　述

一、屋面工程的基本要求

(1) 具有良好的排水功能和阻止水侵入建筑物内的作用；

(2) 冬季保温减少建筑物的热损失和防止结露；

(3) 夏季隔热降低建筑物对太阳辐射热的吸收；

(4) 适应主体结构的受力变形和温差变形；

(5) 承受风、雪荷载的作用不产生破坏；

(6) 具有阻止火势蔓延的性能；

(7) 满足建筑外形美观和使用的要求。

二、屋面工程设计及施工原则

(1) 屋面工程设计应遵照“保证功能、构造合理、防排结合、优选用材、美观耐用”的原则。

(2) 屋面工程施工应遵照“按图施工、材料检验、工序检查、过程控制、质量验收”的原则。

三、屋面的形式

屋面按其所使用的材料，一般可分为钢筋混凝土屋面、瓦屋面、金属屋面、玻璃屋面等；按其外形一般可分为平屋面、坡屋面和其他形式屋面。

(一) 平屋面

平屋面是指屋面坡度小于或等于 5%的屋面，一般常用坡度为 2%～3%。平屋面易于协调统一建筑与结构的关系，较为经济合理，因而被广泛采用，如图 6-1 所示。

(a)

(b)

图 6-1　平屋面

(二) 坡屋面

坡屋面是指屋面坡度在 10%以上的屋面。它是我国传统的屋面形式，广泛应用于民居等建筑。现代的某些公共建筑考虑景观环境或建筑风格的要求也常采用坡屋面，如图 6-2 所示。

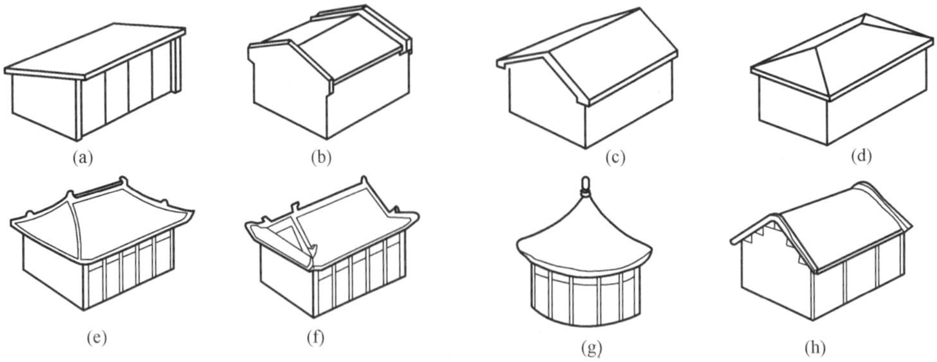

图 6-2　坡屋面

（a）单坡；（b）硬山；（c）悬山；（d）四坡；（e）庑殿；（f）歇山；（g）攒尖；（h）卷棚

（三）其他形式的屋面

随着科学技术的发展，出现了许多新型的屋面结构形式，如拱屋面、薄壳屋面、折板屋面、悬索屋面、网架屋面等。它们适用于大跨度、大空间和造型特殊的建筑屋面，如图 6-3 所示。

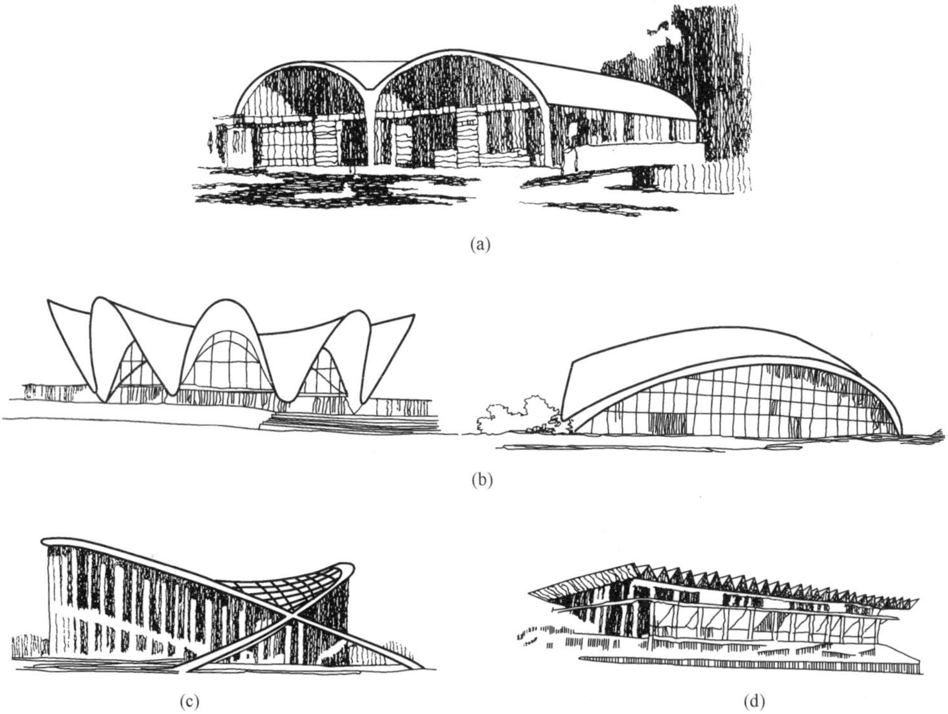

图 6-3　其他形式的屋面

（a）拱屋面；（b）薄壳屋面；（c）悬索屋面；（d）折板屋面

四、屋面的基本组成

屋面通常由四部分组成，即顶棚、结构层、附加层和面层，如图 6-4 所示；除顶棚外，屋面的基本构造层次宜符合表 6-1 的要求。设计人员可根据建筑物的性质、使用功能、气候条件等因素进行组合。

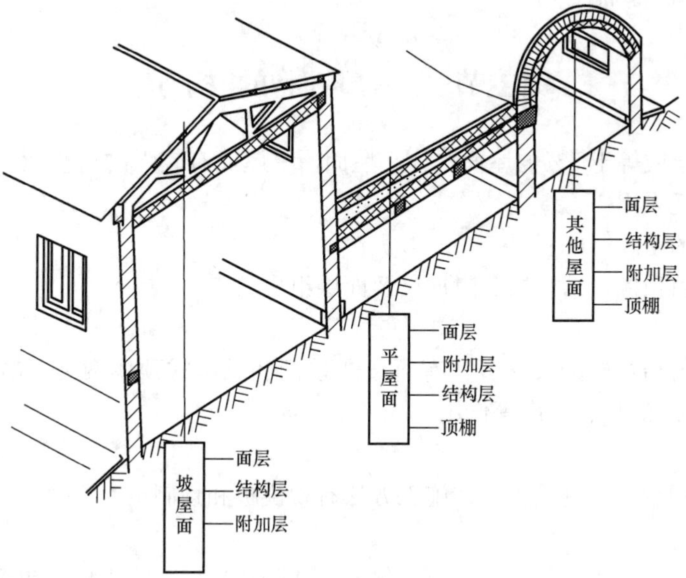

图 6-4 屋面组成

（1）顶棚。是指房间的顶面，又称天棚。当承重结构采用梁板结构时，可在梁、板底面抹灰，形成抹灰顶棚。当装修要求较高时，可做吊顶处理；有些建筑可不设置顶棚（如坡屋面）。

（2）结构层。主要用于承受屋面上所有荷载及屋面自重等，并将这些荷载传递给支撑它的墙或柱。

（3）附加层。为满足其他方面的要求，屋面往往还增加相应的附加构造层，如隔汽层、找坡层、保温（或隔热）层、找平层、隔离层等。

表 6-1　　屋面的基本构造层次

屋面类型	基本构造层次（自上而下）
卷材、涂膜屋面	保护层、隔离层、防水层、找平层、保温层、找平层、找坡层、结构层
	保护层、保温层、防水层、找平层、找坡层、结构层
	种植隔热层、保护层、耐根穿刺防水层、防水层、找平层、保温层、找平层、找坡层、结构层
	架空隔热层、防水层、找平层、保温层、找平层、找坡层、结构层
	蓄水隔热层、隔离层、防水层、找平层、保温层、找平层、找坡层、结构层
瓦屋面	块瓦、挂瓦条、顺水条、持钉层、防水层或防水垫层、保温层、结构层
	沥青瓦、持钉层、防水层或防水垫层、保温层、结构层
金属板屋面	压型金属板、防水垫层、保温层、承托网、支承结构
	上层压型金属板、防水垫层、保温层、底层压型金属板、支承结构
	金属面绝热夹芯板、支承结构
玻璃采光顶	玻璃面板、金属框架、支承结构
	玻璃面板、点支承装置、支承结构

注 1. 表中结构层包括混凝土基层和木基层；防水层包括卷材和涂膜防水层；保护层包括块体材料、水泥砂浆、细石混凝土保护层。

2. 有隔汽要求的屋面，应在保温层与结构层之间设隔汽层。

（4）面层。面层暴露在外面，直接受自然界（风、雨、雪、日晒和空气中有害介质）的侵蚀和人为（上人和维修）的冲击与摩擦。因此，面层材料和做法要求具有一定的抗渗性能、抗摩擦性能和承载能力。

第二节 平屋面的构造

屋面坡度小于或等于5%的屋面称为平屋面。平屋面有较强的适应性，且构造简单，经济耐久，已被广泛采用。

一、平屋面的组成

平屋面通常由顶棚、结构层、附加层及面层组成。

1. 顶棚

顶棚按表面与结构层的关系分，有直接式顶棚和悬吊式顶棚两类。吊顶不仅可美化房间，还有保温（或隔热）、隔声等作用。

2. 结构层

结构层多采用钢筋混凝土板，按施工方法有现浇板和预制板。

3. 附加层

平屋面的附加层由隔汽层、找坡层、保温（或隔热）层、找平层（包括其基层处理剂）、隔离层等组成。

（1）隔汽层。在纬度40度以北地区且室内空气湿度大于75%，其他地区室内空气湿度常年大于80%时，若采用吸湿性保温材料做保温层时，应选用气密性、水密性好的防水卷材或防水涂料做隔汽层。

（2）找坡层。找坡层有结构找坡及轻质材料（如炉渣或保温材料等）找坡两种，坡度要求见表6-1。

（3）保温（或隔热）层。我国北方地区，冬季室内需要采暖，为使室内热量不致散失过快，屋面需设保温层。保温材料种类较多（表6-2），其选用与厚度由工程做法决定；而南方地区，夏季室外屋面温度高，会影响室内正常的工作和生活，因而屋面要进行隔热处理。

表6-2　　保温材料种类

编号	保温材料种类	标准号
1	建筑物隔热用硬质聚氨酯泡沫塑料	GB 10800—89
2	膨胀珍珠岩绝热制品	GB/T 10303—2001
3	膨胀蛭石制品	JC 442—91（1996）
4	泡沫玻璃绝热制品	JC/T 647—1996
5	绝热用模塑聚苯乙烯泡沫塑料	GB/T 10800.1—2002
6	绝热用挤塑聚苯乙烯泡沫塑料（XPS）	GB/T 10801.2—2002
7	水泥聚苯板	—
8	加气混凝土块	—
9	岩棉板（毡）	—
10	玻璃棉板（毡）	—

（4）找平层。找平层选用材料及做法见表6-3。

表6-3　　找平层材料及做法

类　别	基层种类	厚度	技术要求
水泥砂浆找平层	整体现浇混凝土	15～20	1∶2.5～1∶3（水泥∶砂）体积比，宜掺抗裂纤维
	整体或板状保温层	20～25	
	装配式混凝土板或松散材料保温层	20～30	
细石混凝土找平层	松散或板状保温层	30～35	混凝土强度等级C20
混凝土随浇随抹	整体现浇混凝土	—	用于无保温屋面，原浆表面抹平、压光

为了保证防水层与找平层能更好地黏结，当采用沥青为基材防水层施工时，应在找平层上，涂刷冷底子油一道（用汽油稀释沥青）作基层处理。用高分子防水层时，用专用基层处理剂。

（5）隔离层。可采用干铺塑料膜、土工布或卷材，也可采用铺抹低强度等级的砂浆（如白灰砂浆）。

4. 面层

平屋面面层材料的选择是以防水为主要目的。它是防水层或保护层。

（1）防水层。防水层有刚性防水层和柔性防水层。刚性防水层适用于炎热地区；柔性防水层适用于寒冷及温热地区。

刚性防水层选用材料及做法见表 6-4。

表 6-4　刚性防水层材料及做法

名称	材料	厚度	构造	内掺剂	
				名称	标准号
刚性防水层	C20 细石混凝土	≥40	内配直径 ϕ4～6 间距 100～200 双向钢筋网片，并应在分格缝处断开，保护层厚度≥10	1. 砂浆、混凝土防水剂 2. 混凝土膨胀剂 3. 水泥基渗透结晶型防水材料	JC 474—92（1999） JC 476—2001 GB 18445—2001

柔性防水层分卷材防水层及涂料防水层两类。防水层材料的选用、组合及厚度应根据建筑物类别由工程做法定。卷材类防水材料见表 6-5；涂料类防水材料见表 6-6。

表 6-5　卷材类防水材料

类别	名称	标准号
沥青防水卷材	1. 石油沥青纸胎油毡、油纸 2. 石油沥青玻璃纤维胎油毡 3. 石油沥青玻璃布胎油毡 4. 铝箔面油毡	GB 326—1989 GB/T 14686—1993 JC/T 84—1996 JC 504—92（1996）
高聚物改性沥青防水卷材	1. 改性沥青聚乙烯胎防水卷材 2. 沥青复合胎柔性防水卷材 3. 自粘橡胶沥青防水卷材 4. 弹性体改性沥青防水卷材 5. 塑性体改性沥青防水卷材 6. 自粘聚合物改性沥青聚酯胎防水卷材	GB 18967—2003 JC/T 690—1998 JC 840—1999 GB 18242—2000 GB 18243—2000 JC 898—2002
合成高分子防水卷材	1. 聚氯乙烯防水卷材 2. 氯化聚乙烯防水卷材 3. 氯化聚乙烯-橡胶共混防水卷材 4. 高分子防水材料（片材） 5. 高分子防水卷材胶粘剂	GB 12952—2003 GB 12953—2003 JC/T 684—1997 GB 18173.1—2000 JC 863—2000

表 6-6　涂料类防水材料

类别	名称	标准号
防水涂料	1. 水性沥青基防水涂料 2. 聚氨酯防水涂料 3. 溶剂型橡胶沥青防水涂料 4. 聚合物乳液建筑防水涂料 5. 聚合物水泥防水涂料	JC 408—91（1996） GB/T 19250—2003 JC/T 852—1999 JC/T 864—2000 JC/T 894—2001

（2）保护层。根据防水层种类的不同，保护层的做法也不同，见表 6-7。

表 6-7 **保 护 层 做 法**

防水层种类	保护层做法
1. 沥青类防水卷材	玛瑞脂黏结绿豆砂，冷玛瑞脂黏结云母、蛭石及块体材料，铺抹水泥砂浆或细石混凝土
2. 高聚物改性沥青及合成高分子防水卷材	浅色涂料、铝箔面层、彩砂面层、铺抹水泥砂浆或细石混凝土、块体材料
3. 高聚物改性沥青卷材防水涂膜	粘铺细砂、云母、蛭石、水泥砂浆、块体材料及细石混凝土
4. 合成高分子防水涂膜及聚合物水泥防水涂膜	浅色涂料、水泥砂浆、块体材料、细石混凝土
5. 倒置式防水屋面	采用块体材料或抹水泥砂浆，以及铺纤维织物上压卵石保护层

二、平屋面的排水

（一）排水坡度的形成

绝对水平的屋面是不能排水的。平屋面应有一定的排水坡度。排水坡度可通过结构找坡或材料找坡两种方法形成。

（1）材料找坡亦称垫置坡度，是在水平搁置的屋面板上用轻质价廉的材料铺设找坡层。然后再在上面作保温（或隔热）层和防水层等，也可直接用保温（或隔热）材料找坡。这种做法的室内顶棚面平整，但屋面荷载加大，故屋面坡度不宜过大，见图 6-5（a）。

（2）结构找坡亦称搁置坡度，是把支撑屋面板的墙或梁，做成所需的倾斜坡度，屋面板直接搁置在该斜面上，形成排水坡度，上面直接作保温（或隔热）层和防水层等。这种做法省工、省料、较经济，但室内顶棚面是倾斜的，故多用于生产性建筑和有吊顶的公共建筑，见图 6-5（b）。

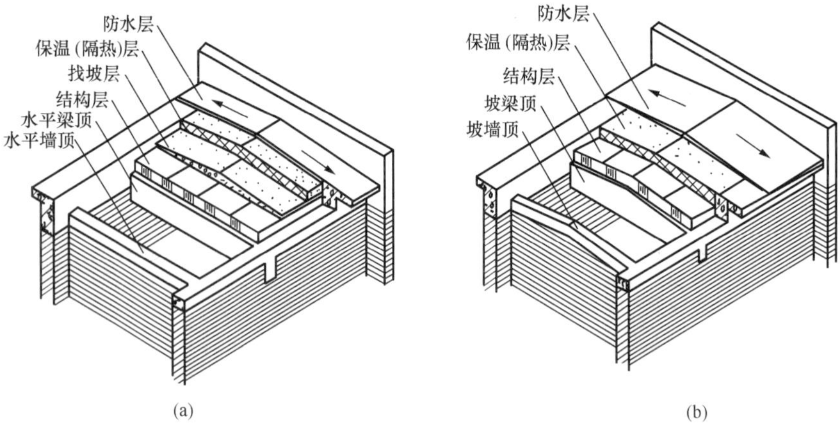

图 6-5 平屋面排水坡度的形成
（a）材料找坡；（b）结构找坡

（二）排水方式

屋面排水就是把屋面上的雨雪水尽快地排除出去，不要积存。通常平屋面的排水方式可分为无组织排水和有组织排水两大类。

1. 无组织排水

无组织排水亦称自由落水，是指雨水经屋檐自由落下至室外地面。这种排水做法构造简单，造价低，不易漏雨和堵塞，但雨水有时会溅湿勒脚，污染墙面。一般用于低矮、次要及降雨量较少地区的建筑。

图 6-6 为单向、双向、三向、四向排水的屋面排水平面图和示意图；图 6-7 为无组织排水屋面组合示例。

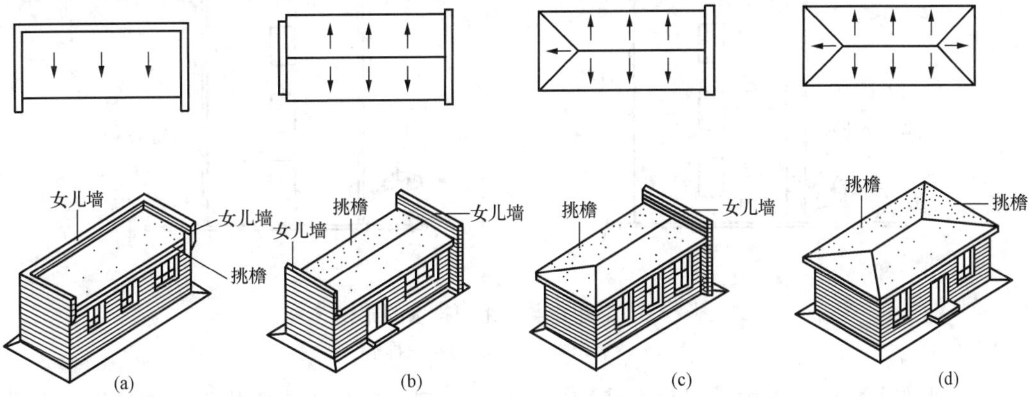

图 6-6　无组织排水方式

（a）三面女儿墙单向排水；（b）两面女儿墙双向排水；（c）一面女儿墙三向排水；（d）四向排水

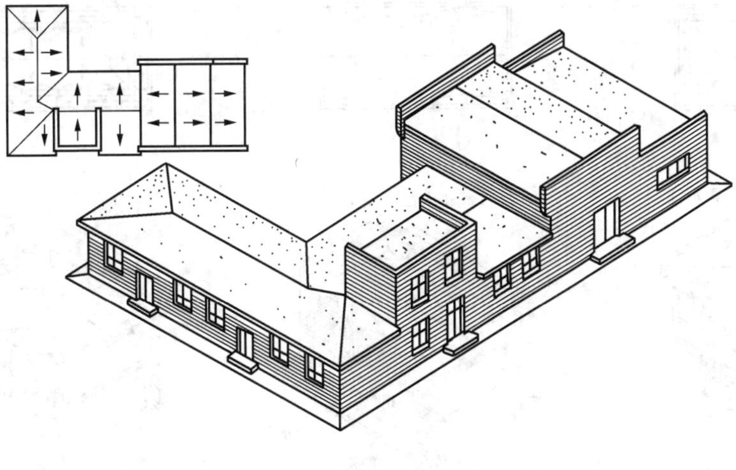

图 6-7　无组织排水屋面组合示例

2. 有组织排水

有组织排水亦称天沟排水。天沟是屋面上的排水沟，位于檐口部位时又称檐沟。有组织排水是指在屋面设置与屋面排水方向垂直的天沟，将雨水汇集起来，经雨水口和雨水管排到室外。当建筑物较高或降雨量大时，如采用无组织排水将会出现很大雨水降落噪声及雨水四溅影响墙身和周围环境，见图 6-8（a）；采用有组织排水会避免上述情况，但这种排水做法构造较复杂，造价较高，易堵塞和漏雨，因此必须保证施工质量，加强使用时的维护和检修，见图 6-8（b）。

有组织排水按雨水管是在建筑物的外侧还是内部，分为外排水和内排水。

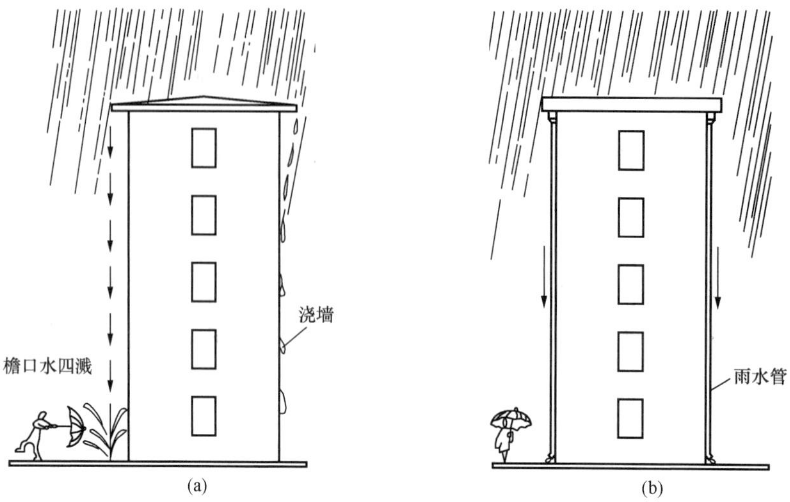

图 6-8 有组织与无组织排水的比较

（a）无组织排水；（b）有组织排水

（1）外排水是把屋面雨水汇集在檐沟，经过雨水口和室外雨水管排下。这种排水方式构造简单，造价较低，渗漏的隐患较少且维修方便，是屋面常用的排水方式，图 6-9 为不同檐口形式的外排水做法。

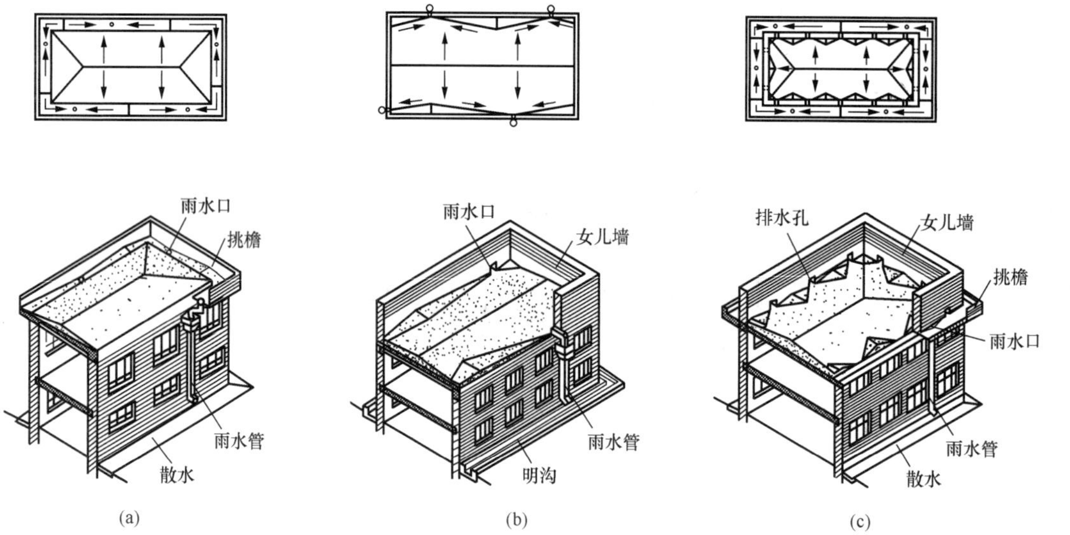

图 6-9 有组织外排水

（a）檐沟外排水；（b）女儿墙外排水；（c）女儿墙带挑檐外排水

（2）内排水是把屋面雨水汇集在天沟内，经过雨水口和室内雨水管排入下水系统。这种排水方式构造复杂，造价、维修费用高，而且雨水管占室内空间。有以下情况宜采用或必须采用内排水：多跨结构找坡的屋面；屋面宽度过大不宜垫坡太厚；严寒地区屋面融化雪水易在外排水管冻结；外排水管有碍建筑立面美观；高层及超高层建筑等。图 6-10 为不同情况的内排水做法；图 6-11 为有组织排水屋面组合示例。

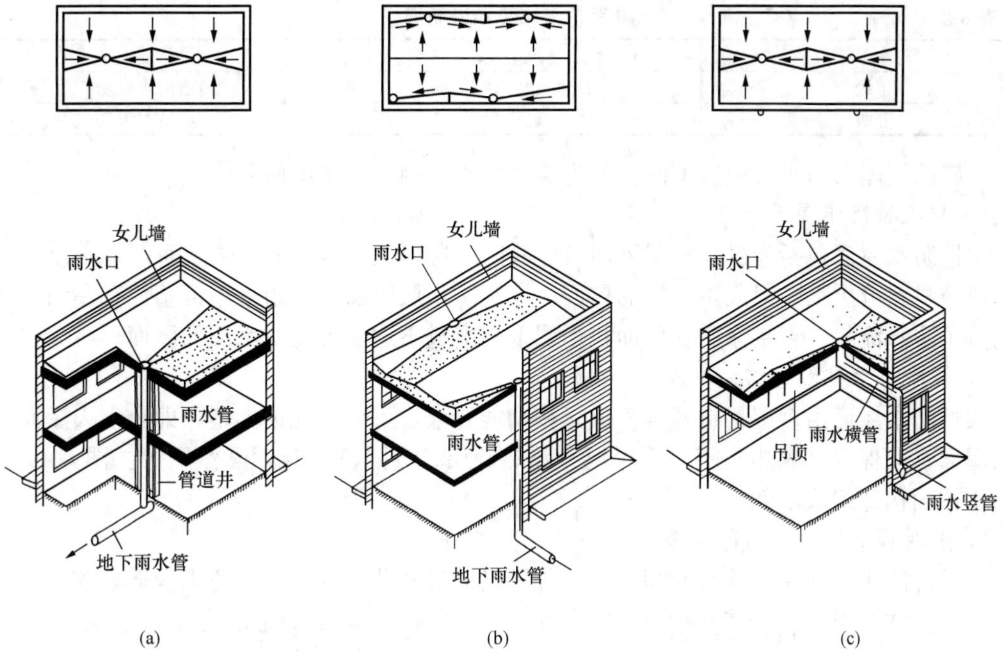

图 6-10　有组织内排水

（a）房间中部内排水；（b）外墙内侧内排水；（c）外墙外侧内排水

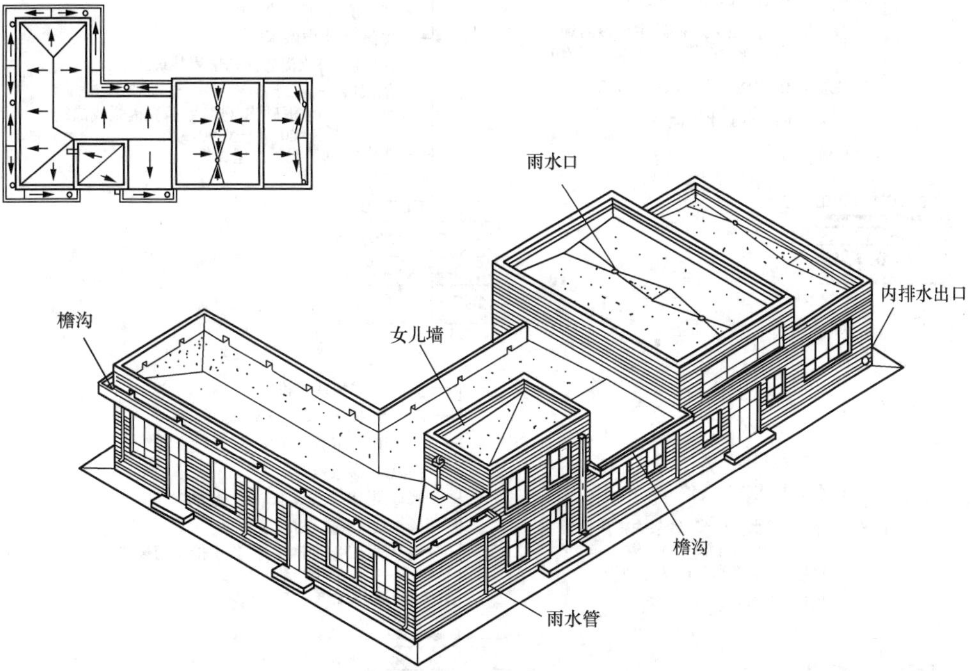

图 6-11　有组织排水屋面组合示例

三、平屋面的防水

平屋面防水工程应根据建筑物的类别、重要程度、使用功能要求确定防水等级，并应按相应等级进行防水设防；对防水有特殊要求的建筑屋面，应进行专项防水设计。屋面防水等级和设防要求应符合表 6-8 的规定。

表 6-8　　屋面防水等级和设防要求

防水等级	建筑类别	设防要求
Ⅰ级	重要建筑和高层建筑	两道防水设防
Ⅱ级	一般建筑	一道防水设防

平屋面按屋面防水层做法不同可分为柔性防水、刚性防水屋面等。

（一）柔性防水屋面

柔性防水屋面包括卷材防水层屋面及涂膜防水层屋面。卷材防水层屋面，是指以防水卷材和胶结材料分层粘贴组成防水层的屋面；涂膜防水层屋面，是指采用可塑性和黏结力较强的高分子防水涂料，直接涂刷在屋面找平层上，形成不透水薄膜防水层的屋面。

1. 柔性防水屋面的构造组成

柔性防水屋面由多层材料叠合而成，按功能要求，可分为几种类型，即：上人屋面与不上人屋面；有保温（隔热）层与无保温（隔热）层；有隔汽层与无隔汽层等。图 6-12 为柔性防水屋面构造组成示例。

2. 柔性防水屋面的细部构造

在柔性防水屋面中，除大面积防水层外，尚需对各节点部位进行防水构造处理。

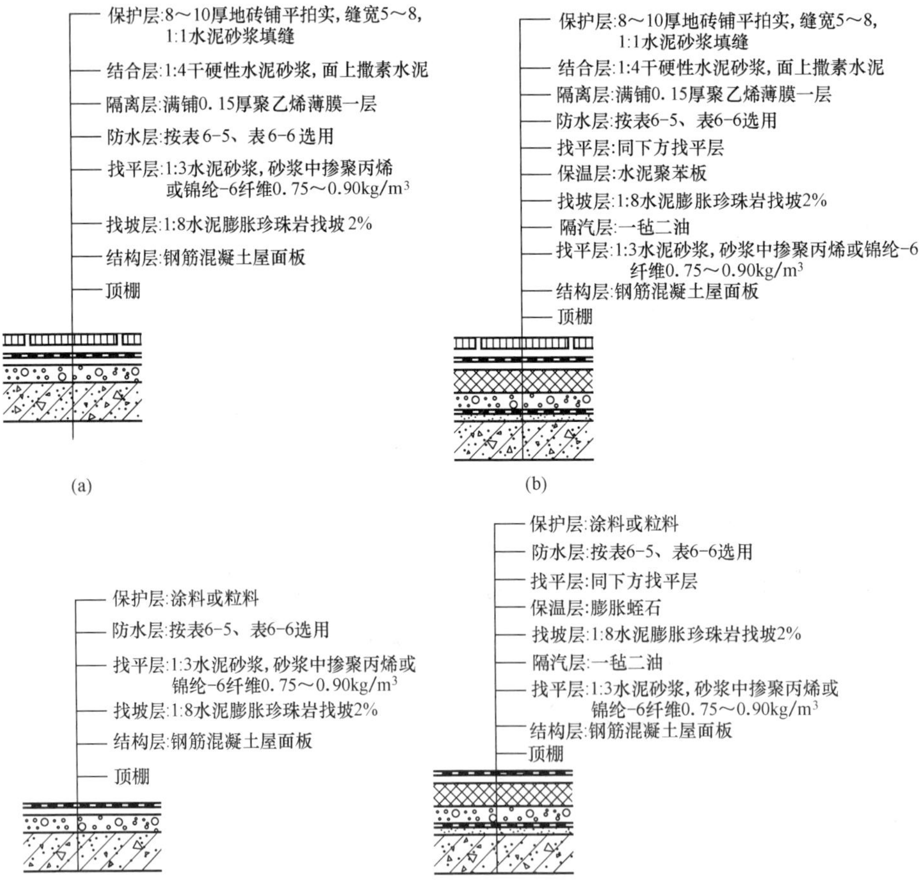

图 6-12　柔性防水屋面构造组成示例（屋面由结构找坡时，图中找坡层取消）

（a）无保温、无隔汽、上人屋面；（b）有保温、有隔汽、上人屋面；

（c）无保温、无隔汽、不上人屋面；（d）有保温、有隔汽、不上人屋面

（1）泛水构造。凡屋面与垂直墙面交接处的构造处理都叫泛水。如女儿墙与屋面、烟囱与屋面、高低屋面之间的墙与屋面等的交接处构造。

平屋面排水不及坡屋面排水通畅，应允许有一定深度的囤水量，也就是泛水要具有足够的高度方能防止雨水四溢造成渗漏。泛水高度是自屋面保护层算起，应不小于 250mm。一般做法是先用水泥砂浆或细石混凝土在墙面与屋面交界处做成半径大于 50mm 的圆弧或 45°斜面，再在其上粘贴防水层。图 6-13 为泛水构造示例。

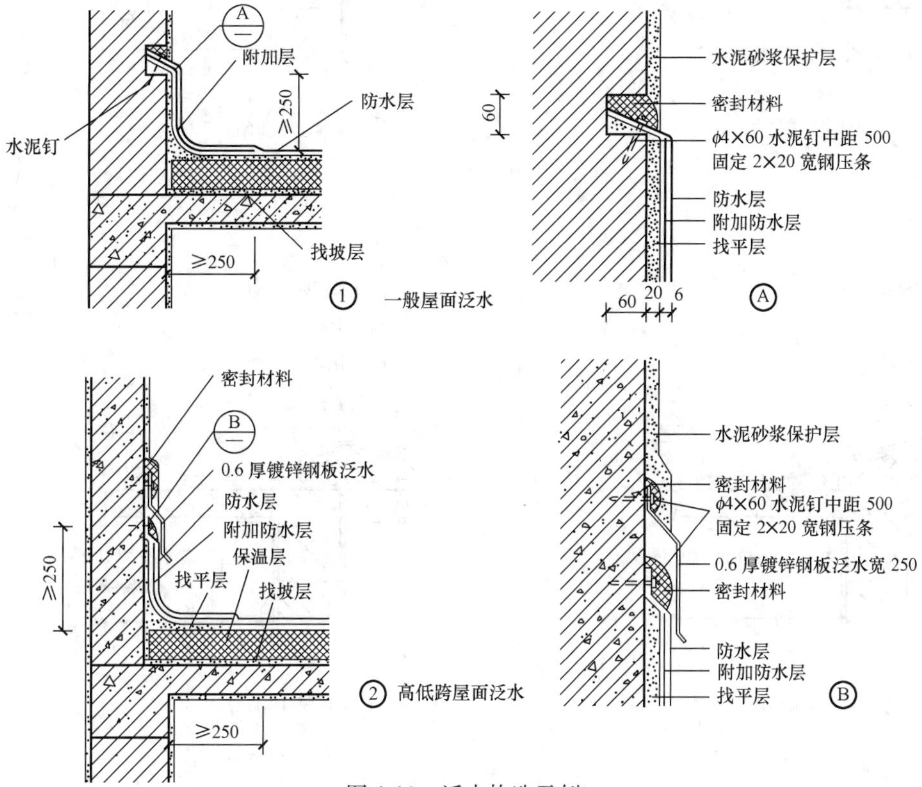

图 6-13　泛水构造示例

（2）檐口构造。柔性防水屋面的檐口包括自由排水檐口、檐沟有组织排水檐口等。

1）自由排水檐口，是从屋面悬挑出不小于 400mm 宽的板，以利雨水下落时不至于浇墙。防水要点一是防水材料在檐口端部的收头做法；二是檐口板底面端头的滴水槽，图6-14为自由排水檐口构造示例。

2）檐沟有组织排水檐口，是在屋面边缘处悬挑出排水檐沟，并将雨水有组织导向雨水口。防水要点一是防水材料在檐沟沟壁顶部的收头做法；二是檐沟下方端头的滴水槽（鹰嘴线），图 6-15 为檐沟有组织排水檐口构造示例。

（3）女儿墙构造。女儿墙是外墙在屋面以上的延续，也称压檐墙。女儿墙不承受垂直荷载，墙厚一般为 240mm；为保证其稳定和抗震，高度不宜超过 500mm。女儿墙顶端的构造称为压顶。压顶处应设置配筋混凝土板并抹水泥砂浆，以防雨水渗透，侵蚀女儿墙，图6-16为女儿墙有组织排水构造示例。

（4）雨水口构造。雨水口是用来将屋面雨水排至雨水管而在檐口或檐沟开设的洞口。其构造要求排水通畅，防止渗漏和堵塞，图 6-17 为屋面外排水雨水口构造示例。

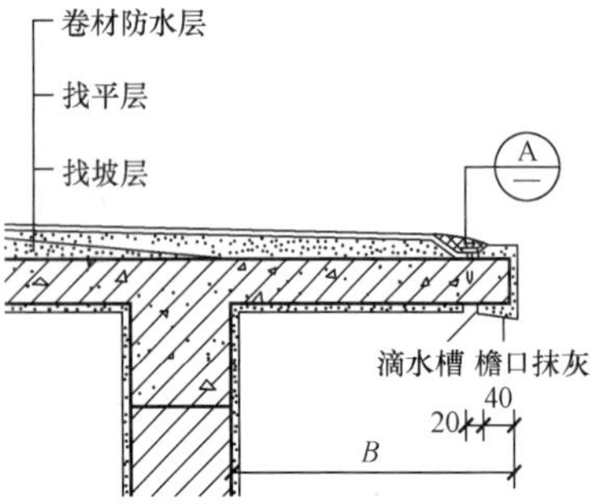

① 卷材无保温檐口

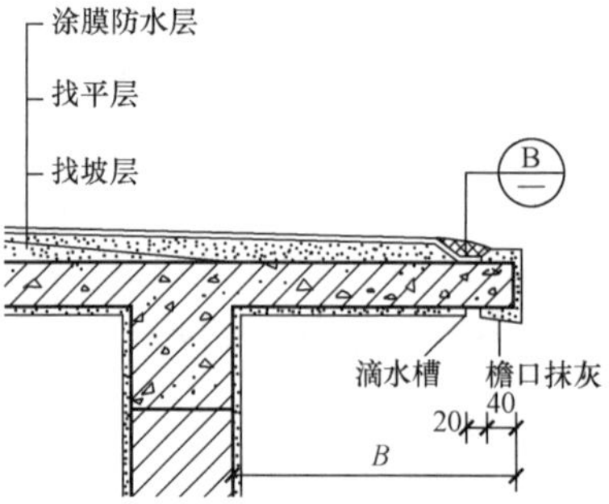

② 涂膜无保温檐口

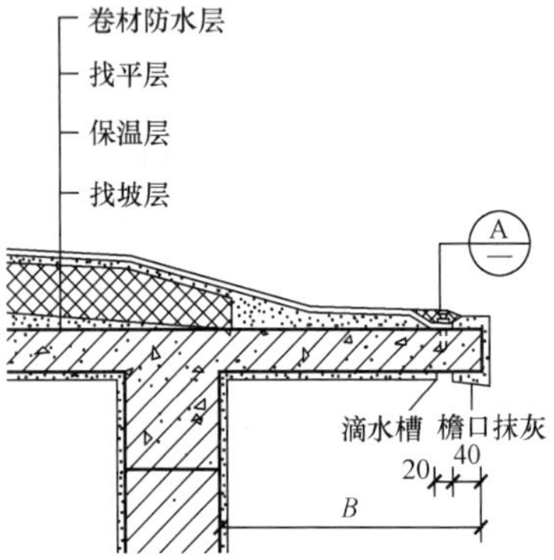

③ 卷材有保温檐口

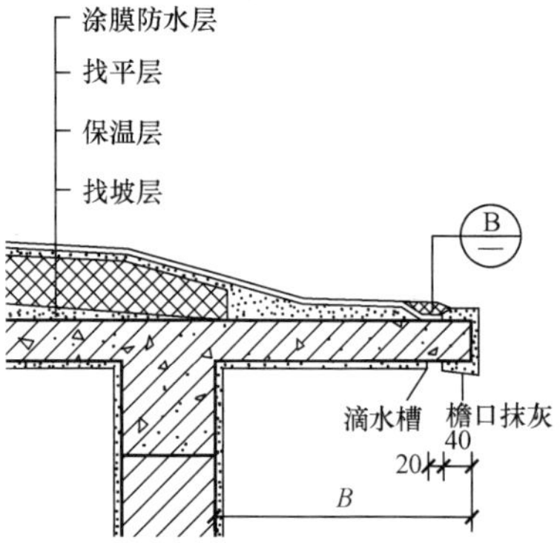

④ 涂膜有保温檐口

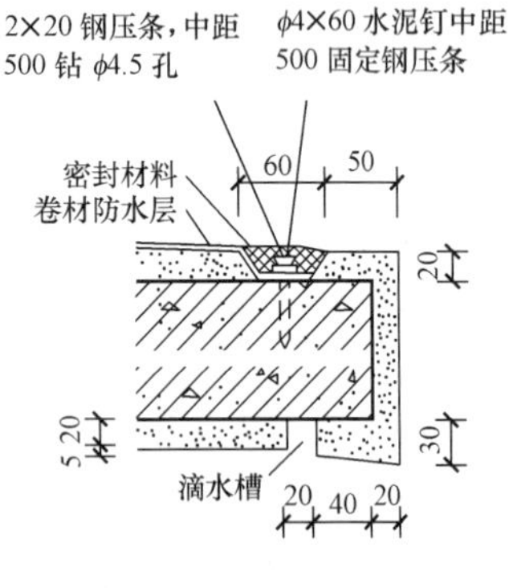

Ⓐ

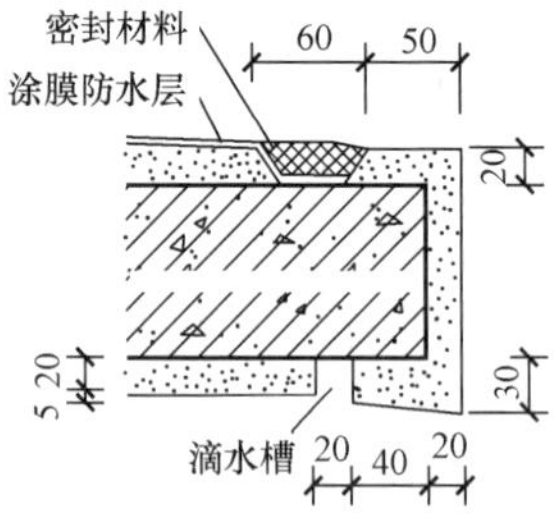

Ⓑ

注：1. “B”按工程设计。
2. 当结构找坡时，无找坡层。

图 6-14 自由排水檐口构造示例

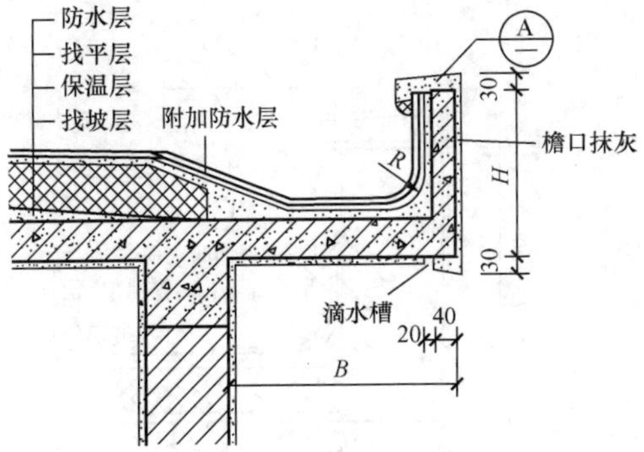

① 平出式檐沟

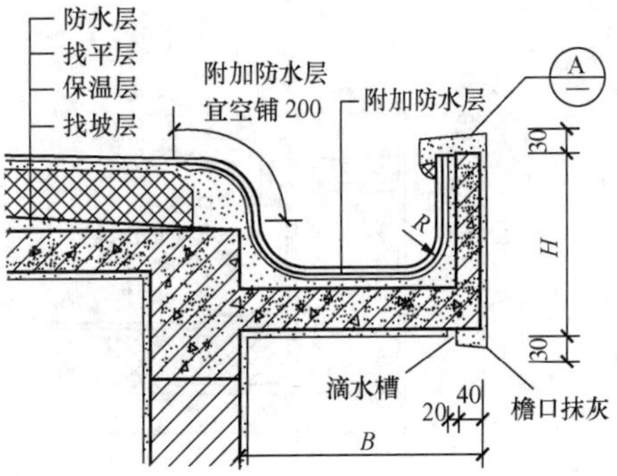

② 下沉式檐沟

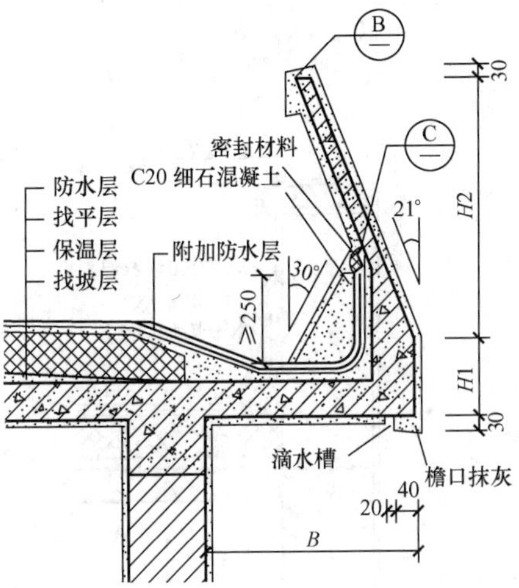

③ 斜坡式檐沟

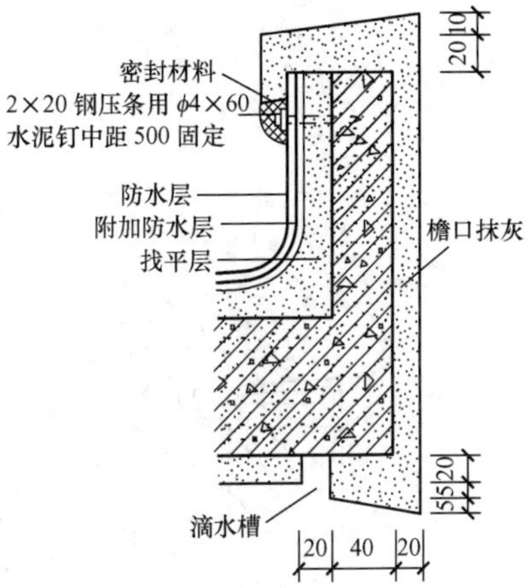

Ⓐ

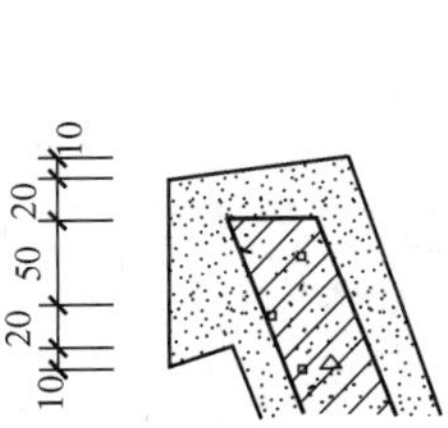

Ⓑ

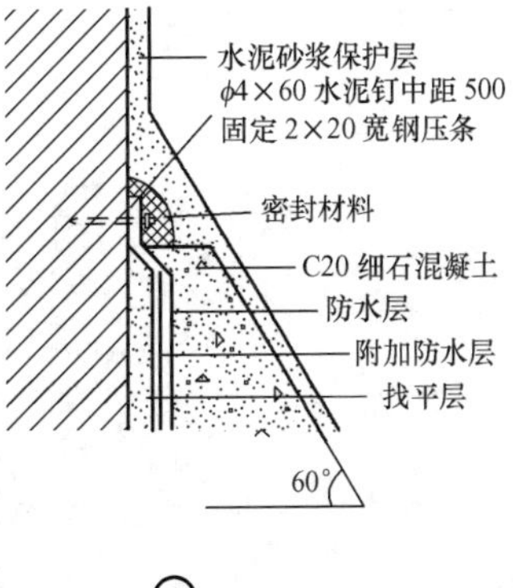

Ⓒ

图 6-15 檐沟有组织排水檐口构造示例

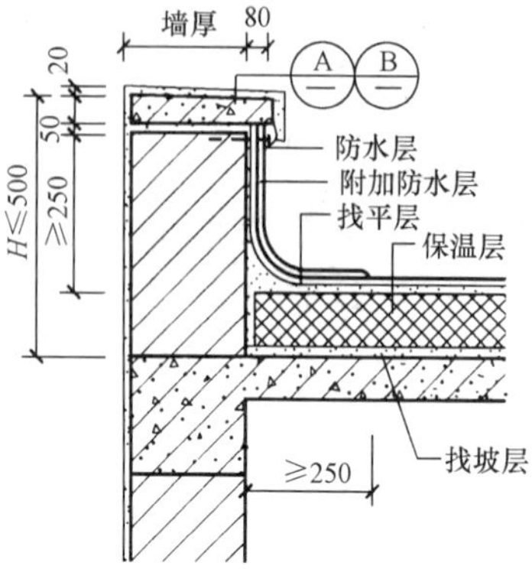

①低女儿墙

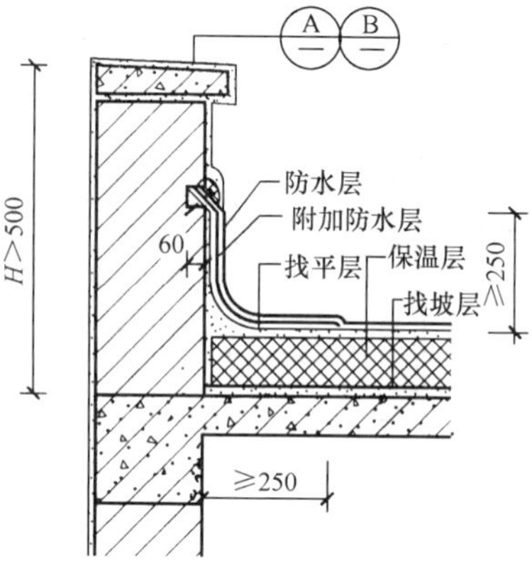

②高女儿墙(一)

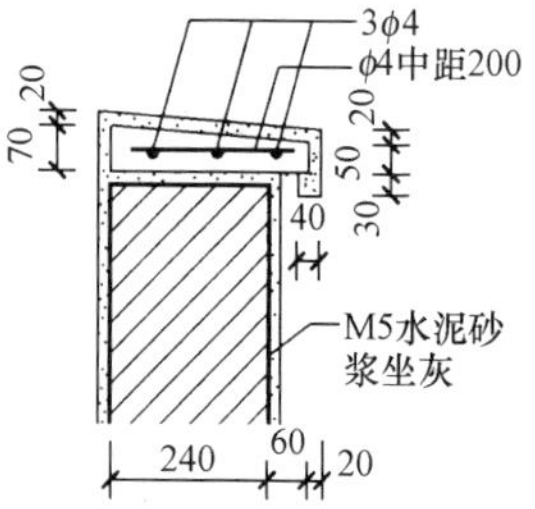

Ⓐ女儿墙压顶(一)

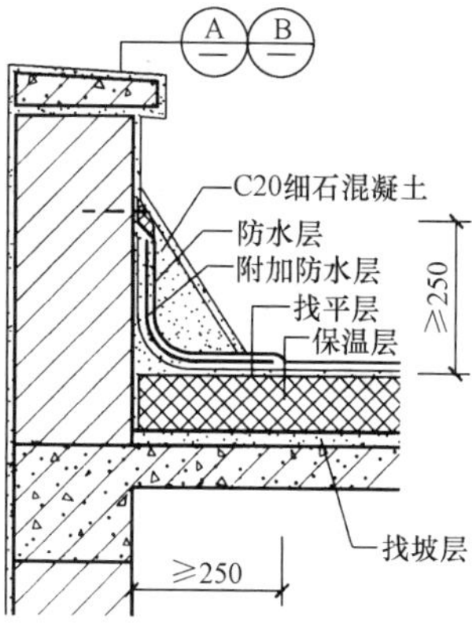

③高女儿墙(二)

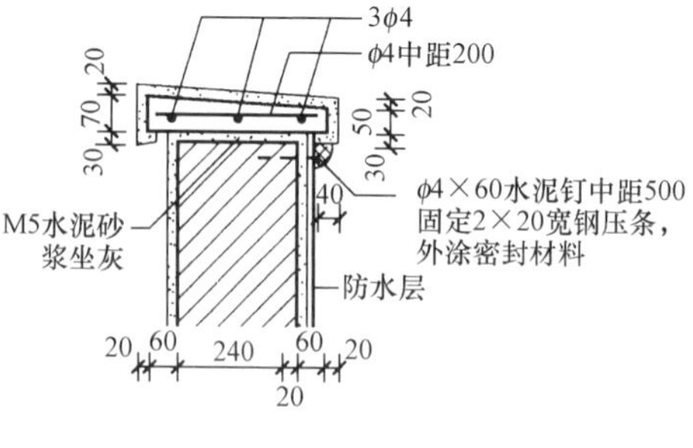

Ⓑ女儿墙压顶(二)

图 6-16　女儿墙有组织排水构造示例

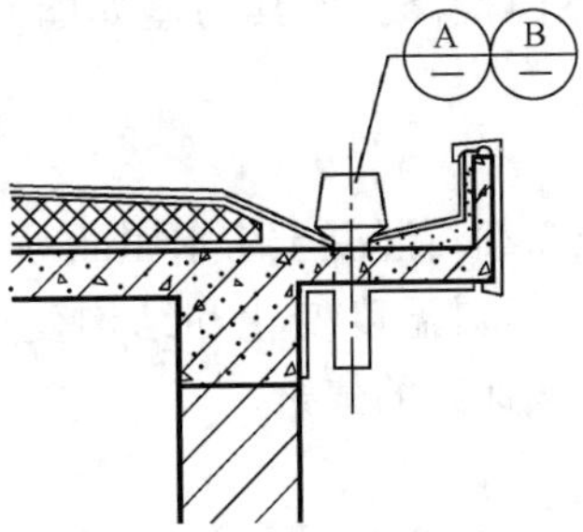

① 挑檐雨水口

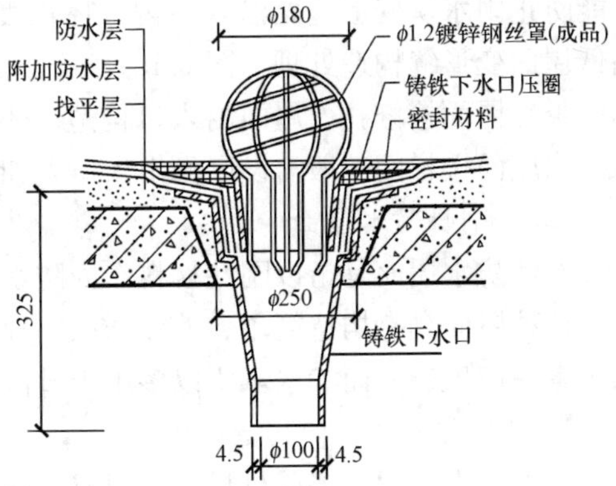

Ⓐ 挑檐铸铁雨水口

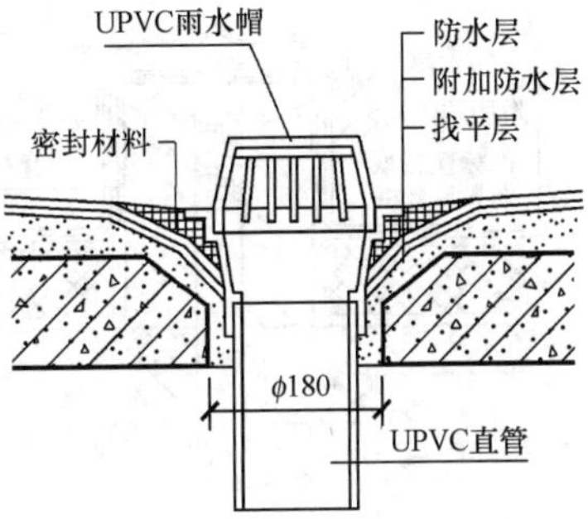

Ⓑ 挑檐UPVC雨水口

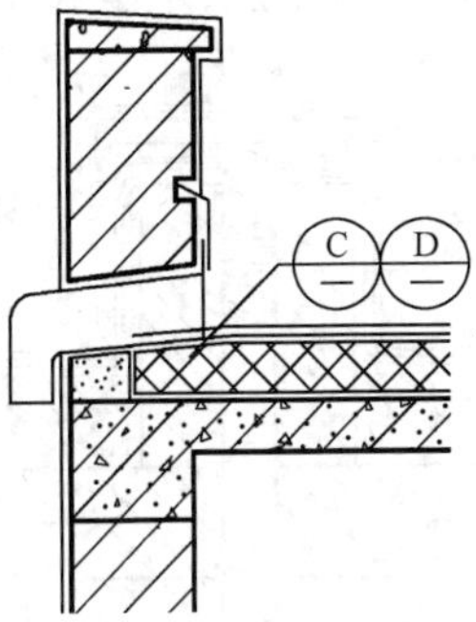

② 女儿墙雨水口

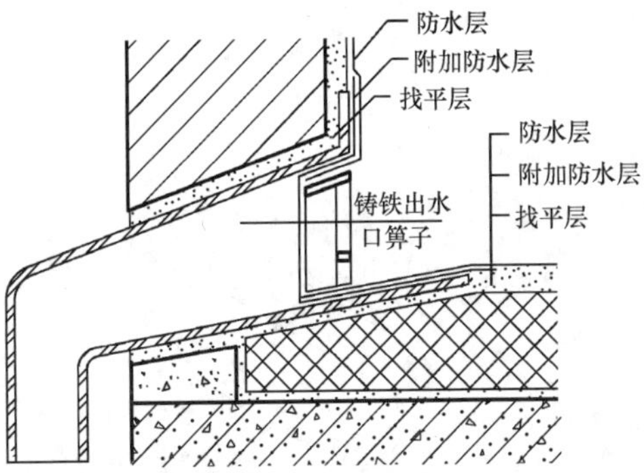

Ⓒ 女儿墙铸铁雨水口

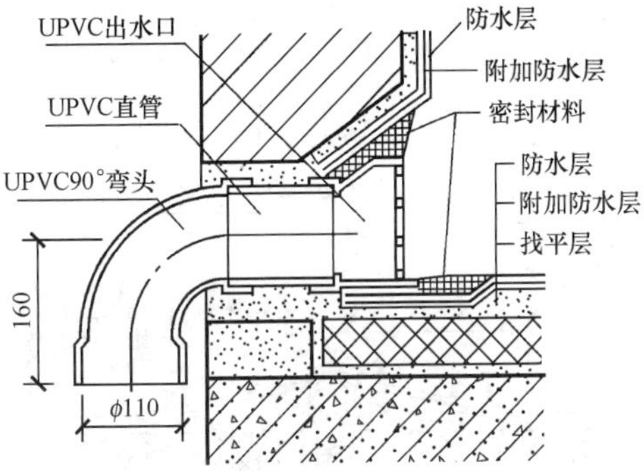

Ⓓ 女儿墙UPVC雨水口

图 6-17 屋面外排水雨水口构造示例

（5）屋面变形缝构造。屋面变形缝的构造处理原则是既要保证屋面有自由变形的可能，又能防止雨水从变形缝处渗入室内。屋面变形缝有等高屋面变形缝构造处理（图 6-18）和高低屋面变形缝构造处理（图 6-19）。

（6）屋面检修孔、屋面出入口构造。不上人屋面须设屋面检修孔，其构造如图 6-20 所示。出屋面楼梯间一般需设屋面出入口，如图 6-21 所示。

（二）刚性防水屋面

刚性防水屋面是指以刚性材料作为防水层的屋面，如配筋细石混凝土防水屋面等。

这种屋面具有构造简单、施工方便、造价低廉的优点，但对温度变化和结构变形较敏感，容易产生裂缝而渗水，所以多用于日温差较小的我国南方地区的建筑。

1. 刚性防水屋面的构造组成

刚性防水屋面由多层材料叠合而成，图 6-22 为刚性防水屋面构造组成示例。

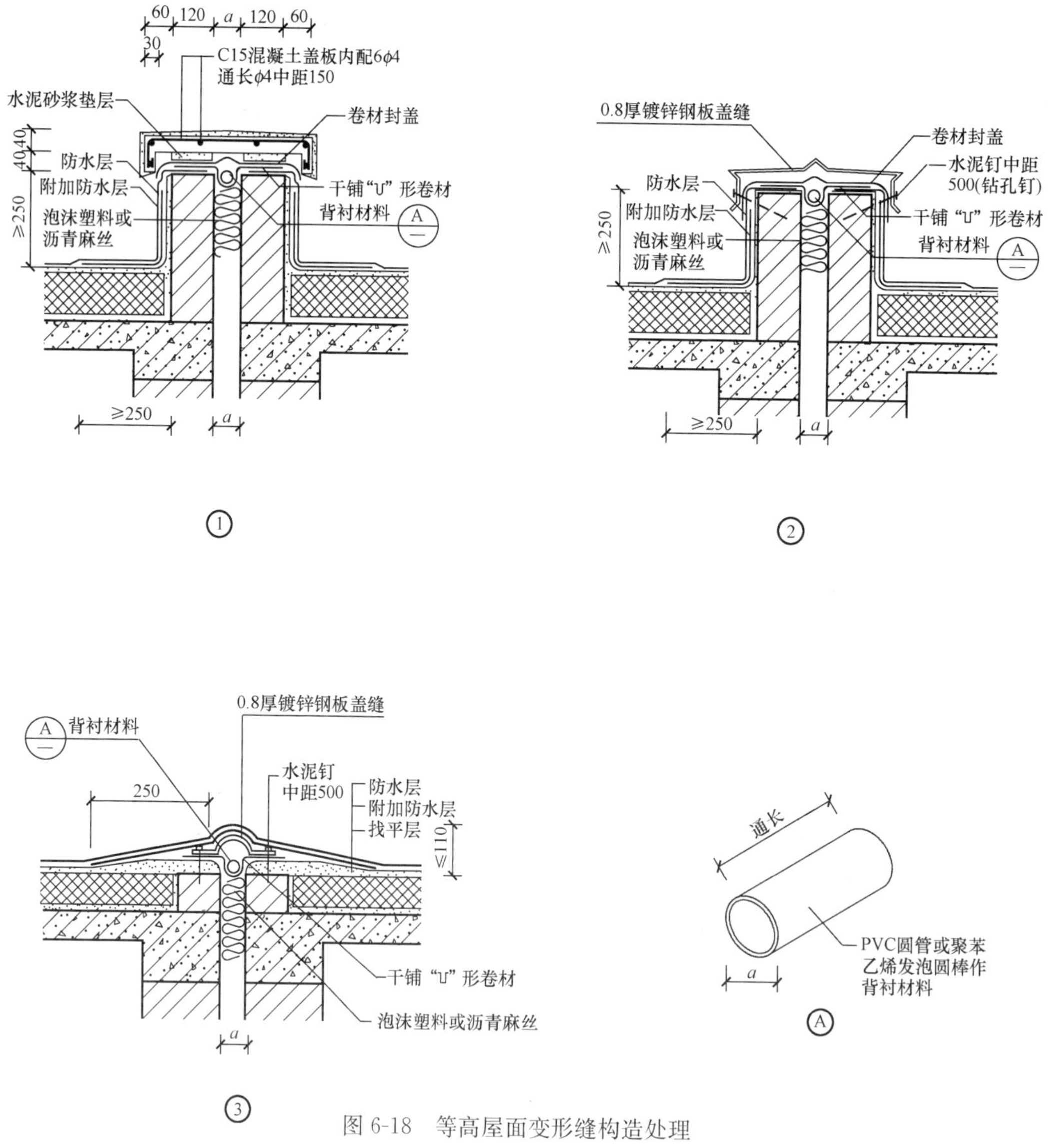

图 6-18 等高屋面变形缝构造处理

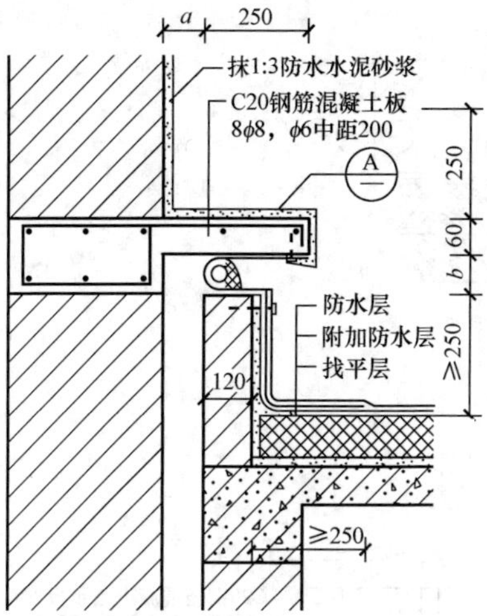

① 高低跨屋面变形缝 (一)

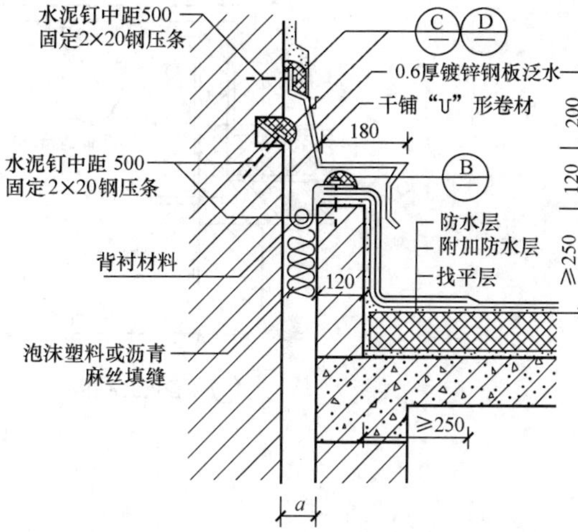

② 高低跨屋面变形缝 (二)

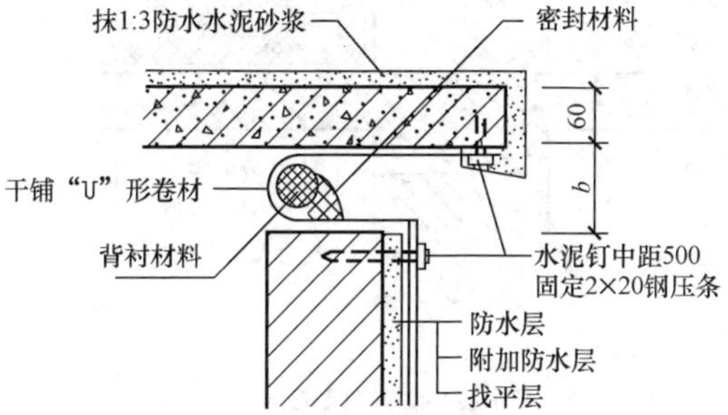

Ⓐ

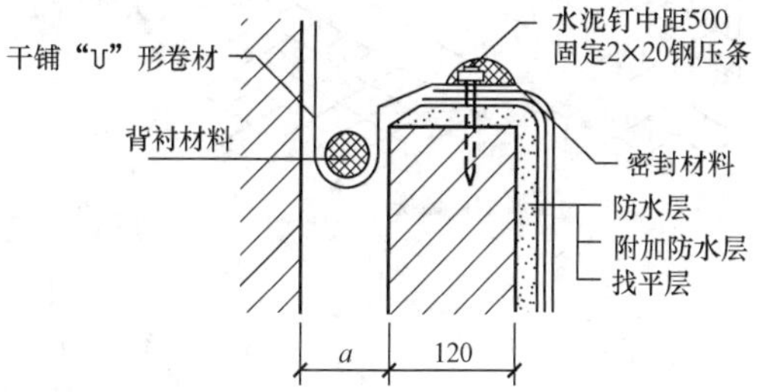

Ⓑ

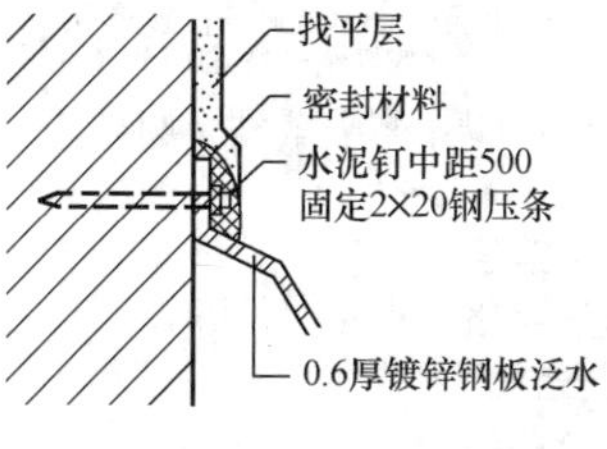

Ⓒ

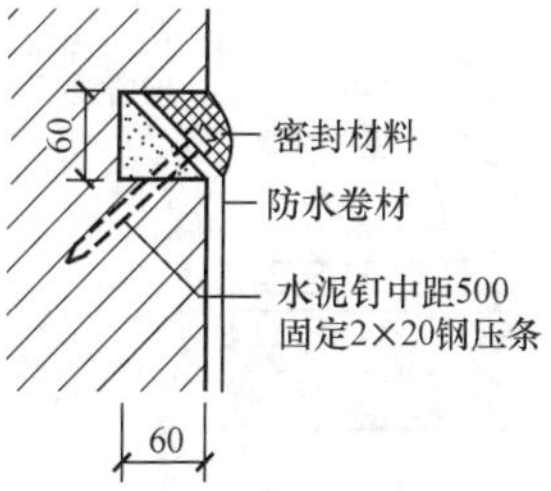

Ⓓ

图 6-19　高低屋面变形缝构造处理

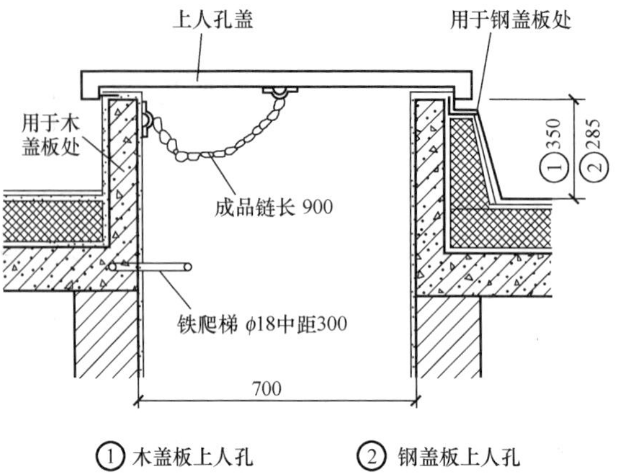

图 6-20 屋面检修孔构造

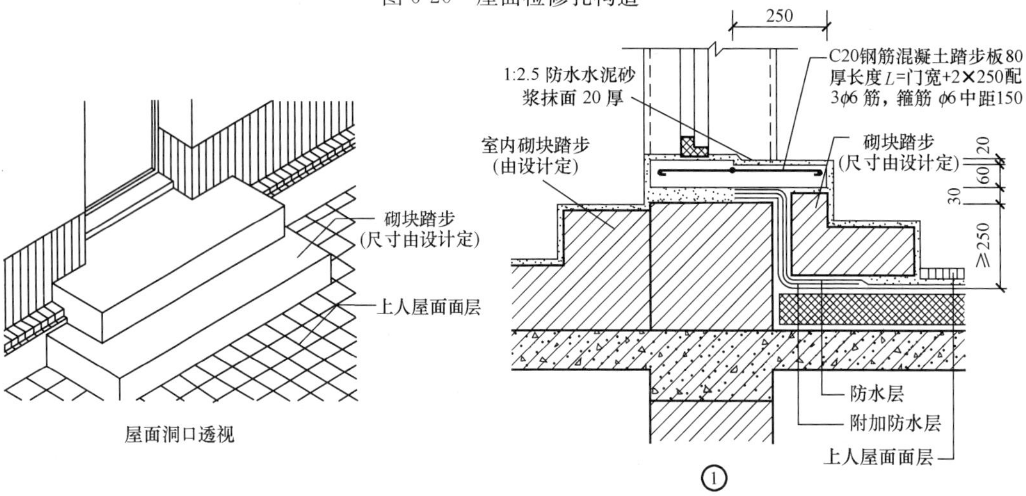

图 6-21 屋面出入口构造

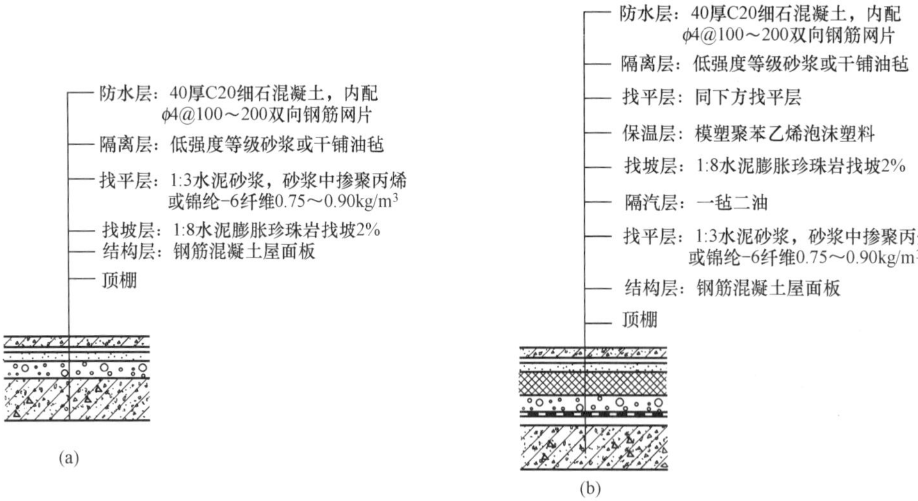

图 6-22 刚性防水屋面构造组成示例

(a) 无保温、无隔汽、上人屋面；(b) 有保温、有隔汽、上人屋面

2. 刚性防水屋面的细部构造

刚性防水屋面应做好防水层的分格缝构造，同时刚性防水屋面与柔性防水屋面一样，也需处理好泛水、檐口、雨水口等细部构造。

（1）分格缝构造。分格缝又称分仓缝，是用以适应屋面变形、防止不规则裂缝的人工缝。其设置目的在于：防止温度变化引起防水层开裂；防止结构变形将防水层拉坏。因此屋面分格缝应设置在装配式结构屋面板的支撑端、屋面转折处、刚性防水层与立墙的交接处，并应与板缝对齐。采用横墙承重的民用建筑中，屋面分格缝的位置如图 6-23 所示，分格缝构造如图 6-24 所示。

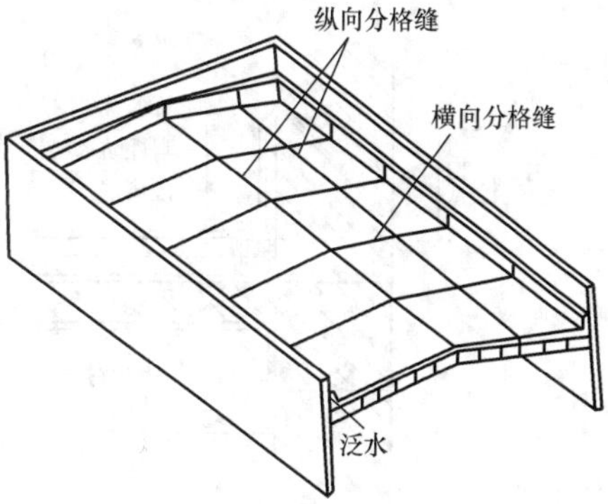

图 6-23　屋面分格缝

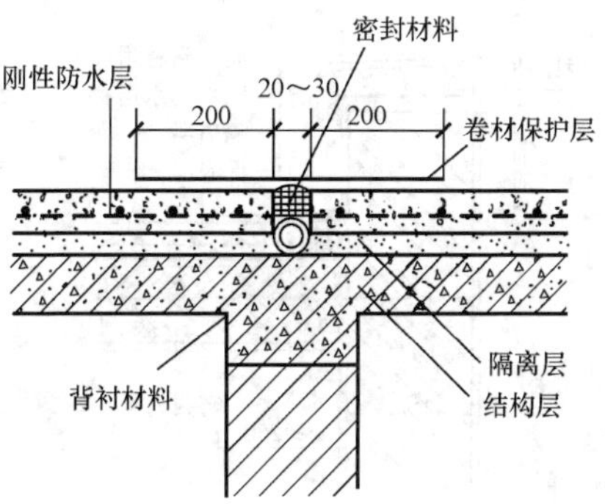

① 无保温屋面分格缝构造 (一)

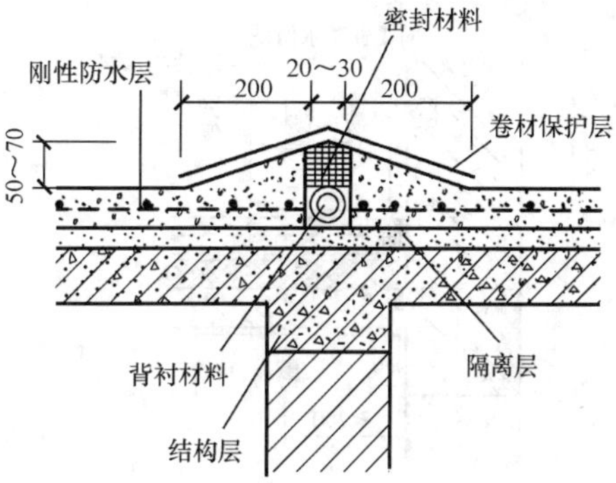

② 无保温屋面分格缝构造 (二)

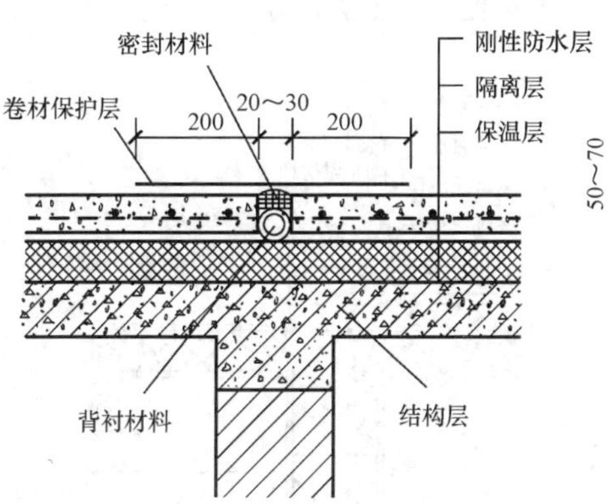

③ 有保温屋面分格缝构造 (一)

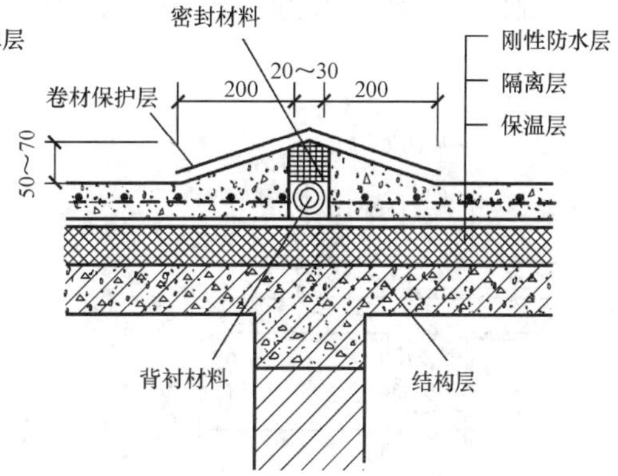

④ 有保温屋面分格缝构造 (二)

图 6-24　分格缝构造

（2）泛水构造。刚性防水屋面与柔性防水屋面泛水构造基本相同。其一般做法是泛水与屋面防水应一次做成，不留施工缝，转角处做成圆弧形，并与垂直墙之间设分仓缝。图6-25为泛水构造示例。

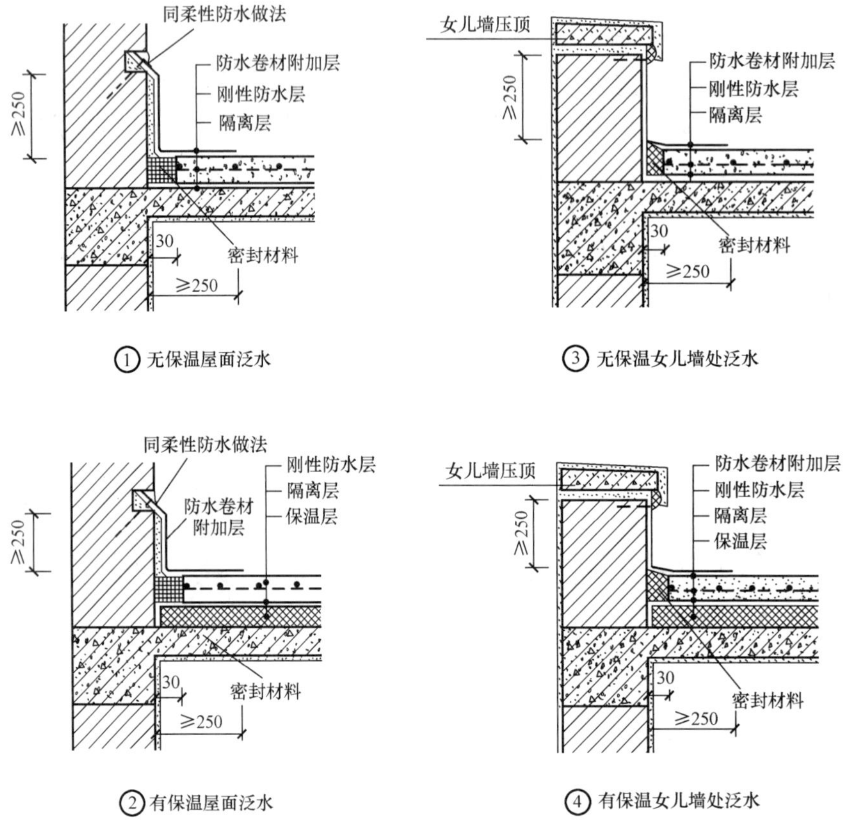

图 6-25 刚性防水屋面泛水构造示例

（3）檐口构造。刚性防水屋面常用檐口形式有自由排水檐口、有组织排水檐口等。图6-26为自由排水檐口构造示例；图6-27为有组织排水檐口构造示例。

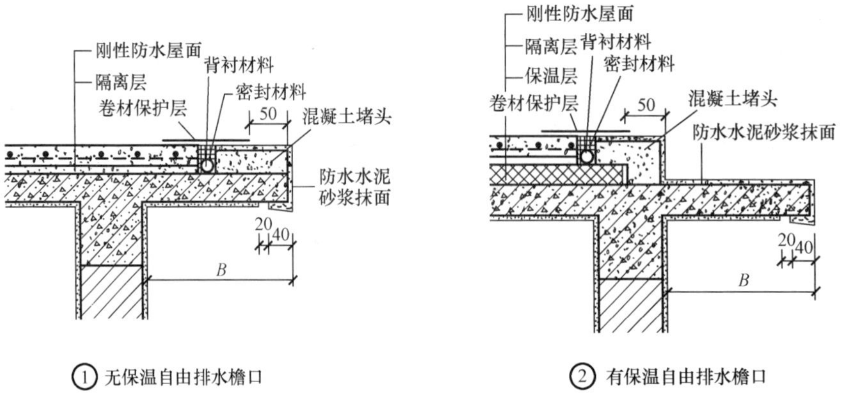

图 6-26 自由排水檐口构造示例

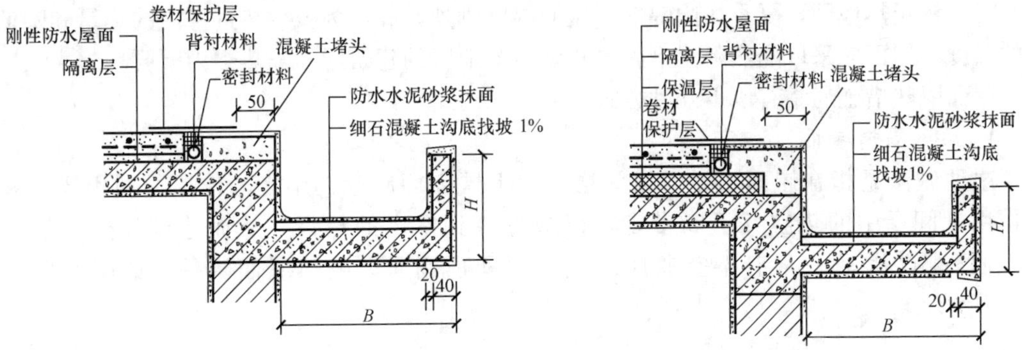

① 无保温有组织排水檐口　　② 有保温有组织排水檐口

图 6-27　有组织排水檐口构造示例

（4）雨水口构造。雨水口是屋面雨水汇集并排至雨水管的关键部位，构造上要求排水通畅，防止渗漏和堵塞。刚性防水屋面雨水口的做法与柔性防水相似，故不再赘述。

四、平屋面的保温与隔热

（一）平屋面的保温

在采暖地区的冬季，室内外温差较大，为防止室内热量散失过大，保证房屋的正常使用并降低能源消耗，故在屋面中增设保温层。将保温层设在结构层之上，防水层之下，成为封闭的保护层，这种方式称为正置式（或内置式）保温屋面；保温层放在防水层之上，成为敞露的保温层，这种方式称为倒置式（或外置式）保温屋面，图 6-28 为倒置式保温屋面构造组成示例。

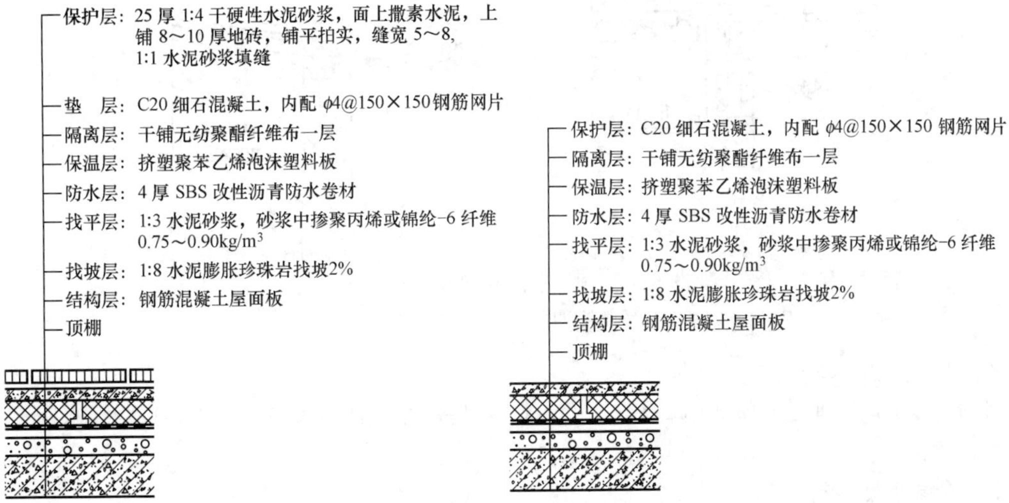

(a)　　(b)

图 6-28　倒置式保温屋面构造组成示例

（a）上人屋面；（b）不上人屋面

（二）平屋面的隔热

在气候炎热地区，夏季太阳辐射使屋面温度剧烈升高，为减少传进室内的热量和降低室内的温度，屋面应采取隔热降温措施。我国南方地区的建筑屋面隔热更为重要。

屋面隔热措施通常有以下几种方式：

1. 通风隔热屋面

这种做法是指在屋面中设通风间层，使上层表面起遮挡阳光的作用。利用风压和热压作用把间层中的热空气不断带走，以减少传到室内的热量，从而达到隔热降温的目的。通风隔热屋面一般有架空通风隔热屋面和顶棚通风隔热屋面两种，如图 6-29、图 6-30 所示。

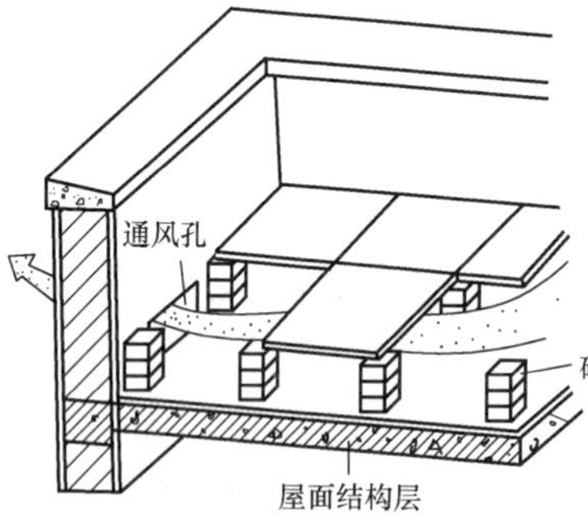

(a)

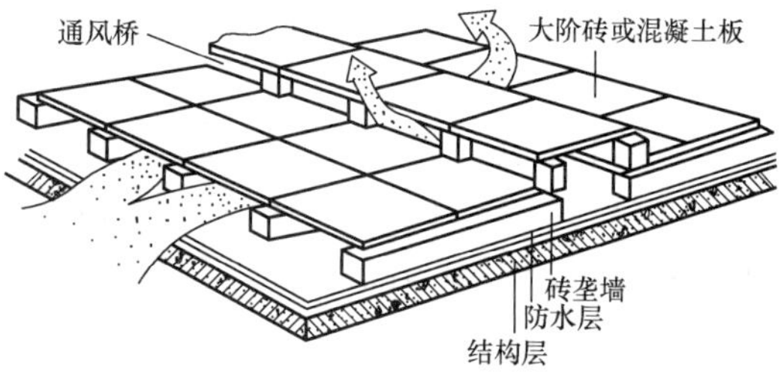

(b)

图 6-29 架空通风隔热屋面示意图

（a）架空隔热层与女儿墙通风孔；（b）架空隔热层与通风桥

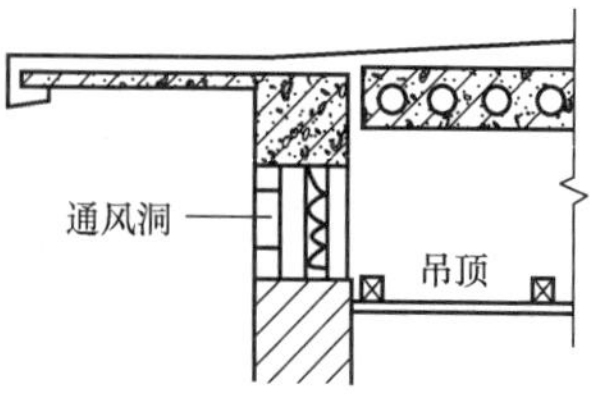

(a)

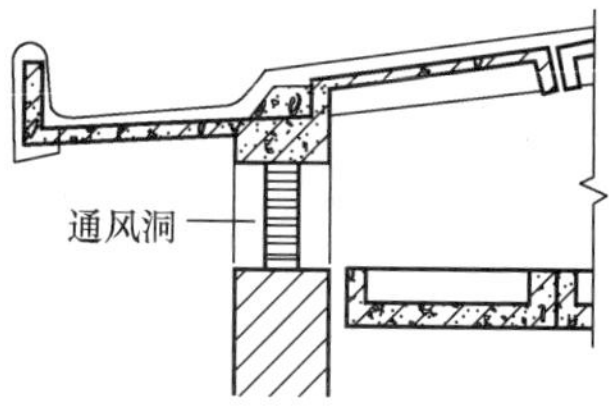

(b)

图 6-30 顶棚通风隔热屋面示意图

（a）吊顶通风层；（b）双槽板通风层

2. 蓄水隔热屋面

蓄水隔热屋面利用平屋面所蓄积的水层来达到屋面隔热的目的，图 6-31 为蓄水隔热屋面构造示例。

3. 种植隔热屋面

种植隔热屋面是在平屋面上种植植物，通过借助栽培介质隔热及植物吸收阳光进行光合作用和遮挡阳光的双重功效来达到降温隔热的目的，图 6-32 为种植隔热屋面构造示例。

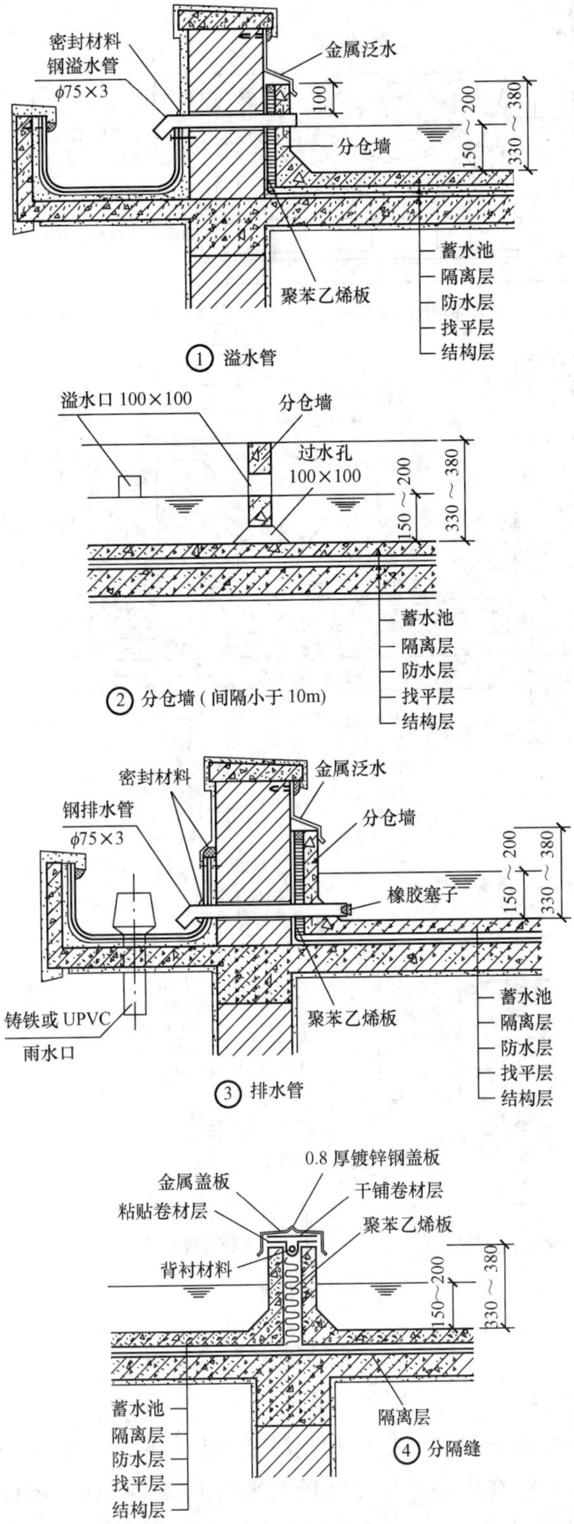

图 6-31　蓄水隔热屋面构造示例

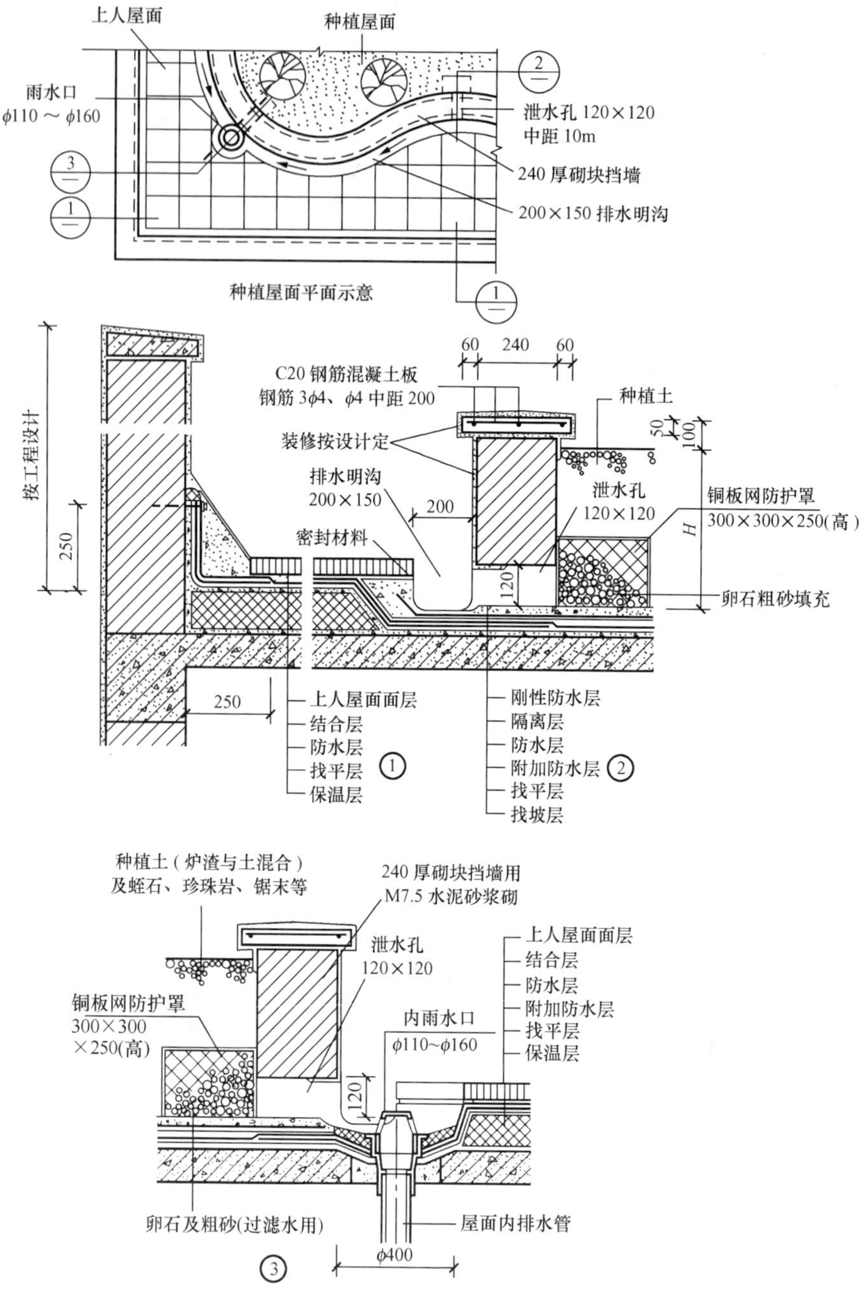

图 6-32　种植隔热屋面构造示例

4．反射降温隔热屋面

反射降温隔热屋面是利用材料的颜色和光滑度对热辐射的反射作用，将一部分热量反射回去从而达到降温目的。如在屋面上采用浅色的砾石混凝土，或在屋面上涂刷白色涂料，均可起到明显的降温隔热作用。

第三节　坡屋面的构造

坡屋面的形式如图 6-2 所示。其中屋面是由一些相同坡度的倾斜面交接而成，其交线的名称如图 6-33 所示。

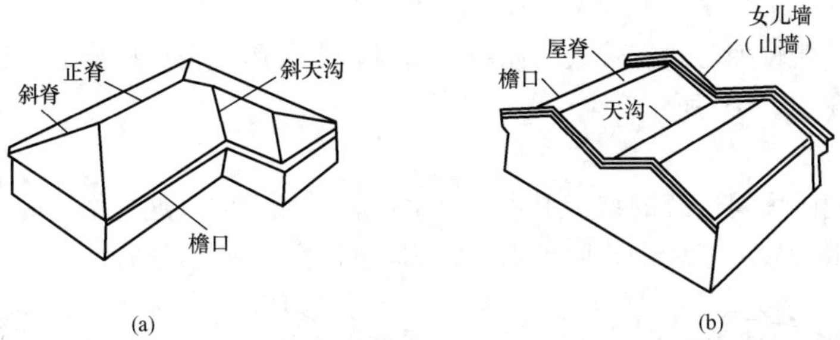

图 6-33　坡屋面坡面交线名称
（a）四坡；（b）两坡

一、坡屋面的组成

坡屋面一般由结构层、面层及附加层组成。

1. 结构层

结构层主要承受屋面荷载，并把荷载传递到墙或柱上。一般有屋架、檩条、椽子或大梁等。

2. 面层

面层是屋面上的覆盖层，直接承受风雨、冰冻和太阳辐射等大自然气候的作用。它包括屋面盖料（如块瓦、油毡瓦等）和基层（如挂瓦条、屋面板等）。

3. 附加层

坡屋面的附加层由找平层、防水层、保温（或隔热）层、隔汽层、顶棚等组成。

（1）找平层。找平层一般选用 1∶3 水泥砂浆 20 厚，应充分养护。分格缝，纵横双向间距不宜大于 6m。

（2）防水层。瓦材作为防水设防中的一道，与柔性防水层双道设防用于等级为Ⅱ级的屋面。瓦材既属于防水层又属于面层。

（3）保温（或隔热）层。采用轻质高效的块状材料做保温层（见表 6-2），挤塑聚苯乙烯泡沫塑料板、聚苯乙烯泡沫塑料板均应采用阻燃型产品。

（4）隔汽层。隔汽层的要求及材料选用同平屋面。

（5）顶棚。顶棚是结构层下面的遮盖部分，可使室内上部平整，有一定光线反射，起保温（或隔热）和装饰作用。

二、坡屋面的承重结构形式

坡屋面的承重结构与平屋面不同，坡屋面结构坡度较大，直接形成屋面的排水坡度，它的结构形式有檩式和板式。

（一）檩式结构

檩式结构是在屋架或山墙上支承檩条，檩条上铺设屋面板或椽条的结构系统。常见的形式有：

1. 山墙承重

山墙承重也称硬山搁檩。当房屋横墙间距较小时，可将横墙上部砌成三角形，直接搁置檩条以承受屋面荷载，如图 6-34（a）所示。

2. 屋架承重

当房屋的内横墙较少需要有较大的使用空间时，常采用三角形桁架来架设檩条，以承受屋面荷载，如图 6-34（b）所示。

3. 梁架承重

梁架承重是我国民间传统的结构形式，由木柱和木梁组成，这种结构的墙只是起围护和分隔作用，不承重，故有“墙倒，屋不坍”之称，如图 6-34（c）所示。

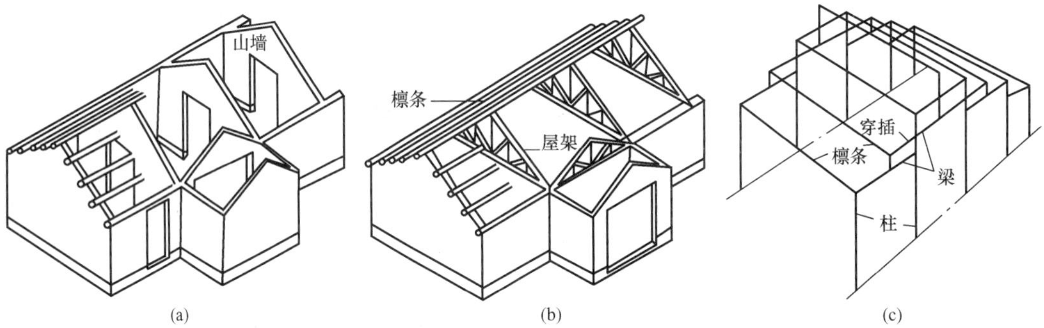

图 6-34 檩式结构屋面

（a）山墙承重；（b）屋架承重；（c）梁架承重

（二）板式结构

它是将钢筋混凝土屋面板直接搁置在上部为三角形的横墙、屋架或斜梁上的支撑方式，这种方式常用于民用住宅或风景园林建筑的屋面，如图 6-35 所示。

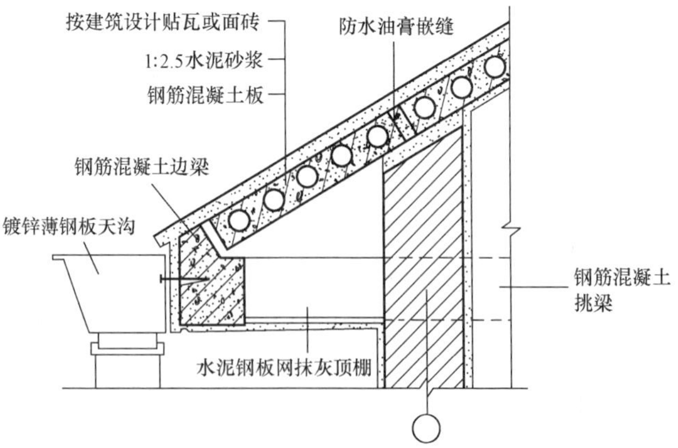

图 6-35 板式结构屋面

三、坡屋面的承重结构构件

1. 屋架

屋架形式常为三角形，由上弦、下弦及腹杆组成。所用材料有木材、钢材及钢筋混凝土等，如图 6-36 所示。

木屋架一般用于跨度不超过 12m 的建筑。将木屋架中受拉力的下弦及直腹杆件用钢筋或型钢代替，这种屋架称为钢木屋架。钢木屋架一般用于跨度不超过 18m 的建筑，当跨度更大时需采用预应力钢筋混凝土屋架或钢屋架。

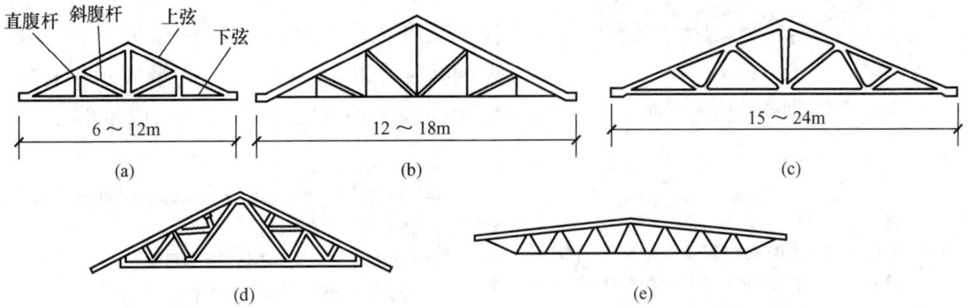

图 6-36 屋架形式

（a）木屋架；（b）钢木屋架；（c）预应力钢筋混凝土屋架；（d）芬式钢屋架；（e）梭形轻钢屋架

2. 檩条

檩条所用材料有木材、钢材及钢筋混凝土，檩条材料的选用一般与屋架所用材料相同，使得两者的耐久性接近。檩条的断面形式如图 6-37 所示。

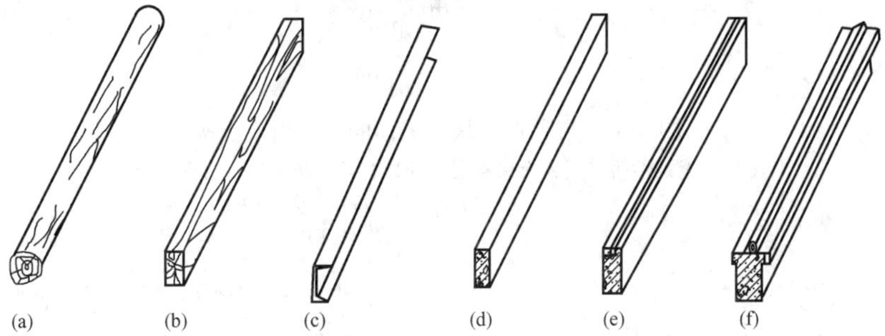

图 6-37 檩条断面形式

（a）圆木檩条；（b）方木檩条；（c）槽钢檩条；（d）、（e）、（f）混凝土檩条

四、坡屋面的构造

坡屋面是利用各种瓦材作防水层，靠瓦与瓦之间的搭盖达到防水的目的。目前常用的屋面材料有块瓦、油毡瓦等。瓦屋面的名称随瓦的种类而定，如块瓦屋面、油毡瓦屋面等。基层的做法则随瓦的种类和房屋的质量要求而定。

在檩式结构中，瓦材通常铺设在由檩条、屋面板、挂瓦条等组成的基层上，如图 6-38 所示。

在板式结构中，瓦材可通过水泥钉钉、泥背或挂瓦条等方式固定在钢筋混凝土板上。目前多采用板式结构，这里主要介绍屋面结构层为现浇钢筋混凝土板的坡屋面构造。根据瓦材种类的不同，坡屋面分为块瓦屋面、油毡瓦屋面及块瓦形钢板彩瓦屋面。

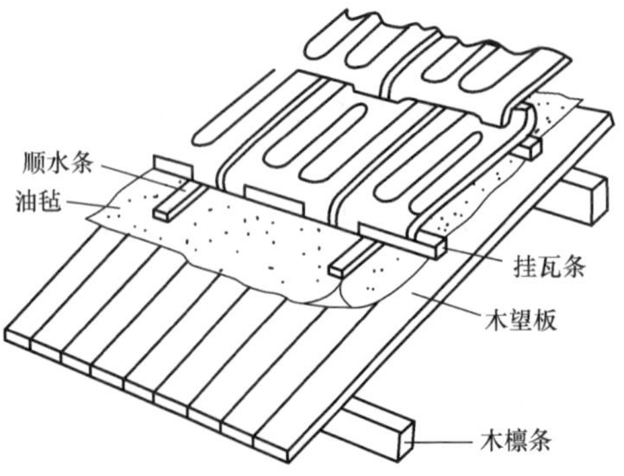

图 6-38 檩式结构瓦屋面

（一）块瓦屋面

块瓦屋面根据基层的做法不同，分为砂浆卧瓦块瓦屋面、钢挂瓦条块瓦屋面及木挂瓦条块瓦屋面。

1. 块瓦屋面的构造组成

块瓦屋面由多层材料叠合而成，按功能要求，可分为无柔性防水层与有柔性防水层；有保温（隔热）层与无保温（隔热）层等。图 6-39 为砂浆卧瓦块瓦屋面的构造组成示例；图 6-40 为钢挂瓦条块瓦屋面的构造组成示例；图 6-41 为木挂瓦条块瓦屋面的构造组成示例。

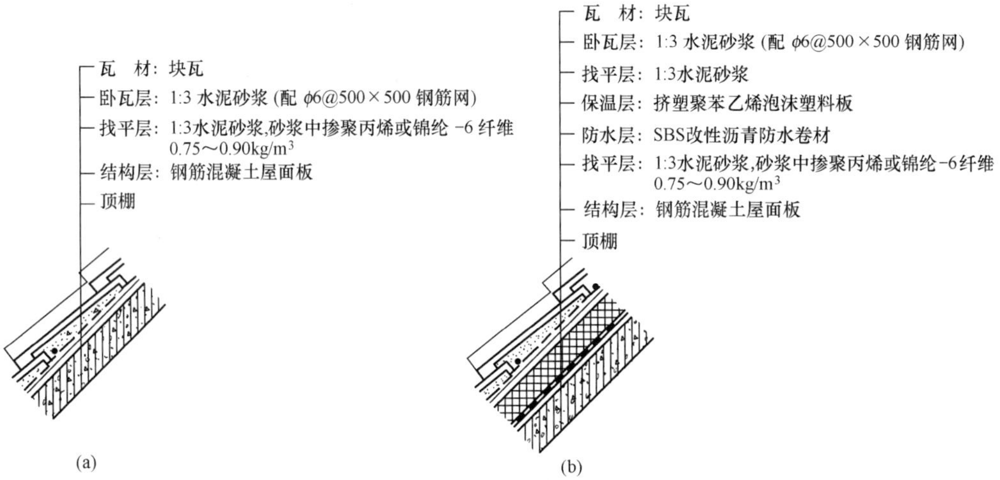

图 6-39 砂浆卧瓦块瓦屋面的构造组成示例

（a）无柔性防水层、无保温层；（b）有柔性防水层、有保温层

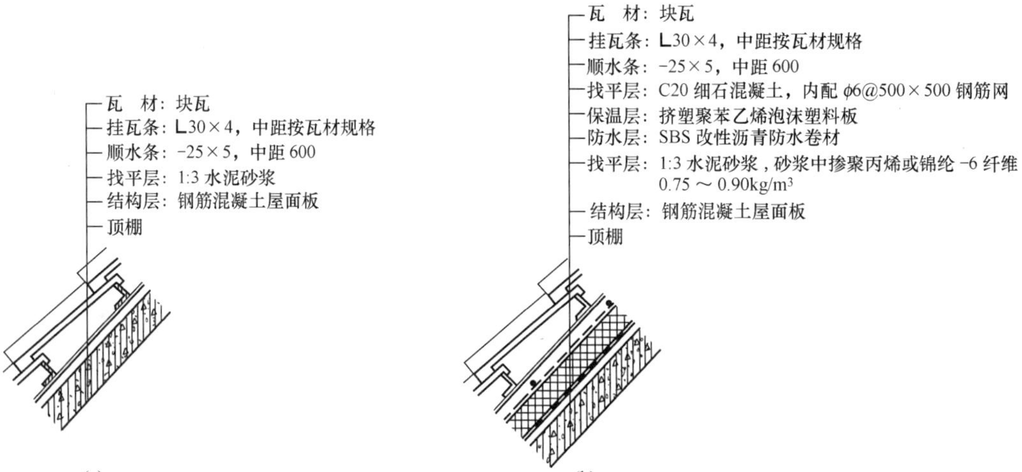

图 6-40 钢挂瓦条块瓦屋面的构造组成示例

（a）无柔性防水层、无保温层；（b）有柔性防水层、有保温层

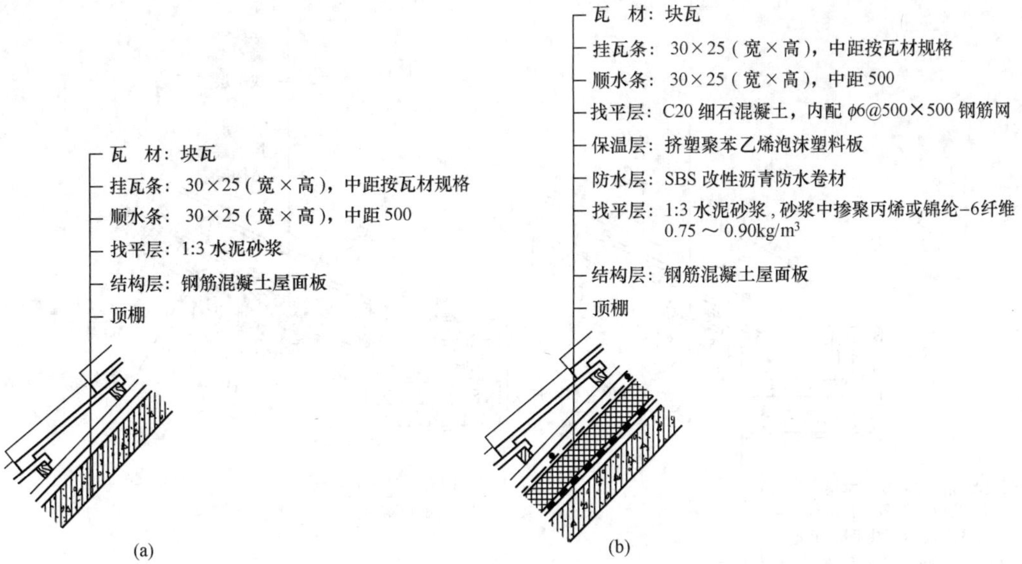

(a)　　(b)

图 6-41　木挂瓦条块瓦屋面的构造组成示例

（a）无柔性防水层、无保温层；（b）有柔性防水层、有保温层

2. 块瓦屋面的细部构造

块瓦屋面应做好檐口、檐沟、女儿墙泛水、山墙泛水等部位的细部构造。图 6-42 为块瓦屋面檐口构造示例；图 6-43 为块瓦屋面檐沟构造示例；图 6-44 为块瓦屋面女儿墙泛水构造示例；图 6-45 为块瓦屋面山墙泛水构造示例。

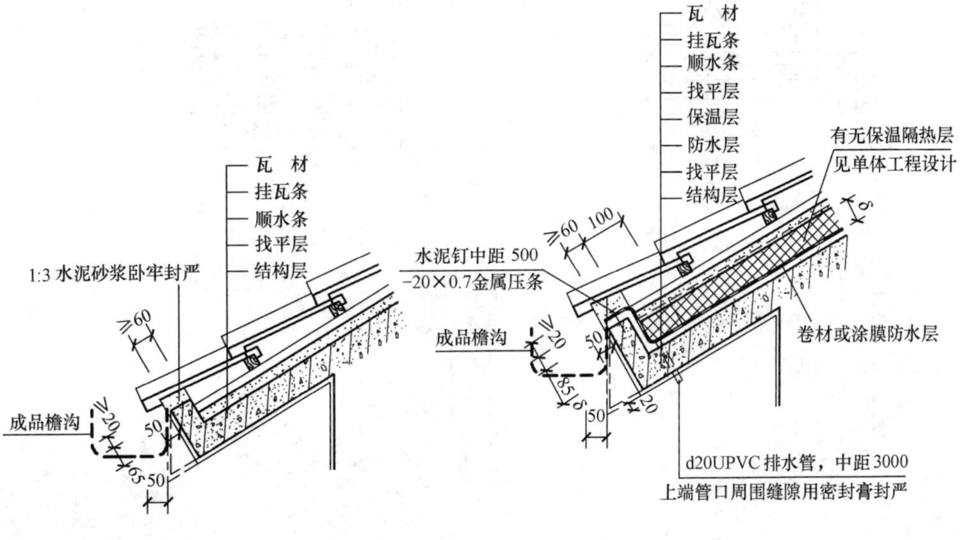

①　　②

（无柔性防水层、无保温层）　　（有柔性防水层、有保温层）

图 6-42　块瓦屋面檐口构造示例

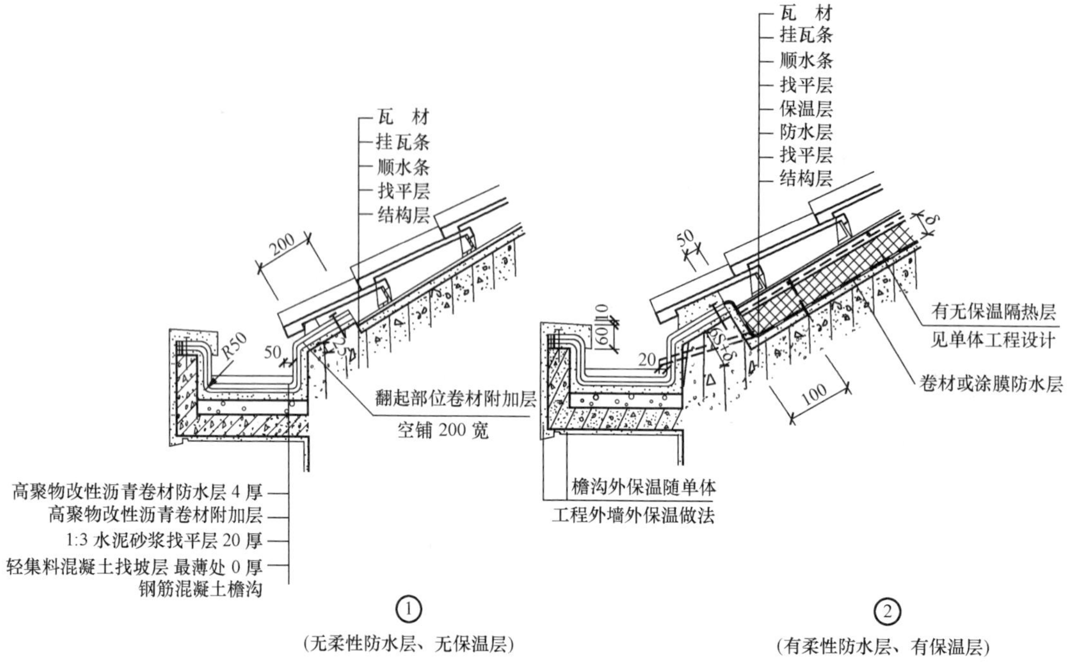

图 6-43 块瓦屋面檐沟构造示例

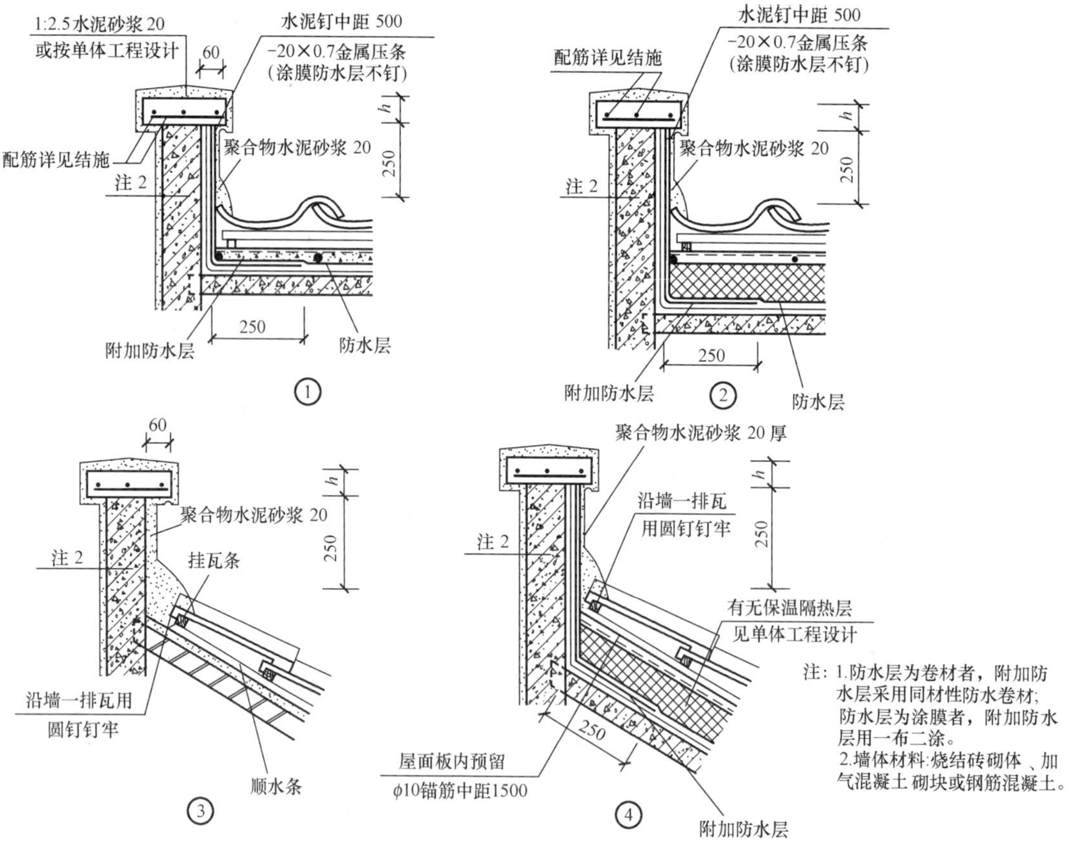

注: 1.防水层为卷材者，附加防水层采用同材性防水卷材;防水层为涂膜者，附加防水层用一布二涂。
2.墙体材料:烧结砖砌体 、加气混凝土 砌块或钢筋混凝土。

图 6-44 块瓦屋面女儿墙泛水构造示例

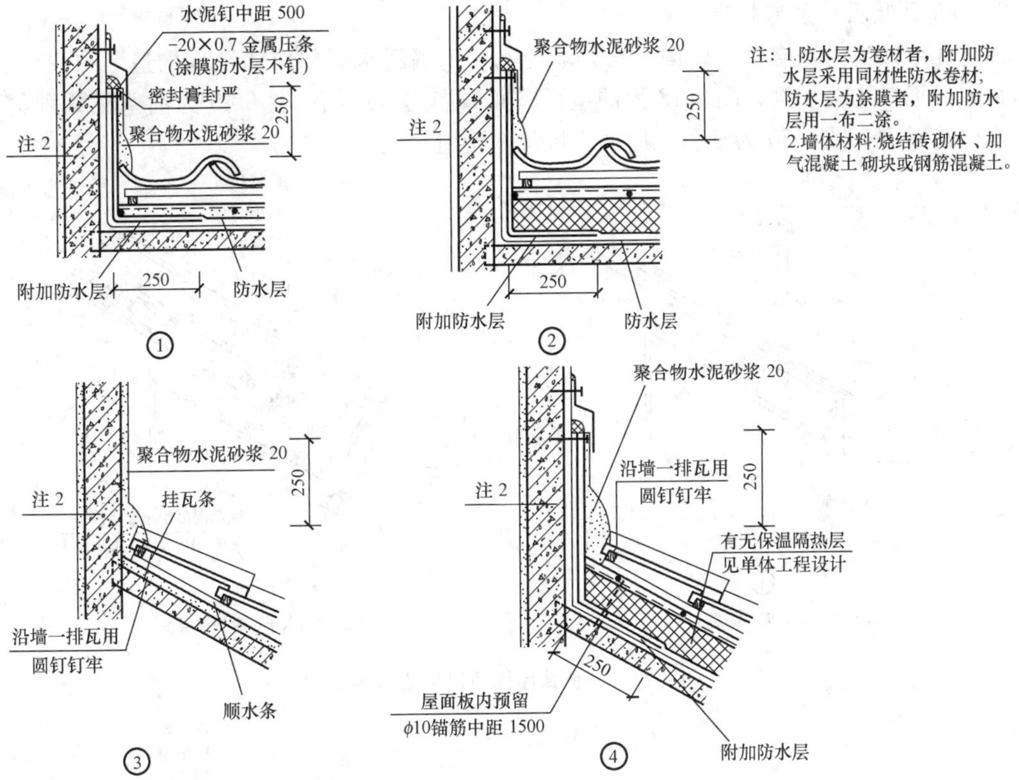

图 6-45　块瓦屋面山墙泛水构造示例

（二）油毡瓦屋面

1．油毡瓦屋面的构造组成

油毡瓦屋面由多层材料叠合而成，按功能要求，可分为无柔性防水层与有柔性防水层；有保温（隔热）层与无保温（隔热）层等。图 6-46 为油毡瓦屋面的构造组成示例。

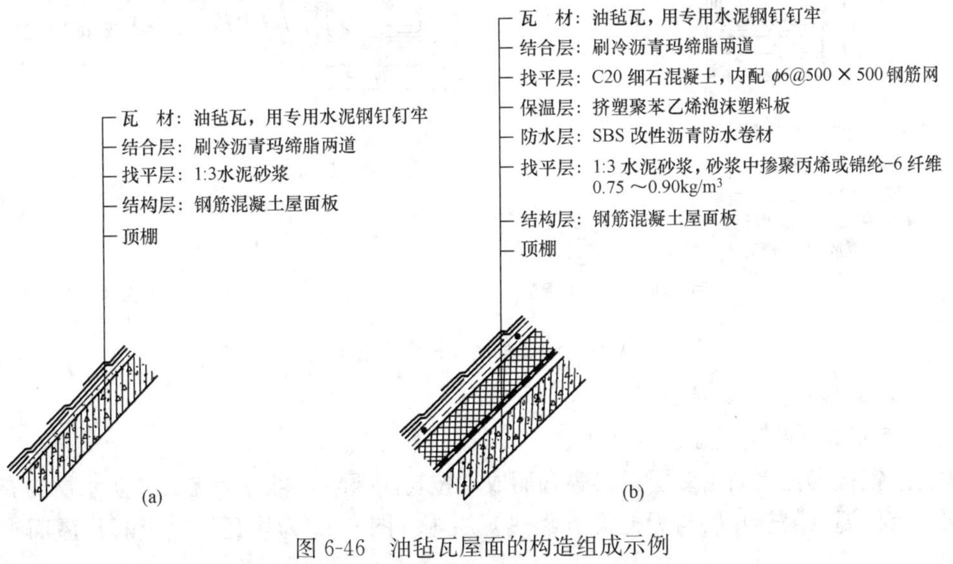

图 6-46　油毡瓦屋面的构造组成示例

（a）无柔性防水层、无保温层；（b）有柔性防水层、有保温层

2. 油毡瓦屋面的细部构造

油毡瓦屋面应做好檐口、檐沟、女儿墙泛水、山墙泛水等部位的细部构造。图 6-47 为油毡瓦屋面檐口构造示例；图 6-48 为油毡瓦屋面檐沟构造示例；图 6-49 为油毡瓦屋面女儿墙泛水构造示例；图 6-50 为油毡瓦屋面山墙泛水构造示例。

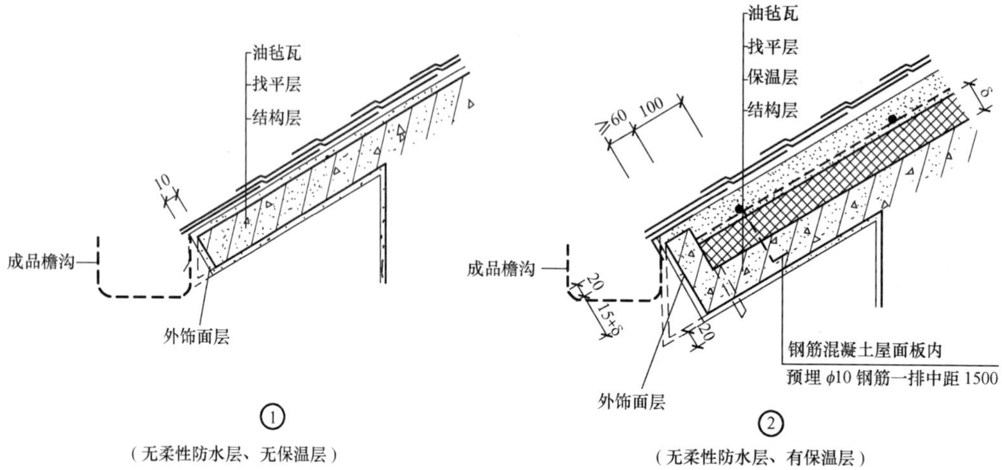

图 6-47 油毡瓦屋面檐口构造示例

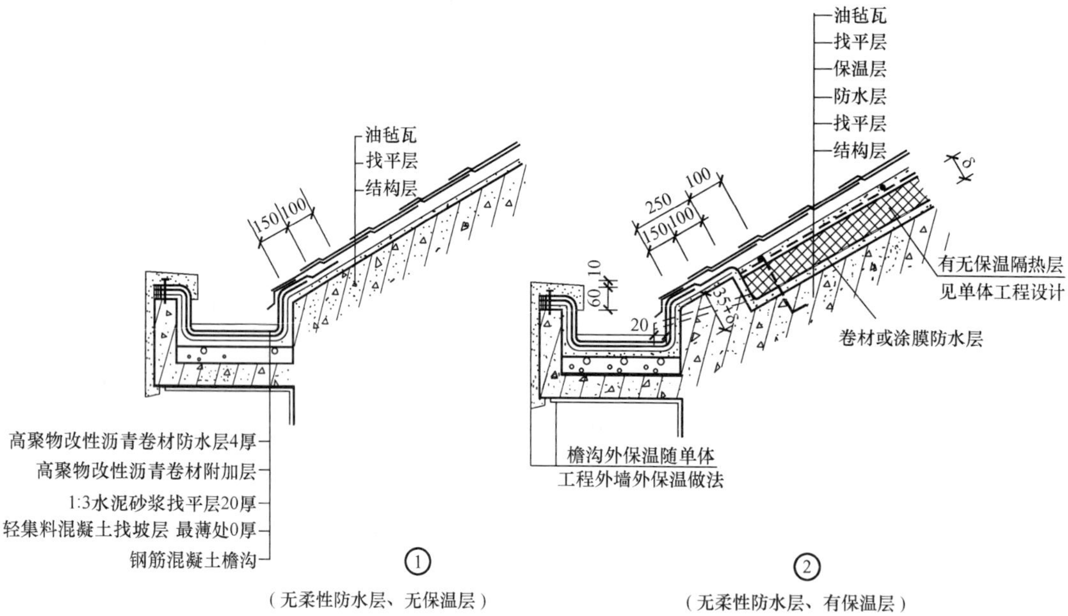

图 6-48 油毡瓦屋面檐沟构造示例

（三）块瓦形钢板彩瓦屋面

1. 块瓦形钢板彩瓦屋面的构造组成

块瓦形钢板彩瓦屋面由多层材料叠合而成，按功能要求，可分为无柔性防水层与有柔性防水层；有保温（隔热）层与无保温（隔热）层等。图 6-51 为块瓦形钢板彩瓦屋面构造组成示例。

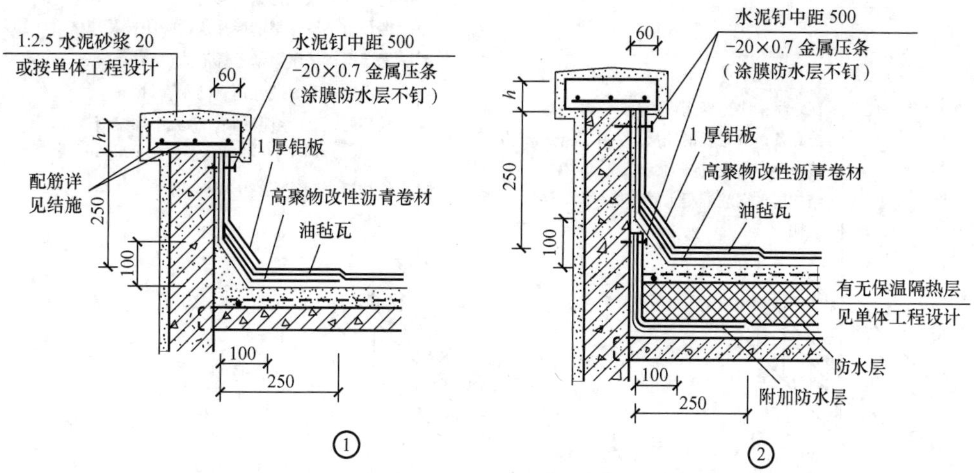

图 6-49 油毡瓦屋面女儿墙泛水构造示例

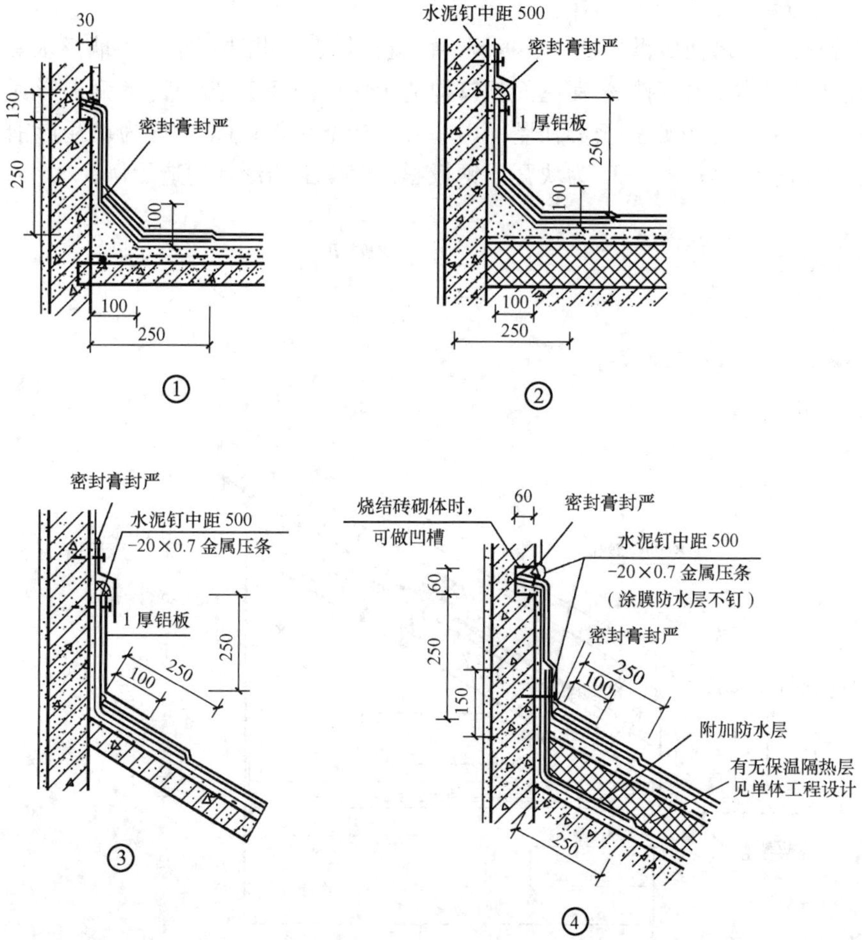

图 6-50 油毡瓦屋面山墙泛水构造示例

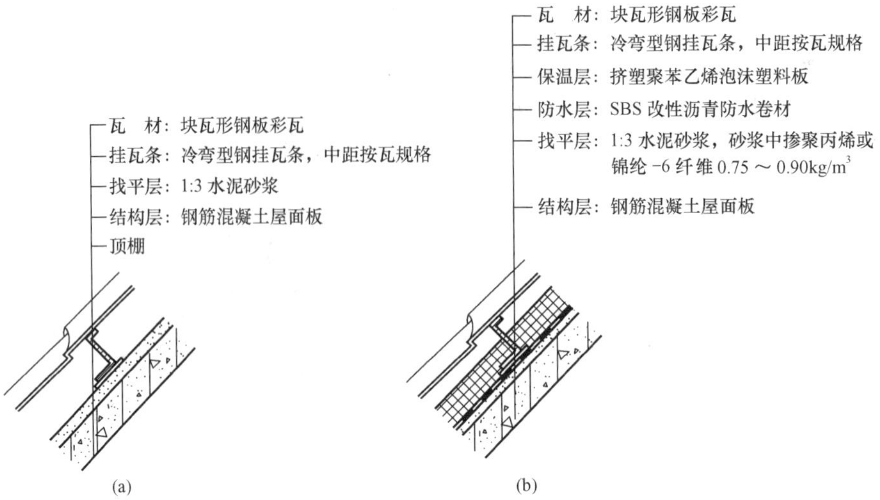

图 6-51　块瓦形钢板彩瓦屋面构造组成示例

（a）无柔性防水层、无保温层；（b）有柔性防水层、有保温层

2. 块瓦形钢板彩瓦屋面的细部构造

块瓦形钢板彩瓦屋面应做好檐口、檐沟、山墙挑檐、女儿墙泛水、山墙泛水等部位的细部构造。图 6-52 为块瓦形钢板彩瓦屋面檐口构造示例；图 6-53 为块瓦形钢板彩瓦屋面檐沟构造示例；图 6-54 为块瓦形钢板彩瓦屋面山墙挑檐构造示例；图 6-55 为块瓦形钢板彩瓦屋面女儿墙泛水构造示例；图 6-56 为块瓦形钢板彩瓦屋面山墙泛水构造示例。

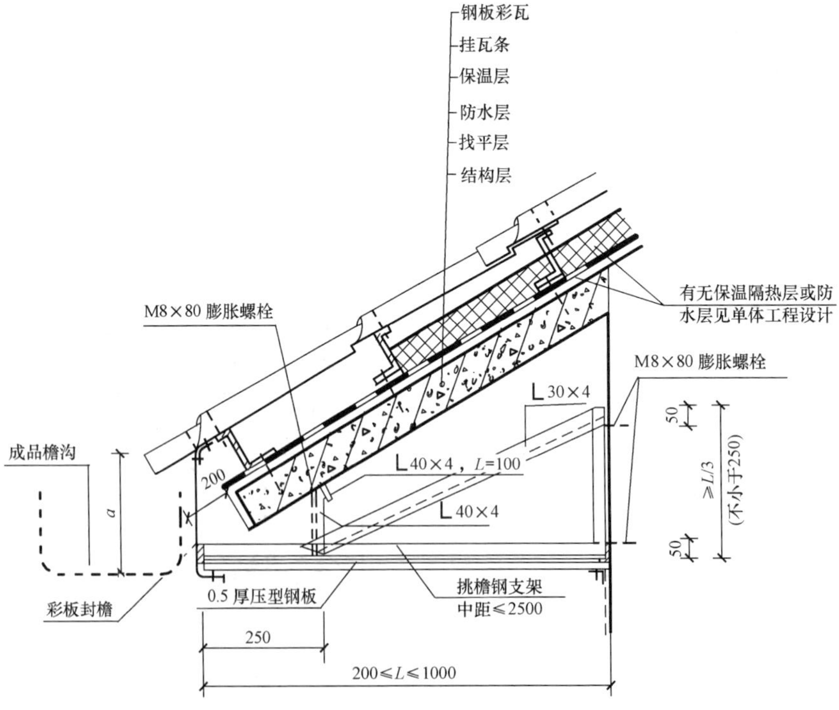

图 6-52　块瓦形钢板彩瓦屋面檐口构造示例

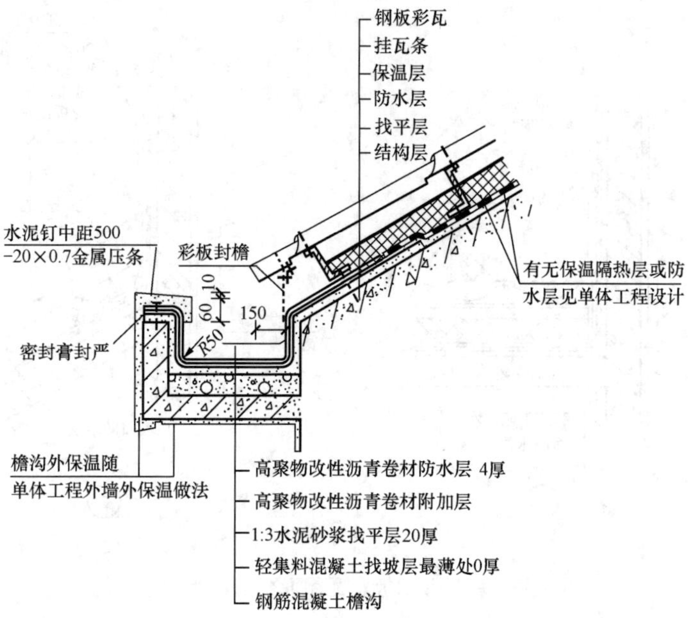

图 6-53　块瓦形钢板彩瓦屋面檐沟构造示例

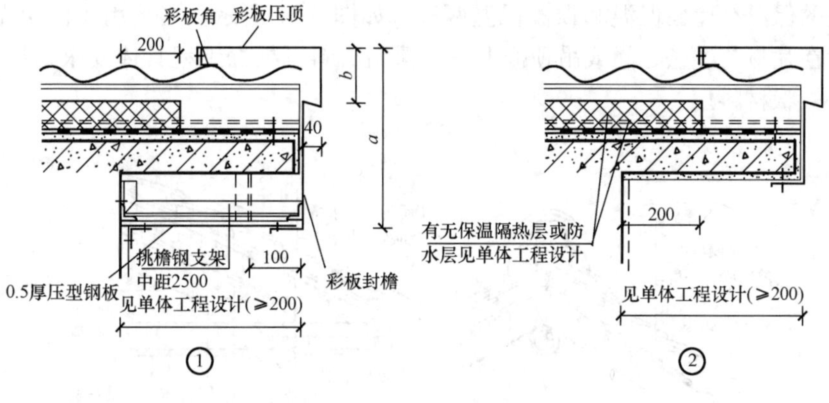

图 6-54　块瓦形钢板彩瓦屋面山墙挑檐构造示例

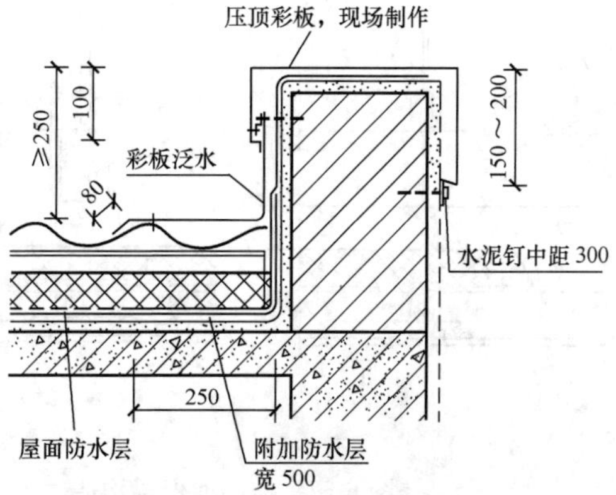

图 6-55　块瓦形钢板彩瓦屋面女儿墙泛水构造示例

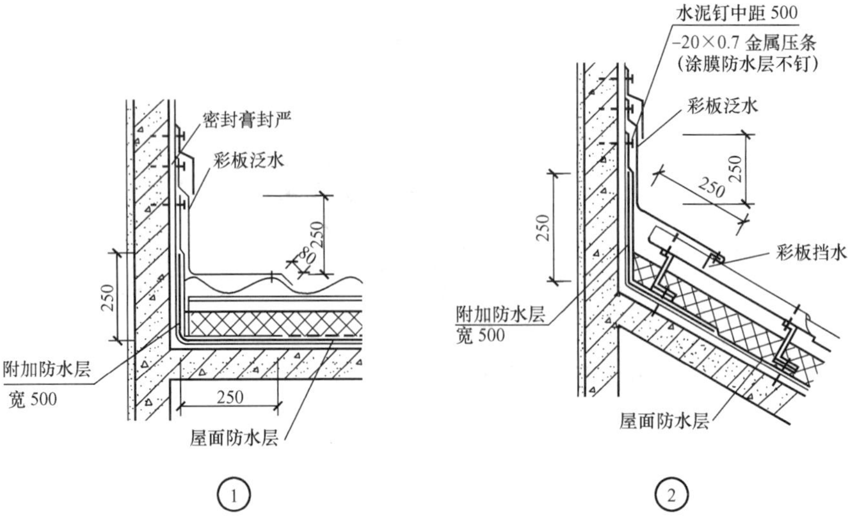

图 6-56　块瓦形钢板彩瓦屋面山墙泛水构造示例

五、坡屋面的保温、隔热

（一）坡屋面的保温

坡屋面的保温有屋面保温和顶棚保温两种。如图 6-57 所示。当采用屋面保温时，保温层一般布置在瓦材与檩条之间或吊顶棚上面。保温材料可根据工程具体要求选用松散材料、块体材料或板状材料。

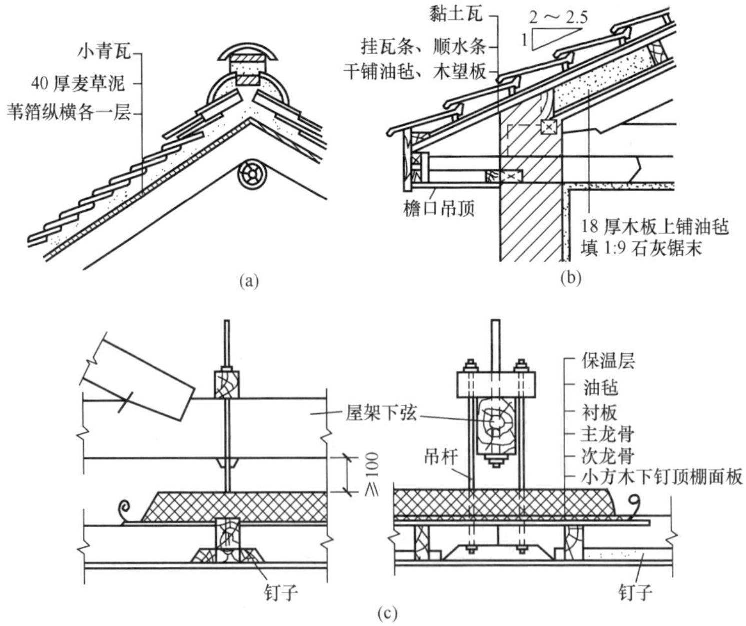

图 6-57　坡屋面保温构造

（a）小青瓦保温屋面；（b）平瓦保温屋面；（c）保温吊顶棚图

（二）坡屋面的隔热

炎热地区坡屋面的隔热除了采用实体材料隔热外，较为有效的措施是设置通风间层，在坡屋面中设进气口和排气口，如图 6-58 所示为几种通风屋面的示意图。

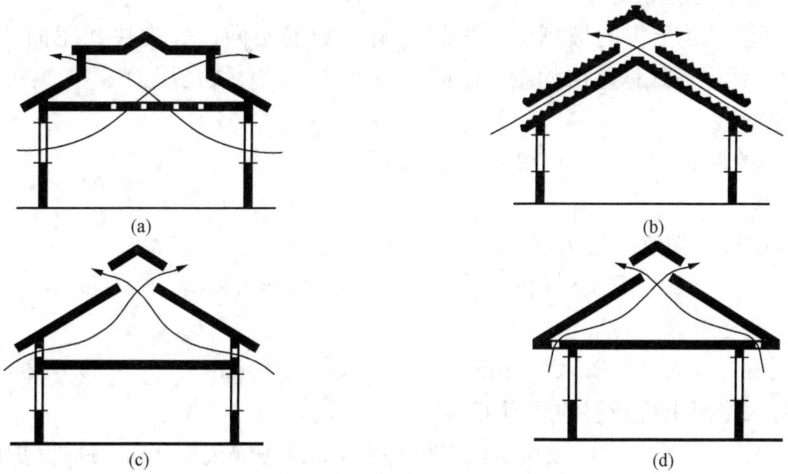

图 6-58　坡屋面通风示意

（a）在顶棚和天窗设通风孔；（b）在外墙和天窗设通风孔之一；
（c）在外墙和天窗设通风孔之二；（d）在山墙及檐口设通风孔

复习思考题

一、名词解释

1. 平屋面
2. 坡屋面
3. 材料找坡
4. 结构找坡
5. 有组织排水
6. 无组织排水
7. 卷材防水层屋面
8. 涂膜防水层屋面
9. 泛水
10. 刚性防水屋面
11. 分格缝

二、填空题

1. 屋面的作用是（　　）、（　　）和（　　）。
2. 屋面的形式有（　　）、（　　）和（　　）。
3. 屋面通常由四部分组成，即（　　）、（　　）、（　　）、和（　　）。
4. 平屋面找坡有（　　）和（　　）两种方式。
5. 平屋面的排水方式可分为（　　）和（　　）两大类。

6. 平屋面按屋面防水层做法不同可分为（　　）和（　　）屋面等。

7. 平屋面的隔热措施通常有（　　）、（　　）、（　　）、（　　）等。

8. 坡屋面的承重结构形式有（　　）和（　　）等。

9. 檩式结构常见的形式有（　　）、（　　）和（　　）。

10. 现浇钢筋混凝土板的坡屋面，根据瓦材种类的不同，分为块瓦屋面、（　　）和（　　）；其中块瓦屋面根据基层的做法不同，分为（　　）块瓦屋面、（　　）块瓦屋面和（　　）块瓦屋面。

11. 坡屋面的保温有（　　）和（　　）两种。

三、选择题

1. 平屋面的屋面坡度一般为（　　）。

A. <10%　　B. ≤5%　　C. 2%～3%　　D. 0

2. 泛水高度要求（　　）。

A. ≥250mm　　B. <250mm　　C. ≥240mm　　D. <240mm

3. 刚性防水屋面出现断裂的原因可能是（　　）。

A. 粘贴不牢　　B. 没做蒸汽扩散层　　C. 没做隔离层　　D. 保护层不合理

四、简答题

1. 屋面坡度应根据哪些条件确定？

2. 简述平屋面排水坡度的形成方法并分析各自的特点？

3. 屋面的排水方式有哪些？各自的特点和适用范围是什么？

4. 刚性防水屋面的分格缝应设置在什么位置？

五、作图题

1. 图示无保温层、无隔汽层、上人柔性防水屋面的构造。

2. 图示有保温层、有隔汽层、不上人柔性防水屋面的构造。

3. 绘出一般柔性防水屋面泛水构造。

4. 绘出一种柔性防水屋面女儿墙构造。

5. 绘出一种柔性防水等高屋面变形缝构造。

6. 图示无保温层、无隔汽层、上人刚性防水屋面的构造。

7. 图示一种倒置式保温屋面的构造。

第七章 门 窗

第一节 概 述

一、门窗的作用及分类

门窗是建筑物重要的围护结构构件。门在房屋建筑中的作用主要是交通联系，交通疏散并兼采光和通风；窗的作用主要是采光、通风及眺望。在不同情况下，门窗还有分隔、保温、隔声、防火、防辐射、防风沙等作用。同时，它们的尺度、比例、形状、组合、透光材料的类型等，影响着整个建筑的艺术效果。

门按照开启方式可分为以下几类（图 7-1）。

图 7-1 门的形式

(a) 平开门；(b) 弹簧门；(c) 推拉门；(d) 折叠门；(e) 转门

（1）平开门。水平开启的门，铰链安在侧边，有单扇、双扇，有向内开、向外开之分。

（2）弹簧门。形式同平开门，不同的是，弹簧门的侧边用弹簧铰链或下面用地弹簧传动，开启后能自动关闭。

（3）推拉门。可以在上下轨道上滑行的门。推拉门有单扇和双扇之分，可以藏在夹墙内或贴在墙面外，占地少，受力合理，不易变形。

（4）折叠门。为多扇折叠，可以拼合折叠推移到侧边的门。

（5）转门。为三或四扇连成风车形，在两个固定弧形门套内旋转的门。

窗按照开启方式可分为以下几类（图 7-2）。

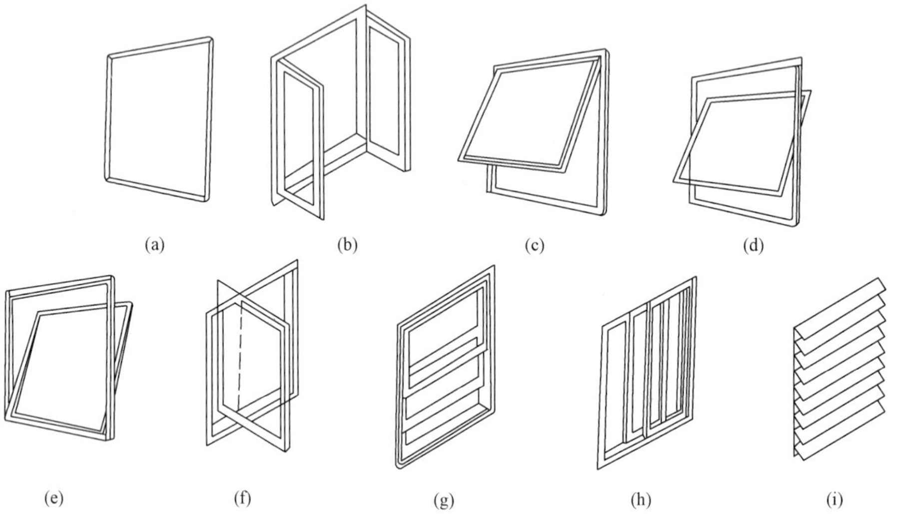

图 7-2　窗的开启方式

（a）固定窗；（b）平开窗；（c）上悬窗；（d）中悬窗；（e）下悬窗；（f）立转窗；（g）垂直推拉窗；（h）水平推拉窗；（i）百叶窗

（1）固定窗。无窗扇、不能开启的窗称为固定窗。固定窗的玻璃直接嵌固在窗框上，可供采光和眺望之用。

（2）平开窗。该类窗铰链安装在窗扇一侧与窗框相连，向外或向内水平开启。它有单扇、双扇、多扇，有向内开与向外开之分。其构造简单，开启灵活，制作维修均方便，是民用建筑中采用最广泛的窗。

（3）悬窗。该类窗因铰链和转轴的位置不同，可分为上悬窗、中悬窗和下悬窗。上悬窗向外开，中悬窗下边向外开防雨效果好，可作外窗用，而下悬窗不能防雨，只能用于内窗。

（4）立转窗。该类窗窗扇沿垂直中轴旋转，也称垂直转窗。该类窗引导风进入室内效果较好，但防雨及密封性较差，多用于单层厂房的低侧窗，不宜用于寒冷和多风沙的地区。

（5）推拉窗。该类窗分垂直推拉窗和水平推拉窗两种。垂直推拉窗需要设滑轮及平衡措施；水平推拉窗上下设槽轨。它们不多占使用空间，窗扇受力状态较好，适宜安装较大玻璃，但通风面积受到限制。

（6）百叶窗。该类窗主要用于遮阳、防雨及通风，但采光差。百叶窗可用金属、木材、钢筋混凝土等制作，有固定式和活动式两种形式。

二、门窗产品的要求

（1）门窗的材料、尺寸、功能和质量等应符合使用要求、并应符合建筑门窗产品标准的规定。

(2) 门窗的配件应与门窗主体相匹配，并应符合各种材料的技术要求。

(3) 应推广应用具有节能、密封、隔声、防结露等优良性能的建筑门窗。

(4) 门窗与墙体应连接牢固，且满足抗风压、水密性、气密性的要求，对不同材料的门窗选择相应的密封材料。

三、门窗设置的有关规定

(1) 外门构造应开启方便，坚固耐用；

(2) 手动开启的大门扇应有制动装置，推拉门应有防脱轨的措施；

(3) 双面弹簧门应在可视高度部分装透明安全玻璃；

(4) 旋转门、电动门、卷帘门和大型门的邻近应另设平开疏散门，或在门上设疏散门；

(5) 开向疏散走道及楼梯间的门扇开足时，不应影响走道及楼梯平台的疏散宽度；

(6) 全玻璃门应选用安全玻璃或采取防护措施，并应设防撞提示标志；

(7) 门的开启不应跨越变形缝；

(8) 窗扇的开启形式应方便使用，安全和易于维修、清洗；

(9) 当采用外开窗时应加强牢固窗扇的措施；

(10) 开向公共走道的窗扇，其底面高度不应低于 2m；

(11) 临空的窗台低于 0.80m 时，应采取防护措施，防护高度由楼地面起计算不应低于 0.80m；

(12) 防火墙上必须开设窗洞时，应按防火规范设置；

(13) 天窗应采用防破碎伤人的透光材料；

(14) 天窗应有防冷凝水产生或引泄冷凝水的措施；

(15) 天窗应便于开启、关闭、固定、防渗水，并方便清洗。

四、门窗保温设计的有关规定

外窗（包括外门上的透明部分）的类型及外门不透明部分的保温措施，应根据建筑物所在地区的气候、周围环境以及建筑物高度、体型系数等因素进行个体工程设计。

(1) 节能门窗的保温性能应符合以下要求：

1) 门窗的传热系数应符合《民用建筑热工设计规范》(GB 50176—1993) 及其有关规定。

2) 建筑外门窗保温性能等级应符合《建筑外门窗保温性能分级及检测方法》(GB/T 8484—2008) 的规定。

(2) 改善门窗保温性能的主要措施应符合以下要求：

1) 增加门窗的空气间层数目和加强镶嵌部分对红外线的反射能力。

2) 对门窗框进行断热处理，用高效保温材料镶嵌于金属窗框之间。

3) 利用空腹门窗内的空气间层，增加窗框的热绝缘系数。

4) 选用热导率较小的塑料门窗框。

5) 户门、阳台门采用夹层内填充保温材料或在门芯板上加贴保温材料。

6) 节能门窗的气密性等级应符合《建筑外窗气密性能分级及检测方法》(GB/T 7107—2002) 的规定，1～6 层应不低于 3 级，7～30 层应不低于 4 级。

(3) 改善门窗气密性的主要措施应符合以下规定：

1) 增加窗户开启缝隙部位的搭接量以及减少开启缝的宽度。

2）按所用材料、断面形状、装置部位采用各种密封条，提高外门窗的气密水平。

3）外门窗四周侧面与墙体之间的缝隙应用保温材料填实。外门窗框内外面与墙体面层和窗台之间的缝隙以及组合窗拼缝处应用密封材料嵌缝。

4）楼梯间及公共空间外门应有随时关闭的功能。

第二节 常用门窗

民用建筑和一般工业建筑及其附属用房常采用塑料、铝合金、木制三种材质的门窗。

塑料、铝合金门窗用做外门窗，木门窗则主要用于内门窗，三种不同材质的门窗各有其不同的特点。

（1）PVC 改性塑料门窗。具有传热系数小，耐弱酸碱，无需油漆等优点，在其窗框料及扇框料中加进合适的钢衬，大幅度增加了塑料窗的强度和刚性，使其在高层建筑上得以应用。用于七层以上建筑外窗时，不能选用外开启窗，可选用内平开或推拉窗。塑料耐弱酸碱的特点，又使其在有酸、碱的工业厂房及沿海盐雾地区的民用建筑更为适宜。

（2）铝合金门窗。用铝合金挤压成型材制作的门窗。具有加工精细，轻质高强，不易锈蚀，外观高雅等优点。被广泛用于高层民用建筑。为满足节能要求，将框料做成带隔断层的或者在框料中填充保温材料（如泡沫保温塑料）。

（3）木门窗。木材取材方便，易于加工，有的木材本身的木纹具有较强的装饰性。新产品模压门不仅可加工成各种线脚图案，具有很强的雕塑感，而且充分合理地利用木材资源，有利于环境保护；由于木材防火性能差，材质不均匀，受潮会变形。我国林资源有限，故近年来，除少数有特殊要求的低层、多层建筑外，外门窗基本不用木材。木材被大量地用作室内装修，在室内门窗这个领域上，木材将发挥它的优势。

一、门窗的物理性能要求

（1）建筑外门窗的选取，应根据建筑等级，使用功能、造价因素等综合考虑，其性能分级指标如抗风压、水密性、气密性、保温性、隔声性、采光性等，见表 7-1～表 7-6。

表 7-1 抗风压性能分级

分级	1	2	3	4
指标值 kPa	$1.0 \leqslant P3 < 1.5$	$1.5 \leqslant P3 < 2.0$	$2.0 \leqslant P3 < 2.5$	$2.5 \leqslant P3 < 3.0$

分级	5	6	7	8	×.×
指标值 kPa	$3.0 \leqslant P3 < 3.5$	$3.5 \leqslant P3 < 4.0$	$4.0 \leqslant P3 < 4.5$	$4.5 \leqslant P3 < 5.0$	$P3 \geqslant 5.0$

注 ×.×表示用≥5.0kPa 的具体值，取代分级代号。

表 7-2 水密性能分级

分级	1	2	3	4	5	××××
指标值（Pa）	$100 \leqslant \Delta P < 150$	$150 \leqslant \Delta P < 250$	$250 \leqslant \Delta P < 350$	$350 \leqslant \Delta P < 500$	$500 \leqslant \Delta P < 700$	$\Delta P \geqslant 700$

注 ××××表示用≥700Pa 的具体值取代分级代号，适用于热带风暴和台风袭击地区的建筑。

表 7-3 气 密 性 能 分 级

分　级	2	3	4	5
单位缝长指标值 q_1 [m^3/(m·h)]	$4.0 \geq q_3 > 2.5$	$2.5 \geq q_3 > 1.5$	$1.5 \geq q_3 > 0.5$	$q_3 \leq 0.5$
单位缝长指标值 q_2 [m^3/(m·h)]	$12 \geq q_3 > 7.5$	$7.5 \geq q_3 > 4.5$	$4.5 \geq q_3 > 1.5$	$q_3 \leq 1.5$

表 7-4 保 温 性 能 分 级

分　级	5	6	7	8	9	10
指标值 [W/(m^2·K)]	$4.0 > K \geq 3.5$	$3.5 > K \geq 3.0$	$3.0 > K \geq 2.5$	$2.5 > K \geq 2.0$	$2.0 > K \geq 1.5$	$1.5 > K \geq 1.0$

表 7-5 空气隔声性能分级

分级	2	3	4	5	6
指标值（dB）	$25 \leq R_w < 30$	$30 \leq R_w < 35$	$35 \leq R_w < 40$	$40 \leq R_w < 45$	$R_w \geq 45$

表 7-6 采 光 性 能 分 级

分级	1	2	3	4	5
指标值	$0.20 \leq T_r < 0.30$	$0.30 \leq T_r < 0.40$	$0.40 \leq T_r < 0.50$	$0.50 \leq T_r < 0.60$	$T_r \geq 0.60$

（2）在确定门窗的抗风压性能时，宜采用查表法。由于各厂家料型不一样，因此厂家在制作前，要对其型材的抗风压性能进行进一步计算。

（3）沿海潮湿风盐雾地区宜采用塑料门窗。

（4）门窗的水密性，在位于大风、多雨地区，不应低于 3 级。

（5）门窗的气密性，在冬季室外平均风速大于或等于 3.0m/s 的地区，多层建筑不应低于 3 级，高层建筑不应低于 4 级。在冬季室外平均风速小于 3.0m/s 的地区，多层建筑不应低于 2 级，高层建筑不应低于 3 级。

（6）在寒冷及严寒地区，如采用铝合金窗时，应使用断桥型材。

（7）门窗的保温性能等级应按当地的节能要求确定。

（8）门窗的隔声性，沿街的住宅或环境噪声较大时，其隔声性能应不小于 30dB（3 级）。

（9）在计算节能的外墙表面积和建筑物体积时，挑窗（凸窗）应将其展开的面积和凸出部分体积，加到建筑物的表面积和建筑物的体积中，不可忽略不计。

二、门窗的主要材料及质量要求

（一）塑料型材

（1）塑料门窗型材应达到《门窗用未增塑聚氯乙烯（PVC-U）型材》（GB/T 8814—2004）的要求。

（2）塑料型材空腹壁厚不小于 2.2mm，还需配置型钢增强其抗水平风压的能力。

（二）铝合金型材

（1）铝合金门窗型材应达到 GB 5237 的要求。

（2）铝合金型材，空腹壁厚不小于 2.0mm，铝合金抗风压容易满足要求，它的缺点主要是传热快，保温性能差。应选用设有断热层的框料，或向框料中浇筑泡沫塑料，满足保温要求。

（三）玻璃

（1）门窗玻璃应符合《建筑玻璃应用技术规程》JGJ 113—2003 的规定。

（2）门窗玻璃一般采用浮法制平面透明玻璃，单层厚 5.0mm，中空玻璃组合厚度

20.0mm（5＋10＋5mm），测试证明，中空玻璃空气层厚度＜8.0mm 时将不能起保温作用，故采用 10mm 厚空气层，单玻璃窗用于非采暖地区，中空玻璃窗用于采暖地区（也用于有隔声要求的外窗上）。

（3）落地窗地面以上 900mm 高度内用安全玻璃（如 10mm 厚钢化玻璃或夹丝玻璃）。如果在室内设置护栏扶手或窗外有阳台挑板等，则落地窗可用一般玻璃。

（四）五金件

（1）塑料门窗的五金件应符合现行标准 JG/T 124～JG/T 132 的规定。

（2）铝合金门窗的五金件应符合现行标准 GB 9296～GB 9298；GB 9300～GB 9305 的规定。

（3）空气中酸碱浓度大于正常的地区，海岸边的别墅建筑应使用耐腐蚀的五金件。

（4）门窗用的密封毛条应达到 GB 12002 和 GB 10712 的要求。

（5）紧固件应符合 GB 845、GB 846、GB 5267 的要求。

（6）纱窗：近年来，许多具备相当知名度的门窗生产厂家，已使生产质量大幅度提高，用户可向厂方要求提供纱窗的形式，构造组成。至于纱的品种，有铝合金丝，不锈钢丝，塑料丝等多种产品供选择。

（五）成品质量

（1）塑料门窗成品应符合《PVC 塑料门》（JG/T 3017—1994）、《PVC 塑料窗》（JG/T 3018—1994）的规定。

（2）铝合金门窗成品应符合 GB 8478～GB 8482 的规定。

（3）木门窗成品质量应符合《建筑木门、木窗》（JG/T 122—2000）、《木结构工程施工质量验收规范》（GB 50206—2002）的规定。

三、门窗构造

（1）塑料组合门窗拼装节点示例，如图 7-3 所示。

（2）铝合金窗框上墙安装详图示例，如图 7-4 所示。

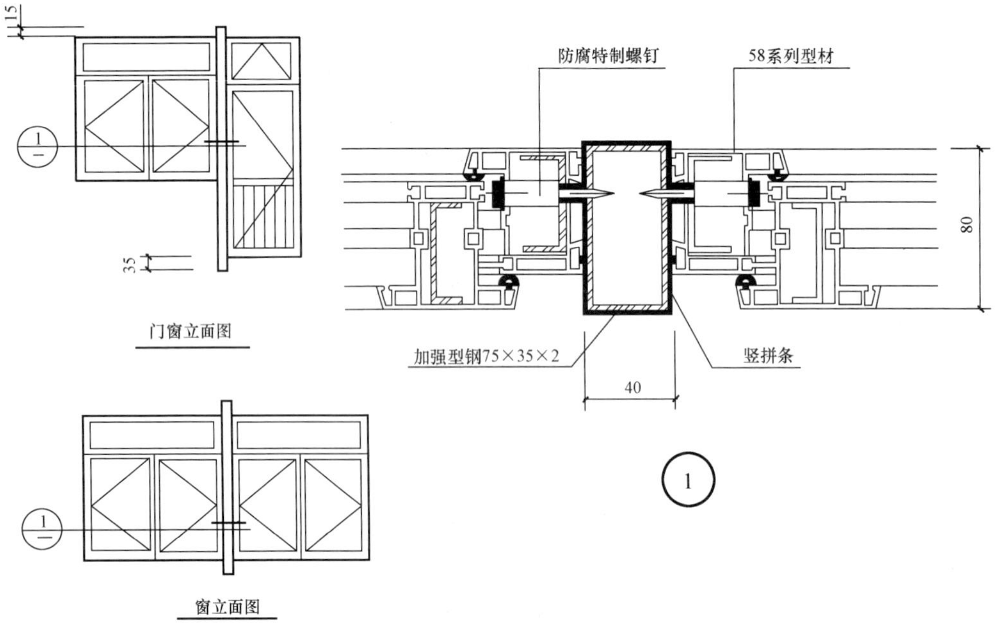

图 7-3 塑料组合门窗拼装节点

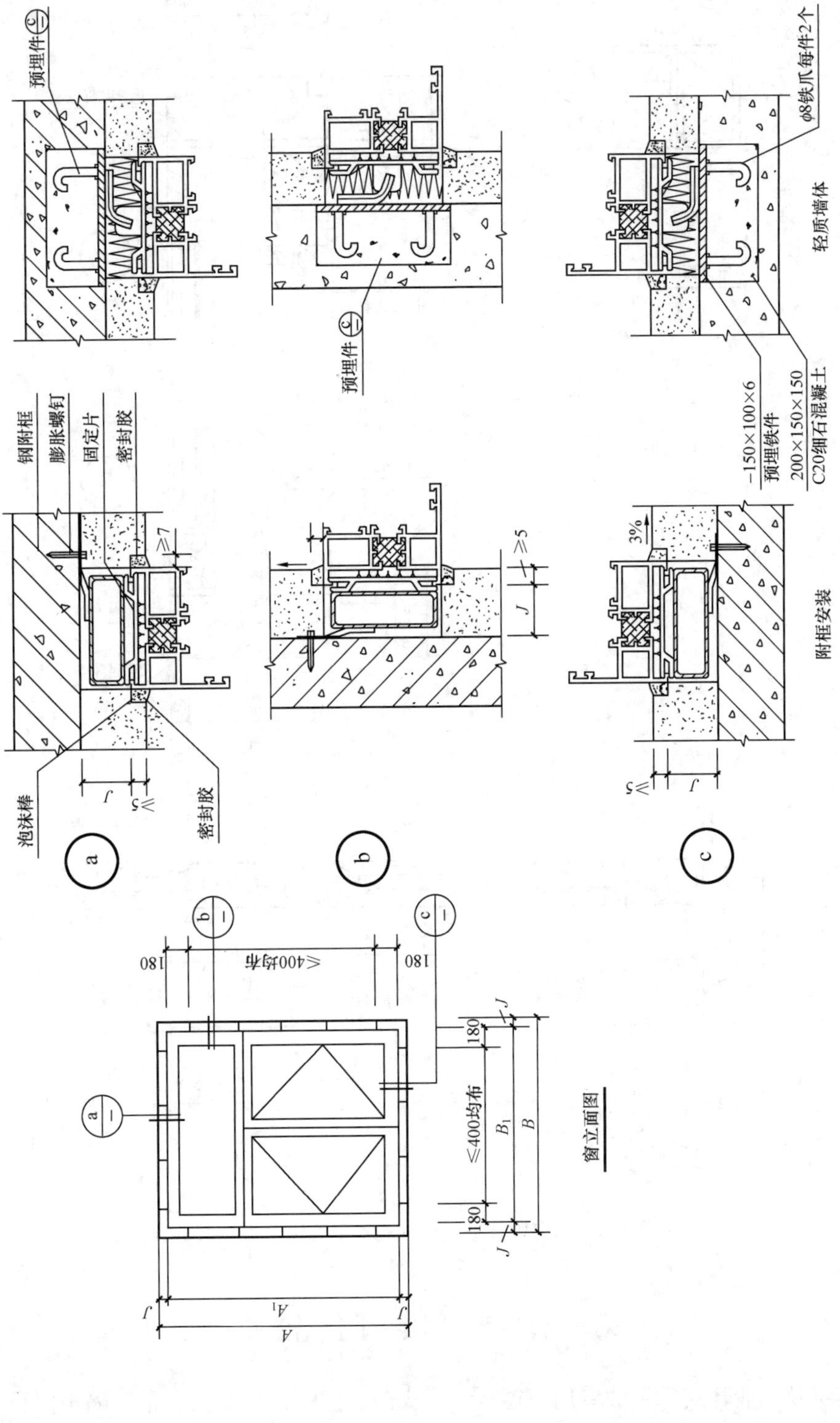

图 7-4　铝合金窗框上墙安装详图

(3) 木窗中空玻璃带纱扇外平开窗节点示例，如图 7-5 所示。

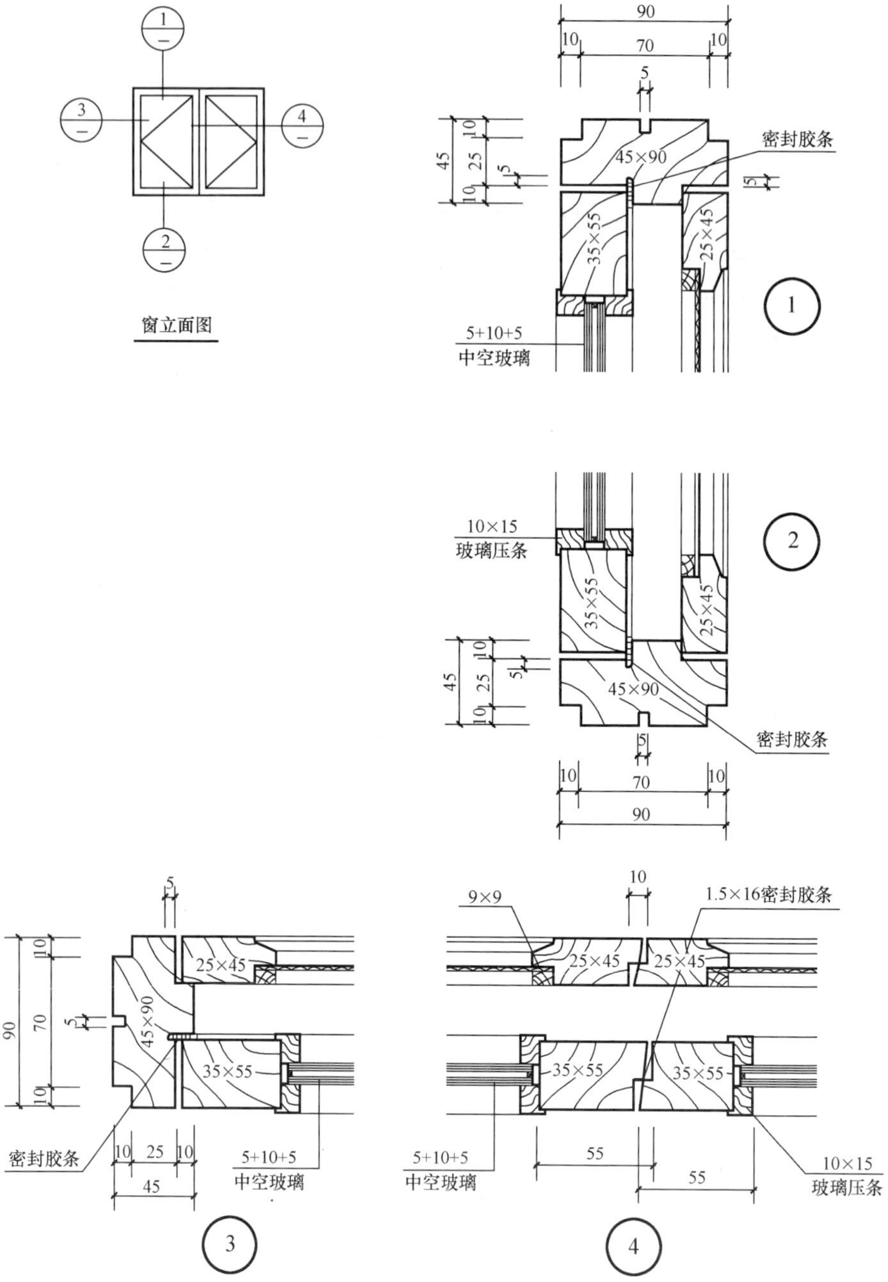

图 7-5 木窗中空玻璃带纱扇外平开窗节点

第三节 专 用 门 窗

民用建筑及工业建筑采用的专用门窗有：防火门、防火窗、防火卷帘、隔声门、安全户门、防 X 射线门、电磁波屏蔽门、转门、升降门等。

专用门窗均有专业生产厂家，各厂家生产技术、构造要求可能有所差别，选择具体厂家产品时，技术性能指标、节点构造、安装方法等，以厂家提供的技术资料为准。预埋件等应满足厂家的要求。

专用门窗采用材料及安装应按有关要求进行：

（1）门窗所用材料质量要求应符合国家现行标准和有关规定。产品出厂前应检验合格，并附有合格证。

（2）门窗颜色由设计人自定，并在门窗表中注明。

（3）门窗一般为先砌洞口后安装，要求洞口尺寸准确，四周平直，按照门窗与洞口连接方法作好预埋件。

（4）门窗安装应符合《建筑装饰装修工程质量验收规范》（GB 50210—2010）的规定。

（5）安装工作应由专业安装人员按有关规定进行，宜优先考虑由生产厂专业队伍负责安装。

一、防火门

按规范规定防火门的耐火极限分为三级，即：甲级防火门耐火极限为1.2h，乙级为0.9h，丙级为0.6h。工程设计中所用防火门的耐火极限，由工程设计者根据防火规范确定，并在工程设计图纸中标明。

（一）钢防火门

（1）钢防火门的耐火性能按《门和卷帘的耐火试验方法》（GB/T 7633—2008）进行试验。应达到试验要求。

（2）钢防火门的门框、门扇面板及其加固件应采用冷轧薄钢板。门扇、门框内应用不燃性材料填实。

（3）钢防火门的门锁、合页、插销等五金配件的熔融温度不低于950℃。门上的合页不得使用双向弹簧，单扇门应设闭门器，双扇门间必须带有盖缝板，并装设闭门器和顺序器等。门框宜设密封槽，槽内应嵌装由不燃材料制成的密封条。

（4）防火门的焊接应牢固，焊点分布均匀，不得出现假焊和烧穿现象，外表应打磨平整。

（二）木防火门

（1）木防火门的耐火性能应按相关标准进行试验，达到试验要求。除此之外，尚须作木材含水率测定、门开启力的测定、沙袋撞击试验、风压变形性能试验（指外门）、气密性试验（指外门）及水密性试验（指外门）等。

（2）木材的选材标准应符合《木质防火门通用技术条件》（GB 14101—1993）表2的规定。木材应采用窑干法干燥，其含水率不应大于12%。当受条件限制，除东北落叶松、云南松、马尾松、桦木等易变形的树种外，可采用气干木材，其制作时的含水率不应大于当地的平衡含水率。宜采用经阴燃处理的优质木材。

（3）填充材料应符合《建筑材料不燃性试验方法》（GB/T 5464—2010）中的规定。

（4）玻璃应采用不影响防火门耐火性能试验的合格产品。

（5）五金配件应是经国家消防检测机构检测合格的定型配套产品。

（6）门的制作、安装要求均见GB 14101—1993。

（三）防火门的防腐蚀及装饰

防火门的钢材或木材表面均须有涂料防护及装饰。对钢、木防火门的表面防护要求如下：

（1）防火门的钢构件除镀锌件或制造时，已按规定作了防护涂料可不另作处理外，均须经除锈（除锈等级不低于 Sa2.5 级或 St3 级）后涂醇酸铁红底漆一道，涂醇酸瓷漆两道，醇酸清漆一道。

（2）木防火门表面经刨光打磨后涂醇酸清漆一道，醇酸腻子嵌缝、刮平、打磨，涂醇酸瓷漆两道，醇酸清漆一道。

（3）防火门所用的玻璃一般为复合型防火玻璃，灌浆型防火玻璃或铯钾玻璃，其耐火极限与其厚度和构造有关，须经严格的检测确定。

平开防火门应为向疏散方向开启，并在关闭后，应能从任何一侧手动开启。用于疏散的走道、楼梯间和前室的防火门，应具有自动关闭的功能。双扇防火门，还应具有按顺序关闭的功能，应装有顺序器。常开的防火门，当发生火灾时，应具有自行关闭和信号反馈的功能。

（四）防火门构造

（1）钢防火门构造详图示例，如图 7-6 所示。

（2）木夹板防火门构造详图示例，如图 7-7 所示。

二、防火窗

按规范规定防火窗的耐火极限分为三级，即：甲级防火窗耐火极限为 1.2h，乙级为 0.9h，丙级为 0.6h。工程设计中所用防火窗的耐火极限由工程设计者根据防火规范确定，并在工程设计图纸中标明。

防火窗一般采用钢防火窗，分为固定防火窗和开启式防火窗两种。

（一）防火窗的有关规定

（1）防火窗所用钢材应符合相应钢材标准中的规定，可用普通碳素钢、也可用不锈钢。

（2）防火窗所用的玻璃一般为复合型防火玻璃，灌浆型防火玻璃或铯钾玻璃，其耐火极限与厚度及构造有关，须经严格的检测确定。一般 16～30 厚，窗框与玻璃之间的密封材料应为不燃材料或难燃材料，其制作、安装要求均见《钢质防火窗》（GB 16809—2008）。

（3）防火窗的钢构件除镀锌件或制造时已按规定作了防护涂料，可不另作处理外，均须经除锈（除锈等级不低于 Sa2.5 级或 St3 级）后涂醇酸铁红底漆一道，涂醇酸瓷漆两道，醇酸清漆一道。

（4）开启式防火窗应设自动关闭装置。

（二）防火窗构造

钢防火窗构造详图示例，如图 7-8 所示。

三、防火卷帘

防火卷帘适用于民用建筑及工业建筑中防火分区的分隔。一般有钢防火卷帘及特级防火卷帘。

（一）钢防火卷帘

（1）钢防火卷帘系根据《钢制防火卷帘通用技术条件》（GB 14102—1993）及相关企业标准设计制作，由帘板、导轨、座板、门楣、箱体、卷门机及控制箱所组成，能满足耐火极限和热辐射度。

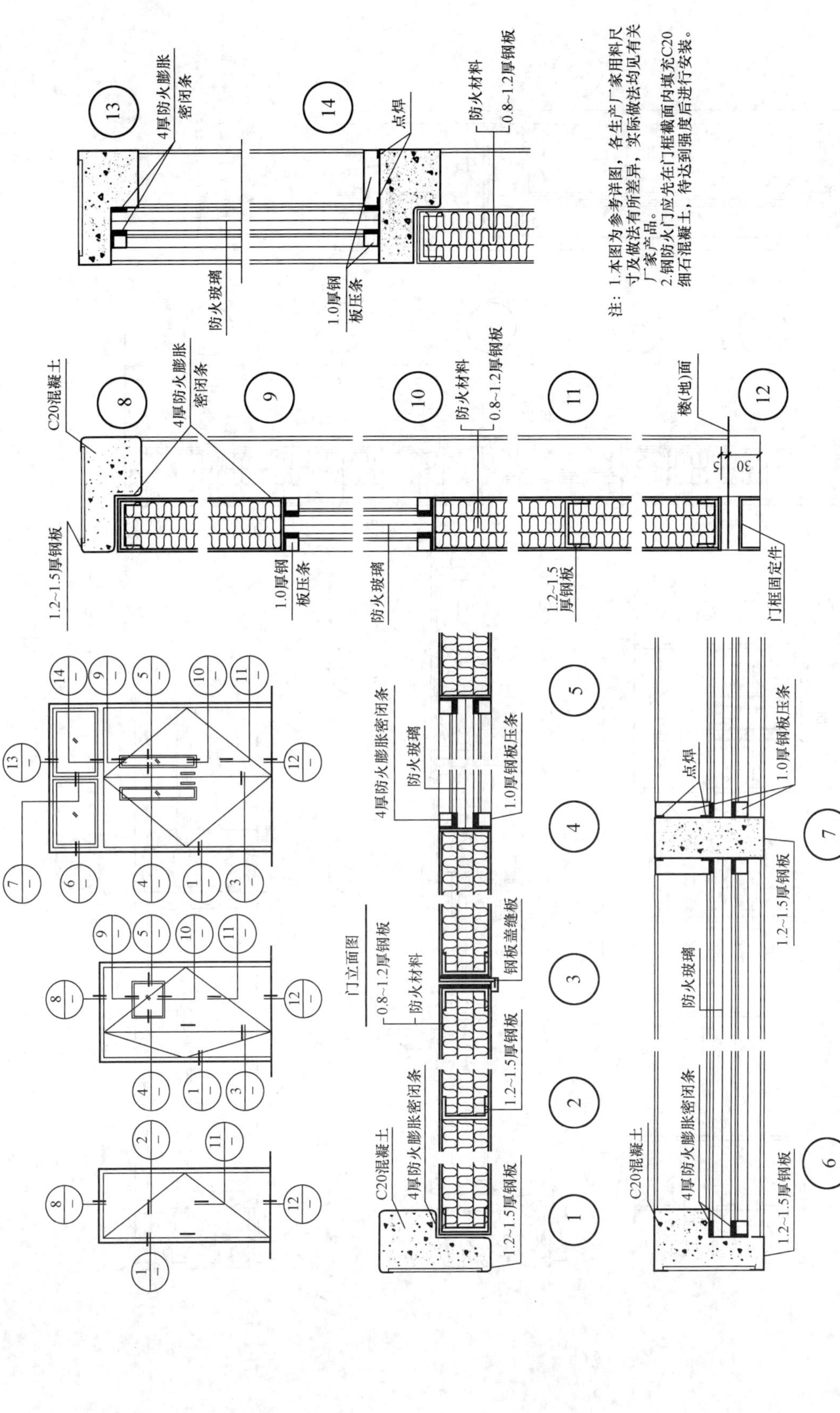

注：1.本图为参考详图，各生产厂家用料尺寸及做法有所差异，实际做法均见有关厂家产品。
2.钢防火门应先在门框截面内填充C20细石混凝土，待达到强度后进行安装。

图 7-6　钢防火门详图

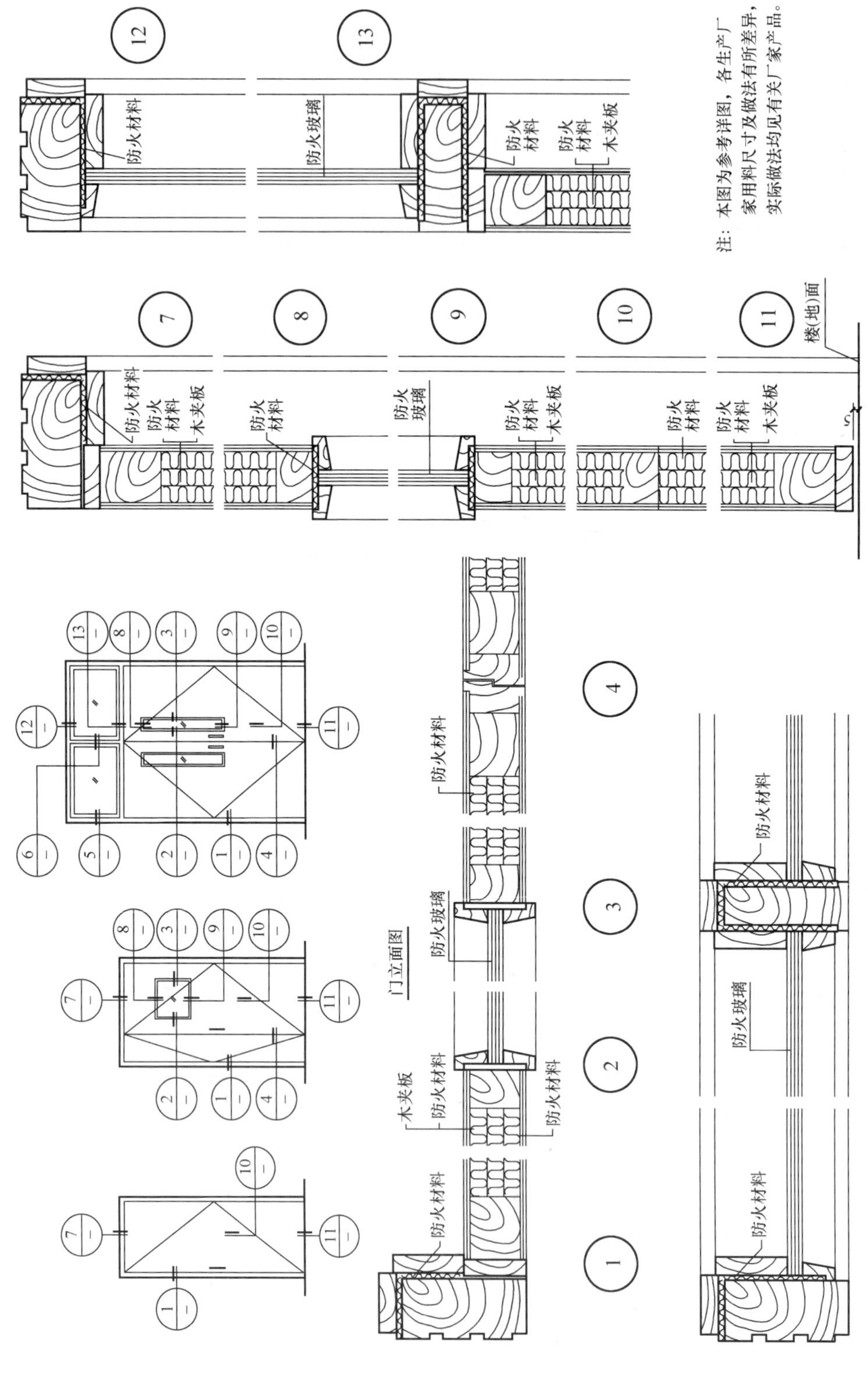

注：本图为参考详图，各生产厂家用料尺寸及做法有所差异，实际做法均见有关厂家产品。

图 7-7 木夹板防火门详图

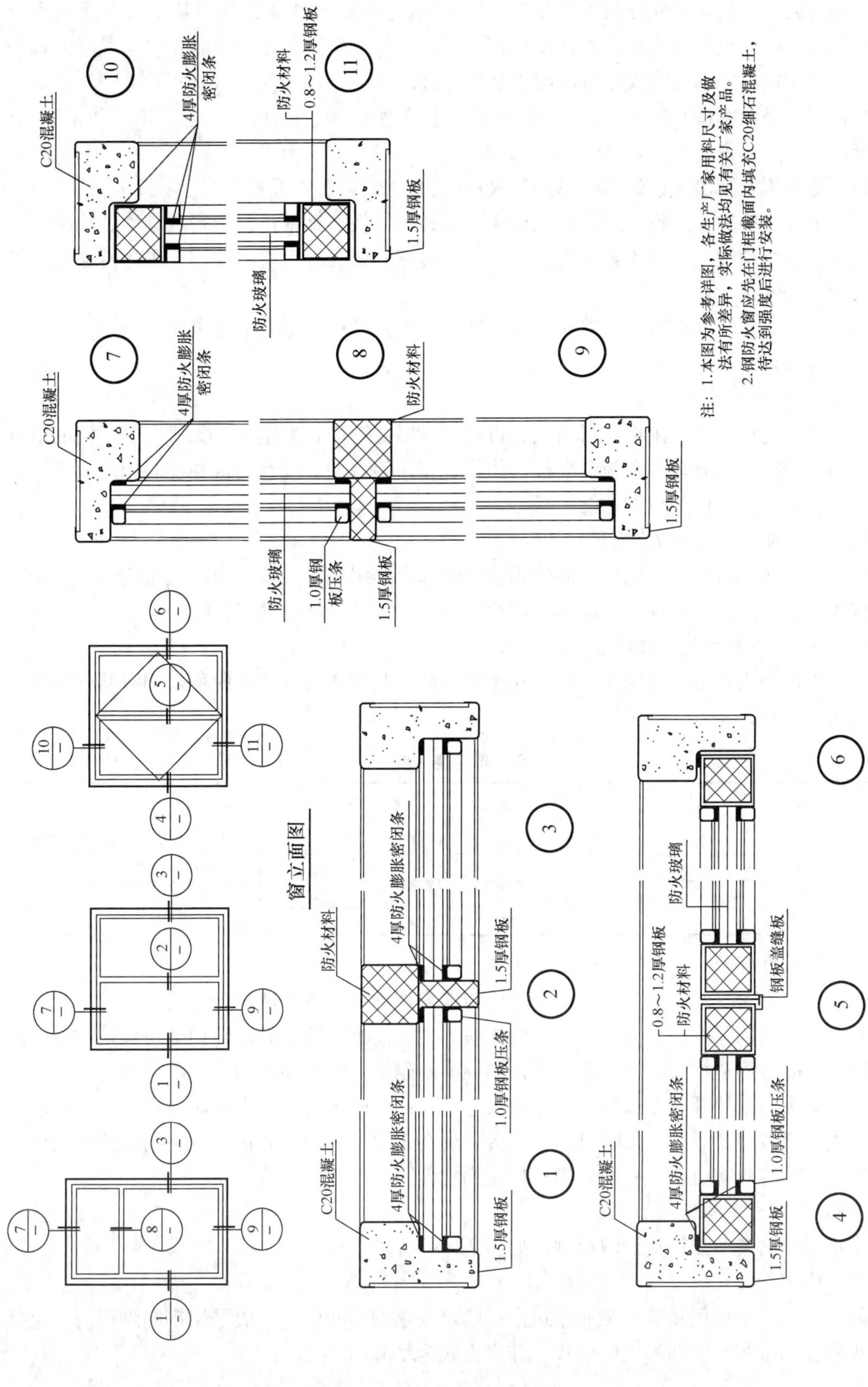

注：1.本图为参考详图，各生产厂家用料尺寸及做法有所差异，实际做法均见有关厂家产品。
2.钢防火窗应先在门框截面内填充C20细石混凝土，待达到强度后进行安装。

图 7-8　钢防火窗详图

(2) 防火卷帘的耐火性能按 GB/T 7633—2008 进行耐火性能试验。从受火作用起到背火面隔热辐射强度超过临界热辐射强度规定值时止，或发生帘板面蹿火时止，这段时间称为耐火极限。用以决定钢质防火卷帘的耐火性能等级。

(3) 耐火极限：按 GB 14102—1993 规定：①普通型钢防火卷帘 F1，1.5h；F2，2.0h。②复合型钢防火卷帘 F3，2.5h；F4，3.0h。

(4) 地下汽车库出入口处可以采用耐火极限为 1.2h 的防火卷帘。

(5) 帘板、座板、导轨、门楣、箱体应采用镀锌钢板和钢带，以及普通碳素结构钢。卷轴用优质碳素结构钢或普通碳素结构钢，以及电焊钢管或无缝钢管。支座应采用普通碳素结构钢或灰口铸铁。

(6) 钢防火卷帘的钢构件除镀锌件或制造时已按规定做了防护涂料的可不另作处理外，必须作防锈处理。

(二) 特级防火卷帘

(1) 特级防火卷帘指用钢质材料或无机纤维材料做帘面，采用钢—无机布等不同的组合方式，用钢质材料做导轨、座板、夹板、门楣、箱体等，并配以卷门机和控制箱所组成，符合耐火完整性、隔热性和防烟性能要求。

(2) 特级防火卷帘耐火时间≥3.0h。

(3) 无机布基帘面由防火布、硅酸铝毡及装饰布等组成。其装饰布或基布应能在−20℃的条件下不发生脆裂并应保持一定的弹性；在+50℃条件下不应粘连。

(三) 防火卷帘的技术性能指标及安装要求

(1) 钢制防火卷帘的耐风压性能：在规定荷载下其导轨与卷帘不脱落，同时其变形挠度须符合表 7-7 的要求。

表 7-7 变形挠度

强度类别代号	耐风压(Pa)	挠度					
		$B\leq2.5$m	$B=3.0$m	$B=4.0$m	$B=5.0$m	$B=6.0$m	$B>6.0$m
50	490.3	25	30	40	50	60	90
80	784.5	37.5	45	60	75	90	135
120	1176.8	50	60	80	100	120	180

(2) 防烟性能及启闭速度应满足相关标准的要求。

(3) 防火卷帘安装在建筑物墙体上，应与墙内埋件焊接或预埋螺栓连接，也可用膨胀螺栓安装，但其锚固强度必须满足要求。墙体应为钢筋混凝土墙，如系轻型砌块墙则在洞口两侧做钢筋混凝土构造柱或加带预埋件的预制混凝土砌块。其他要求均见 GB 14102—1993。

(4) 防火卷帘按开启方式分为垂直防火卷帘、侧向防火卷帘、水平防火卷帘，其必须配用防火卷门机或普通卷门机加隔热保护装置。设在走道上的防火卷帘，应在卷帘的两侧设置启闭装置，并应具有自动、手动、机械控制的功能。

(四) 防火卷帘构造

防火卷帘安装节点构造详图示例，如图 7-9 所示。

四、隔声门

隔声门适用于民用建筑及工业建筑中有隔声要求的房间门。一般采用钢制隔声门，包括不带观察窗和带观察窗两种立面形式。开启方式为平开门。

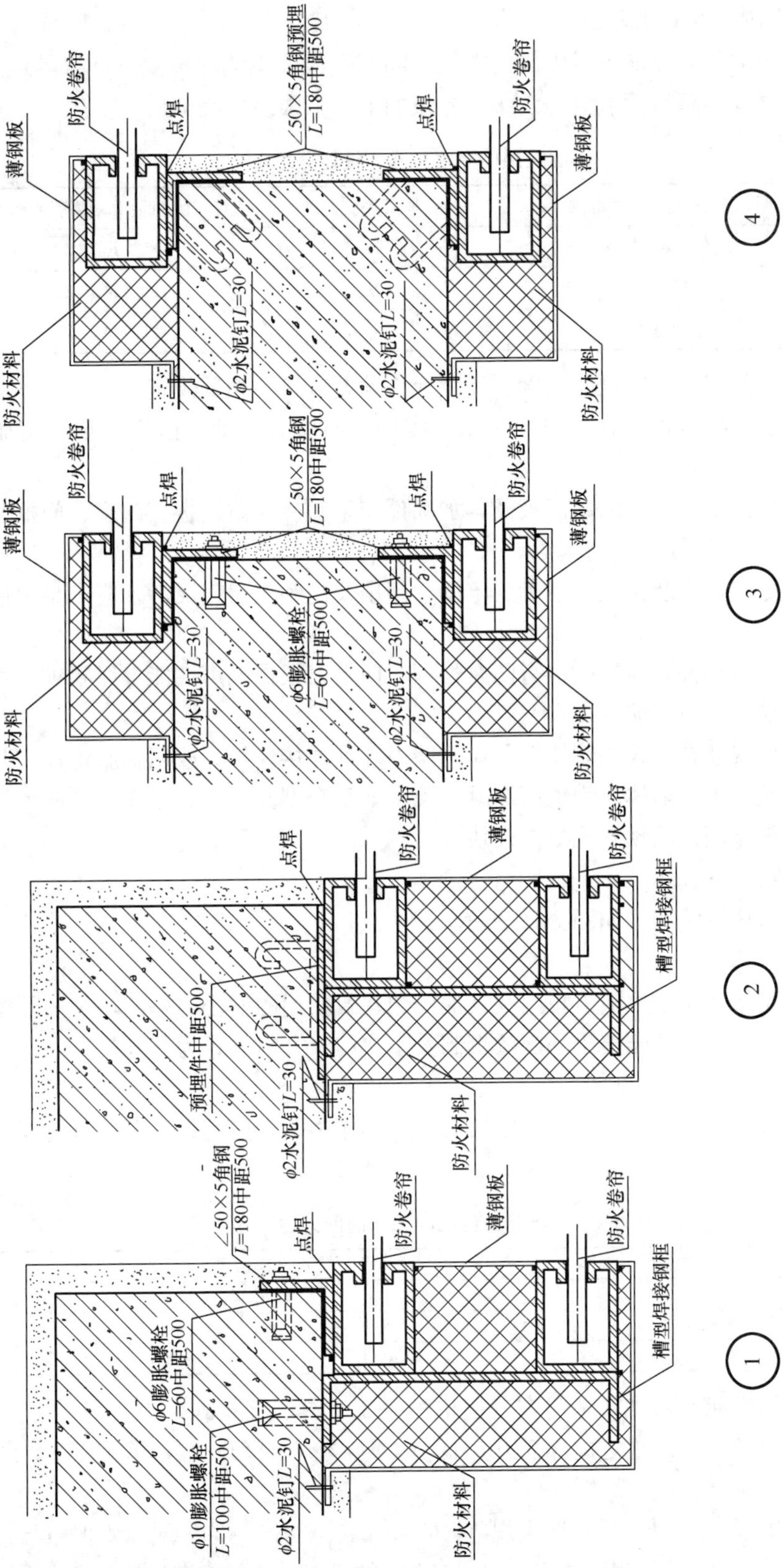

图 7-9　防火卷帘安装节点详图

（一）隔声门的有关规定

（1）隔声门的隔声性能等级以门的空气声隔声性能，单值评价量—计权隔声量 R_w 作为分级指标值。空气声隔声性能共分六级，各级的上、下限值见表 7-8。

表 7-8 建筑用门空气声隔声性能分级表

等级	计权隔声量 R_w 值范围（dB）	等级	计权隔声量 R_w 值范围（dB）
Ⅰ	$R_w \geqslant 45$	Ⅳ	$35 > R_w \geqslant 30$
Ⅱ	$45 > R_w \geqslant 40$	Ⅴ	$30 > R_w \geqslant 25$
Ⅲ	$40 > R_w \geqslant 35$	Ⅵ	$25 > R_w \geqslant 20$

（2）隔声门的门扇、门框的宽度、高度允许偏差应符合相关规定。

（3）门扇、门框应密封良好，四角组装牢固，不应有松动、锤痕、破裂及加工变形等缺陷。

（4）钢隔声门的门框、门扇面板及其加固件应采用冷轧薄钢板。门扇、门框截面内填满隔声材料。

（5）各种零部件安装位置应准确、牢固，门扇及门锁应启闭灵活，应满足使用及安全等要求。

（6）所有金属构件表面均应进行防腐处理。门上窗根据隔声性能等级要求，可采用单层玻璃、双层玻璃、中空玻璃等。

（7）隔声门安装在建筑物墙体上，应与墙内埋件焊接连接，或用膨胀螺栓安装、但其锚固强度必须满足要求。墙体应为钢筋混凝土墙，如系轻型砌块墙，则在洞口两侧做钢筋混凝土构造柱或加带预埋件的预制混凝土砌块。

（二）隔声门构造

隔声门构造详图示例，如图 7-10 所示。

五、安全户门

安全户门是指适用于住宅入户门及其他民用建筑使用的安全防盗门，是一种将保温、防盗、防火、隔声等几种功能集于一门的钢制安全户门，开启方式为平开。

（一）安全户门的有关规定

（1）安全级别：防盗安全门在规定的破坏工具作用下，按其最薄弱环节所能够抵抗非正常开启的净工作时间的长短分级见表 7-9。

表 7-9 防盗安全门净工作时间分级

平开全封闭式防盗安全门	平开带可开启通风小门式防盗安全门
A 级：15min	A 级：10min
B 级：30min	B 级：20min
C 级：45min	C 级：30min

（2）防破坏性能：防盗安全门在普通机械手工工具、便携式电动工具等相互配合作用下，在 A 级、B 级、C 级规定的净工作时间内，应该不能打开门或切割出一个穿透门体的 $615cm^2$ 的开口。

（3）耐火极限：按《建筑设计防火规范》(GB 50016—2006)、《高层民用建筑设计防火规范》(GB 50045—1995)的规定，当对住宅入户门有防火要求时，户门应满足防火门耐火极限。

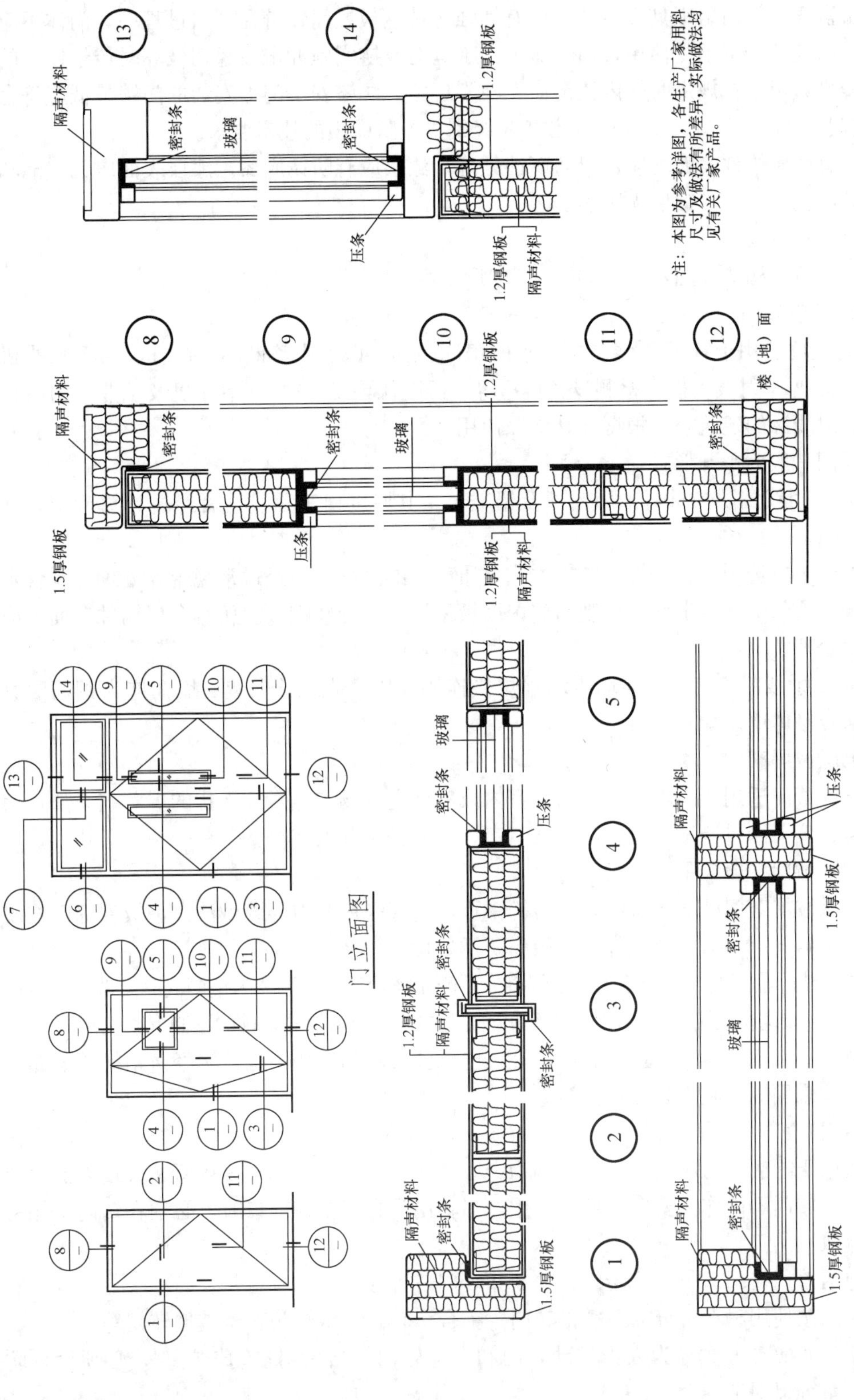

注：本图为参考详图，各生产厂家用料尺寸及做法有所差异，实际做法均见有关厂家产品。

图 7-10 隔声门构造详图

(4) 保温性能和隔声性能应满足国标的有关设计要求。

(5) 防盗安全门门扇锁具安装部位应有加强防钻钢板。门铰链在开启过程中，门体不应产生倾斜；门铰链应可承受使用普通机械手工工具对铰链实施冲击、錾切破坏时传给铰链的冲击力和撬扒力矩，在规定时间内铰链应无断裂现象。防盗安全门上安装的门锁最低应符合《机械防盗锁》(GA/T 73—1994) 标准中A级别机械防盗锁的技术要求。

(6) 所有金属构件表面均应进行防腐蚀处理，漆层应有防锈底漆。漆层表面应无气泡和漆渣，电镀层色泽均匀，镀层无脱落。

(二) 安全户门构造

安全户门节点构造详图示例，如图7-11所示。

六、防 *X* 射线门

防 *X* 射线门适用于有 *X* 射线防护要求的房间。如：医院中诊断 *X* 射线机、CT扫描机等；科研、工业 *X* 射线无损伤检测设备机房等。医院伽玛刀、钴60治疗机及工业 γ 射线探伤等具有 γ 射线源的建筑，可根据计算参照使用。

X 射线门一般为平开形式。

(1) 防 *X* 射线门防护材料采用铅板及铅玻璃，其厚度由工程设计者经过计算确定，并在图纸中标明。

(2) 木门木材选用一、二等红白松木或材质相似的木材，须经过常规干燥处理，其含水率不应大于当地的平衡含水率。钢制门门扇面板采用1.5冷轧钢板。所有金属构件表面均应进行防腐蚀处理。

(3) 防 *X* 射线门安装，应与墙内埋件焊接连接或用膨胀螺栓安装、墙体应为钢筋混凝土墙和烧结砖砌体墙。

七、电磁波屏蔽门

电磁波屏蔽门适用于为隔绝（减弱）室内或室外电磁场和电磁波干扰的屏蔽室。如：信息保密机房、仪器测量调试实验室、微波暗室、医院核磁共振室等。

电磁波屏蔽门一般为平开形式。

(1) 电磁波屏蔽门屏蔽层材料采用镀锌钢板，门缝采用插刀屏蔽做法。钢板件除已按规定做了防护涂料的可不另作处理外，必须作防锈处理。

(2) 电磁波屏蔽门安装应与墙内埋件焊接或用膨胀螺栓安装，墙体为钢筋混凝土墙、烧结砖砌体墙，如系轻型砌块墙则在洞口两侧做钢筋混凝土构造柱或加带预埋件的预制混凝土砌块。

(3) 由于屏蔽工程具有专业性和严格性，电磁波屏蔽门应按不同技术经济指标选购专业厂家产品，并采用专业施工队伍进行施工。

八、转门

转门适用于酒店、写字楼、机场、购物中心、医院、银行、剧院等场所非大量人流集中出入的部分。转门不能作为安全疏散门使用，当转门设在安全疏散口时，必须在转门两侧另设供安全疏散用的门。

转门包括普通转门、折叠式转门、隔断式转门三种形式。

(1) 转门按使用材料可分为不锈钢转门、铝合金转门、木转门、全玻璃转门等。

(2) 转门按驱动方式分为人力推动转门和自动转门。当采用自动转门时，必须设置防夹、防冲撞系统以保证安全。

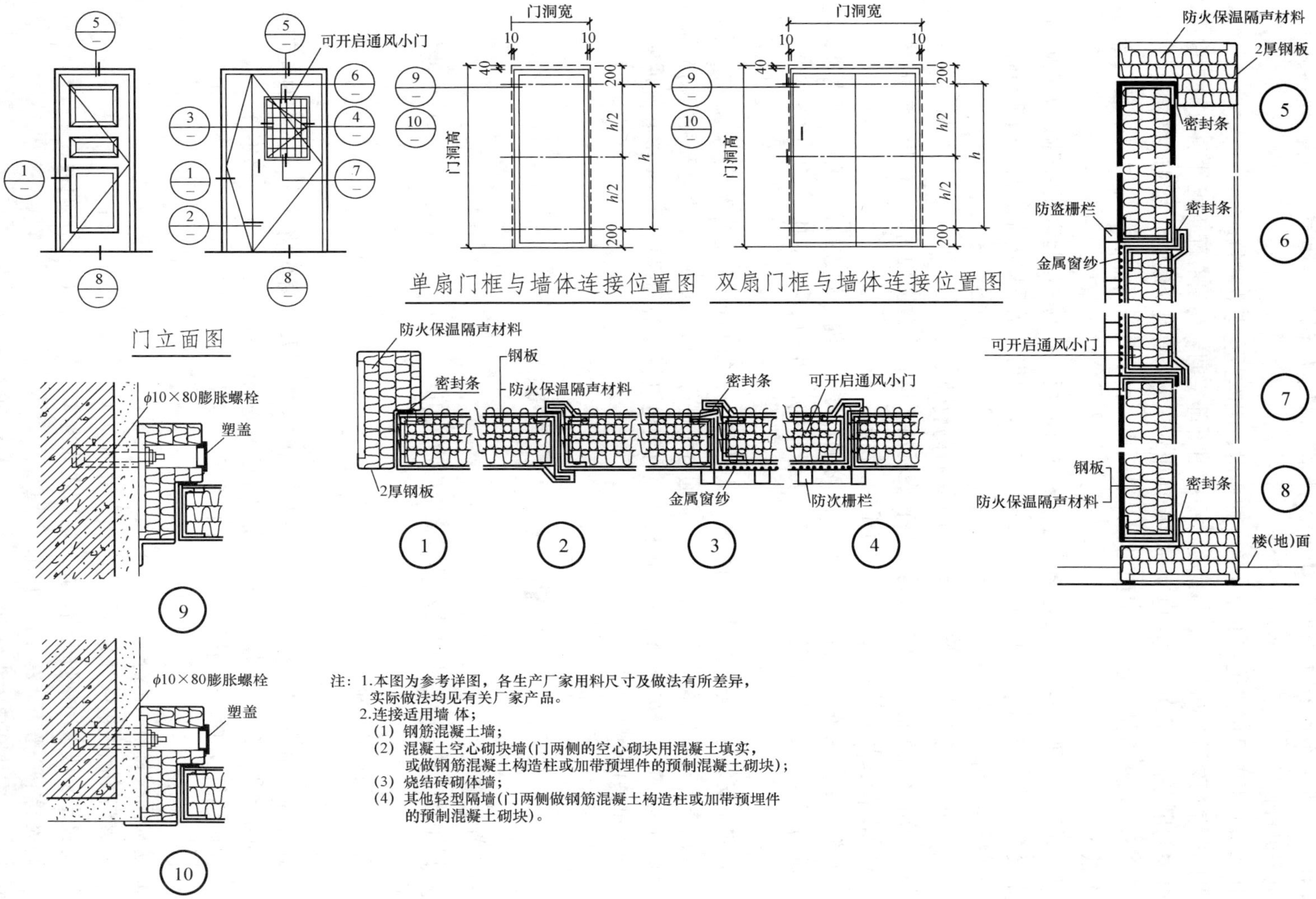

注：1.本图为参考详图，各生产厂家用料尺寸及做法有所差异，实际做法均见有关厂家产品。

2.连接适用墙 体；

(1) 钢筋混凝土墙；

(2) 混凝土空心砌块墙(门两侧的空心砌块用混凝土填实，或做钢筋混凝土构造柱或加带预埋件的预制混凝土砌块)；

(3) 烧结砖砌体墙；

(4) 其他轻型隔墙(门两侧做钢筋混凝土构造柱或加带预埋件的预制混凝土砌块)。

图 7-11　安全户门节点详图

（3）转门四周边角均应装上橡胶密封条和特制毛刷，门边梃与转壁、门扇上冒头与吊顶以及门扇下冒头与地坪表面之间的空隙封堵严密，以提高其防尘、隔声、节能等效果。

九、升降门

升降门适用于民用建筑及工业建筑，如厂房、车库、仓库等建筑。

升降门是门扇开启后移至门洞上方，不占用下部空间，门扇有配重组件平衡门扇重量，减少开关门扇阻力。开关方式为电动和手动两用。根据需要可加装电动无线遥控装置遥控开关门扇。门扇按是否保温分为一般门扇和保温门扇，由工程设计者根据保温要求确定选用，并在图纸中标明。

（1）保温门扇面材料选用彩色金属绝热材料夹心板，一般门型门扇面采用压型钢板。门扇骨架材料为冷轧方钢管及热轧角钢、槽钢、扁钢，门扇骨架采用电弧焊接。门扇与骨架采用点焊或螺栓、铆钉连接。

（2）门扇、五金零件及轨道等表面均应进行防腐蚀处理。

（3）门扇及配件储存于干燥无腐蚀性物资场所，露天存放防雨防潮。门扇运输应垫平、捆牢，避免挤压变形，注意保护门扇漆面防止擦伤。

（4）将门扇导轮装入导轨中，安装好滑轮组，将钢丝绳一端连接门上端吊环绕过滑轮槽，一端与配重连接，调节配重使其与门扇重量平衡，调至门扇上下移动可以停于任意位置为好。

（5）初步安装好后先不接通电动装置，试用手动开关门扇，应能灵活开关，如有阻卡应排除直至能正常运转。调好手动开关后可接通电源进行电动开关调试，直至开关顺畅自如。

（6）电气控制部分安装及接线要严格按照有关电气操作规程操作并妥善接好保护地线，检查无误方可接通电源。

复习思考题

一、填空题

1. 民用建筑和一般工业建筑及其附属用房常采用（　　）、（　　）、（　　）三种材质的门窗。

2. 建筑外门窗的性能分级指标有抗风压、（　　）、（　　）、（　　）、（　　）及采光性等。

3. 在计算节能的外墙表面积和建筑物体积时，挑窗及凸窗应将其（　　）的面积和（　　）部分体积，（　　）建筑物的表面积和建筑物的体积中，（　　）忽略不计。

4. 民用建筑及工业建筑采用的专用门窗有（　　）、（　　）、（　　）、（　　）、（　　）、（　　）、（　　）、（　　）、（　　）等。

5. 防火门按材质一般分为（　　）和（　　）。

6. 防火门的耐火极限分为（　　）级，分别为（　　）、（　　）和（　　）。

7. 防火窗一般采用钢防火窗，按开启方式分为（　　）和（　　）两种。

8. 防火卷帘一般有（　　）和（　　）。

9. 防火卷帘按开启方式分为（　　）、（　　）和（　　）。

10. 隔声门一般采用钢制隔声门，包括（　　）和（　　）两种立面形式。

11. 安全户门是指适用于住宅入户门及其他民用建筑使用的（　　）门。

12. 转门（　　）作为安全疏散门使用。

二、选择题

1. 会议室的大门可以选用（　　）。

A. 弹簧门　　B. 转门　　C. 推拉门　　D. 折叠门

2. 通向封闭楼梯间的门应选用（　　）。

A. 平开门　　B. 隔声门　　C. 防火门　　D. 防火卷帘

3. 开向公共走道的窗扇，其底面高度不应低于（　　）。

A. 0.9m　　B. 1.2m　　C. 1.8m　　D. 2.0m

4. 临空的窗台低于（　　）时，应采取防护措施。

A. 0.6m　　B. 0.4m　　C. 0.8m　　D. 0.9m

三、简答题

1. 简述门窗的作用及开启方式。

2. 简述 PVC 改性塑料门窗、铝合金门窗及木门窗的特点。

第八章　建　筑　装　修

第一节　概　　述

一幢建筑在结构主体完成后，对一般民用建筑来讲只完成了工程量的60%～70%，对要求较高的建筑只完成了工程量的50%，甚至更少。为了满足建筑物的使用功能和美化环境的需要对结构表面如内、外墙面、楼地面、顶棚等有关部位进行一系列的加工处理，即对建筑物进行装修。结构主体完成后的工作都是装修工程涉及的范围，其规模虽没有主体工程宏大，但是它关系到工程质量标准和人们的生产、生活和工作环境的优劣，是建筑物不可缺少的有机组成部分。

一、建筑装修的作用

1. 改善环境条件，满足房屋的使用功能要求

为创造良好的生产、生活和工作环境，无论何种建筑物，一般都需进行装修，所不同的，是装修质量标准的差异。通过对建筑物表面装修处理不仅可以改善其环境条件，且能弥补或提高建筑物的某些功能方面的不足，如砖砌体抹灰后不但能提高建筑物室内及环境照度，而且能防止冬天砖缝可能引起的空气渗透。

2. 保护结构

建筑结构构件暴露在空气中，在风、霜、雨、雪、太阳辐射等的作用下，混凝土可能变得疏松、碳化；构件因热胀冷缩导致结构节点被拉裂；钢铁制品因氧化而锈蚀等。通过建筑物的装修处理，不仅可提高建筑对不利因素的抵抗能力，还可以保护建筑构件不直接受到外力的磨损、碰撞和破坏，进而提高建筑构件的耐久性，延长其使用年限。

3. 装饰和美化建筑物

装修不仅具有满足使用功能和保护作用，还有美化和装饰作用。建筑师根据室内外空间环境的特点，合理运用建筑线形以及不同质地和色彩的饰面材料给人以不同的感受。而且，通过巧妙的组合，创造出优美、和谐、统一而又丰富的空间环境，以满足人们在精神方面对美的追求。

二、建筑装修的设计要求

1. 根据使用功能，确定装修的质量标准

建筑物不同的使用功能，应采用不同装修的质量标准。即使在同一建筑的不同部位，如正、背立面；一般房间与门厅、过道；重要房间与次要房间均可按不同标准加以区别对待。对有特殊要求的房间，如录音室、影剧院等，除选择声学性能良好的饰面材料外，还应采取相应的构造措施。

2. 合理要求耐久性

现代建筑主体结构一般说是耐久的，而装饰饰面由于直接受到各种不利因素的影响，所以材料不同，其耐久性也有显著的差异，耐久性好的材料，经济上不一定合理。故建筑装修饰面应考虑适当的耐久年限，比如重要建筑及高层建筑可采用较高级的装修做法；大量性建

筑可考虑较简便的装修做法。

3. 充分考虑经济因素

不同建筑由于装修质量标准，所用材料、构造做法不同而造成投资的差别很大。一般讲，高档装修材料能取得较好的艺术效果，但单纯追求艺术效果，片面提高工程质量标准，浪费国家财产是不对的；反之，片面节约造成不合理使用，甚至影响建筑物的耐久性也是不对的。所以应根据不同等级建筑的不同经济条件，选择、确定与之相适应的装修材料、构造方案和施工方法。

4. 正确合理地选用装修材料

建筑装修材料是装饰工程的重要物质基础，在装修费用中一般占70%左右。装修工程所用材料，量大面广，品种繁多。从烧结普通砖到大理石、花岗岩，从普通砂、石到黄金、锦缎，价格相差很大，能否正确合理选择和利用材料，直接关系到工程质量、效果、造价、做法。其中材料的物理、化学性能及其使用性能是装修用料选择的依据。

5. 充分考虑施工技术条件

装修工程是通过施工来实现的。如果仅有好的设计、材料，没有好的施工技术条件，很难达到理想的效果。因此，在装修设计时应充分考虑影响装修做法的各种因素：如工期长短、施工季节、温度高低、施工队伍的技术管理水平和熟练程度及施工方法等。

第二节 墙面装修构造

墙体是建筑物主要饰面部位之一。墙体装修按装修所处部位不同，分为室外装修和室内装修两类。室外装修要求采用强度高、抗冻性强、耐水性好以及具有抗腐蚀性的材料。室内装修材料则因室内使用功能不同，要求有一定的强度、耐水及耐火性。按饰面材料和施工方式不同，分为抹灰类、贴面类、涂刷类、裱糊类、条板类、清水勾缝、玻璃（或金属）幕墙等。

一、抹灰类墙面装修

抹灰类墙面装修是以水泥、石灰膏为胶结材料，加入砂或石渣与水拌和成砂浆或石渣浆，然后抹到墙面上的一种操作工艺。是我国传统的墙面装修方式，也称“粉刷”。这种饰面具有耐久性低、易开裂、易变色，且多为手工操作、湿作业施工、工效较低的缺点，但取材、施工方便、造价低。因此在大量性建筑中得到广泛的应用。

（一）墙面抹灰的组成

为了避免出现裂缝、脱落，保证抹灰层牢固和表面平整，施工时须分层操作。抹灰装饰层一般由底灰（层）、中灰（层）和面灰（层）三个层次组成，如图8-1所示。外墙抹灰一般为20～25mm，内墙抹灰为15～20mm，顶棚为12～15mm。

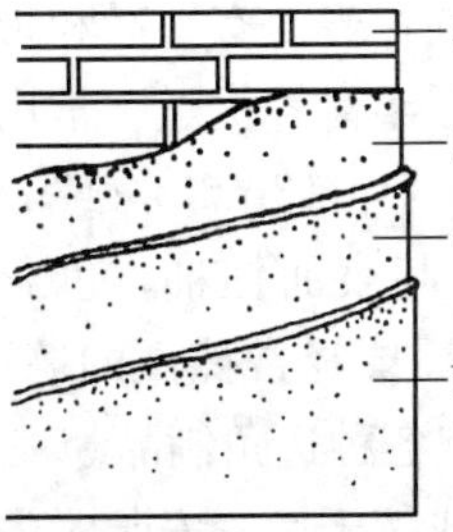

图8-1 抹灰的组成

底层抹灰也叫刮糙，主要的作用是与基层（墙体表面）黏结和初步找平，厚度为5～15mm。底层灰浆用料视基层材料而异：普通砖墙常用石灰砂浆和混合砂浆；对混凝土墙应采用混合砂浆和水泥砂浆；板条墙的底灰用麻刀石灰浆或纸筋石灰砂浆；另外，对湿度较大的房间或有防水、防潮要求的墙体，底灰应选用水泥砂浆或水泥混合砂浆。

中层抹灰主要起进一步找平作用，有时可兼作底层与面层之间的黏结层，其所用材料与底层基本相同，也可以根据装修要求选用其他材料，厚度一般为5～10mm。

面层抹灰主要起装修作用，要求表面平整、色彩均匀、无裂纹，可以做成光滑、粗糙等不同质感的表面。

外墙面因抹灰面积较大，由于材料干缩和温度变化，容易产生裂缝，常在抹灰面层作分格，称为引条线。引条线的做法是在底灰上埋放不同形式的木引条，面层抹灰完毕后及时取下引条，再用水泥砂浆勾缝，以提高抗渗能力。

抹灰按质量要求和主要工序划分为三种标准，见表8-1。

表8-1 抹灰类三种标准

层次 标准	底层（层）	中层（层）	面层（层）	总厚度（mm）	适用范围
普通抹灰	1		1	≤18	简易宿舍、仓库等
中级抹灰	1	1	1	≤20	住宅、办公楼、学校、旅馆等
高级抹灰	1	若干	1	≤25	公共建筑、纪念性建筑，如剧院、展览馆等

（二）常用抹灰种类、做法及应用

根据面层所用材料及做法，抹灰装修分为一般抹灰和装饰抹灰。

一般抹灰常用的有石灰砂浆抹灰、水泥砂浆抹灰、混合砂浆抹灰、纸筋石灰浆抹灰、麻刀石灰浆抹灰。

装饰抹灰一般是指采用水泥、石灰砂浆等抹灰的基本材料，除对墙面作一般抹灰之外，利用不同的施工操作方法将其直接做成饰面层。装饰抹灰常用的有水刷石面、斩假石面、喷涂面等。

二、贴面类墙面装修

贴面类墙面装修是利用人造板、块及天然石料直接粘贴于基层表面或通过构造连接固定于基层上的装修做法。这类装修具有耐久性强、施工方便、装饰效果好等优点，但造价较高，一般用于装修要求较高的建筑中。

贴面类装修指在内外墙面上粘贴各种陶瓷面砖、天然石板、人造石板等。

（一）面砖、瓷砖饰面装修

（1）面砖一般用于装饰等级要求较高的工程。面砖是以陶土为原料，经压制成型煅烧而成的饰面块，按特征有上釉的和不上釉的；釉面又有光釉和无光釉两种，表面有平滑和带纹理的。色彩和规格多种多样。面砖具有质地坚硬、防冻、耐腐蚀、色彩丰富等优点。常用规格有113mm×77mm×17mm，145mm×113mm×17mm，233mm×113mm×17mm，265mm×113mm×17mm。瓷砖是以优质陶土烧制而成的饰面材料，其表面挂釉，色彩多样。具有表面光滑、美观、吸水率低、不易积垢、清洁方便。多用于需要经常擦洗的墙面。常用规格有151mm×151mm×5mm，110mm×110mm×5mm，并配有各种边角制品。

（2）外墙面砖的安装。面砖应先放入水中浸泡，安装前取出晾干或擦干净，安装时先抹15mm厚1∶3水泥砂浆找底并划毛，再用1∶0.3∶3水泥石灰混合砂浆或用掺有107胶

（水泥用量5%～7%）的1∶2.5水泥砂浆满刮10mm厚于面砖背面紧粘于墙上。对贴于外墙的面砖常在面砖之间留出一定缝隙，如图8-2所示。

瓷砖安装是水泥砂浆打底；10～15厚水泥石灰膏混合砂浆或2～3厚掺107胶的水泥素浆结合层；即贴瓷砖，一般不留灰缝；细缝用白水泥擦平。

（二）锦砖饰面装修

锦砖有陶瓷锦砖和玻璃锦砖之分。陶瓷锦砖也称为马赛克，是以优质陶土烧制而成的小块瓷砖；特点是质地坚硬、经久耐用、色泽多样、耐酸、耐碱、耐火、耐磨、不渗水、抗压力强、吸水率小，多用于内外墙面。玻璃锦砖饰面又称玻璃马赛克，是以玻璃为主要原料，加入外加剂，经高温熔化、压块、烧结、煺火而成。特点是质地坚硬、性能稳定、耐热、耐寒、耐酸碱、不龟裂、表面光滑。多用于外墙面。

由于锦砖的尺寸较小，根据其花色品种，可拼成各种花纹图案。铺贴时先按设计的图案将小块材正面向下贴在500mm×500mm大小的牛皮纸上，然后牛皮纸面向外将马赛克贴于饰面基层上，待半凝后将纸洗掉，同时修整饰面，如图8-3所示。

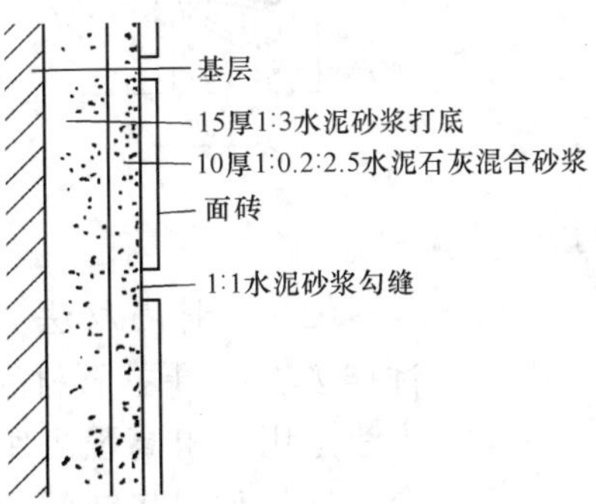

图8-2　面砖饰面构造示意

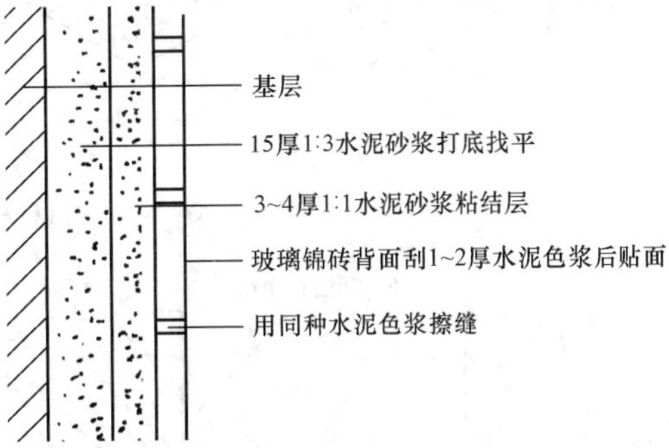

图8-3　玻璃锦砖饰面构造示意

马赛克安装是15厚水泥砂浆打底；2～3厚水泥纸筋石灰浆或掺107胶的水泥浆做结合层；贴马赛克，干后洗去纸皮；水泥色浆擦缝。

玻璃锦砖安装是用15厚水泥砂浆分两遍抹平并刮糙（混凝土基层要先刷一道掺107胶的素水泥浆）；抹3厚水泥砂浆黏结层，即贴玻璃马赛克（在马赛克背面刮一层2厚白水泥色浆粘贴）；水泥色浆擦缝。

（三）天然石板及人造石板墙面装修

1. 天然石板墙面

常见的天然石板墙面有花岗石板、大理石板和碎拼大理石墙面等几种。花岗石主要用于外墙面，大理石主要用于内墙面。

花岗石纹理多呈斑点状，色彩有暗红、灰白等。根据加工方式的不同，从装饰质感上可分为磨光石、剁斧石、蘑菇石三种。花岗石质地坚硬、不易风化，能在各种气候条件下采用。大理石是一种变质岩，属于中硬石材，质地比较密实，抗压强度较高，可以锯成薄板，多数经过抛光打蜡，加工成表面光滑的板材。大理石板和花岗石板有正方形和长方形两种。

天然石材贴面装修构造通常采用拴挂法，有时也采用连接件挂装法。

（1）石材拴挂法（湿法挂贴）。天然石材和人造石材的安装方法相同，先在墙内或柱内预埋 ϕ6 铁箍，间距依石材规格而定，而铁箍内立 ϕ8～ϕ10 竖筋，在竖筋上绑扎横筋，形成钢筋网。在石板上下边钻小孔，用双股 16 号钢丝绑扎固定在钢筋网上。上下两块石板用不锈钢卡销固定。板与墙面之间预留 20～30mm 缝隙，上部用定位活动木楔作临时固定，校正无误后，在板与墙之间浇筑 1∶3 水泥砂浆，待砂浆初凝后，取掉定位活动木楔，继续上层石板的安装，如图 8-4 所示。

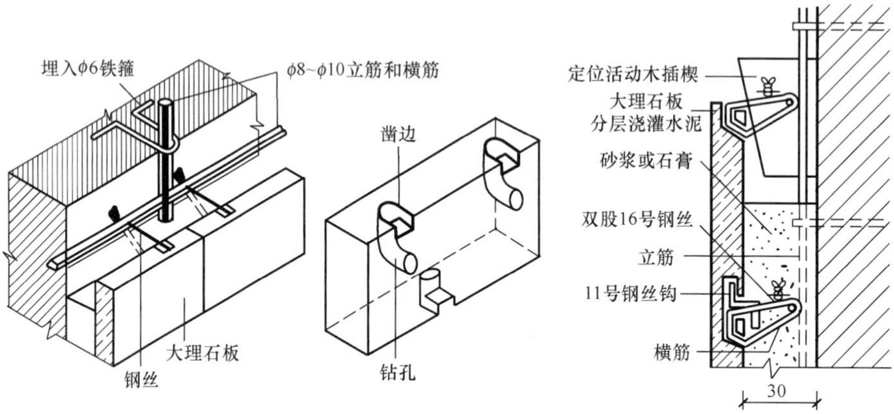

图 8-4 石材拴挂法构造

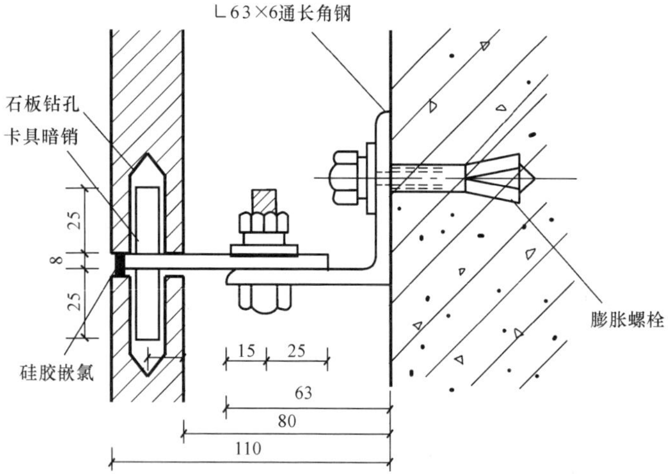

图 8-5 干挂石材法构造

（2）干挂石材法（连接件挂接法）。干挂石材的施工方法是用一组高强耐腐蚀的金属连接件，将饰面石材与结构可靠地连接，其间形成空气间层不作灌浆处理，如图 8-5 所示。

2. 人造石材墙面

人造石材常见的有人造大理石、水磨石板等。其构造与天然石材基本相同，不必在预制板上钻孔，而用预制板背面在生产时露出的钢筋，将板用镀锌钢丝绑牢即可。当预制板为 8～12mm 厚的薄型板材，且尺寸在 300mm×300mm 以内时，可采用粘贴法，就是在基层上用 10mm 厚 1∶3 水泥砂浆打底，随后用 6mm 厚 1∶2.5 水泥砂浆找平，然后用 2～3mm 厚 YJ-Ⅲ型黏结剂粘贴饰面材料。

三、涂刷类墙面装修

涂刷类墙面装修是将各种涂料喷刷于基层表面而形成牢固的保护膜，从而起到保护墙面和装饰墙面的一种装修做法。这类装修做法材源广，装饰效果好，造价低，操作简单，工期短，工效高，自重轻，维修、更新方便。是当今最有发展前途的装修做法。要求基层平整，施工质量好。

（一）涂料按其成膜物的不同可分为无机涂料和有机涂料两大类

1. 无机涂料

无机涂料主要有石灰浆、大白浆涂料。石灰浆一般刷或喷两遍，为增加其与基层的附着力和耐久性，有的在石灰浆涂料中加入食盐（一般为7%）和明矾，还有的加2%～3%熟桐油。石灰浆的耐久性、耐候性、耐水性及耐污染性均较差。大白浆涂料又称胶白，主要原料是大白粉（又称老粉或白垩粉）、石花和胶。大白浆覆盖力强，涂层细腻洁白、价格低、施工和维修方便，它们多用于一般标准的室内装修。

2. 有机涂料

有机涂料依其主要成膜物质与稀释剂不同，有溶剂型涂料、水溶性涂料和乳液涂料（乳胶漆）三类。

常见的溶剂型涂料有苯乙烯内墙涂料、聚乙烯醇缩丁醛内外墙涂料、过氯乙烯内墙涂料等。这类涂料具有较好的耐水性和耐候性，但施工时挥发出有害气体，潮湿基层上施工会引起脱皮现象。水溶型涂料价格便宜，在潮湿基层上亦可操作，但施工时温度不宜太低。

常见的水溶型涂料有聚乙烯醇水玻璃内墙涂料、聚合物水泥砂浆饰面涂层、改性水玻璃内墙涂料等。这类涂料价格低、无毒无怪味，具有一定的透气性，在较潮湿的基层上亦可操作。

常见的乳液涂料有乙一丙乳胶涂料、苯一丙乳胶涂料等。这类涂料无毒、无味、不易燃烧、耐水性及耐候性较好，具有一定透气性，可在潮湿基层上施工。多用于外墙饰面。

（二）构造做法

建筑涂料的施涂方法，一般分刷涂、滚涂和喷涂。当施涂溶剂型涂料时，后一遍涂料必须在前一遍涂料干燥后进行，否则易发生皱皮、开裂等质量问题。施涂水溶性涂料时，要求与做法同上。每遍涂料均应施涂均匀，各层结合牢固。当采用双组分和多组分的涂料时，施涂前应严格按产品说明书规定的配合比，根据使用情况可分批混合，并在规定的时间内用完。

四、裱糊类墙面装修

裱糊类墙面装修是将各类装饰性的墙纸、墙布和微薄木等卷材类的装饰材料裱糊在墙面上的一种装修。裱糊类墙体饰面装饰性强、造价较经济、施工方法简捷高效、材料更换方便，并且在曲面和墙面转折处粘贴可以顺应基层获得连续的饰面效果。常见的饰面卷材有塑料墙纸、墙布、纤维壁纸、木屑壁纸、金属箔壁纸、皮革、人造革、锦缎、微薄木等。

墙纸按其构成材料和生产方式不同可分为以下几种：

（1）纸面纸基墙纸。价格便宜，性能差，不耐水。目前已较少见。

（2）塑料墙纸（PVC墙纸）。以纸基、布基和其他纤维为底层，以聚氯乙烯或聚乙烯为面层。种类：普通墙纸、发泡墙纸、特种墙纸。墙纸的衬底分纸底与布底两类。纸底加工简单、价格低，但抗拉性能较差；布底则有较高的抗拉能力，但价格较高。这类墙纸易于粘贴，施工简单，表面不吸水，擦洗方便，易于更换。

（3）纤维墙纸。用棉、麻、毛、丝等纤维胶贴在纸基上制成的墙纸。质感强、高雅舒适。不耐脏，不能擦洗，且裱糊用胶会从纤维中渗漏出来，潮湿环境中还会霉变。目前多以仿锦缎的塑料壁纸所代替。

（4）天然材料墙纸。用树叶、草、木材制成的墙纸。它类似于胶合板，具有特殊的装饰效果。

（5）金属墙纸。采用铝箔、金粉、金银等原料制成各种花纹图案，并同用以衬托金属效果的漆面相间配制而成面层，然后将面层与纸质衬底复合压制而成墙纸。这种墙纸可形成多种图案，色彩艳丽，可耐酸，防油污，多用于高级房间的装修。

墙布是以纤维织物直接作为墙面装饰材料。包括玻璃纤维墙面装饰布（以玻璃纤维织物为基材）和织锦等材料。玻璃纤维墙面装饰墙布耐水、防火、抗拉力强，可以擦洗、价格低，但日久变黄并容易泛色。织锦墙面颜色艳丽、色调柔和、但价格昂贵，用于少量的高级装修工程。

墙纸与墙布的裱贴主要在抹灰的基层上进行，首先要处理墙面，然后弹垂直线，再根据房间的高度裁纸，润纸，最后涂胶裱贴。一般用107胶与羧甲基纤维素配制的黏结剂，也可采用8504和8505粉末墙纸胶，而粘贴玻璃纤维布可采用801墙布粘合剂。墙面应采用整幅裱糊，并统一预排对花拼缝。不足一幅的应裱糊在较暗或不明显的部位。裱糊的顺序为先高后低，应使饰面材料的长边对准基层上弹出的垂直准线，用刮板或胶辊赶平压实。阴阳转角应垂直，棱角分明。阴角处墙纸（布）搭接顺光，阳面处不得有接缝，并应包角压实。裱糊工程的质量标准是粘贴牢固，表面色泽一致，无气泡、空鼓、翘边、皱折。

五、板材类墙面装修

板材类装修系指采用天然木板或各种人造薄板借助于镶、钉、胶等固定方式对墙面进行装饰处理。这种做法一般不需要对墙面抹灰，属于干作业范畴，可节省人工，提高工效。一般适用于装修要求较高或有特殊使用功能的建筑工程中。

板材类墙面由骨架和面板组成，骨架有木骨架和金属骨架，木骨架由墙筋和横挡组成，通过预埋在墙上的木砖钉固定到墙身上。墙筋和横挡断面常用50mm×50mm、40mm×40mm，其间距视面板的尺寸规格而定，一般为450～600mm之间。金属骨架多采用冷轧薄钢板构成槽形断面。为防止骨架与面板受潮损坏，可先在墙体上刷热沥青一道再干铺油毡一层；也可在墙面上抹10mm厚混合砂浆并涂刷热沥青两道。

装饰面板多为人造板，有硬木板、胶合板、纤维板、石膏板等各种装饰面板和近年来应用日益广泛的金属面板。

常见的构造方法如下：

1. 木质板墙面

木质板墙面系用各种硬木板、胶合板、纤维板以及各种装饰面板等作装修。具有美观大方、装饰效果好，且安装方便等优点，但防火、防潮性能欠佳，一般多用作宾馆、大型公共建筑的门厅以及大厅面的装修。木质板墙面装修构造是先立墙筋，然后外钉面板，如图8-6所示。

胶合板、纤维板多用圆钉与墙筋和横挡固定。为保证面板有微量伸缩的可能，在钉面板时，板与板之间可留出5～8mm的缝隙。缝隙可以是方形、三角形，对要求较高的装修可用木压条或金属压条嵌固。

2. 金属薄板墙面

金属薄板墙面系指利用薄钢板、不锈钢板、铝板或铝合金板作为墙面装修材料。以其精密、轻盈，体现着新时代的审美情趣。

金属薄板墙面装修构造，也是先立墙筋，然后外钉面板。墙筋用膨胀铆钉固定在墙上，间距为60～90mm。金属板用自攻螺栓或膨胀铆钉固定，也可先用电钻打孔后用木螺栓固定，如图 8-7 所示。

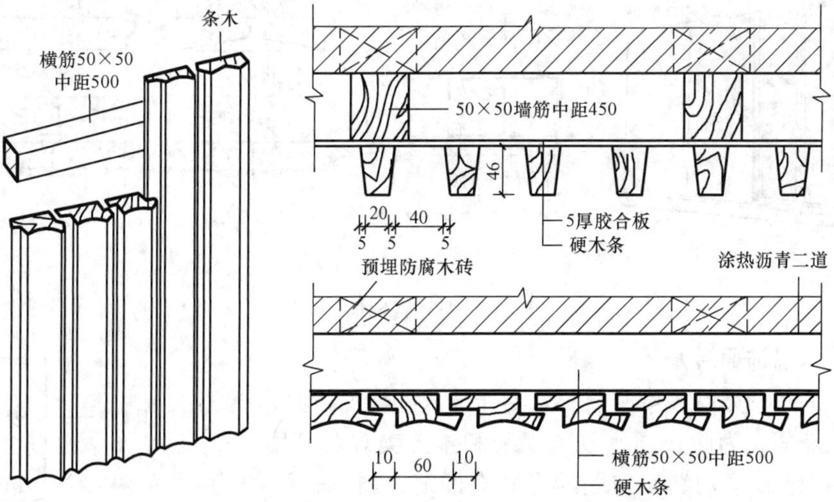

图 8-6 木质板墙面构造

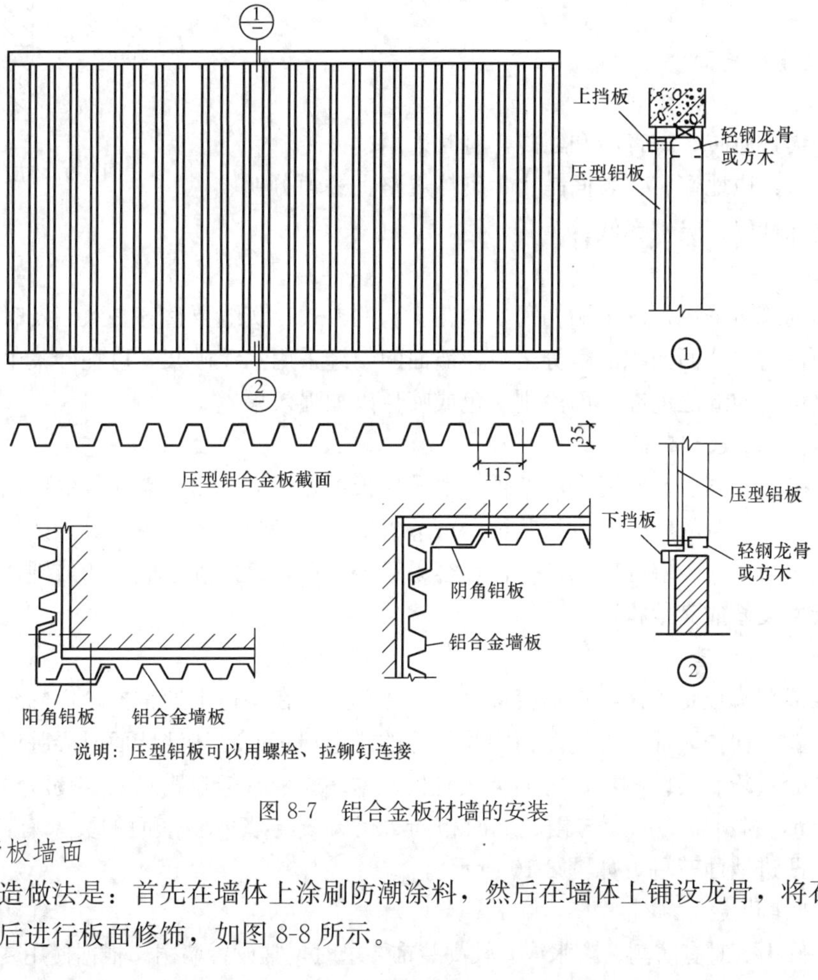

说明：压型铝板可以用螺栓、拉铆钉连接

图 8-7 铝合金板材墙的安装

3. 石膏板墙面

一般构造做法是：首先在墙体上涂刷防潮涂料，然后在墙体上铺设龙骨，将石膏板钉在龙骨上，最后进行板面修饰，如图 8-8 所示。

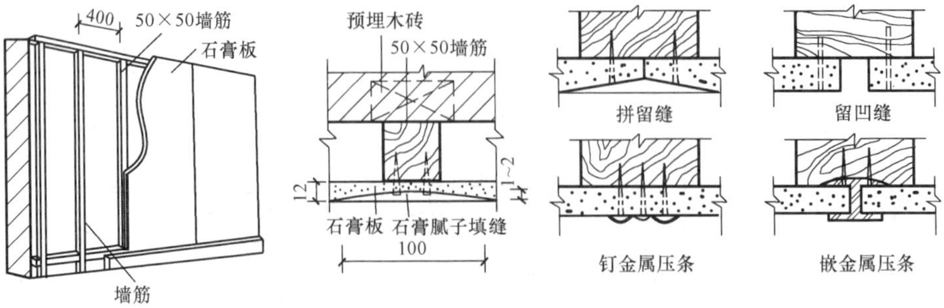

图 8-8　石膏板墙面构造

六、清水墙饰面装修

清水砖墙是暴露墙体本身材料，不作抹灰和饰面，只对缝隙进行处理的墙面。为防止雨水浸入墙身和整齐美观，可用 1∶1 或 1∶2 水泥细砂浆勾缝，勾缝的形式有凹缝、斜缝、凹圆缝、凸圆缝等，如图 8-9 所示。特点是朴素淡雅、耐久性好、不易变色、不易污染、不易褪色和风化，一般有清水砖墙和清水混凝土墙两种。

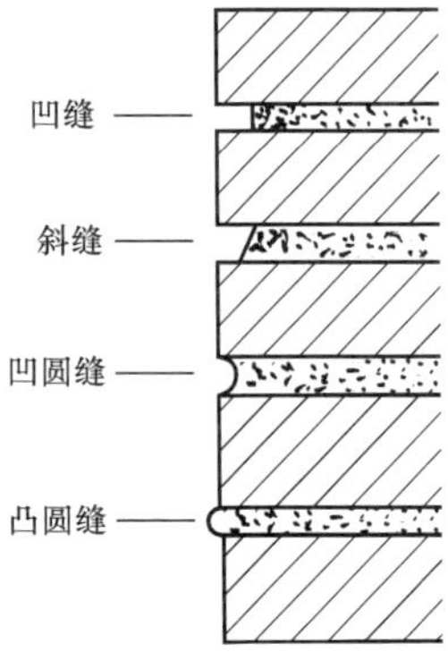

图 8-9　勾缝的形式

（一）清水砖墙面

1. 砖

使用烧结普通砖，有青砖和红砖，有时采用过火砖。

材料要求：质地密实、表面晶化、砌体规整、棱角分明、色泽一致、抗冻性好、吸水率低。

2. 装饰方法

墙体的砌筑多采用每皮丁顺相间（梅花丁）的方式，灰缝要整齐一致，及时清扫墙面。

灰缝约占清水墙面面积的六分之一，墙面的勾缝采用水泥砂浆，可在砂浆中掺入一定量的颜料。也可在勾缝之前在墙面涂刷颜色或喷色以加强效果。

（二）清水混凝土墙体

对各种砌块墙体、预制混凝土壁板、滑升模板墙体、大型模板墙体等的墙面装饰。

利用混凝土本身的特点再进行装饰，可节省造价，避免脱壳、脱落等。效果好坏关键在于模板的挑选与排列。墙柱转角部位往往容易撞击破坏，最好处理成斜角或圆角。

七、墙面装修的其他构造

（一）踢脚线构造

踢脚线或踢脚板是墙面与地面交接处的墙体部位。在构造上通常按地面的延伸部分来处理。主要功能是保护墙面，防止墙面因受外界的碰撞损坏或在清洗墙面时弄脏墙面。按材料和施工方式分：粉刷类踢脚板、铺贴类踢脚板、木踢脚板、塑料踢脚板。踢脚线高度通常为 120～150mm，材料做法一般与楼、地面相同。踢脚线与墙体装修面的关系有：与墙相平、突出墙面、凹进墙面三种，如图 8-10 所示。

（二）墙裙构造

在内装修中，对有防潮、防水或有较高装饰要求时，常设置墙裙。根据使用要求不同，墙裙高度一般为900～2000mm，其材料可用水泥砂浆、水磨石、瓷砖及植物板材等，如图8-11所示。

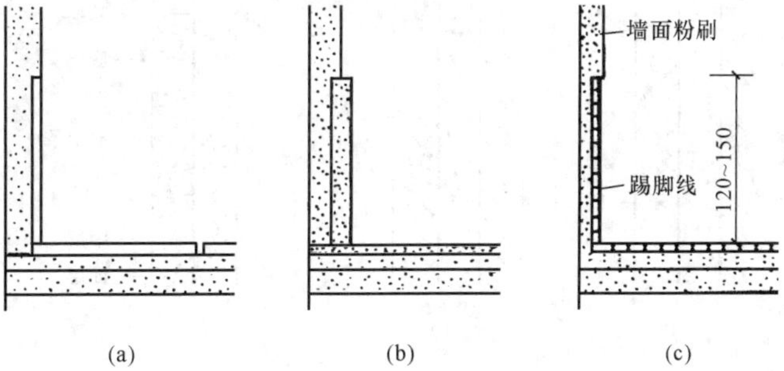

图8-10 踢脚形式

（a）相平墙面粉刷；（b）突出墙面粉刷；（c）凹进墙面粉刷

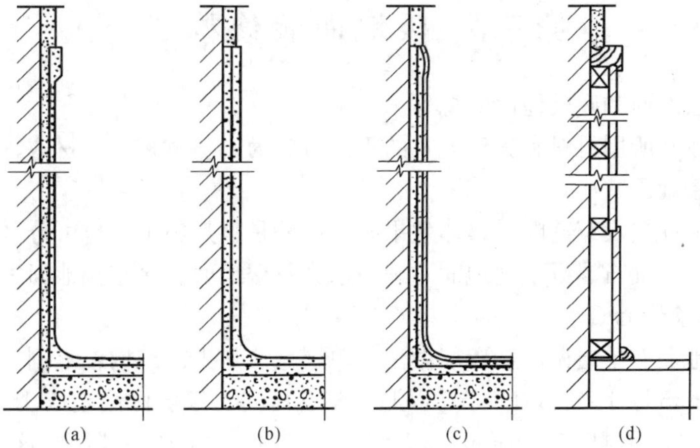

图8-11 墙裙构造

（a）水泥墙裙；（b）水磨石墙裙；（c）瓷砖墙裙；（d）木墙裙

（三）护角构造

对内墙阳角部位、门洞转角等处，当采用一般抹灰时可用水泥砂浆做成护角，如图8-12所示。

（四）装饰凸线及引条

为增加室内美观，在内墙面与顶棚交接处，可做成各种外凸装饰线。见图8-13。

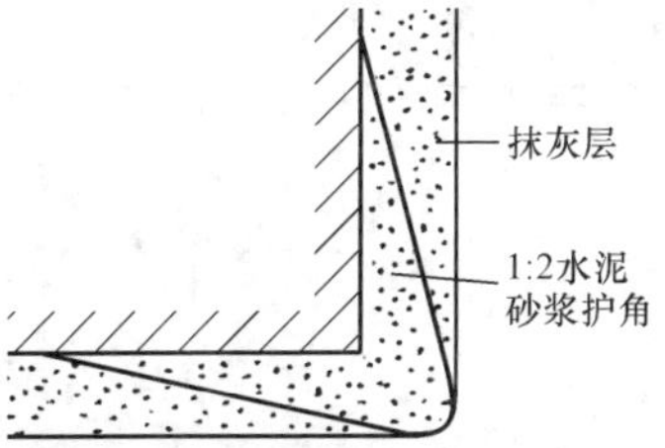

图8-12 护脚构造

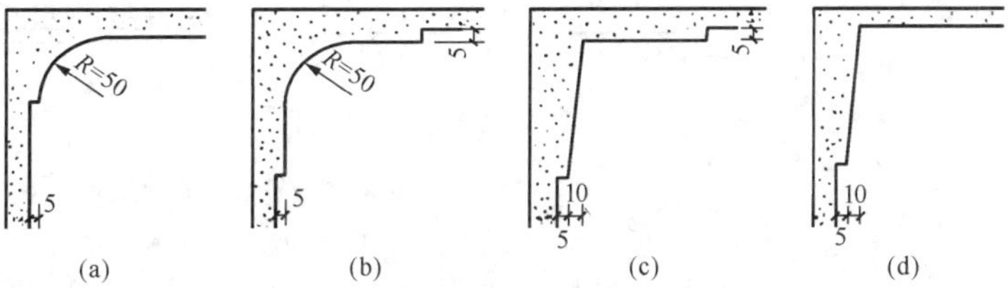

图8-13 装饰凸线

在外墙面抹灰中，为有利施工、立面划分和便于维修，通常可在抹灰前按设计分格，将木条用水泥砂浆固定，抹灰完毕及时取下引条，形成所需的凹线。引条宽约 30mm，详见图 8-14。

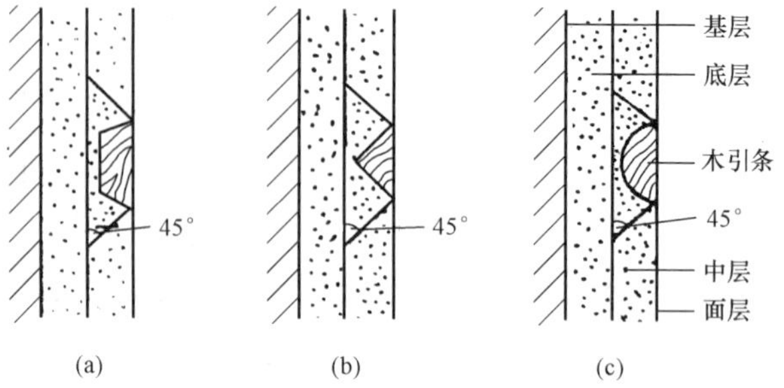

图 8-14　引条做法

第三节　楼地面装修构造

楼地面是楼层地面和底层地面的总称。

楼地面饰面按其所用材料和施工方式的不同可分为：整体式、块材式、卷材式。

一、整体式楼地面

整体式楼地面面层没有缝隙，整体效果好，一般是整片施工，也可分区分块施工。具体有水泥砂浆楼地面、细石混凝土楼地面、现浇水磨石楼地面、涂布楼地面等。

（一）水泥砂浆楼地面

水泥砂浆楼地面有单层做法和双层做法。单层做法是先在结构层上刷一道素水泥浆结合层，再抹 15～20mm 厚 1∶2 或 1∶2.5 水泥砂浆并压光。双层做法是以 15～20mm 厚 1∶3 水泥砂浆打底并找平，再以 5～10mm 厚 1∶1.5 或 1∶2 水泥砂浆抹面。这种地面施工方便，造价低，是应用最广泛的低档地面类型，如图 8-15 所示。

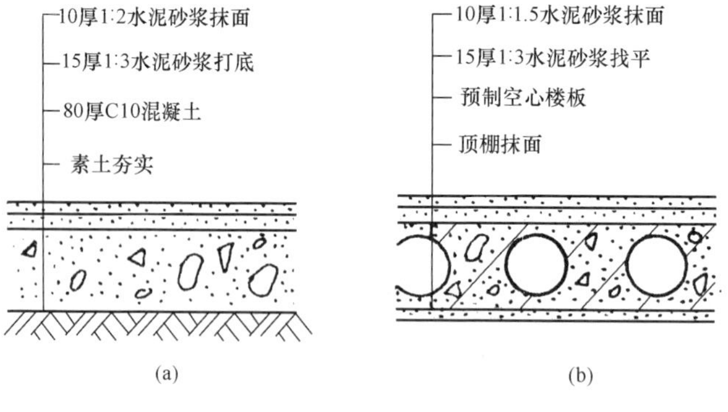

图 8-15　水泥砂浆楼地面

（a）底层地面；（b）楼层地面

（二）细石混凝土楼地面

细石混凝土地面是在结构层上浇 30～40mm 厚细石混凝土，混凝土强度应不低于 C20，施工时用铁滚滚压出浆，为提高表面光洁度，可撒 1∶1 的水泥砂浆抹压光。这种地面具有强度高、整体性好、不易起砂，造价低的优点。

（三）现浇水磨石楼地面

水磨石地面是在结构层上抹 10～15mm 厚 1∶3 水泥砂浆找平层，在找平层上镶嵌玻璃条、铜条或铝条分格，再用 1∶1.5～1∶2.5 的水泥石渣抹面，待结硬后磨光而成。它有普通水磨石和彩色水磨石地面之分，所不同的是后者用彩色水泥或白色水泥加入各种颜料配成。这种地面具有强度高、平整光洁、不起尘、易于清洁等优点，如图 8-16 所示。

（四）涂布楼地面

在地面上涂布一层溶剂型合成树脂或聚合物水泥材料，硬化后形成整体无缝的面层。

有溶剂型合成树脂涂布地面、聚合物水泥涂布地面等。具体构造做法是用面层材料调配腻子，填补裂缝、凹洞；将涂料用刮板均匀地刮在地面上，每层 0.5 厚，每层干后砂纸打磨，刮三至四遍；干后在上面印画仿木条纹；最后用醇酸清漆罩面，打蜡上光。

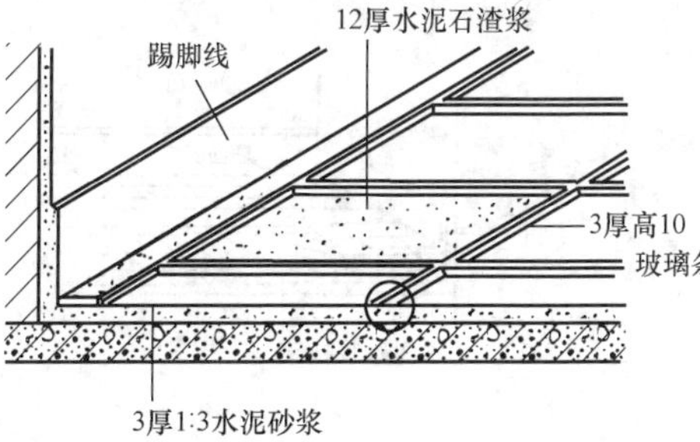

图 8-16　水磨石楼地面

二、块材式楼地面

用各种块状或片状材料铺砌成的地面。如瓷砖、缸砖、陶瓷锦砖、水泥花砖、预制水磨石板、大理石板、花岗石板、碎拼大理石等。

（一）陶瓷锦砖、缸砖、水泥砖楼地面

这种地面的铺贴方式是在结构层找平的基础上，用 5～8mm 厚 1∶1 水泥砂浆铺平拍实，砖块间灰缝宽度约 3mm，用干水泥擦缝。水泥砖吸水性强，应预先用水浸泡，阴干或擦干后再用，铺设 24h 后浇水养护，其目的是防止块材将黏结层的水分吸走蒸发而影响其凝结硬化，如图 8-17 所示。

（二）预制水磨石板、大理石板、花岗石板楼地面

采用预制水磨石板可减少现场湿作业，施工方便。大理石板及花岗石板质地坚硬、色泽艳丽、美观，多用于门厅、大堂、营业厅等公共场所装饰标准较高的楼地面。这种地面的铺贴方式是在结构层上洒水湿润并刷一道素水泥浆，用 20～30mm 厚 1∶3～1∶4 干硬性水泥砂浆作结合层铺贴板材。如图 8-18 所示。

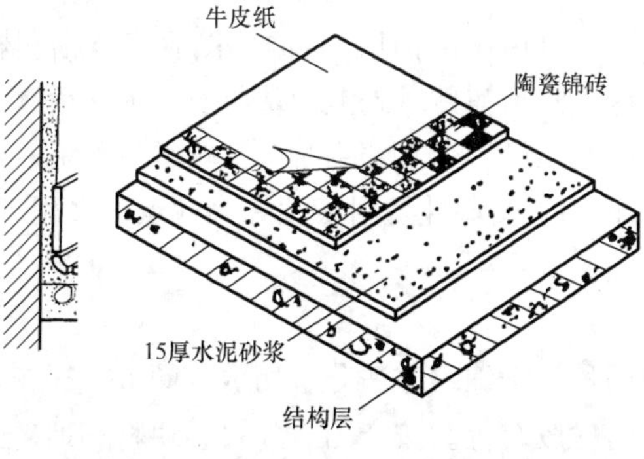

图 8-17　陶瓷锦砖楼地面

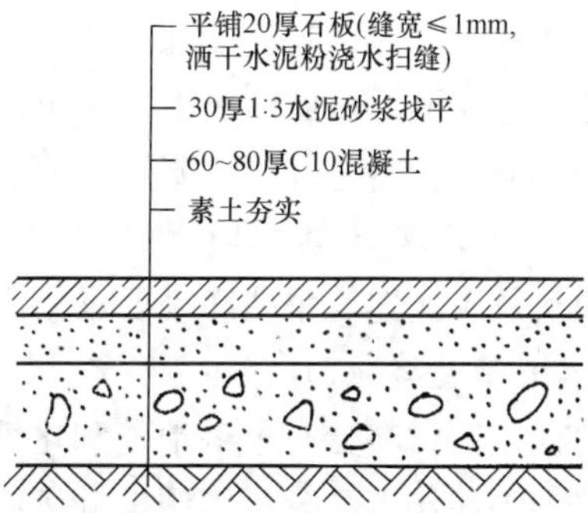

图 8-18　石板地面

（三）木楼地面

木楼地面的类型按材质分有普通纯木楼地板、复合木楼地板、软木楼地板。按构造形式分有架空式木楼地板、实铺式木楼地板、粘贴式木楼地板。

架空木地板耗用大量木材，防火差，除特殊房间外已很少采用。实铺木地板时在结构层上设置木龙骨，在木龙骨上钉木地板的地面。有单层和双层两种做法。分别见图 8-19(a)、(b)。粘贴式木地面是把木板直接粘贴在结构层的找平层上。见图 8-19(c)。这种作法施工方便，造价低。

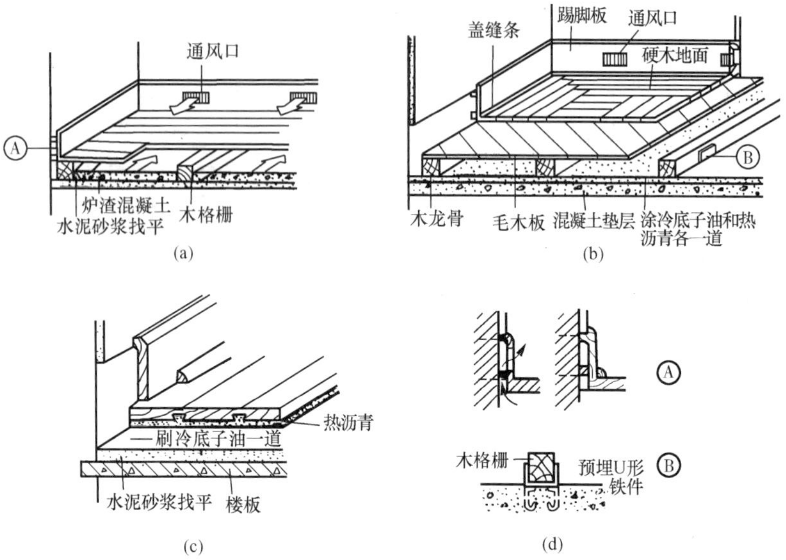

图 8-19 木楼地面

（a）木龙骨单层楼地面；（b）木龙骨双层楼地面；（c）粘贴式木楼地面；（d）A 断面和 B 断面的细部构造

三、卷材式楼地面

由橡胶制品、塑料制品、地毯等覆盖而成的楼地面。

（一）塑料地板楼地面

塑料地面以聚氯乙烯塑料应用最多，它主要以聚乙烯树脂为基料，加入增塑剂、稳定剂、石棉绒等经塑化热压而成。按外形分有块材与卷材类；按材质分有软质与半硬质类；按结构分有单层与多层类。这种地面的铺贴方式可以是直接铺设或胶粘铺贴。直接铺设时先清理基层及找平，按房间尺寸和设计要求排料编号（由中心向四周排），然后将整幅塑料地板革平铺于地面上，四周与墙面间留出伸缩余地。胶粘铺贴时先清理基层及找平，后满刮基层处理剂一遍，塑料毡背面、基层表面满涂黏结剂，最后待不粘手时，粘贴塑料地板。做法见图 8-20 所示。这类地面具有色彩丰富、装饰性强、耐湿性及耐久性好等优点。多用于住宅、公共建筑及工业建筑中洁净度要求较高的房间。

（二）地毯楼地面

地毯按原材料分有羊毛地毯和化纤地毯两种。按编织方法分有切绒、圈绒、提花切绒三种。按加工制作方法分有编织、针刺簇绒、熔融胶合等。按产品有卷材、块材、地砖式。地毯铺设方式有固定式和活动式。固定式铺设可用粘贴固定法或倒刺板固定法。如图 8-21 所示。活动式铺设是将地毯直接铺设在其层上即可。

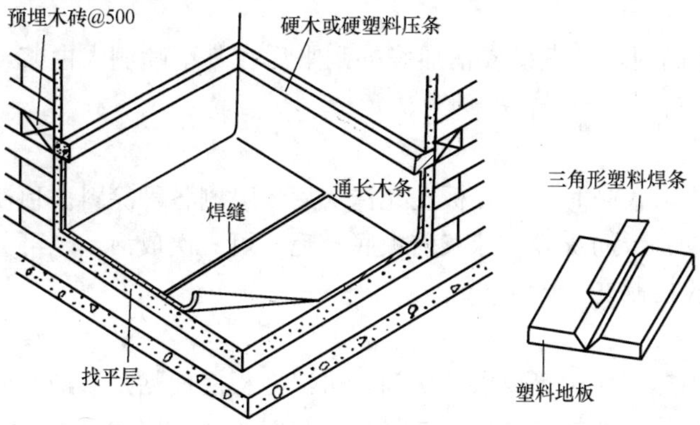

图 8-20 塑料楼地面

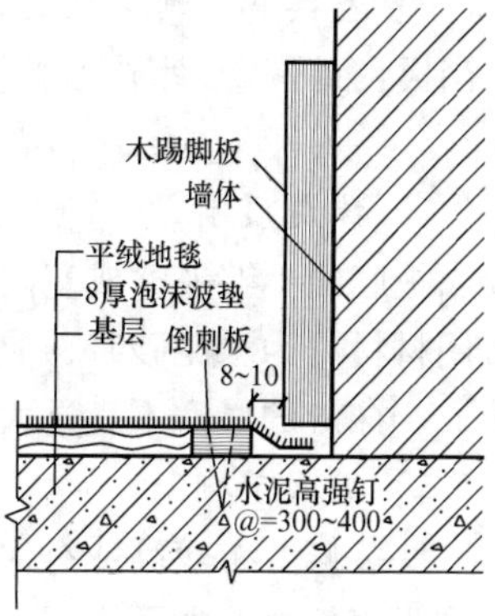

图 8-21 倒刺板与地毯的固定

卷材地面的基层必须坚实、干燥、平整、干净。多用水泥砂浆作为基层材料。

第四节 顶 棚 装 修 构 造

顶棚是位于楼盖和屋盖下面的装修层。顶棚的设计与选择要考虑到建筑功能、建筑声学、建筑热工、设备安装、管线敷设、维护检修、防火安全等综合因素。

顶棚装修按顶棚外观分：有平滑式顶棚、井格式顶棚、悬浮式顶棚、分层式顶棚等。

顶棚装修按施工方法分：有抹灰刷浆类顶棚、裱糊类顶棚、贴面类顶棚、装配式板材顶棚等；按顶棚表面与结构层的关系分：有直接式顶棚、悬吊式顶棚；按顶棚的基本构造分：无筋类顶棚、有筋类顶棚；按结构构造层的显露状况分：有开敞式顶棚、隐蔽式顶棚等；按面层与格栅的关系分：有活动装配式顶棚、固定式顶棚等；按顶棚表面材料分：有木质顶棚、石膏板顶棚、各种金属板顶棚、玻璃镜面顶棚等；按顶棚受力不同分：有上人顶棚、不上人顶棚。还有结构顶棚、软体顶棚、发光顶棚等。

一、直接式顶棚

直接式顶棚是指在结构层底面直接进行喷浆、抹灰、粘贴壁饰面材料的一种构造方式。用于大量性建筑工程中。这种顶棚的特点是构造简单，构造层厚度小，可充分利用空间，装饰效果多样，用材少，施工方便，造价较低。但不能隐藏管线等设备。常用于普通建筑及室内空间高度受到限制的场所，如图 8-22 所示。

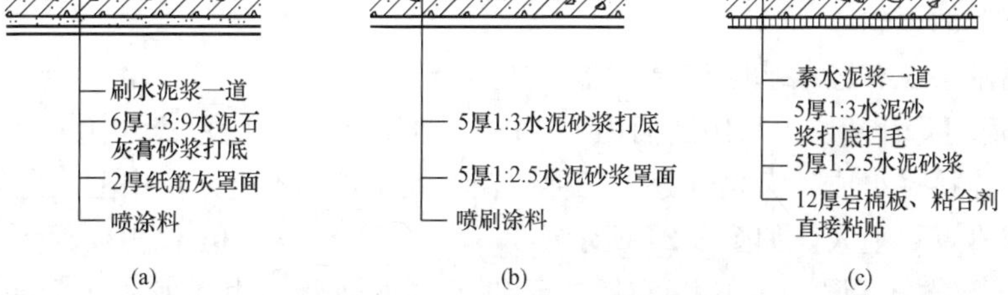

图 8-22 直接式顶棚构造示例

（a）直接喷涂料顶棚；（b）抹灰顶棚；（c）贴面顶棚

(一) 直接喷、刷涂料顶棚

当板底面平整、室内装修要求不高时，可直接或稍加修补刮平后在其下喷刷大白浆或涂料等。

(二) 抹灰顶棚

当板底面不够平整或室内装修要求较高时，可在板底先抹灰后再喷刷各种涂料。顶棚抹灰所用材料可为水泥砂浆、混合砂浆、纸筋灰等。抹灰前板底打毛，可一次成活，也可分两次抹成，抹灰的厚度不宜过大，一般控制在 10～15mm。

(三) 贴面顶棚

一些装修要求较高或有保温、隔热、吸声等要求的房间，可以在板底面粘贴墙纸、墙布及装饰吸声板材，如石膏板、矿棉板等。通常在粘贴装饰材料之间对水泥砂浆找平。

二、悬吊式顶棚

悬吊式顶棚简称吊顶。对使用和美观要求等装修标准较高的房间通常作吊顶处理。这种饰面可埋设各种管线，可镶嵌灯具，可灵活调节顶棚高度，可丰富顶棚空间层次和形式等。根据结构构件高度及上人、不上人确定，顶棚内部的空间高度。必要时要铺设检修走道。

(一) 吊顶的构造组成

吊顶一般由基层、面层、吊筋组成，如图 8-23 所示。

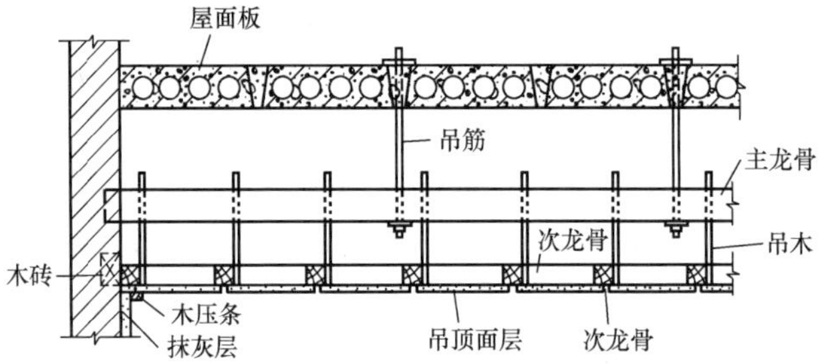

图 8-23 吊顶构造组成

1. 基层

基层的组成是由主龙骨、次龙骨。主龙骨通过吊筋固定在楼板或屋面结构上，它承受顶棚荷载，并通过吊筋传递给楼板或屋面板。主龙骨所用材料有木材及金属等。

(1) 木基层。由主龙骨、次龙骨组成。主龙骨间距 1.2～1.5m，与吊筋钉接或拴接；次龙骨间距依面层而定，用方木挂钉在主龙骨底部，铁丝绑扎。若面层为抹灰，则次龙骨间距一般为 400～600mm；若面层为板材，则次龙骨通常双向布置。这类基层耐火性较差，多用于造型特别复杂的顶棚。

(2) 金属基层。有轻钢基层和铝合金基层。

1) U 形轻钢龙骨基层。采用断面为 U 形的龙骨系列。由大龙骨、中龙骨、小龙骨、横撑龙骨及各种连接件组成。大龙骨分为三种：轻型大龙骨，不上人；中型大龙骨，可偶尔上人；重型大龙骨，可上人，如图 8-24 所示。

2) LT 形铝合金基层。采用断面为 L 形和 T 形的龙骨。由大龙骨、中龙骨、小龙骨、边龙骨及各种连接件组成。大龙骨也分为轻型系列、中型系列、重型系列。

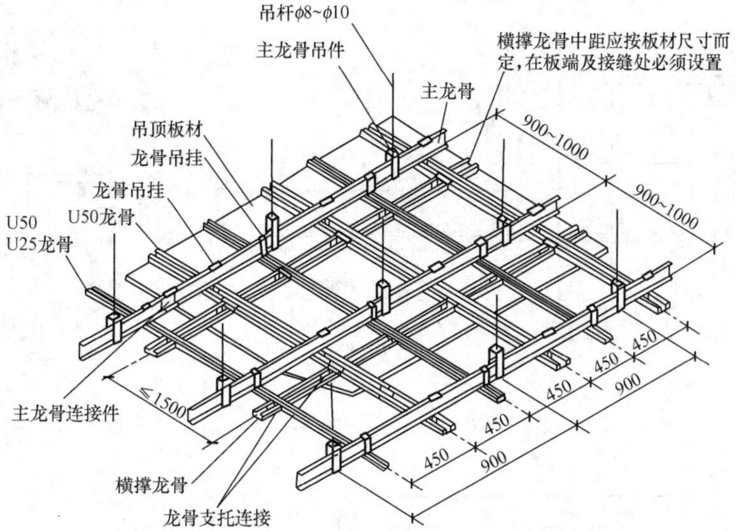

图 8-24 U形上人轻型钢龙骨安装示意图

主龙骨用吊件吊杆固定；次龙骨和小龙骨用挂件与主龙骨固定；横撑龙骨撑住次龙骨。

2. 面层

面层即吊顶的表面层。面层的构造设计要结合灯具、风口等进行布置。顶棚面层可分为：抹灰类、板材类、格栅类。

3. 吊筋

吊筋所用材料有钢筋、型钢、木方等。钢筋用于一般顶棚；型钢用于重型顶棚，或整体刚度要求特高的顶棚；木方用于木基层顶棚，用金属连接件加固。

（二）吊顶的基本构造

1. 板条抹灰顶棚

其特点是构造简单、造价低，但易脱落、耐火性差。构造做法是基层一般采用木龙骨；龙骨下钉毛板条，板条间隙 8～10mm，以便抹灰嵌入；板条上做底层、中层和面层抹灰。要求板条间留缝隙；板条两端应固定；板条接头缝应错开。

木主龙骨间距 1.2～1.5m，与吊筋钉接或拴接；次龙骨间距依面层而定，用方木挂钉在主龙骨底部，铁丝绑扎。若面层为抹灰，则次龙骨间距一般为 400～600mm；这类基层耐火性较差，多用于造型特别复杂的顶棚。

顶棚荷载较大，或悬吊点间距很大，或在特殊环境下，必须采用普通型钢做基层，如角钢、槽钢、工字钢等，如图 8-25 所示。

2. 钢板网抹灰顶棚

其特点是耐久性、防振性、耐火性较好。一般由金属龙骨、钢筋网架、钢板网、抹灰层组成。构造做法是基层采用金属骨架；骨架上衬垫一层钢筋网架；网架上绑扎固定钢板网，钢板网上抹灰，如图 8-26 所示。

3. 板条钢板网抹灰顶棚

一般由木龙骨、木板条、钢板网、抹灰层组成。是在板条抹灰的基础上加钉一层钢板网以防止抹灰层的开裂脱落，如图 8-27 所示。

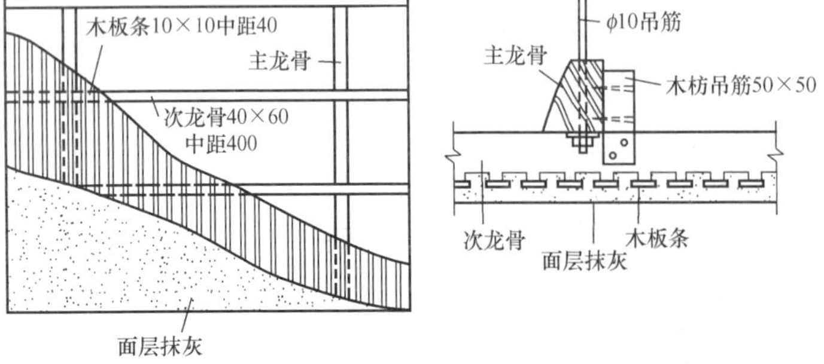

图 8-25 板条抹灰顶棚

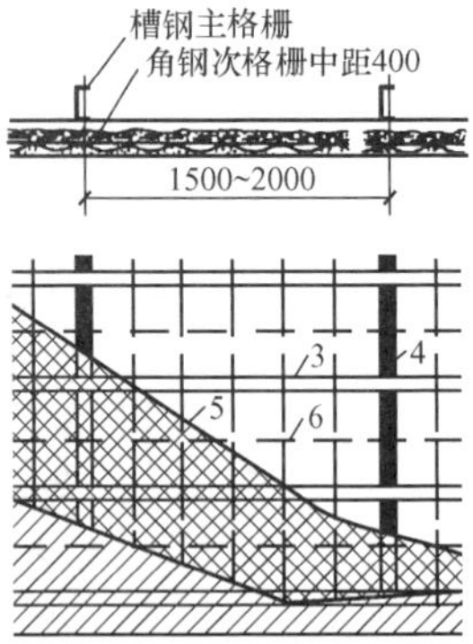

图 8-26 钢板网抹灰顶棚

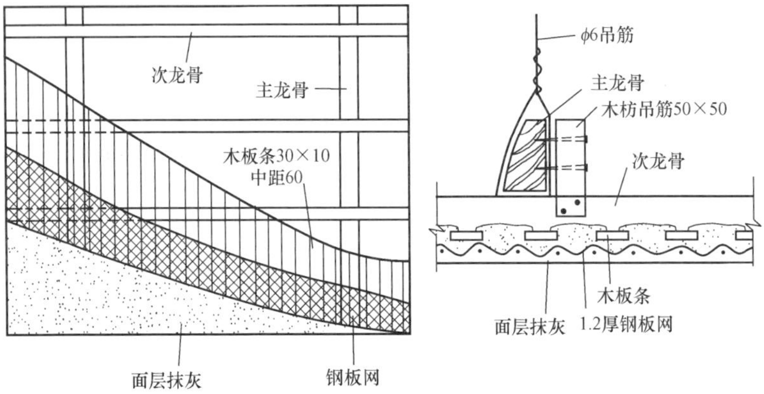

图 8-27 板条钢板网抹灰顶棚

4. 板材类顶棚

板材类顶棚的面层材料有实木板、胶合板、纤维板、钙塑板、石膏板、塑料板、硅钙板、矿棉吸声板、铝合金等金属板材。基本构造：在结构层上用射钉等固定吊筋；将主龙骨固定在吊筋上；次龙骨固定在主龙骨上；再用钉接或搁置的方法固定面层板材。

(1) 木质顶棚。木质顶棚的面层材料是实木条板和各种人造板（胶合板、木丝板、刨花板、填芯板等）。其特点是构造简单、施工方便、具有自然、亲切、温暖、舒适的感觉。

(2) 石膏板顶棚。石膏板顶棚的面板材料有普通纸面石膏板、防火纸面石膏板、石膏装饰板、石膏吸声板等。其饰面特点是自重轻、耐火性能好、抗震性能好、施工方便等。

纸面石膏板可直接搁置在倒 T 形的方格龙骨上，也可用螺栓固定。大型纸面石膏板用螺栓固定后，可刷色、裱糊墙纸、贴面层或做竖条和格子等。无纸面石膏板多为 500mm 见方，有光面、打孔、各种形式的凹凸花纹。安装方法同纸面石膏板。

(3) 矿棉纤维板和玻璃纤维板顶棚。这类顶棚具有不燃、耐高温、吸声的性能，适合有防火要求的顶棚。板材多为方形和矩形，一般直接安装在金属龙骨上。其构造方式有暴露骨架（明架）、部分暴露骨架（明暗架）、隐蔽骨架（暗架）。暴露骨架的构造是将方形或矩形纤维板直接搁置在倒 T 形龙骨的翼缘上。部分暴露骨架的构造是将板材两边做成卡口，卡入倒 T 形龙骨的翼缘中，另两边搁置在翼缘上。隐蔽式骨架是将板材的每边都做成卡口，卡入骨架的翼缘中，如图 8-28 所示。

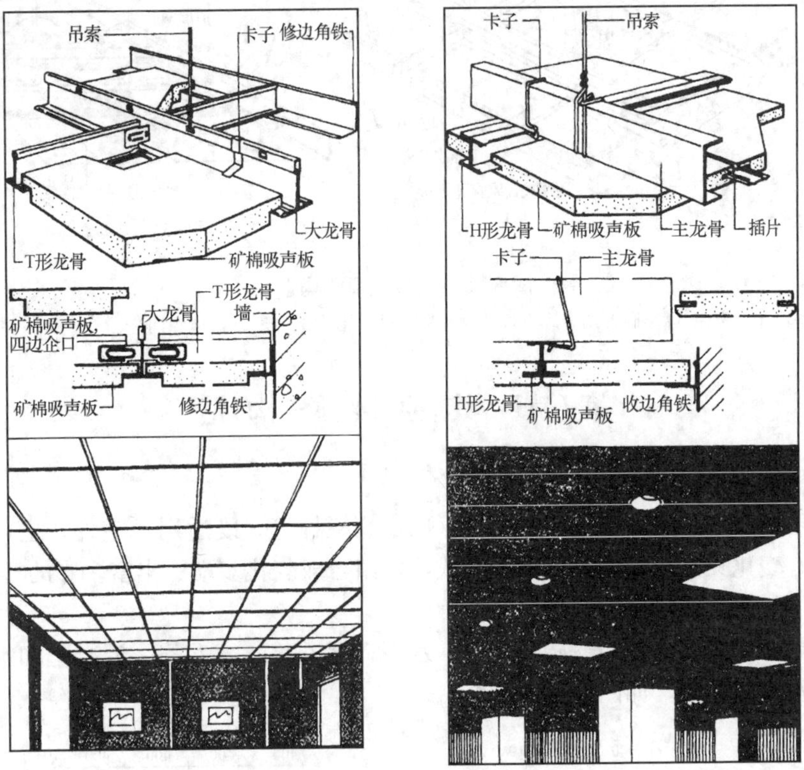

(a)　(b)

图 8-28　矿棉板吊顶

(a) 跌级半明架矿棉板吊顶；(b) 暗架矿棉板吊顶

(4) 金属板顶棚。金属板顶棚是采用铝合金板、薄钢板等金属板材面层的顶棚。

铝合金板表面作电化铝饰面处理，薄钢板表面可用镀锌、涂塑、涂漆等防锈饰面处理。其特点是自重小、色泽美观大方，具有独特的质感，平挺、线条刚劲明快，且构造简单、安装方便、耐火、耐久。金属板有打孔和不打孔的条形、矩形等形材。

金属条板顶棚中条板呈槽形，有窄条、宽条。条板类型不同和龙骨布置方法不同可做成各式各样的变化效果。按条板的缝隙不同有开放型和封闭型。开放型可做吸声顶棚，封闭型在缝隙处加嵌条或条板边设翼盖。金属条板与龙骨相连的方式有卡口和螺钉两种。

金属方板顶棚中金属方板装饰效果别具一格，易于同灯具、风口、喇叭等协调一致，与柱边、墙边处理较方便，且可与条板形成组合吊顶，采用开放型，可起通风作用。

其安装构造有搁置式和卡入式两种。搁置式龙骨为 T 型，方板的四边带翼缘搁在龙骨翼缘上。卡入式的方板卷边向上，设有凸出的卡口，卡入有夹翼的龙骨中。方板可打孔，也可压成各种纹饰图案。

金属方板顶棚靠墙边的尺寸不符合方板规格时，可用条板或纸面石膏板处理，如图8-29所示。

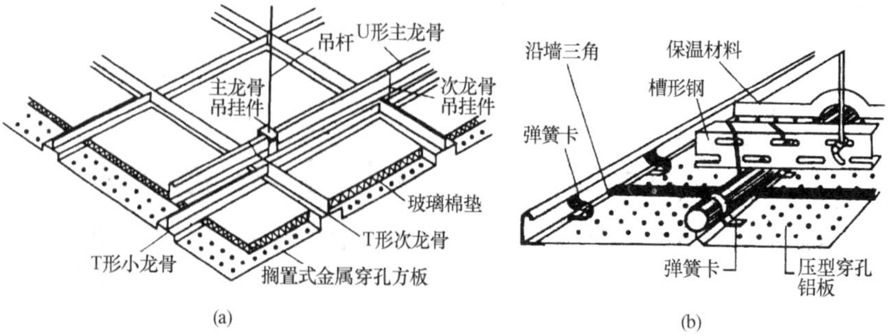

图 8-29 金属板顶棚构造

（a）搁置式金属方板顶棚构造；（b）卡入式金属方板顶棚构造

第五节 其他装修构造

一、花格

花格常用于围墙、隔墙、遮阳、窗栅、门窗、栏杆等。既适用于室外，也可用于室内。花格采用具有变化又有规律的几何图案形式，可组合成变化多端、丰富多彩的样式，在组合中应能产生均匀的虚实对比的效果。

花格根据材料的不同分为：砖瓦花格、水泥砂浆花格、木花格、混凝土和水磨石花格。混凝土花格及拼装详图，如图 8-30 所示。

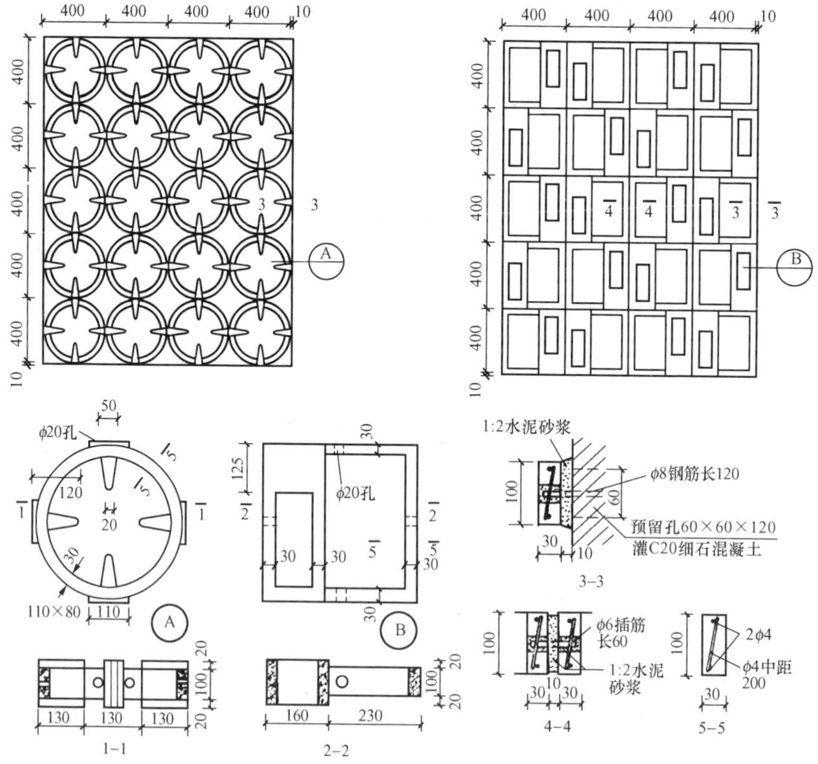

图 8-30 混凝土花格

二、遮阳构造

在炎热地区的夏季，如果阳光直射到房间内，会使房间局部过热并产生眩光，影响人们的工作和生活。所以通常在窗户部位考虑遮阳措施。可以通过构件遮阳来达到遮阳的效果。常是在窗前设置遮阳板的方法。遮阳板的基本形式有水平式、垂直式、综合式和挡板式等，如图 8-31 所示。

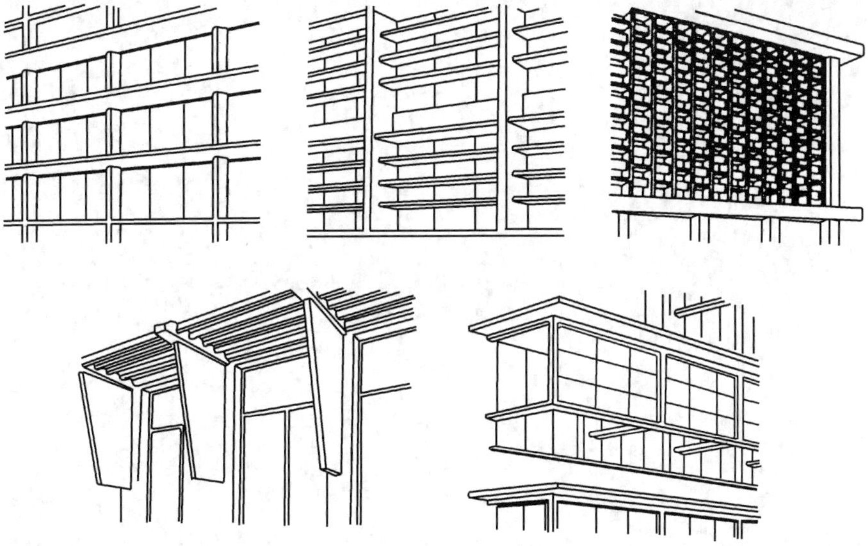

图 8-31 连续遮阳的示例

三、窗帘盒

窗帘盒一般为木质或金属材料制作，房间有吊顶棚时要同时考虑窗帘盒的做法，其长度通常超过窗洞口宽度 300mm 以上，宽度一般为 120～200mm。其做法如图 8-32 所示。

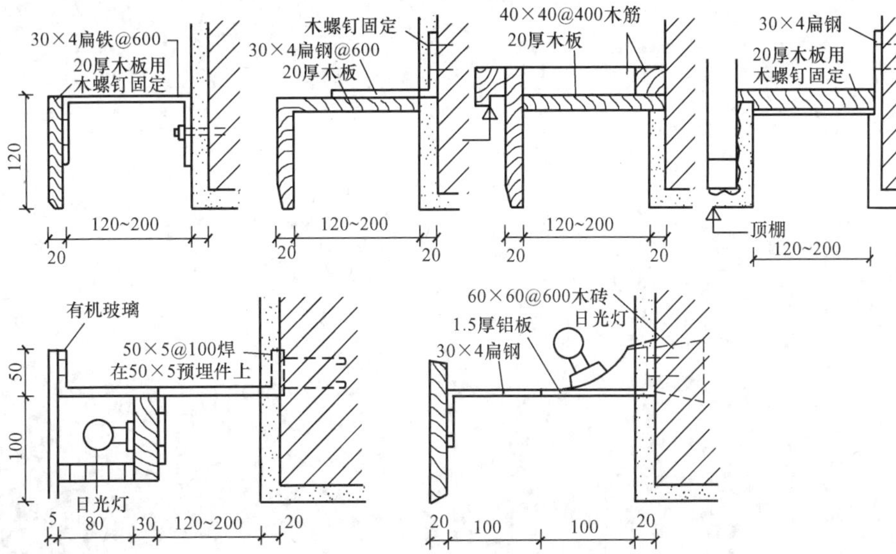

图 8-32 窗帘盒

四、暖气罩

暖气片通常设在窗下，所以暖气罩常与窗台或护壁结合设置。有木制暖气罩和金属暖气罩。木制暖气罩是采用硬木条、胶合板、硬质纤维板等做成格条或格片。可与木护壁结合设置。金属暖气罩是采用钢板、铝合金板等冲压打孔，或做成压型板材等。钢板表面可做成烤漆或搪瓷面层，铝合金表面可氧化出光泽或色彩。固定方式有挂、插、钉、支等。

第九章　工　业　建　筑

工业建筑是为工业生产服务的建筑物和构筑物的总称。前者如厂房、车间、库房，后者如烟囱、水塔、冷却塔。工业建筑既为生产服务，也要满足广大工人的生活要求。厂房的设计除要满足生产工艺的要求外，又要为广大工人创造一个安全、卫生、劳动保护条件良好的生产环境。厂房的建筑构造要力求做到坚固适用、技术先进、经济合理、环境适宜。

第一节　概　　述

一、工业建筑的特点

（1）工业产品的生产都要经过一系列的加工过程，这个过程称为生产工艺流程。生产所需的设备都应按照工艺流程的要求来布置，因而工业建筑的平面形状应按照工艺流程及设备布置的要求进行设计。

（2）厂房内一般都有笨重的机器设备、起重运输设备（吊车）等，这就要求厂房建筑具有较大的空间。同时，厂房结构要承受较大的静、动荷载以及振动或撞击力等的作用。

（3）某些加工过程是在高温状态下完成的，生产过程中要散发大量的余热、烟尘、有害气体及噪声等，这就要求厂房具有良好的通风和采光。

（4）许多产品的生产需要严格的环境条件，如有些厂房要求一定的温度、湿度和洁净度，有些厂房要求无振动，无电磁辐射等。

（5）生产过程往往需要各种工程技术管网，如上下水、热力、煤气、氧气管道和电力供应等。厂房设计时应考虑各种管道的敷设要求和它们的荷载。

二、工业建筑的分类

（一）按建筑层数分类

1. 单层厂房

主要用于重型机械、冶金工业等重工业。这类厂房的特点是设备体积大、重量重、厂房内以水平运输为主。单层厂房按跨度分有单跨、双跨和多跨（图 9-1）。

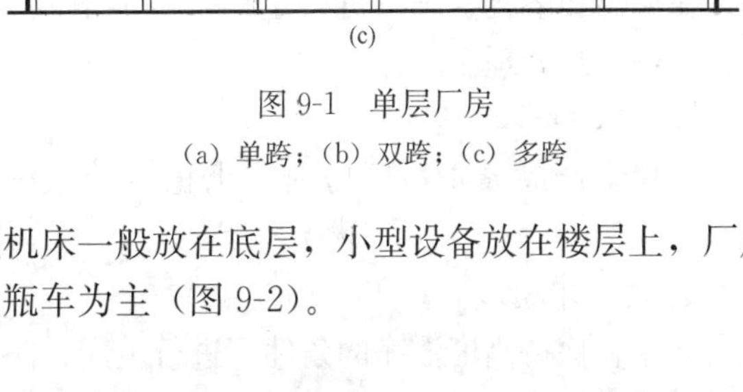

图 9-1　单层厂房

（a）单跨；（b）双跨；（c）多跨

2. 多层厂房

常见的层数为 2～6 层。多用于食品、电子、化工、精密仪器工业等。这类厂房的特点是设备较轻、体积较小、工厂的大型机床一般放在底层，小型设备放在楼层上，厂房内部的垂直运输以电梯为主，水平运输以电瓶车为主（图 9-2）。

3. 层数混合的厂房

厂房由单层跨和多层跨组合而成，多用于热电厂、化工厂等。高大的生产设备位于中间的单跨内，边跨为多层（图 9-3）。

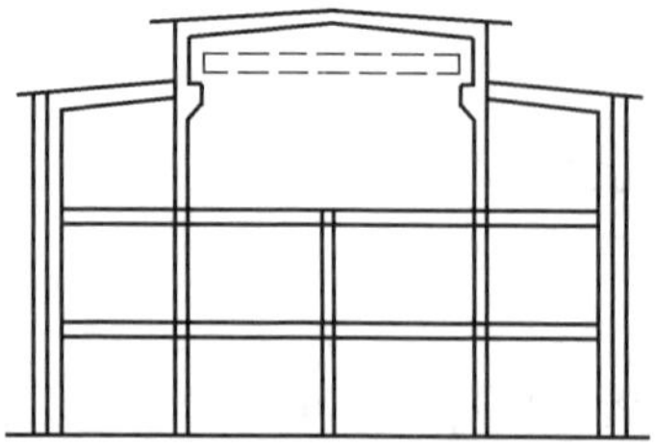

图 9-2　多层厂房

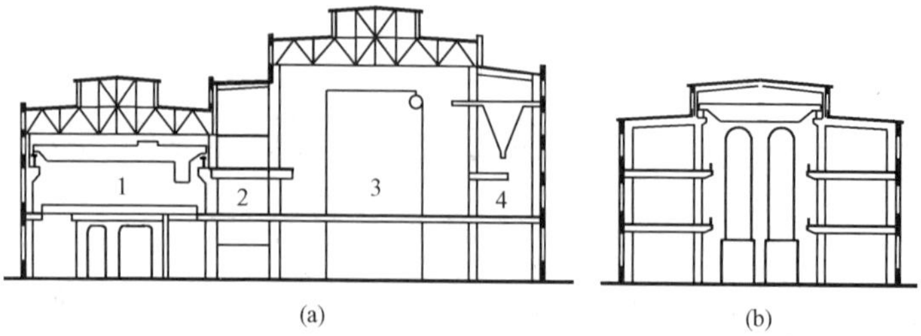

图 9-3　层次混合的厂房

1—汽机间；2—除氧间；3—锅炉房；4—煤斗间

（二）按用途分类

1. 主要生产厂房

在这类厂房中进行生产工艺流程的全部过程，一般包括备料、加工到装配的全过程。如机械制造工厂，包括：铸造车间、锻造车间、冲压车间、铆焊车间、电镀车间、热处理车间、机械加工车间和机械装配车间等。

2. 辅助生产车间

为主要生产厂房服务的车间。如机械修理、工具等车间。

3. 动力用厂房

为全厂提供能源的厂房。如发电站、锅炉房、煤气站等。

4. 储存用房屋

为生产提供存储原料、半成品、成品的仓库。如炉料、砂料、油料、半成品、成品库房等。

5. 运输用房屋

为管理、存储及检修交通工具用的房屋。如机车库、汽车库、电瓶车库等。

6. 其他建筑

如解决厂房给水、排水问题的水泵房、污水处理站等。

（三）按生产状况分类

1. 冷加工车间

在常温状态下进行生产。如机械加工车间、金工车间、机修车间等。

2. 热加工车间

在高温和溶化状态下进行生产，可能散发大量余热、烟雾、灰尘、有害气体等。如铸造、冶炼、热处理车间等。

3. 恒温恒湿车间

为保证产品质量，厂房内要求稳定的温度、湿度条件。如精密仪器、纺织、酿造等车间。

4. 洁净车间

要求在保持高度洁净的条件下进行生产，防止大气中灰尘及细菌的污染。如集成电路车间、精密仪器加工及装配车间、医药工业中的粉针剂车间等。

5. 其他特种状况的车间

如有爆炸可能性、有大量腐蚀性物质、有放射性物质、防微震、防电磁波干扰车间等。

第二节 单层工业厂房的类型及组成

一、单层厂房的结构类型

单层厂房结构按其主要承重结构的型式分，有排架结构和刚架结构两种常用的结构型式。

（一）排架结构

排架结构是目前单层厂房中最基本的、应用比较普遍的结构型式（图9-4）。它的基本特点是把屋架看作一个刚度很大的横梁，屋架（或屋面梁）与柱子的连接为铰接，柱子与基础的连接为刚接。屋架、柱子、基础组成了厂房的横向排架。连系梁、吊车梁、基础梁等均为纵向连系构件，它们和支撑构件将横向排架联成一体，组成坚固的骨架结构系统。

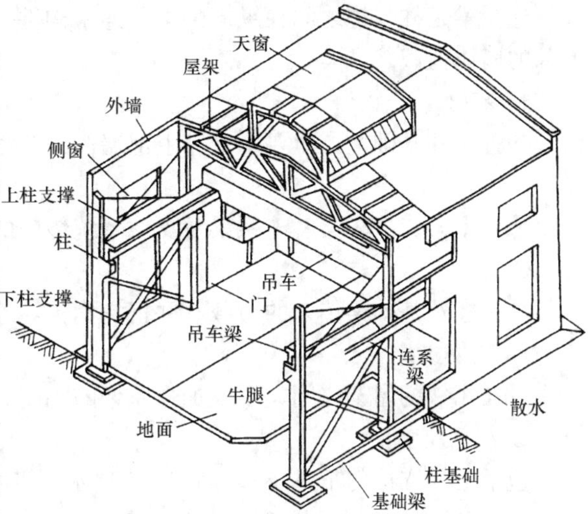

图 9-4 排架结构单层厂房的组成

（二）刚架结构

刚架结构是将屋架（或屋面梁）与柱子合并为一个构件，柱子与屋架（或屋面梁）的连接处为刚性节点，柱子与基础一般做成铰接。刚架结构的优点是梁柱合一，构件种类少，结构轻巧，空间宽敞，但刚度较差，适用于屋盖较轻的无桥式吊车或吊车吨位不大、跨度和高度较小的厂房和仓库。如图 9-5 是目前单层厂房中常用的两铰和三铰刚架形式。

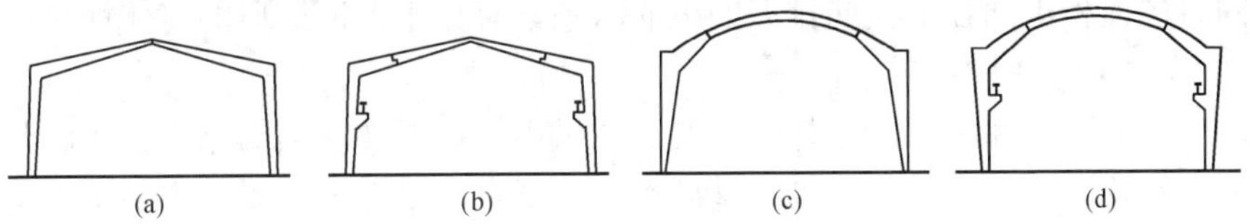

图 9-5 装配式钢筋混凝土门式刚架结构

（a）人字形刚架；（b）带吊车人字刚架；（c）弧形拱刚架；（d）带吊车弧形刚架

二、单层厂房的组成

装配式钢筋混凝土排架结构的单层厂房在工业建筑中应用较为广泛，它由承重结构和围护结构两大部分组成（图 9-4）。

（一）承重结构

1. 屋盖结构

包括屋架（或屋面梁）、屋面板及天窗架等。

（1）屋面板铺设在屋架或天窗架上。屋面板直接承受其上面的荷载（包括自重、屋面材料、雨雪、施工等荷载），并把它们传给屋架，或由天窗架传给屋架。

（2）屋架是屋盖结构的主要承重构件。它承受屋面板、天窗架等传来的荷载及吊车荷载（当设有悬挂吊车时）。屋架搁置在柱子上，并将其所受全部荷载传给柱子。

（3）天窗架承受其上部屋面板及屋面荷载，并将它们传给屋架。

2. 吊车梁

吊车梁搁置在柱牛腿上，承受吊车荷载（包括吊车起吊重物的荷载及启动或制动时产生的纵、横向水平荷载），并把它们传给柱子，同时可增加厂房的纵向刚度。

3. 连系梁

连系梁是柱与柱之间在纵向的水平连系构件，它的作用是增加厂房的纵向刚度，承受其上部的墙体荷载。

4. 基础梁

搁置在柱基础上，主要承受其上部墙体的荷载。

5. 柱子

承受屋架、吊车梁、连系梁及支撑系统传来的荷载，并把它们传给基础。

6. 基础

承受柱及基础梁传来的荷载，并把它们传给地基。

7. 屋架支撑

设在相邻的屋架之间，用来加强屋架的刚度和稳定性。

8. 柱间支撑

包括上柱支撑与下柱支撑，用来传递水平荷载（如风荷载、地震荷载及吊车的制动力等），提高厂房的纵向刚度和稳定性。

（二）围护结构

排架结构厂房的围护结构由屋面、外墙、门窗和地面组成。

1. 屋面

承受外界传来的风、雨、雪、积灰、检修等荷载，并防止外界的寒冷、酷暑对厂房内部的影响，同时屋面板也加强了横向排架的纵向联系，有利于保证厂房的整体性。

2. 外墙

指厂房四周的外墙和抗风柱。外墙主要起防风雨、保温、隔热等作用，一般分上下两部分，上部分砌在连系梁上，下部分砌在基础梁上，属自承重墙。抗风柱主要承受山墙传来的水平荷载，并传给屋架和基础。

3. 门窗

门窗作为外墙的重要组成部分，主要用来交通联系、采光、通风，同时具有外墙的围护作用。

4. 地面

承受生产设备、产品以及堆积在地面上的原材料等荷载，并根据生产使用要求，提供良好的劳动条件。

第三节 工业建筑的起重运输设备

在生产过程中，为了装卸、搬运各种原材料和产品以及进行生产、设备检修等，在厂房内部上空须设置适当的起重吊车。起重吊车是目前厂房中应用最为广泛的一种起重运输设备。厂房剖面高度的确定和结构计算等，同吊车的规格、起重量等有着密切关系。常见的吊车有单轨悬挂吊车、梁式吊车和桥式吊车等。

一、单轨悬挂吊车

单轨悬挂吊车是在屋架（屋面梁）下弦悬挂梁式钢轨，轨梁上设有可水平移动的滑轮组（即电葫芦），利用滑轮组升降起重的一种吊车（图 9-6）。单轨悬挂吊车的起重量一般不超过 5t。由于钢轨悬挂在屋架下弦，要求屋盖结构有较高的强度和刚度。

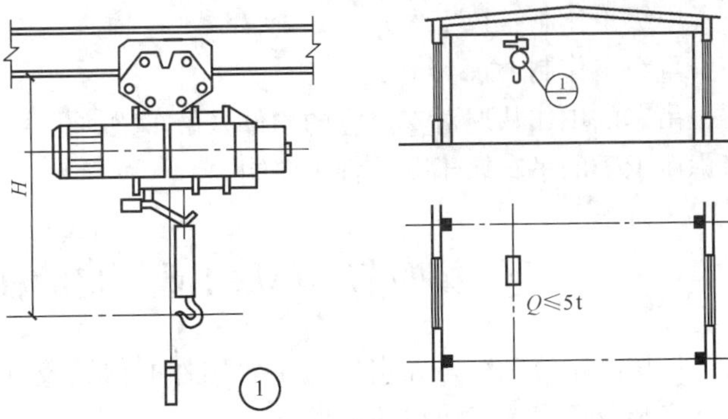

图 9-6　单轨悬挂吊车

二、梁式吊车

梁式吊车有悬挂式和支撑式两种类型。悬挂式是在屋架（屋面梁）下弦悬挂双轨，在双轨上设置可滑行的单梁，在单梁上设有可横向移动的滑轮组（电葫芦）（图 9-7）。支撑式是在排架柱的牛腿上安装吊车梁和钢轨，钢轨上设可滑行的单梁，单梁上设可滑行的滑轮组（图 9-7）。两种吊车的单梁都可按轨道纵向运行，梁上滑轮组可横向运行和起吊重物，起重幅面较大，起重量不超过 5t。

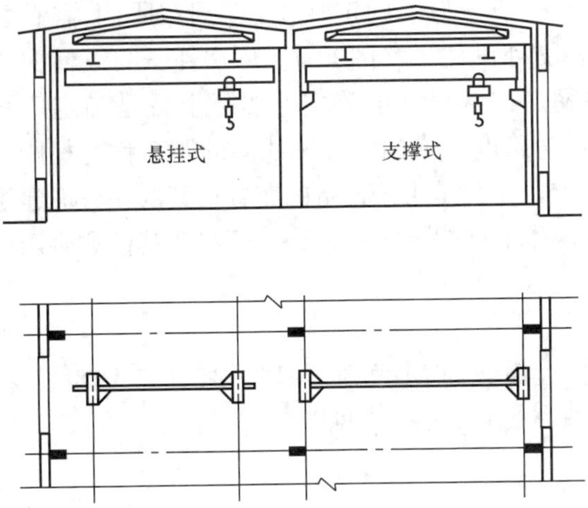

图 9-7　梁式吊车

三、桥式吊车

桥式吊车通常是在厂房排架柱的牛腿上安装吊车梁及钢轨，钢轨上设置能沿着厂房纵向滑移的桥架（或板梁），起重小车安装在桥架上，沿桥架上面的轨道横向运行。在桥架和小车运行范围内均可起重，起重量为 5～400t。司机室设在桥架一端的下方（图 9-8）。

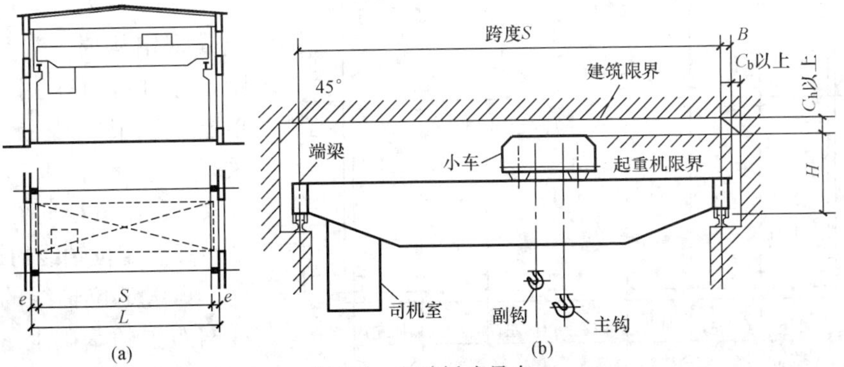

图 9-8　电动桥式吊车

（a）平、剖面示意；（b）吊车安装尺寸

起重吊车按工作的重要性及繁忙程度分重级、中级、轻级等三种工作制。吊车的工作制是根据吊车开动时间与全部生产时间的比率来划分的，用JC%表示。

轻级工作制：JC15%；

中级工作制：JC25%；

重级工作制：JC40%。

吊车的工作状况对支撑它的构件（吊车梁、柱子）有很大影响，在设计这些构件时必须考虑所承受的吊车属于哪一种工作制。

第四节 单层工业厂房的柱网及定位轴线

厂房的定位轴线是确定厂房主要构件的位置及其标志尺寸的基准线，同时也是设备定位、安装及厂房施工放线的依据。

为了提高厂房建筑设计标准化、生产工厂化和施工机械化的水平，划分厂房定位轴线时，在满足生产工艺要求的前提下应尽可能减少构件的种类和规格，并使不同厂房结构形式所采用的构件能最大限度地互换和通用，以提高厂房建筑的装配化程度和建筑工业化水平。

一、柱网尺寸

在单层厂房中，为支撑屋盖和吊车需设置柱子，为了确定柱位，在平面图上需布置纵、横向定位轴线。一般在纵横向定位轴线相交处设柱子（图9-9）。厂房柱子与纵横向定位轴线在平面上形成有规律的网格，称为柱网。柱网尺寸的确定，实际上就是确定厂房的跨度和柱距。柱子纵向定位轴线间的距离称为跨度，横向定位轴线间的距离称为柱距。

确定柱网尺寸时，首先要满足生产工艺要求，尤其是工艺设备的布置；其次在考虑建筑材料、结构形式、施工技术水平、经济效果等因素的前提下，应符合《厂房建筑模数协调标准》的规定：

（一）跨度

单层厂房的跨度在18m以下时，应采用扩大模数30M数列，即9、12、15、18m；在18m以上时，应采用扩大模数60M数列，即24、30、36m…，见图9-9。

（二）柱距

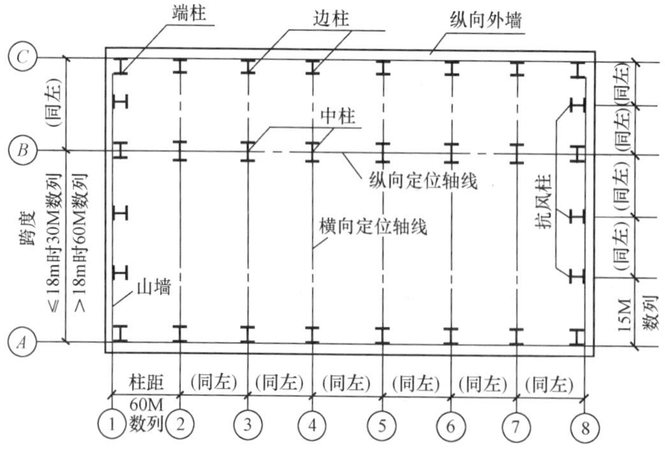

图9-9 跨度和柱距示意图

单层厂房的柱距应采用扩大模数60M数列，采用钢筋混凝土或钢结构时，常采用6m柱距，有时也可采用12m柱距。单层厂房山墙处的抗风柱柱距宜采用扩大模数15M数列，即4.5、6、7.5m，见图9-9。

二、定位轴线的划分

厂房定位轴线的划分是在柱网布置的基础上进行的，并与柱网布置保持一致。

厂房的定位轴线分为横向

和纵向两种。与横向排架平面平行的称为横向定位轴线；与横向排架平面垂直的称为纵向定位轴线。定位轴线应予编号。

（一）横向定位轴线

与横向定位轴线有关的承重构件，主要有屋面板和吊车梁。此外，横向定位轴线还与连系梁、基础梁、墙板、支撑等其他纵向构件有关。因此，横向定位轴线应与屋面板、吊车梁等构件长度的标志尺寸相一致。

1. 中间柱与横向定位轴线的关系

除了靠山墙的端部柱和横向变形缝两侧的柱以外，一般中间柱的中心线与横向定位轴线相重合，且横向定位轴线通过屋架中心线及屋面板、吊车梁等构件的接缝中心，如图 9-10 (a)所示。

2. 山墙处柱子与横向定位轴线的关系

当山墙为非承重墙时，墙内缘应与横向定位轴线相重合，且端部柱及端部屋架的中心线应自横向定位轴线向内移 600mm，见图 9-10（b）。这是由于山墙内侧的抗风柱需通至屋架上弦或屋面梁上翼并与之连接，同时定位轴线定在山墙内缘，可与屋面板的标志尺寸端部重合，因此不留空隙，形成“封闭结合”，使构造简单。

当山墙为承重山墙时，墙内缘与横向定位轴线的距离应按砌体的块材类别分别为半块或半块的倍数或墙厚的一半，如图 9-10（c）所示，以保证伸入山墙内的屋面板与砌体之间有足够的搭接长度。屋面板与墙上的钢筋混凝土垫梁连接。

3. 横向变形缝处柱子与横向定位轴线的关系

在横向伸缩缝处或防震缝处，应采用双柱及两条定位轴线。柱的中心线均应自定位轴线向两侧各移 600mm，见图 9-10（d），两条横向定位轴线分别通过两侧屋面板、吊车梁等纵向构件的标志尺寸端部，两轴线间加插入距 a_i，a_i 应等于伸缩缝或防震缝的宽度 a_e。

（二）纵向定位轴线

与纵向定位轴线有关的构件主要是屋架（屋面梁），此外纵向定位轴线还与屋面板宽、

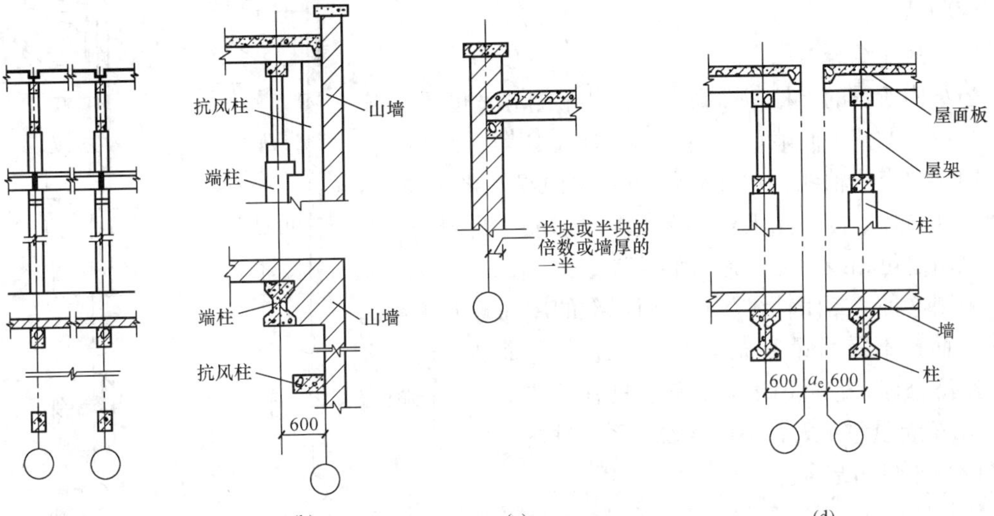

图 9-10 横向定位轴线

（a）中间轴的横向定位轴线；（b）山墙处柱子的横向定位轴线；

（c）承重山墙的横向定位轴线；（d）变形缝处的横向定位轴线

吊车等有关。因为屋架（屋面梁）的标志跨度是以 3m 或 6m 为倍数的扩大模数，并与大型屋面板（一般为 1.5m 宽）相配合，因此，一般厂房的纵向定位轴线都是按照屋架跨度的标志尺寸从其两端垂直引下来。

1. 边柱与纵向定位轴线的关系

在有梁式或桥式吊车的厂房中，为了使厂房结构和吊车规格相协调，保证吊车的安全运行，厂房跨度与吊车跨度两者之间的关系规定为

$$S=L-2e$$

式中 L——厂房跨度，即纵向定位轴线间的距离；

S——吊车跨度，即吊车轨道中心线间的距离；

e——吊车轨道中心线至厂房纵向定位轴线间的距离（一般为 750mm，当构造需要或吊车起重量大于 75t 时为 1000mm）。见图 9-11。

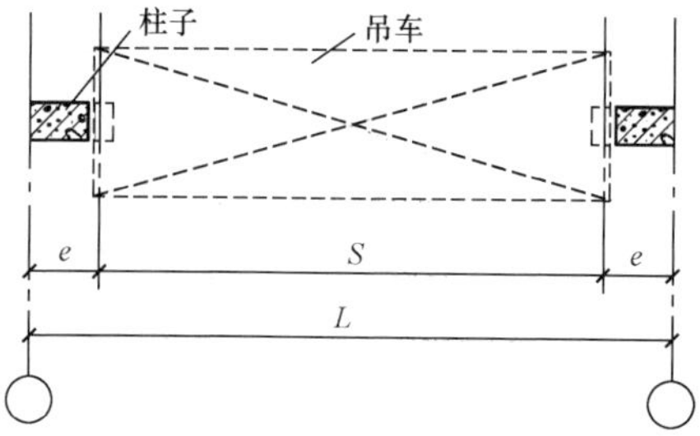

图 9-11 吊车跨度与厂房跨度的关系
L—厂房跨度；S—吊车跨度；
e—吊车轨道中心线至厂房纵向定位轴线的距离

轨道中心线至厂房纵向定位轴线间的距离 e 是根据厂房上柱的截面高度 h、吊车侧方宽度尺寸 B（吊车端部至轨道中心线的距离）、吊车侧方间隙 C_b（吊车运行时，吊车端部与上柱内缘间的安全间隙尺寸）等因素决定的。上柱截面高度 h 由结构设计确定，常用尺寸为 400mm 或 500mm。吊车侧方间隙与吊车起重量大小有关。当吊车起重量<50t 时，为 80mm，吊车起重量>63t 时，为 100mm。吊车侧方宽度尺寸 B 随吊车跨度和起重量的增大而增大。

实际工程中，由于吊车形式、起重量、厂房跨度、高度和柱距不同，以及是否设置安全走道板等条件不同，外墙、边柱与纵向定位轴线的关系有以下两种情况：

（1）封闭结合。

当结构所需的上柱截面高度 h、吊车侧方宽度 B 及安全运行所需的侧方间隙 C_b 三者之和 $(h+B+C_b)<e$ 时，可采用纵向定位轴线、边柱外缘和外墙内缘三者相重合，屋架端部与外墙内缘相重合，无空隙，形成“封闭结合”。这种纵向定位轴线称为“封闭轴线”，见图 9-12（a）。

采用这种“封闭轴线”时，用标准的屋面板便可铺满整个屋面，不需另设补充构件，因此构造简单，施工方便，经济合理。它适用于无吊车或只有悬挂吊车及柱距为 6m、吊车起重量不大且不需增设联系尺寸的厂房。

（2）非封闭结合。

当柱距>6m，吊车起重量及厂房跨度较大时，由于 B、C_b、h 均可能增大，因而可能导致 $(h+B+C_b)>e$，此时若继续采用“封闭结合”，便不能满足吊车安全运行所需净空要求，造成厂房结构的不安全，因此，需将边柱

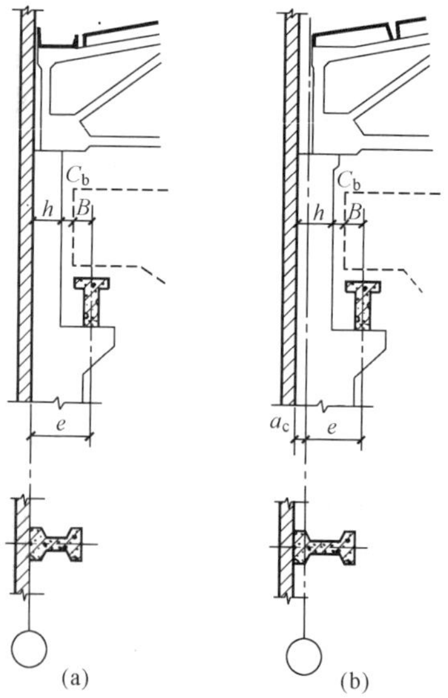

图 9-12 边柱与纵向定位轴线的关系
（a）封闭结合；（b）非封闭结合
h—上柱截面高度；a_c—联系尺寸；
B—吊车侧方尺寸；C_b—吊车侧方间隙

外缘从纵向定位轴线向外推移，即边柱外缘与纵向定位轴线之间增设联系尺寸 a_c，使 $(e+a_c) > (h+B+C_b)$，以满足吊车运行所需的安全间隙，见图 9-12（b）。当外墙为墙板时，联系尺寸 a_c 应为 300mm 或其整数倍数；当围护结构为砌体时，联系尺寸 a_c 可采用 50mm 或其整数倍数。

当纵向定位轴线与柱子外缘间有“联系尺寸”时，由于屋架标志尺寸端部与柱子外缘、外墙内缘不能相重合，上部屋面板与外墙之间便出现空隙，这种情况称为“非封闭结合”，这种纵向定位轴线称为“非封闭轴线”。此时，屋面上部空隙处需作构造处理，通常应加设补充构件，一般有挑砖、加设补充小板等（图 9-13）。

厂房是否需要设置“联系尺寸”及其取值多少，应根据所需吊车规格校核安全净空尺寸，使其在任何可能发生的情况下，均有安全保证。此外，还与柱距以及是否设置吊车梁走道板等因素有关。

当厂房采用承重墙结构时，承重外墙的墙内缘与纵向定位轴线间的距离宜为半块砌体的倍数或墙厚的一半。若为带壁柱的承重墙，其内缘与纵向定位轴线相重合，或与纵向定位轴线相距半块砌体或半块的倍数（图 9-14）。

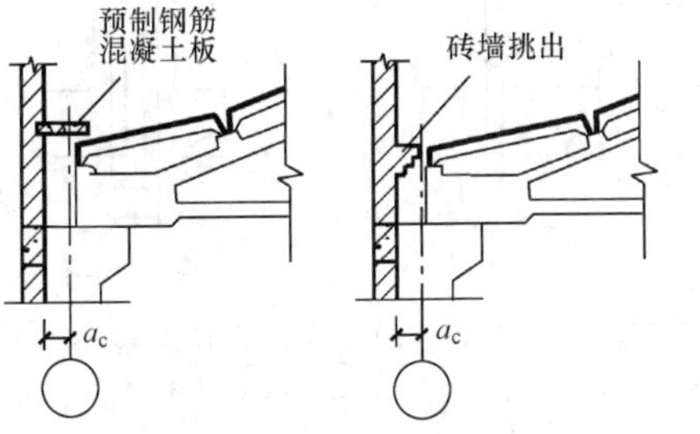

图 9-13　“非封闭结合”屋面板与墙空隙的处理

a_c—联系尺寸

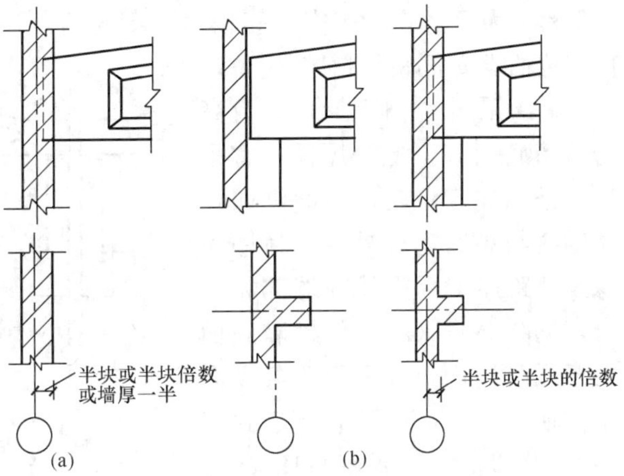

图 9-14　承重墙的纵向定位轴线

（a）无壁柱的承重墙；（b）带壁柱的承重墙

2. 中柱与纵向定位轴线的关系

中柱处纵向定位轴线的确定方法与边柱相同，定位轴线与屋架(屋面梁)的标志尺寸相重合。

（1）等高跨中柱与纵向定位轴线的关系。

无变形缝时，等高厂房的中柱宜设单柱和一条纵向定位轴线，柱的中心线宜与纵向定位轴线相重合，见图 9-15（a）。当相邻跨为桥式吊车且起重量较大，或厂房柱距较大或有其他构造要求时需设置插入距。中柱可采用单柱，并设两条纵向定位轴线，其插入距 a_i 应符合数列 3M（即 300mm 或其整数倍数），但围护结构为砌体时，a_i 可采用 M/2（即 50mm）或其整数倍数，柱中心线宜与插入距

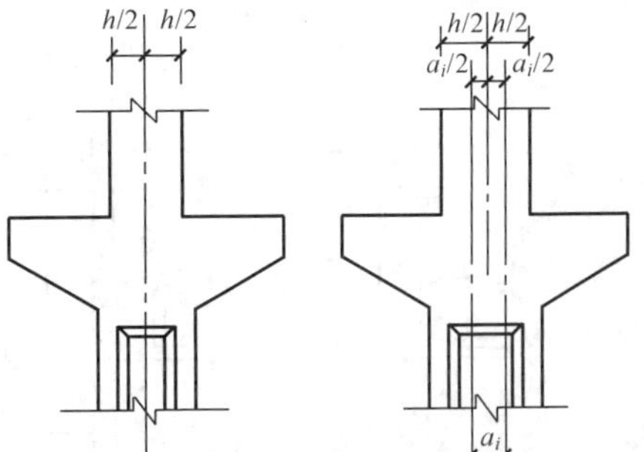

图 9-15　等高跨中柱单柱（无纵向伸缩缝）

（a）一条纵向定位轴线；（b）两条纵向定位轴线

h—上柱截面高度；a_i—插入距

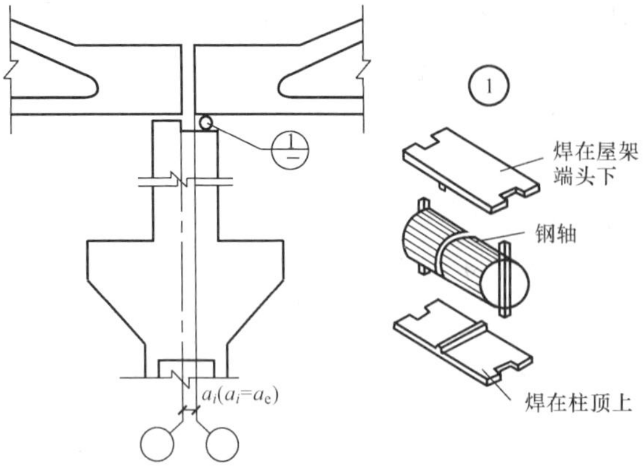

图 9-16 等高跨中柱单柱（有纵向伸缩缝）的纵向定位

a_i—插入距；a_e—伸缩缝宽度

中心线相重合，见图 9-15（b）。

等高跨厂房设有纵向伸缩缝时，中柱可采用单柱并设两条纵向定位轴线，伸缩缝一侧的屋架（屋面梁）应搁置在活动支座上，两条定位轴线间插入距 a_i 为伸缩缝的宽度 a_e，见图 9-16。

等高跨厂房需设置纵向防震缝时，应采用双柱及两条纵向定位轴线。其插入距 a_i 应根据防震缝的宽度及两侧是否“封闭结合”，分别确定为 a_e 或 a_e+a_c 或 $a_c+a_e+a_c$，如图 9-17 所示。

（2）不等高跨中柱与纵向定位轴线的关系。

1）无变形缝时的不等高跨中柱。不等高跨处采用单柱时，把中柱看作是高跨的边柱，对于低跨，为简化屋面构造，一般采用“封闭结合”。根据高跨是否封闭及封墙位置的高低，纵向定位轴线按下述两种情况定位。

高跨采用“封闭结合”，且高跨封墙底面高于低跨屋面，宜采用一条纵向定位轴线，即纵向定位轴线与高跨上柱外缘、封墙内缘及低跨屋架标志尺寸端部相结合，见图 9-18（a）。若封墙底面低于低跨屋面，宜采用两条纵向定位轴线，其插入距 a_i 等于封墙厚度 t，即 $a_i=t$，见图 9-18（b）。

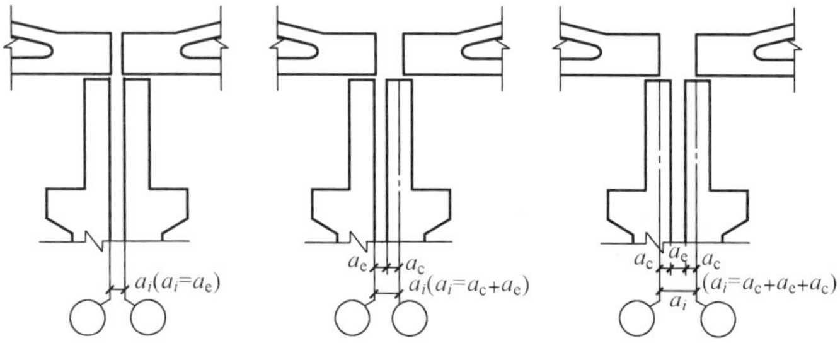

图 9-17 等高跨中柱设双柱时的纵向定位轴线

a_i—插入距；a_e—防震缝宽度；a_c—联系尺寸

高跨采用“非封闭结合”，上柱外缘与纵向定位轴线不能重合，应采用两条定位轴线。插入距根据高跨封墙高于或是低于低跨屋面，分别等于联系尺寸或封墙厚度加联系尺寸 a_c，

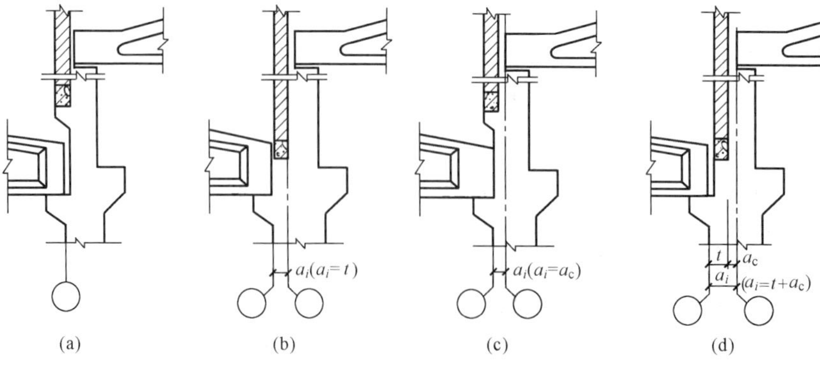

图 9-18 不等高跨中柱单柱（无纵向伸缩缝时）与纵向定位轴线的定位

a_i—插入距；t—封墙厚度；a_c—联系尺寸

即 $a_i=a_c$ 或 $a_i=a_c+t$，见图 9-18（c）、（d）。

2）有变形缝时的不等高跨中柱。不等高跨处采用单柱并设纵向伸缩缝时，低跨的屋架或屋面梁可搁置在活动支座上，不等高跨处应采用两条纵向定位轴线，并设插入距。其插入距可根据封墙的高低位置及高跨是否“封闭结合”分别定位：

当高低两跨纵向定位轴线均采用“封闭结合”，高跨封墙底面低于低跨屋面时，其插入距 $a_i=a_e+t$，见图 9-19（a）。

当高跨纵向定位轴线为“非封闭结合”，低跨仍为“封闭结合”，高跨封墙底面低于低跨屋面时，其插入距 $a_i=a_e+t+a_c$，见图 9-19（b）。

当高低两跨纵向定位轴线均采用“封闭结合”，高跨封墙底面高于低跨屋面时，其插入距 $a_i=a_e$，见图 9-19（c）。

当高跨纵向定位轴线为“非封闭结合”，低跨仍为“封闭结合”，高跨封墙底面高于低跨屋面时，其插入距 $a_i=a_e+a_c$，见图 9-19（d）。

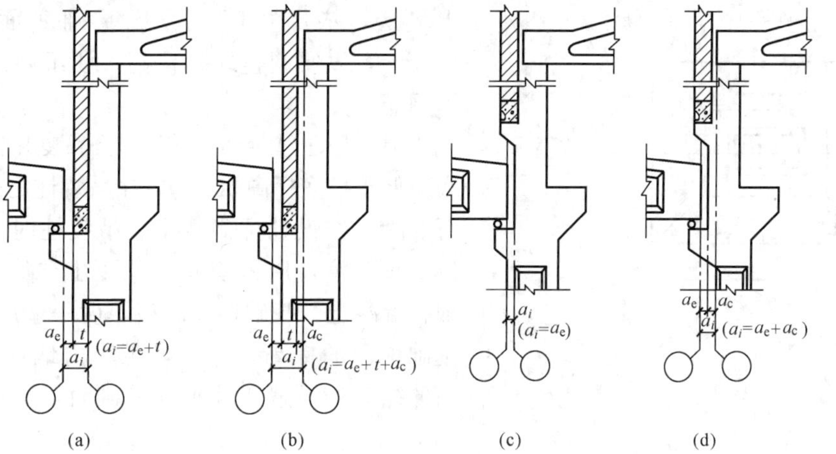

图 9-19 不等高跨中柱单柱（有纵向伸缩缝）与纵向定位轴线的定位

a_i—插入距；a_e—防震缝宽度；t—封墙厚度；a_c—联系尺寸

当厂房不等高跨处需设置防震缝时，应采用双柱和两条纵向定位轴线的定位方法，柱与纵向定位轴线的定位规定与边柱相同。其插入距 a_i 可根据封墙位置的高低以及高跨是否是“封闭结合”，分别定为 $a_i=a_e+t$ 或 $a_i=a_e+t+a_c$，$a_i=a_e$ 或 $a_i=a_e+a_c$（图 9-20）。

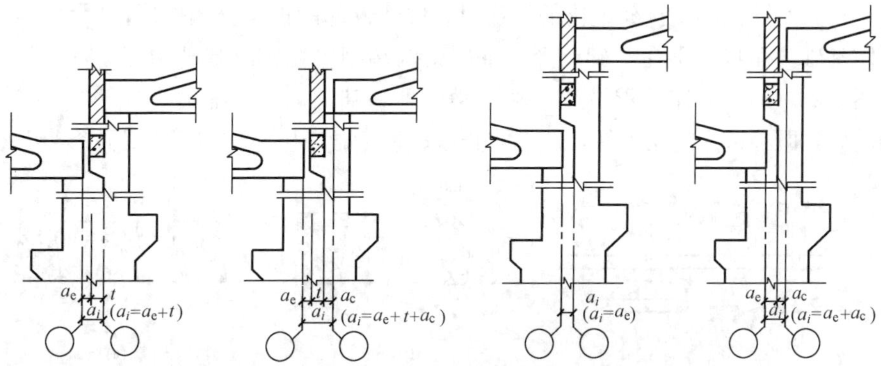

图 9-20 不等高跨设中柱双柱与纵向定位轴线的定位

第五节　单层工业厂房主要结构构件

一、基础及基础梁

（一）基础

和民用建筑一样，基础起着承上传下的作用，它承受厂房结构的全部荷载，并传给地基。因此，基础是工业厂房的重要构件之一。

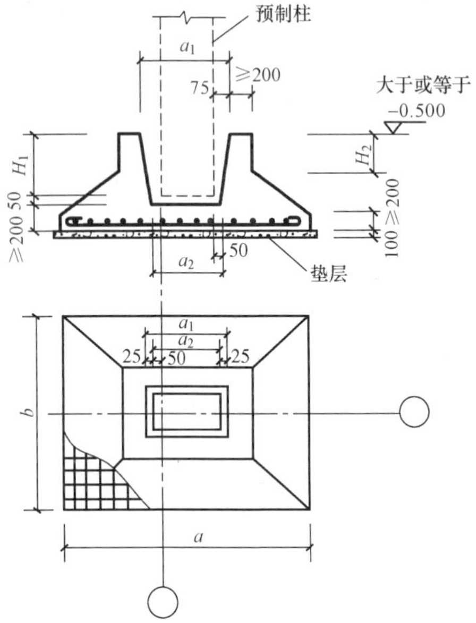

图 9-21　预制柱下杯形基础

单层厂房的基础，主要有独立式和条式两类，当柱距为 6m 或更大，地质情况较好时，多采用独立式基础，其中杯形基础较为常见（图 9-21）。

基础所用的混凝土强度等级一般不低于 C15，基础底面通常要先浇灌 100mm 厚、C10 的素混凝土垫层，垫层宽度一般比基础底面每边宽出 100mm，以便调整地基标高，便于施工放线和保护钢筋。

杯口应上大下小，以便于吊装和锚固，杯口底应低于柱底标高 50mm，在吊装柱之前用 C20 细石混凝土按设计标高找平。吊装柱时，先调整柱位及垂直度，用钢楔固定，并在空隙中填充 C20 细石混凝土。基础杯口底板厚度一般应≥200mm。基础顶面的标高，一般应距室内地坪下 500mm，在伸缩缝处设置双柱独立基础时，可做成双杯口的独立基础。

当场地起伏不平，局部地质较差，或柱基础旁有深的设备基础时，为了使柱子的长度统一，便于制作和吊装，可将局部基础做成高杯形基础（图 9-22）。

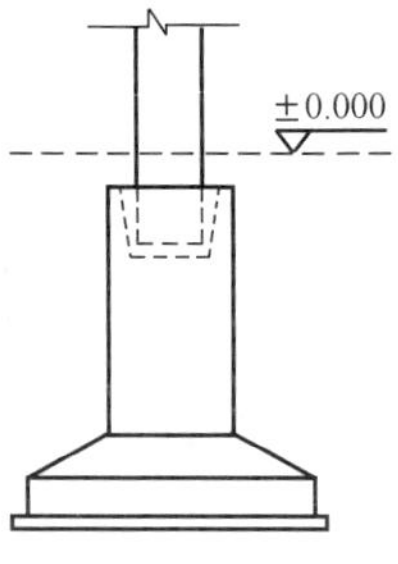

图 9-22　高杯口基础

杯形基础除应满足上述要求外，柱插入杯口深度、基础底面尺寸以及配筋量均须经过结构计算来确定。

（二）基础梁

采用装配式钢筋混凝土排架结构的厂房时，墙体仅起围护和分隔作用，通常不再做基础，而将墙砌在基础梁上，基础梁两端搁置在杯形基础的杯口上，见图 9-23（a）。墙体的重量通过基础梁传到基础上。用基础梁代替一般条形基础，既经济又施工方便，还可防止墙、柱基础产生不均匀沉降导致墙身开裂。

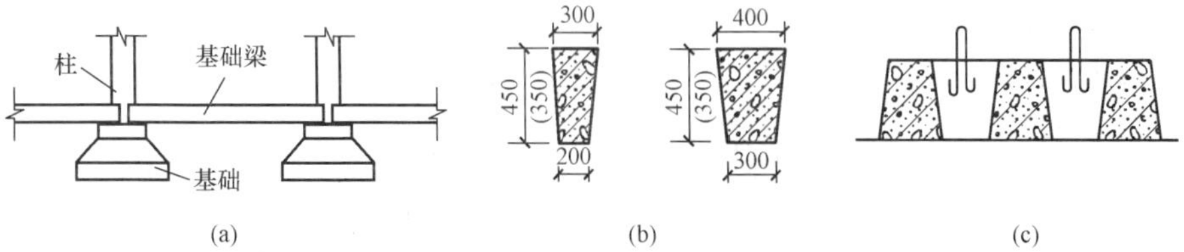

图 9-23　基础梁的位置及截面尺寸

基础梁的断面形状常用倒梯形，有预应力和非预应力钢筋混凝土两种。梯形基础梁的预制较为方便，可利用已制成的梁作为模板，如图 9-23（b）、(c）所示。

为了避免影响开门及满足防潮要求，基础梁顶面标高至少应低于室内地坪标高 50mm，比室外地坪标高至少高 100mm。基础梁底回填土时一般不需要夯实，并留有不少于 50～150mm 的空隙，以利于基础梁与柱基础同步沉降。寒冷地区要铺设较厚的干砂或炉渣，以防地基土壤冻胀将基础梁及墙体顶裂（图 9-24）。

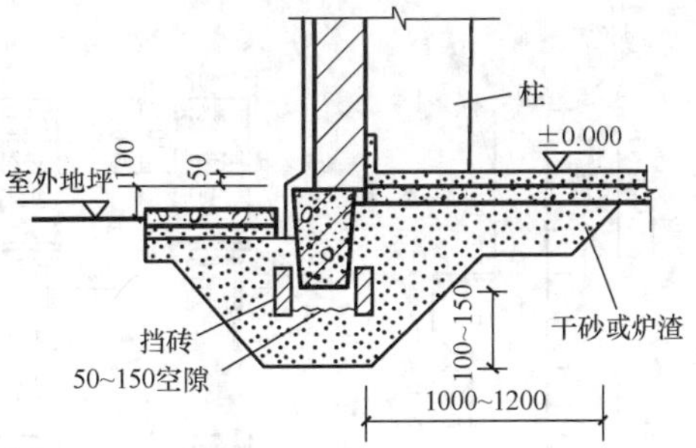

图 9-24 基础梁搁置的构造要求及防冻措施

基础梁搁置在杯形基础顶的方式，视基础埋置深度而定（图 9-25），当基础杯口顶面距室内地坪为 500mm 时，基础梁可直接搁置在杯口上；当基础杯口顶面距室内地坪大于 500mm 时，可设置 C15 混凝土垫块搁置在杯口顶面，垫块的宽度当墙厚 370mm 时为 400mm，当墙厚 240mm 时为 300mm；当基础埋深较大时，基础梁可搁置于高杯口基础的顶面或柱牛腿上。

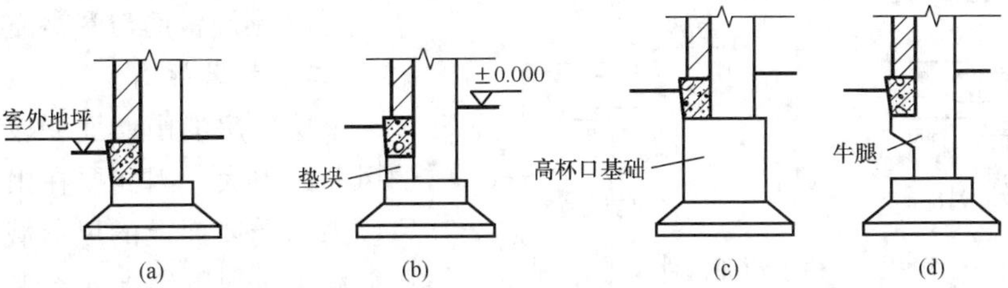

图 9-25 基础梁的搁置方式

（a）放在柱基础顶面；（b）放在混凝土垫块上；（c）放在高杯口基础上；（d）放在柱牛腿上

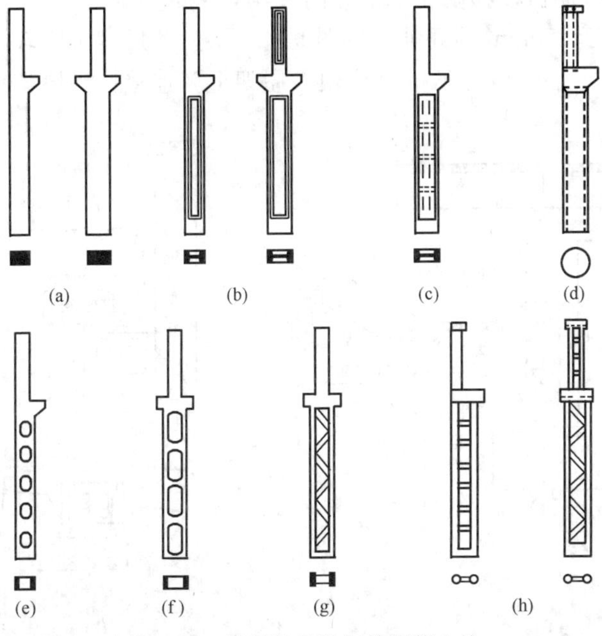

图 9-26 常用的几种钢筋混凝土柱

(a) 矩形柱；(b) 工字形柱；(c) 预制空腹板工字形柱；(d) 单肢管柱；(e) 双肢柱；(f) 平腹杆双肢柱；(g) 斜腹杆双肢柱；(h) 双肢管柱

二、柱

（一）承重柱

在装配式钢筋混凝土排架结构的单层厂房中，柱子主要有承重柱（即排架柱）和抗风柱两类。其中承重柱主要承受屋盖、吊车梁及部分外墙等传来的垂直荷载，以及风荷载和吊车制动力等水平荷载，有时还承受管道设备等荷载，因此承重柱是厂房的主要受力构件之一，应具有足够的抗压和抗弯能力，并通过结构计算来合理确定截面尺寸和形式。

一般工业厂房多采用钢筋混凝土柱。跨度、高度和吊车起重量都比较大的大型厂房可以采用钢柱。

单层工业厂房钢筋混凝土柱，基本上可分为单肢柱和双肢柱两大类

（图 9-26）。单肢柱截面形式有矩形、工字形及单管圆形。双肢柱截面形式是由两肢矩形柱或两肢圆形管柱，用腹杆（平腹杆或斜腹杆）连接而成。

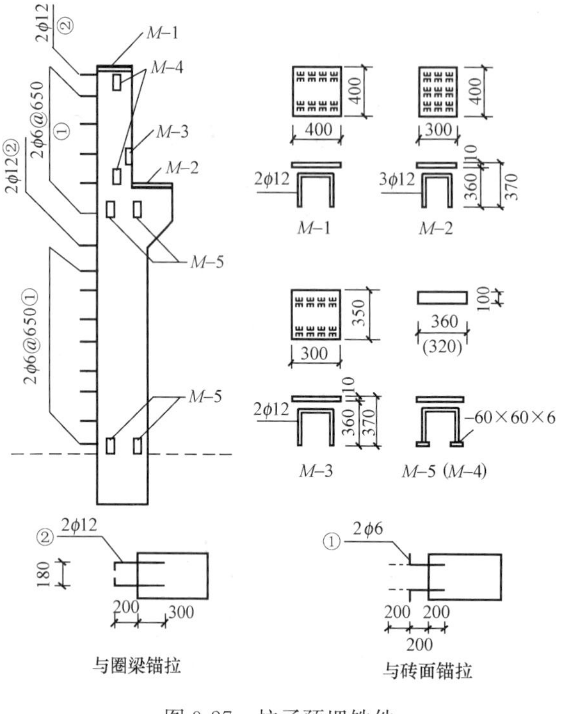

图 9-27 柱子预埋铁件

钢筋混凝土柱除了按结构计算需要配置一定数量的钢筋外，还要根据柱的位置以及柱与其他构件连接的需要，在柱上预先埋设铁件（即柱的预埋件）（图 9-27）。在进行柱子设计和施工时，必须将预埋件准确无误地设置在柱上，不能遗漏。

M-1 与屋架焊接；

M-2、M-3 与吊车梁焊接；

M-4 与上柱支撑焊接；

M-5 与下柱支撑焊接；

2φ6 预埋钢筋与砖墙锚拉；

2φ12 预埋钢筋与圈梁锚拉。

（二）抗风柱

单层厂房的山墙面积较大，所受到的风荷载也大，因此要在山墙处设置抗风柱来承受墙面上的风荷载，使一部分风荷载由抗风柱直接传至基础，另一部分风荷载由抗风柱的上端（与屋架上弦连接），通过屋盖系统传到厂房纵向柱列上去。根据以上要求，抗风柱与屋架之间一般采用竖向可以移动、水平方向又具有一定刚度的“Z”弹簧板连接，屋架与抗风柱间应留有不少于 150mm 的间隙，见图 9-28（a）。若厂房沉降较大时，则宜采用螺栓连接，见图 9-28（b）。一般情况下抗风柱须与屋架上弦连接；当屋架设有下弦横向水平支撑时，抗风柱可与屋架下弦相连接，作为抗风柱的另一支点。

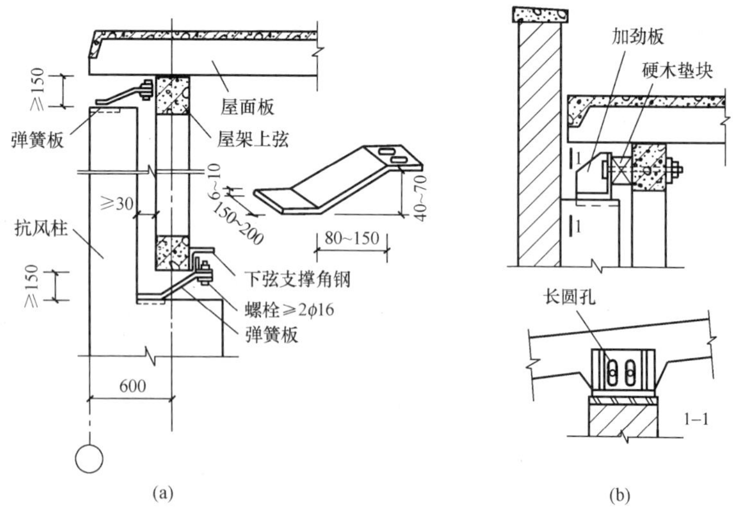

图 9-28 抗风柱与屋架的连接构造

（a）“Z”形弹簧板连接；（b）螺栓连接

三、屋盖结构构件

厂房屋盖起围护与承重作用。它包括覆盖构件和承重构件两部分。

单层厂房屋盖结构形式大致可分为无檩体系和有檩体系两类（图 9-29）。无檩体系是将大型屋面板直接焊接在屋架或屋面梁上，其整体性好，刚度大，是目前单层厂房比较广泛采用的一种体系。有檩体系是将各种小

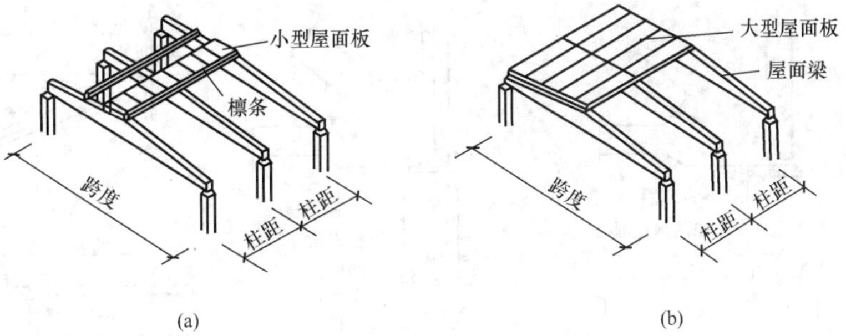

图 9-29 屋顶的覆盖结构

（a）有檩体系；（b）无檩体系

型屋面板搁置在檩条上，檩条支撑在屋架或屋面梁上。有檩体系屋盖的整体性和刚度较差，适用于中、小型厂房。

（一）屋盖承重构件

屋架（或屋面梁）一般采用钢筋混凝土或型钢制作，直接承受屋面、天窗荷载及安装在其上的顶棚、悬挂吊车、各种管道和工艺设备的重量，并传给支撑它的柱子（或纵墙），屋架（或屋面梁）与柱、基础构成横向排架。

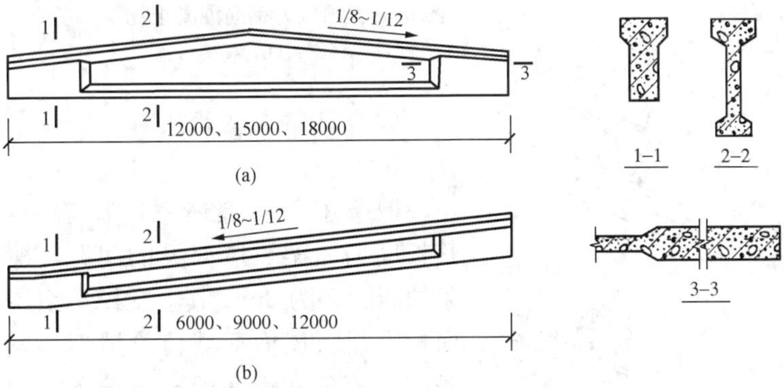

图 9-30 钢筋混凝土工字形屋面梁

（a）双坡屋面梁；（b）单坡屋面梁

1. 屋面梁

屋面梁截面有 T 形和工字形两种，外形有单坡和双坡之分，单坡一般用于厂房的边跨（图 9-30）。屋面梁的特点是形式简单，制作和安装较方便，梁高小，重心低，稳定性好，但自重大，适用于厂房跨度不大，有较大振动荷载或有腐蚀性介质的厂房。

2. 屋架

屋架按材料分为钢屋架和钢筋混凝土屋架两种，除跨度很大的重型车间和高温车间采用钢屋架外，一般多采用钢筋混凝土屋架。钢筋混凝土屋架的构造形式很多，常用的有三角形屋架、梯形屋架、拱形屋架、折线形屋架等（图 9-31）。

屋架与柱子的连接方法有焊接和螺栓连接两种，焊接连接是在屋架下弦端部预埋钢板，与柱顶的预埋钢板焊接在一起，见图 9-32（a）。螺栓连接是在柱顶伸出预埋螺栓，在屋架下弦端部焊上带有缺口的支撑钢板，就位后用螺栓固定，见图 9-32（b）。

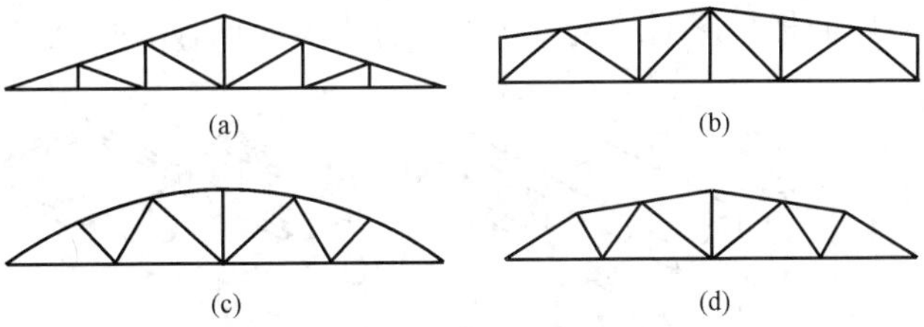

图 9-31 钢筋混凝土屋架的外形

（a）三角形屋架；（b）梯形屋架；（c）拱形屋架；（d）折线型屋架

3. 屋架托架

当厂房全部或局部柱距为 12m 或 12m 以上，屋架间距仍保持 6m 时，需在 12m 柱距间设置托架（图 9-33）来支撑中间屋架，通过托架将屋架上的荷载传递给柱子。吊车梁也相应采用 12m 长。托架有预应力混凝土和钢托架两种。

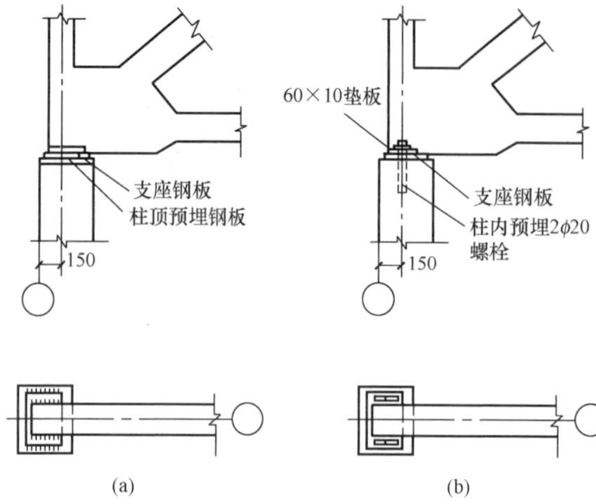

图 9-32 屋架与柱的连接
（a）焊接连接；（b）螺栓连接

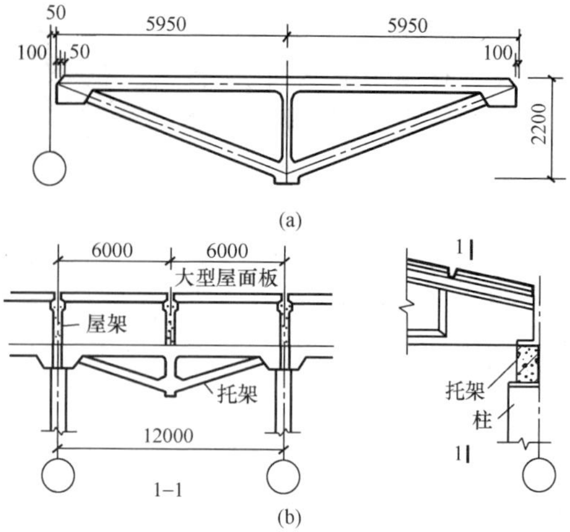

图 9-33 预应力钢筋混凝土托架
（a）托架；（b）托架布置

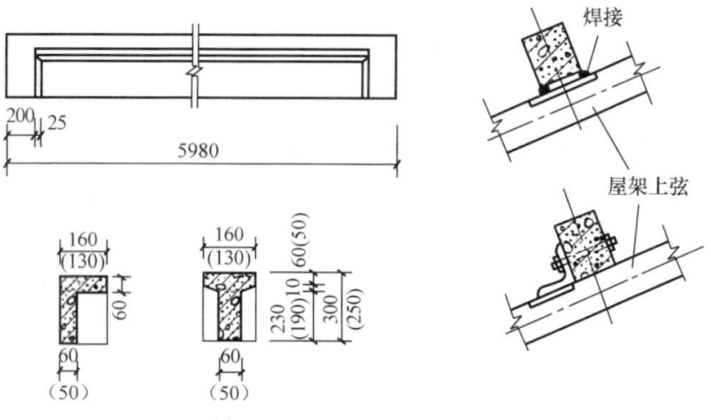

图 9-34 檩条及其连接构造
（a）檩条的截面形式；（b）檩条与屋架的连接

（二）屋盖覆盖构件

1. 檩条

檩条用于有檩体系的屋盖中，其长度为屋架或屋面梁的间距，檩条的间距多为 3m，其上支撑小型屋面板，并将屋面荷载传给屋架。檩条有钢檩条和钢筋混凝土檩条。钢筋混凝土檩条的截面形状有倒 L 形和 T 形，两端底部埋有铁件，以备与屋架或屋面梁顶部铁件连接（图 9-34）。两檩条在屋架上弦的对头空隙应用水泥砂浆填实。

2. 屋面板

屋面板是屋面的覆盖构件，分大型屋面板和小型屋面板两种（图 9-35）。

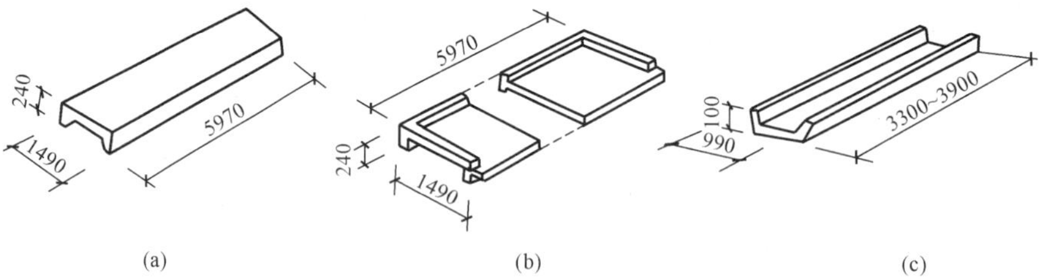

图 9-35 屋面板的类型举例
（a）大型屋面板；（b）“F”型屋面板；（c）钢筋混凝土槽板

在无檩体系中，用得最多的就是预应力钢筋混凝土大型屋面板。这种屋面板的长度即为柱距 6m，宽度 1.5m，与屋架或屋面梁的跨度相适应。大型屋面板与屋架采用焊接连接，即将每块屋面板纵向主肋底部的预埋件与屋架上弦相应预埋件相互焊接，焊接连接点不宜少于三点，板间缝隙用不低于 C15 的细石混凝土填实（图 9-36）。天沟板与屋架的焊接点不少于 4 点。

小型屋面板（如槽瓦）与檩条通过钢筋钩或插铁固定，这就需在槽瓦端部预埋挂环或预留插销孔（图 9-37）。

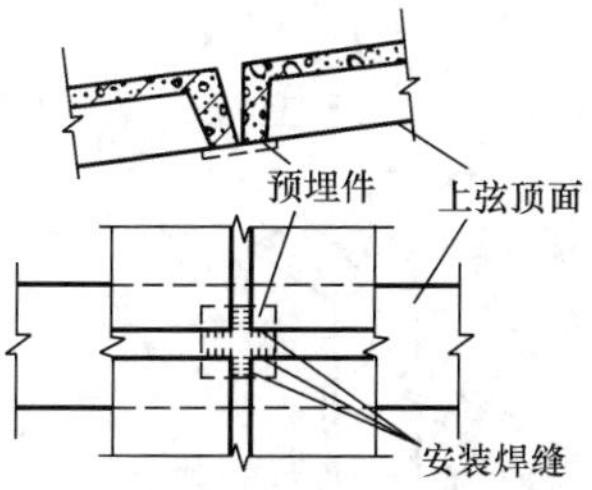

图 9-36　大型屋面板与屋架焊接

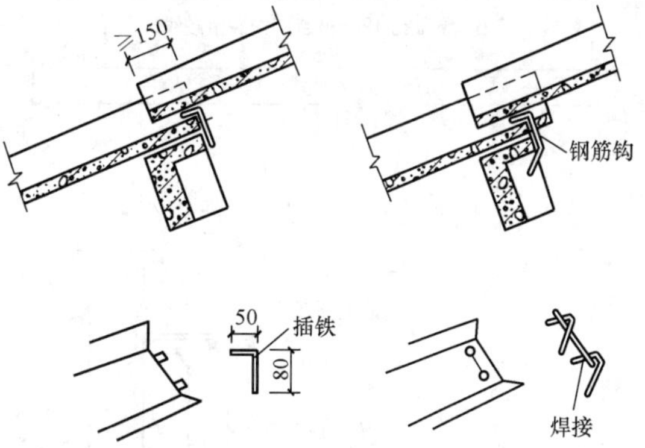

图 9-37　槽瓦的搭接和固定

四、吊车梁、连系梁及圈梁

（一）吊车梁

吊车梁设在有梁式吊车或桥式吊车的厂房中，承受吊车工作时各个方向的动力荷载（即起吊荷载、横向与纵向刹车时的冲击力），同时起到加强厂房纵向刚度和稳定性的作用。

1. 吊车梁的类型

吊车梁一般用钢筋混凝土制成，有普通钢筋混凝土和预应力钢筋混凝土两种，按其外形和截面形状分有等截面的 T 形、工字形和变截面的鱼腹式吊车梁等（图 9-38）。

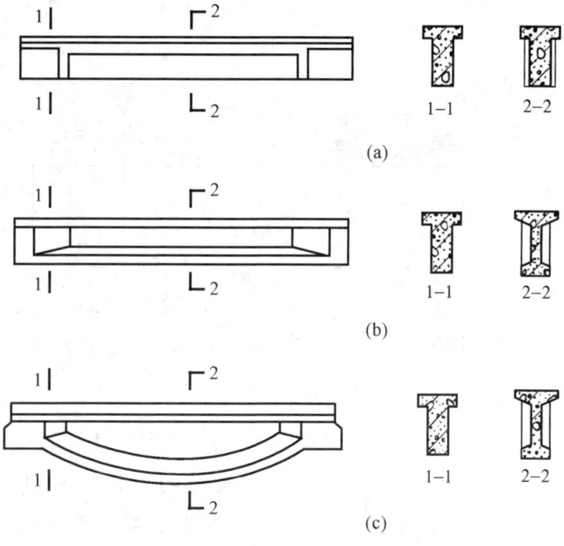

图 9-38　吊车梁的类型

（a）钢筋混凝土 T 形吊车梁；（b）钢筋混凝土工字形吊车梁；（c）预应力混凝土鱼腹式吊车梁

2. 吊车梁的预埋件

吊车梁两端上下边缘各埋有铁件，作为与柱子连接用（图 9-39）。由于端柱处、伸缩缝处的柱距不同，因此，在预制和安装吊车梁时应注意预埋件的位置。在吊车梁的上翼缘处留有固定轨道用的预留孔。有车挡的吊车梁应预留与车挡连接用的钢管或预埋件。

3. 吊车梁与柱的连接

吊车梁与柱的连接多采用焊接连接。上翼缘与柱间用钢板或角钢焊接，底部通过吊车梁底的预埋角钢和柱牛腿面上的预埋钢板焊接，吊车梁之间、吊车梁与柱之间的空隙用 C20 混凝土填实（图 9-40）。

4. 吊车轨道在吊车梁上的安装

吊车轨道铺设在吊车梁上供吊车运行。轨道可采用铁路钢轨、吊车专用钢轨或方钢。轨

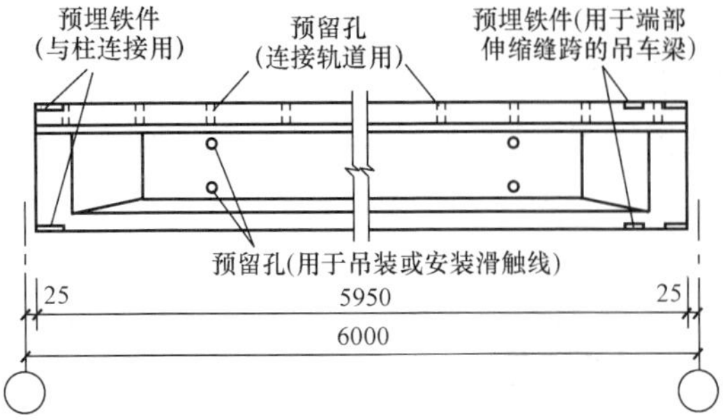

图 9-39 吊车梁的预埋件

道安装前，先做 30～50mm 厚的 C20 细石混凝土垫层，然后铺钢垫板，用螺栓连接压板将吊车轨道固定（图 9-41）。

5. 车挡在吊车梁上的安装

为了防止吊车运行时来不及刹车而冲撞到山墙上，需在吊车梁的端部设车挡。车挡一般用螺栓固定在吊车梁的翼缘上（图9-42）。

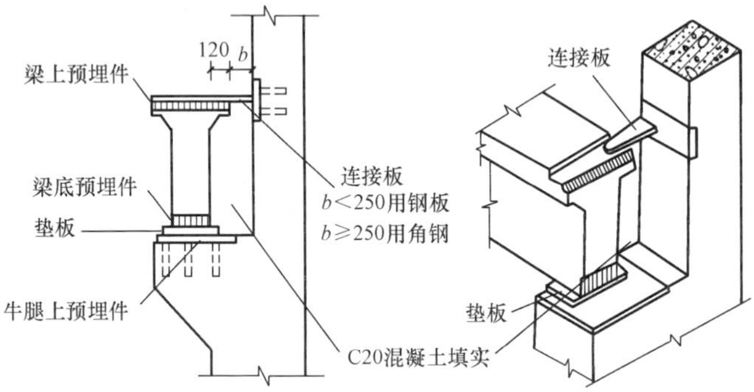

图 9-40 吊车梁与柱的连接

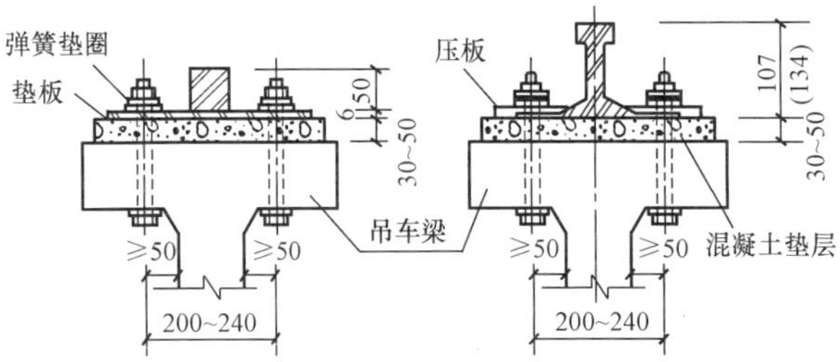

图 9-41 吊车轨道在吊车梁上的安装

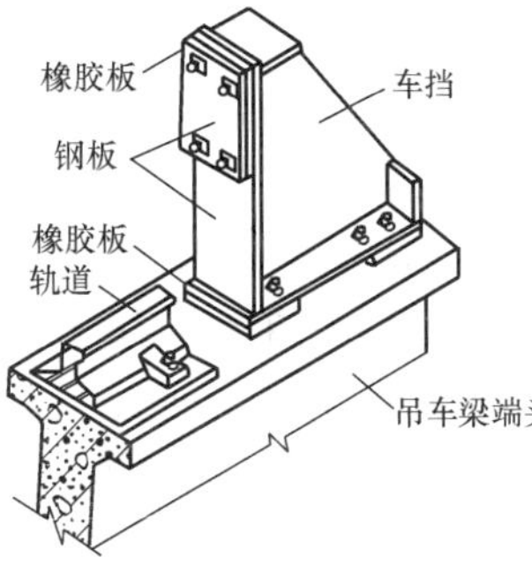

图 9-42 车挡在吊车梁上的安装

（二）连系梁与圈梁

连系梁是厂房纵向柱列的水平连系构件，有设在墙内和不在墙内两种。它的截面形状有矩形和 L 形两种，可根据外墙厚度选用，长度与柱距和抗风柱距相适应（6m 或 4.5m）。设在墙内的连系梁又称墙梁，分非承重和承重两种（图 9-43）。非承重墙梁的主要作用是传递山墙传来的风荷载到纵向柱列，增加厂房的纵向刚度。它将上部墙荷载传给下面墙体，由墙下基础梁承受。非承重墙一般为现浇，它与柱间用钢筋拉接，只传递水平力而不传竖向力。承重墙梁除了起非承重连系梁的作用外，还承受墙体重量并传给柱子，有预制与现浇两种，搁置在柱的牛腿上，用螺栓或焊接的方法与柱连接。

不在墙内的连系梁主要起联系纵向柱列，增加厂房纵向刚度的作用，一般布置在多跨厂房的中列柱中。

圈梁的作用是将围护墙同排架柱、抗风柱等箍在一起，以加强厂房的整体刚度，防止由于地基不均匀沉降或较大的振动荷载对厂房的不利影响。圈梁仅起拉结作用而不承受墙体的重

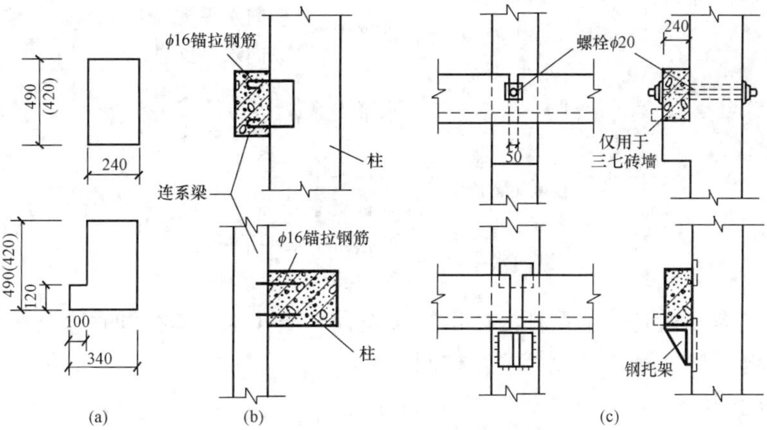

图 9-43　连系梁与柱的连接

(a) 连系梁的截面尺寸；(b) 非承重连系梁与柱的连接；(c) 承重连系梁与柱的连接

量，其截面宽度与墙体相适应，高度多用 240、300、360mm。一般位于柱顶、屋架端头顶部、吊车梁附近。圈梁一般为现浇，也可预制，施工时应与柱侧的预埋筋连为一体（图 9-44）。

实际布置时，应与厂房立面结合起来，尽量调整圈梁、连系梁的位置，使其兼起过梁的作用。

五、支撑系统

在装配式单层厂房中大多数构件节点为铰接，整体刚度较差，为保证厂房的整体刚度和稳定性，必须按结构要求，合理布置必要的支撑。支撑构件是连系各主要承重构件以构成厂房空间结构骨架的重要组成部分。支撑系统包括屋盖支撑和柱间支撑。

（一）屋盖支撑

屋盖支撑主要用以保证屋架受到吊车荷载、风荷载等水平力后的稳定，并将水平荷载向纵向传递。屋盖支撑包括三类八种（图 9-45）。

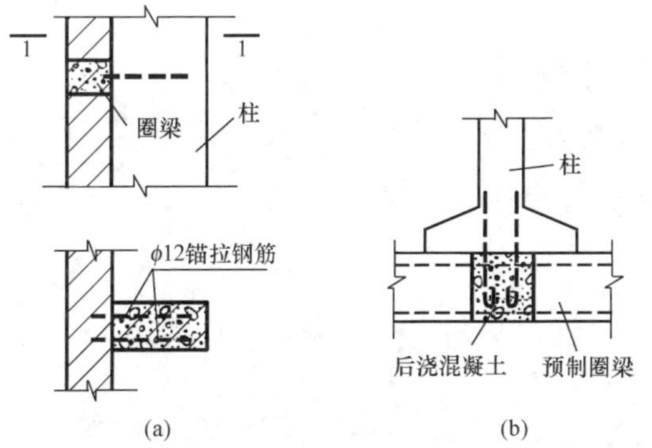

图 9-44　圈梁与柱的连接

(a) 现浇圈梁；(b) 预制圈梁

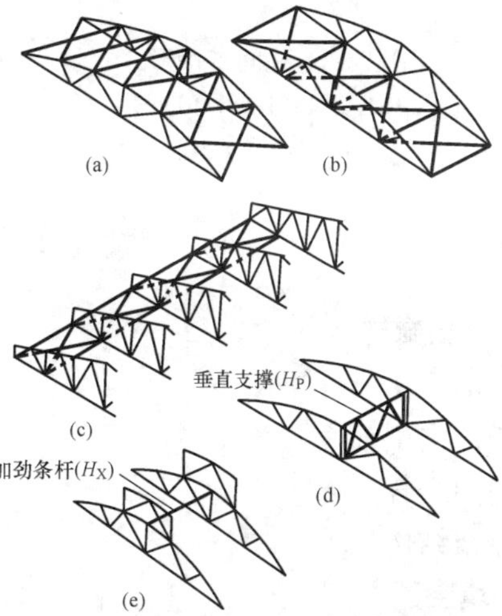

图 9-45　屋盖支撑的种类

(a) 上弦横向水平支撑；(b) 下弦横向水平支撑；(c) 纵向水平支撑；(d) 垂直支撑；(e) 纵向水平系杆（加劲杆）

- 屋盖支撑
  - 水平支撑
    - 上弦水平支撑
      - 横向水平支撑
      - 纵向水平支撑
    - 下弦水平支撑
      - 横向水平支撑
      - 纵向水平支撑
  - 垂直支撑
    - 跨中垂直支撑
    - 端部垂直支撑
  - 纵向水平系杆
    - 上弦跨中水平系杆
    - 下弦跨中水平系杆

纵向水平支撑和纵向水平系杆沿厂房总长设置，横向水平支撑和垂直支撑一般布置在厂房端部和伸缩缝两侧的第二（或第一）柱间。

（二）柱间支撑

柱间支撑的作用是将屋盖系统传来的风荷载及吊车制动力传至基础，同时加强柱稳定性。柱间支撑以牛腿为分界线，分上柱支撑和下柱支撑，多用型钢制成交叉形式，也可制成门架式以免影响开设门洞口（图 9-46）。

柱间支撑适宜布置在各温度区段的中央柱间或两端的第二个柱距中。支撑杆的倾角宜在 35°～55°之间，与柱侧的预埋件焊接连接（图 9-47）。

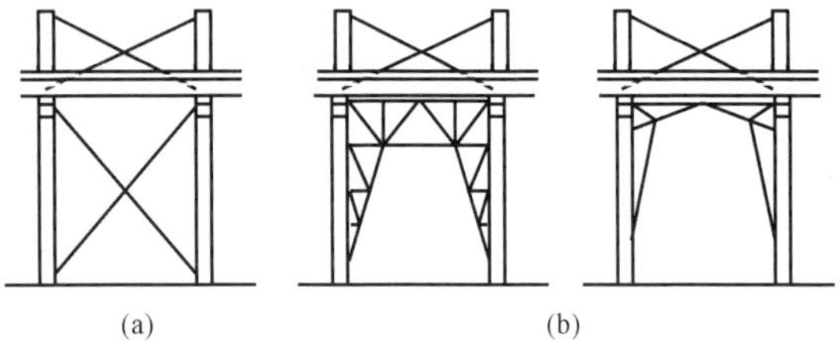

图 9-46 柱间支撑形式

（a）交叉式；（b）门架式

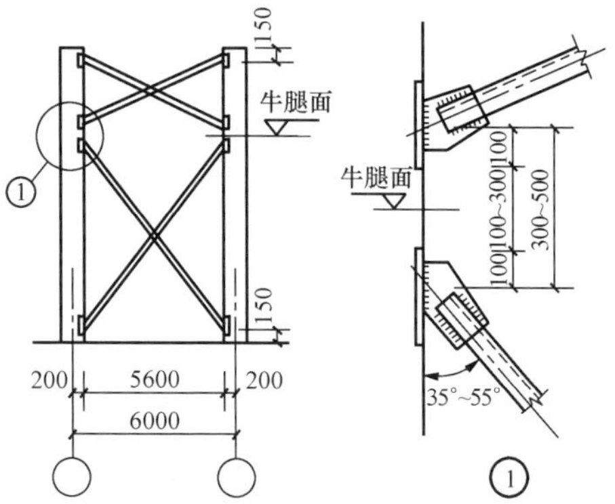

图 9-47 柱间支撑与柱的连接构造

复习思考题

一、名词解释

1. 柱网
2. 横向定位轴线
3. 封闭结合
4. 排架结构

二、填空题

1. 工业建筑按建筑层数分有（　　）、（　　）和（　　）。

2. 单层工业厂房主要结构构件包括（　　）、（　　）、（　　）、（　　）、（　　）、（　　）、（　　）和（　　）等。

3. 工业建筑中常见的起重吊车有（　　）、（　　）和（　　）。

4. 单层厂房的跨度在 18m 以下时，应采用扩大模数（　　）数列；在 18m 以上时，应采用扩大模数（　　）数列。

5. 单层厂房的支撑有（　　）和（　　）两大部分。

6. 基础梁的截面形状常用（　　），基础梁两端搁置在（　　）上。

三、选择题

1. 单层厂房的柱距应采用扩大模数（　　）数列。

A. 30M　　B. 60M　　C. 15M　　D. 12M

2. 为了避免影响开门及满足防潮要求，基础梁顶面标高至少应低于室内地坪标高（　　）。

A. 50mm　　B. 100mm　　C. 200mm　　D. 150mm

3. 大型屋面板的标志尺寸为（　　）。

A. 5970×1490mm　　B. 6000×1500mm

C. 5970× 990mm　　D. 3300× 1000mm

4. 当厂房全部或局部柱距为 12m 或 12m 以上，而屋架间距仍保持（　　）时，需设置托架。

A. 3m　　B. 6m　　C. 9m　　D. 12m

四、简答题

1. 常见的装配式钢筋混凝土横向排架结构单层厂房由哪几部分组成？各部分由哪些构件组成？它们的主要作用是什么？

2. 柱在构造上有哪些要求？一般柱子上要预埋哪些预埋件？

3. 杯形基础在构造上有什么要求？

4. 吊车梁与柱如何连接？吊车轨道与吊车梁怎样连接？

五、作图题

图示厂房的中间柱、端部柱以及横向变形缝处柱与横向定位轴线的关系。

第十章　单层工业厂房构造

第一节　墙　　体

单层工业厂房的墙体，包括外墙、内墙和隔墙。外墙由于高度与长度都比较大，要承受较大的风荷载，同时还要受到机器设备与运输工具振动的影响，因此墙身的刚度与稳定性应有可靠的保证。

厂房外墙一般只起围护作用，根据外墙所用材料的不同，有砌体墙、板材墙和开敞式外墙等几种类型。

一、砌体墙

砌体墙包括普通砖墙和各种材料、各种规格的砌块墙。普通砖墙的厚度有 240mm 和 370mm 两种，砌块墙的厚度多为 180mm 和 190mm。

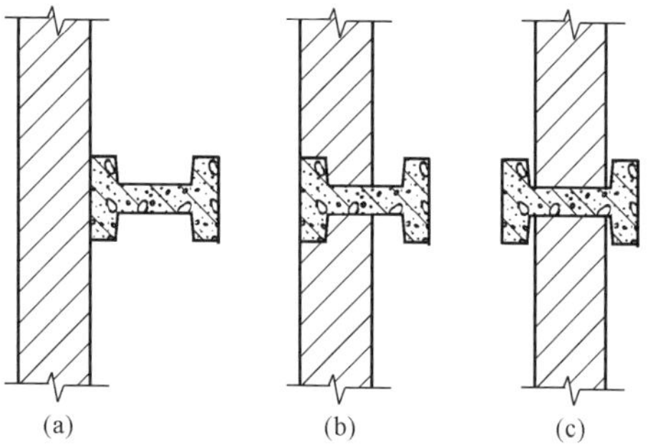

图 10-1　墙体与柱的相对位置
（a）墙体在柱外侧；（b）墙体外缘与柱外缘重合；（c）墙体在柱中

（一）墙体的位置

1. 墙体在柱子外侧

外墙包在柱子的外侧，具有构造简单，施工方便，热工性能好的优点，便于基础梁与连系梁等构配件的标准化，用途广泛，见图 10-1（a）。

2. 墙体嵌在柱列之间

墙体在柱子中间，具有节省建筑占地面积、加强柱子和墙体的刚度，有利抗震，也可省掉柱间支撑。但砌筑时砍砖多，柱子与墙体间有缝隙，热损失大，柱子因热桥效应不利保温，基础梁与连系梁的长度因柱子宽度的不同而不利标准化。这种做法可用于不需保温的简易厂房和厂房的内墙，见图 10-1（b）、（c）。

（二）墙与柱的连接

为保证墙体的稳定性和提高其整体刚度，墙体应与柱有可靠的连接。常用的做法是在预制柱时，沿柱高每隔 500～600mm 伸出两根 $\phi6$ 钢筋，每根伸出长度不小于 500mm，砌墙时把伸出的钢筋砌在灰缝中。

端柱距外墙内缘的空隙应在砌墙时填实，以利于柱对墙体起骨架作用，见图 10-2。

（三）墙与屋架的连接

屋架的上弦、下弦或屋面梁可采用预埋钢筋拉接墙体；若在屋架的腹杆上预埋钢筋不方便时，可在腹杆预埋钢板，再焊接钢筋与墙体拉接，见图 10-3。

（四）墙与屋面板的连接

当外墙伸出屋面形成女儿墙时，为保证女儿墙的稳定性，墙和屋面板之间应采取拉结措施。纵向女儿墙，需在屋面板横向缝内放置一根 $\phi12$ 钢筋（长度为板宽度加上纵墙厚度一半和两头弯钩)，在屋面板纵缝内及纵向外墙中各放置一根 $\phi12$（长度为 1000mm）钢筋相连接，形成工字形的钢筋，然后在缝内用 C20 细石混凝土捣实，见图 10-4（a）；山墙处应在山墙上部沿屋面设置 2 根 $\phi8$ 钢筋于墙中，并在屋面板的板缝中嵌入一根 $\phi12$（长度为 1000mm）钢筋与山墙中钢筋拉结，见图 10-4（b）。

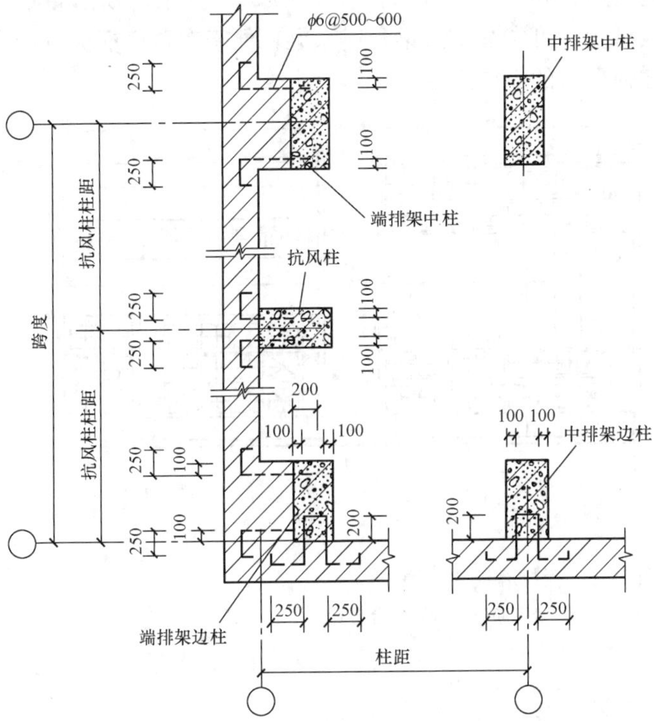

图 10-2 墙与柱的连接构造

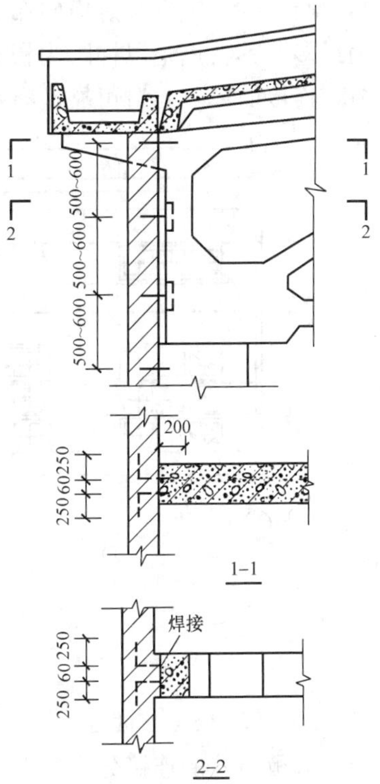

图 10-3 墙与屋架的连接

二、板材墙

板材墙是采用工厂生产的大型墙板，现场装配而成。与砌体墙相比，能充分利用工业废料和地方材料，简化、净化施工现场，加快施工速度，促进建筑工业化。

（一）墙板的规格和类型

一般墙板的长和宽应符合扩大模数 3M 数列，板长有 4500、6000、7500、12000mm 等，板宽有 900、1200、1500、1800mm 等。板厚以 20mm 为模数进级，常用厚度为 160～240mm。

墙板的分类方法很多，按照墙板在墙面位置的不同，可

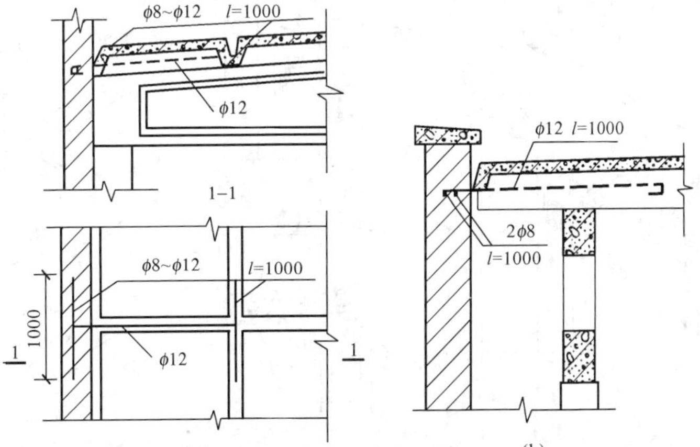

图 10-4 外墙与屋面板的连接

（a）纵向女儿墙与屋面板的连接；（b）山墙与屋面板的连接

分为：檐口板、窗上板、窗下板、窗框板、一般板、山尖板、勒脚板、女儿墙板等。按照墙板的构造和组成材料的不同，分为单一材料的墙板（如：钢筋混凝土槽形板，空心板，配筋轻混凝土墙板）和复合墙板（如各种夹心墙板）。

（二）墙板的位置

墙板的布置方式有横向布置、竖向布置和混合布置三种（图 10-5），其中以横向布置应用最多，其特点是以柱距为板长，板型少，可省去窗过梁和连系梁，便于布置窗框板或带形窗，连接简单，构造可靠，有利于增强厂房的纵向刚度。

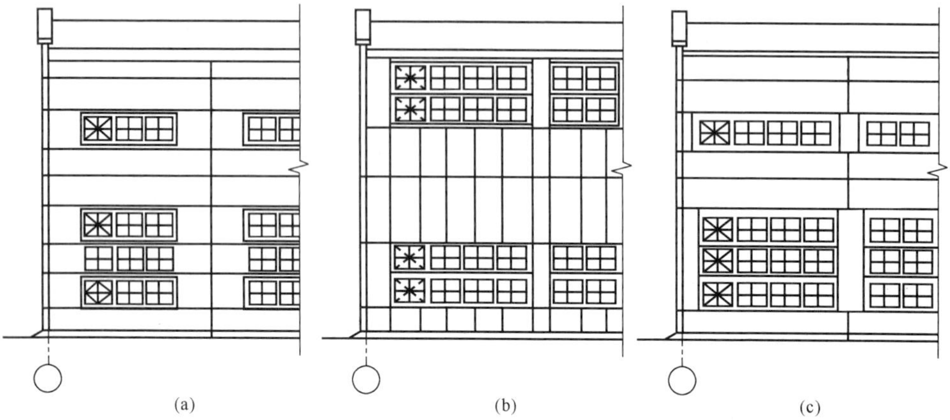

图 10-5 板材墙板的布置
（a）横向布置；（b）竖向布置；（c）混合布置

（三）墙板与柱的连接

墙板与柱的连接分为柔性连接和刚性连接。

1. 柔性连接

柔性连接包括螺栓连接和压条连接等做法。螺栓连接是在水平方向用螺栓、挂钩等辅助件拉结固定，在垂直方向每 3～4 块板在柱上焊一个钢支托支撑，见图 10-6（a）。压条连接是在柱上预埋或焊接螺栓，然后用压条和螺母将两块墙板压紧固定在柱上，见图 10-6（b）。

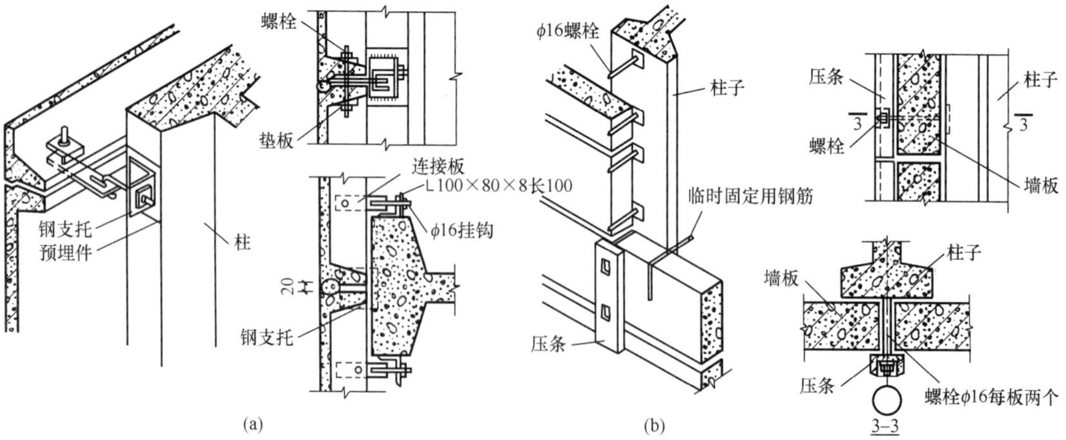

图 10-6 板材墙板的柔性连接构造
（a）螺栓连接；（b）压条连接

柔性连接可使墙与柱在一定范围内相对位移，能够较好地适应变形，适用于地基沉降较大或有较大振动影响的厂房。

2. 刚性连接

刚性连接是在柱子和墙板上先分别设置预埋件，安装时用角钢或 ϕ16 的钢筋段把它们焊接在一起（图10-7）。其优点是用钢量少、厂房纵向刚度强、施工方便，但楼板与柱间不能相对位移，适用于非地震区和地震烈度较小的地区。

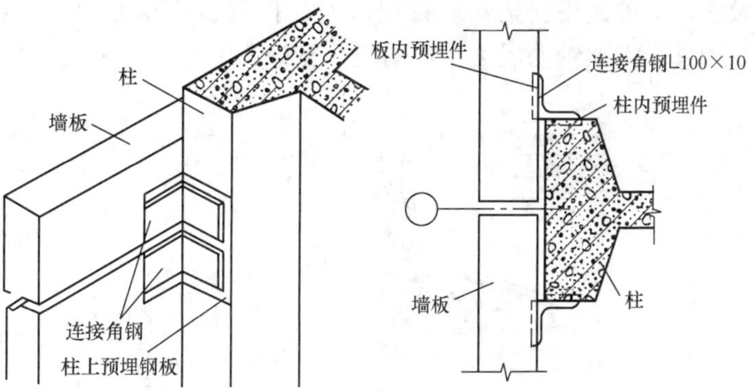

图 10-7　板材墙板的刚性连接构造

（四）板缝处理

无论是水平缝还是垂直缝，均应满足防水、防风、保温、隔热要求，并便于施工制作、经济美观、坚固耐久。板缝的防水处理一般是在墙板相交处做出挡水台、滴水槽、空腔等，然后在缝中填充防水材料（图 10-8）。

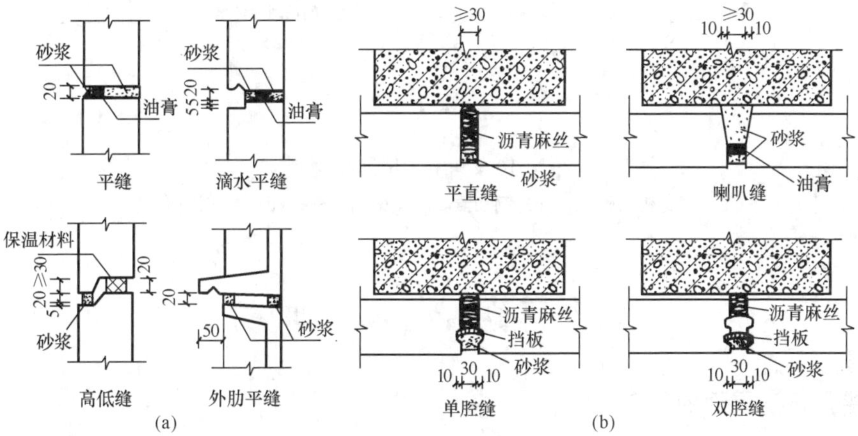

图 10-8　板材墙的板缝构造

（a）水平缝构造；（b）垂直缝构造

三、开敞式外墙

在南方炎热地区和热加工车间，为了获得良好的自然通风和散热效果，厂房外墙可做成开敞式外墙。开敞式外墙最常见的形式是上部为开敞式墙面，下部设矮墙（图 10-9）。

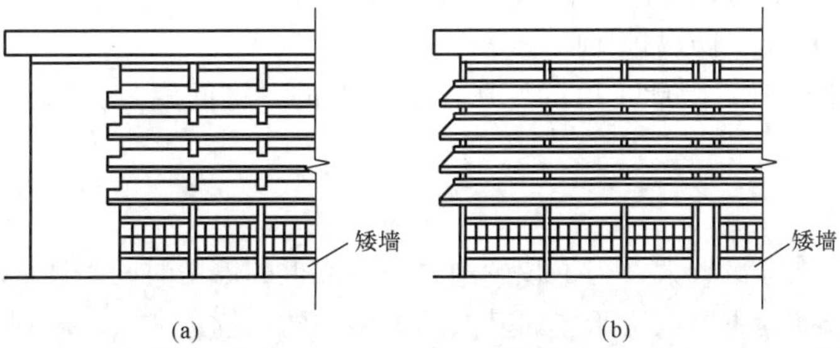

图 10-9　开敞式外墙的形式

（a）单面开敞式外墙；（b）四面开敞式外墙

为了防止太阳光和雨水通过开敞口进入厂房，一般要在开敞口处设置挡雨遮阳板。挡雨遮阳板每排之间距离，与当地的飘雨角度、日照以及通风等因素有关，设计时应结合车间对防雨的要求来确定，一般飘雨角度可按45°设计，风雨较大地区可酌情减少角度。挡雨板有两种做法，一种是用支架支承石棉水泥瓦挡雨板或钢筋混凝土挡雨板，见图10-10（a）、（b）；一种是无支架钢筋混凝土挡雨板，见图10-10（c）。

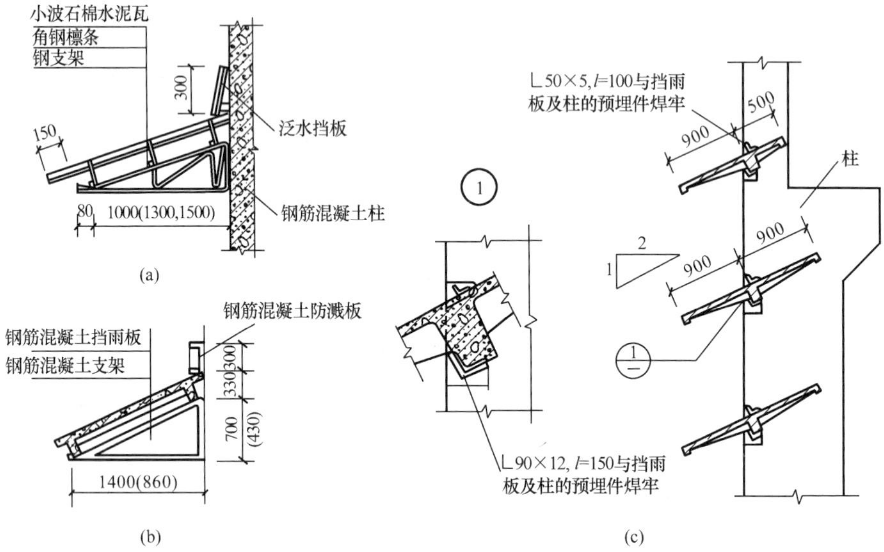

图10-10 开敞式厂房挡雨板

（a）钢支架挡雨板；（b）钢筋混凝土支架挡雨板；（c）无支架挡雨板

第二节 屋 面

一、单层厂房屋面的特点

单层厂房屋面与民用建筑屋面相比，具有以下特点：

（1）屋面面积大；

（2）屋面板多采用装配式，接缝多；

（3）屋面受厂房内部的振动、高温、腐蚀性气体、积灰等因素的影响；

（4）特殊厂房屋面要考虑防爆、泄压、防腐蚀等问题。

这些都给屋面的排水和防水带来困难，因此，单层厂房屋面构造的关键问题是排水和防水。

二、屋面排水

单层工业厂房的屋面集水面积和排水量较大，为了减少雨水在屋面上的停留时间，屋面须有一定的坡度。屋面排水坡度的选择，主要取决于屋面基层的类型，防水构造方式、材料性能、屋架形式以及当地气候条件等因素。一般说来，坡度越陡对排水越有利，但某些卷材（如油毡），在屋面坡度过大时则夏季会因气温过高产生沥青流淌，使卷材下滑。通常，各种屋面的坡度可参考表 10-1 选择。

表 10-1 **屋面坡度选择参考表**

防水类型	卷材类型	非卷材防水		
		嵌缝式	F 板	石棉瓦等
选择范围	1∶4～1∶50	1∶4～1∶10	1∶3～1∶8	1∶2～1∶5
常用坡度	1∶5～1∶10	1∶5～1∶8	1∶5～1∶8	1∶2.5～1∶4

选择适当的排水方式会减少渗漏的可能性，从而有助于防水。排水方式分无组织排水和有组织排水。

（一）无组织排水

无组织排水也称自由落水，雨水沿坡面和檐口直落地面。这种排水方式构造简单，造价便宜，施工方便，不易发生泄漏，见图 10-11（a）。

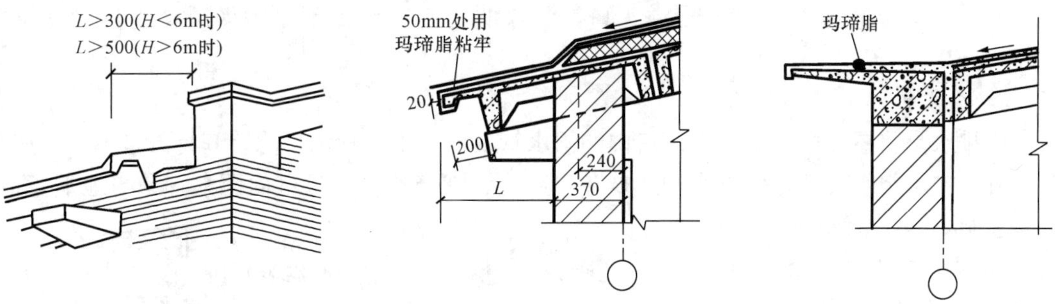

(a) (b) (c)

图 10-11 无组织排水

（a）无组织排水示意；（b）檐口板挑檐；（c）圈梁挑出挑檐

无组织排水适用于地区年降雨量不超过 900mm，檐口高度小于 10m，或地区年降雨量超过 900mm，檐口高度小雨 8m 的厂房。对屋面有特殊要求的厂房，如屋面容易积灰的冶炼车间，屋面防水要求很高的铸工车间以及对雨水管具有腐蚀作用的炼铜车间等，宜采用无组织排水。

无组织排水挑檐长度与檐口高度有关，当檐口高度在 6m 以下时，挑檐挑出长度不宜小于 300mm；当檐口高度超过 6m 时，挑檐挑出长度不宜小于 500mm。挑檐可由外伸的檐口板形成，也可利用顶部圈梁挑出挑檐板。见图 10-11（b）、（c）。

（二）有组织排水

有组织排水是将屋面雨水有组织地汇集到天沟或檐沟内，再经雨水斗、落水管排到室外或下水道。有组织排水又分外排水和内排水。这种排水方式构造较复杂，造价较高，容易发生堵塞和渗漏，适用于联跨多坡屋面和檐口较高、屋面集水面积较大的大中型厂房。

1. 檐沟外排水

当厂房较高或地区年降雨量较大，不宜作无组织排水时，可把屋面的雨、雪水组织在檐沟内，经雨水口和立管排下。这种方式具有构造简单、施工方便、造价低，且不影响车间内部工艺设备的布置等特点，故在南方地区应用较广。檐沟一般采用钢筋混凝土槽形天沟板，天沟板支撑在屋架端部的水平挑梁上。见图 10-12。

2. 长天沟外排水

当厂房内天沟长度不大时，可采用长天沟外排水，即沿厂房纵向设通长天沟汇集雨水，

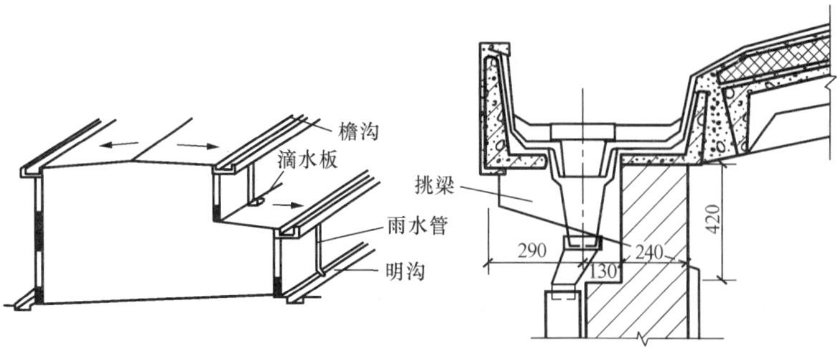

(a) (b)

图 10-12　檐沟外排水构造

(a) 檐沟外排水示意；(b) 挑檐沟构造

天沟内的雨水由端部的雨水管排至室外地坪。这种排水方式构造简单，施工方便，造价较低。但受地区降雨量、汇水面积、屋面材料、天沟断面和纵向坡度等因素的制约。

当采用长天沟外排水时，须在山墙上留出洞口，天沟板伸出山墙，并在天沟板的端壁上方留出溢水口，洞口的上方应设置预制钢筋混凝土过梁（见图 10-13）。

3. 内排水

内排水是将屋面雨水由设在厂房内的雨水管及地下雨水管沟排除。其特点是不受厂房高度限制，排水组织灵活，但排水构造复杂，造价及维修费高，且室内雨水管易与地下管道、设备基础、工艺管道等发生矛盾。内排水常用于多跨厂房，特别是严寒多雪地区的采暖厂房和有生产余热的厂房（见图 10-14）。

4. 内落外排水

内落外排水是将屋面雨水先排至室内的水平管，水平管设有 0.5%～1%的坡度，再由室内水平管将雨水导致墙外的排水立管。这种排水方式避免了内排水与地下干管布置的矛盾，也克服了内排水室内雨水管影响工艺设备布置等缺点，但水平管易堵塞，不宜用于屋面有大量积尘的厂房（见图 10-15）。

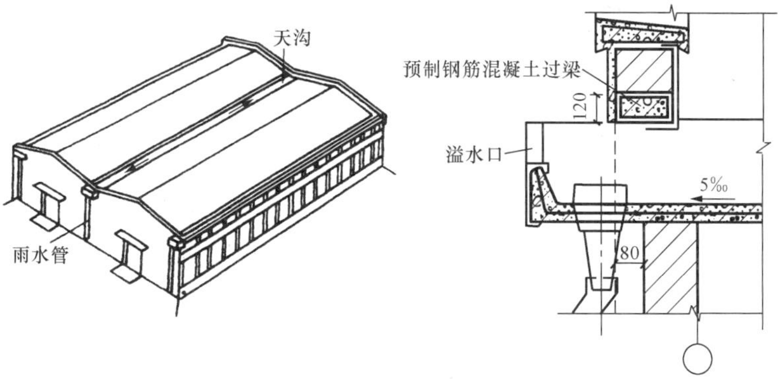

(a) (b)

图 10-13　长天沟外排水构造

(a) 长天沟外排水示意；(b) 长天沟构造

图 10-14　内排水示意图

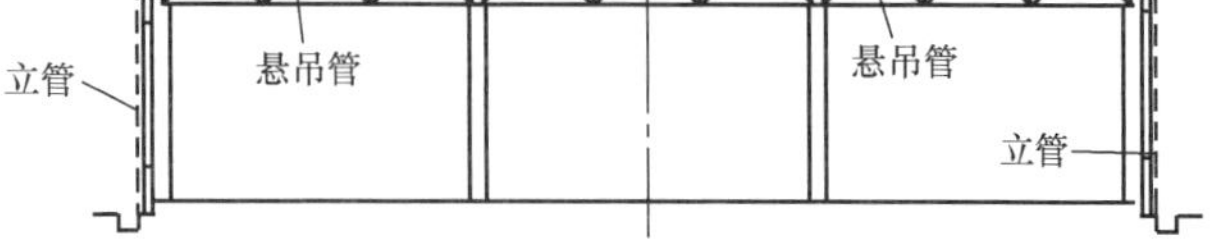

图 10-15　内落外排水示意图

三、屋面防水

按照屋面防水材料和构造做法，单层厂房的屋面分柔性防水屋面和构件自防水屋面。柔性防水屋面适用于有振动影响和有保温隔热要求的厂房。构件自防水屋面适用于南方地区和北方无保温要求的厂房。

（一）卷材防水屋面

单层厂房中卷材防水屋面的构造原则和做法与民用建筑基本相同，它的防水质量关键在于基层和防水层。由于厂房屋面荷载大，振动大，因此变形可能性大，一旦基层变形过大，易引起卷材拉裂，施工质量不高也会引起渗漏，应加以处理。具体做法为：在屋面板的板缝处，须用C20细石混凝土灌缝填实；在板的横缝处应加铺一层干铺卷材延伸层后，再做屋面防水层（见图10-16）。

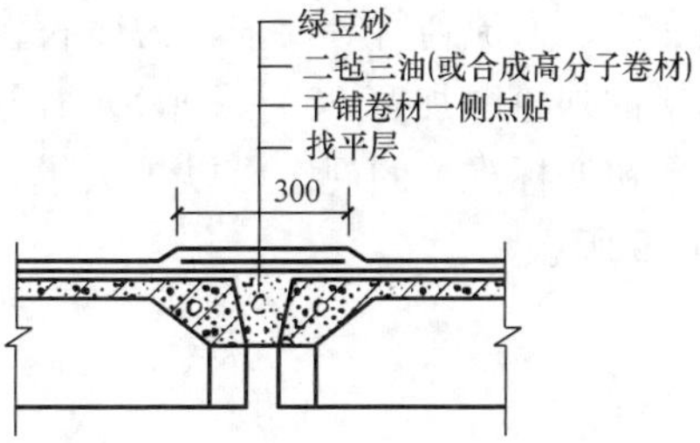

图10-16　屋面板横缝处构造

（二）构件自防水屋面

构件自防水屋面是利用屋面板自身的混凝土密实性和抗渗性来承担屋面的防水作用，应采用较高强度等级的混凝土（C30～C40）。确保骨料的质量和级配，保障振捣密实、平滑、无裂缝。屋面板缝的防水则靠嵌缝、贴缝或搭盖等措施来解决。

1. 嵌缝式、贴缝式构件自防水屋面

利用钢筋混凝土屋面板作为防水构件，缝内先清扫干净后用C20细石混凝土填实，缝的下部在浇捣前应吊木条，浇捣时预留20～30mm的凹槽，待干燥后刷冷底子油，填嵌油膏防水，即为嵌缝式；为保护油膏，减慢油膏老化速度，可在油膏嵌缝的基础上，在板缝上再粘贴一条卷材覆盖层则称贴缝式。见图10-17。

2. 搭盖式构件自防水屋面

利用钢筋混凝土F形屋面板上下搭盖纵缝，用盖瓦、脊瓦覆盖横缝和脊缝的方式来达到屋面防水，见图10-18。

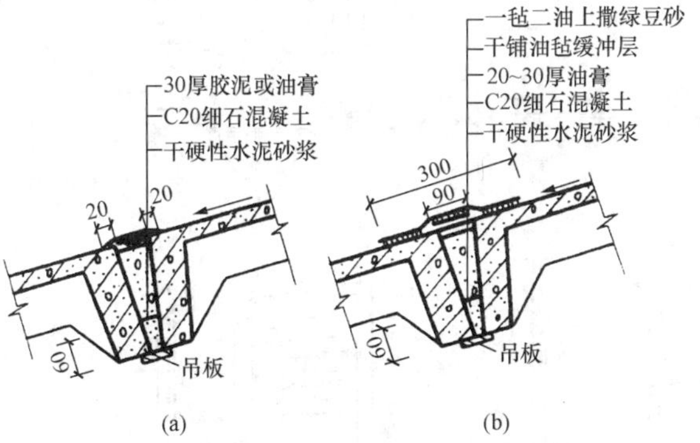

图10-17　嵌缝式、贴缝式板缝构造
（a）嵌缝式；（b）贴缝式

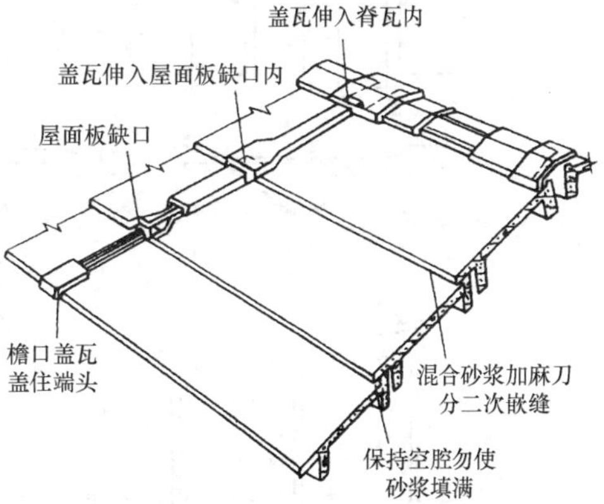

图10-18　搭盖式构件自防水

第三节　大门、侧窗与天窗

一、大门

（一）大门洞口尺寸

工业厂房的大门是运输原材料、成品、设备的重要出入口，因而它的洞口尺寸应满足运输车辆、人流通行等要求，为使满载货物的车辆能顺利通过大门，门洞的尺寸应比满载货物车辆的外轮廓加宽 600～1000mm，加高 400～500mm。同时，门洞的尺寸还应符合《建筑模数协调标准》的规定，以扩大模数 3M 为进级。我国单层厂房常用的大门洞口尺寸如图 10-19 所示。

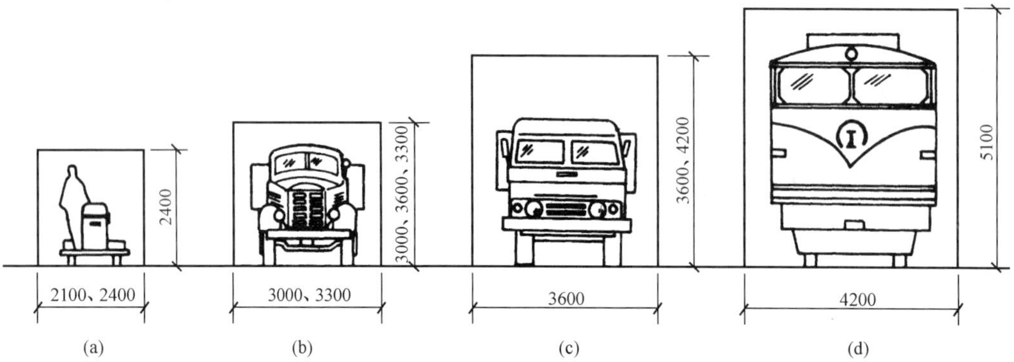

图 10-19 常用厂房大门的尺寸

(a) 电瓶车；(b) 一般载重汽车；(c) 重型载重汽车；(d) 火车

（二）大门的类型

工业厂房的大门按用途分为一般大门和特殊大门。特殊大门是根据特殊要求设计的，有保温门、防火门、防风砂门、隔声门、冷藏门、烘干室门、射线防护门等。

厂房大门按开启方式分为平开门、推拉门、折叠门、上翻门、升降门、卷帘门等（图 10-20）。

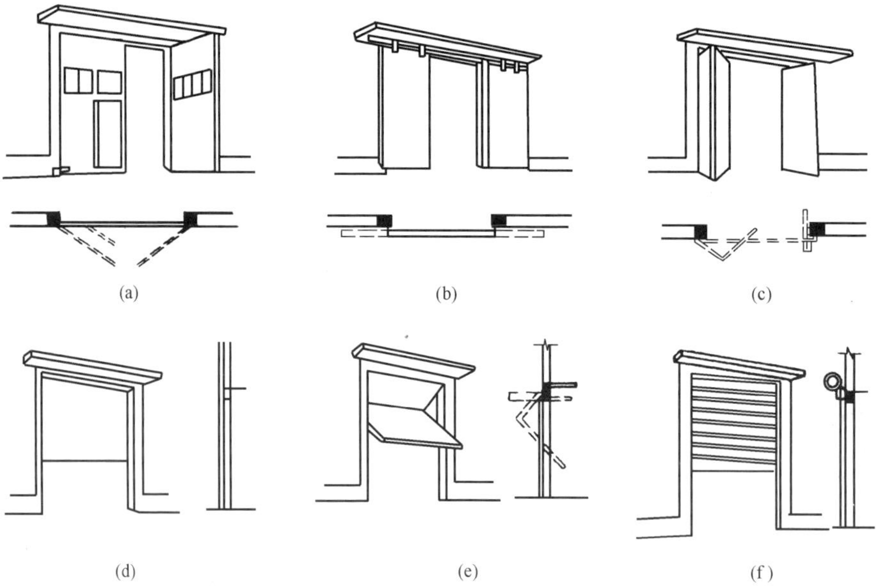

图 10-20 厂房大门的开启方式

(a) 平开门；(b) 推拉门；(c) 折叠门；(d) 升降门；(e) 上翻门；(f) 卷帘门

1. 平开门

平开门构造简单，开启方便，是单层厂房常用的大门型式。门扇通常向外开，洞口上部设雨篷，以保护门扇和方便出入。平开门一般采用双扇门，每侧门扇各自用铰链侧挂在门框上。当平开门的门扇尺寸过大时，易产生下垂或扭曲变形，须用斜撑等进行加固。

2. 推拉门

推拉门在门洞的上下部设轨道，门扇通过滑轮沿导轨左右推拉开启。推拉门扇受力合理，不易变形，但密闭性较差，不宜用于密闭要求高的车间。

3. 折叠门

折叠门由几个较窄的门扇相互间用铰链连接而成，开启时门扇沿门洞上下导轨左右滑动，使门扇折叠在一起。此门开启方便，且占用空间少，适用于较大的门洞。

4. 上翻门

上翻门门洞只设一个大门扇，门扇两侧中部设置滑轮，沿门洞两侧的竖向轨道提升，随提升随翻转成水平状态。开启后门扇翻到门过梁下部，不占厂房使用面积，常用于车库大门。

5. 升降门

升降门开启时门扇沿导轨上升，门扇贴在墙面，不占使用空间，只需在门洞上部留有足够的上升高度。升降门可以手动或电动开启，适用于较高大的大型厂房。

6. 卷帘门

卷帘门门扇用冲压而成的金属片连接而成，开启时采用手动或电动开启，将帘板卷在门洞上部的卷筒上。这种门不受高度限制，但制作复杂，造价较高，适用于不经常开启的高大门洞。

（三）大门的构造

大门的规格、类型不同，构造也各不相同，这里只介绍工业厂房中较多采用的平开钢木大门和推拉门的构造，其他大门的构造做法参见厂房建筑有关的标准通用图集。

1. 平开钢木大门

平开钢木大门由门扇、门框和五金配件组成。门扇采用角钢或槽钢焊成骨架，上贴15～25mm厚木门芯板并用$\phi 6$螺栓固定。当门扇尺寸较大时，可在门扇中间加设角钢横撑和交叉支撑以增强刚度。门框有钢筋混凝土门框和砖门框两种，当门洞宽度大于3m时，应采用钢筋混凝土门框，并将门框与过梁连为一体，铰链与门框上的预埋件焊接。当门洞宽度小于3m时，一般采用砖门框，砖门框应在铰链位置上镶砌混凝土预制块，其上带有与砌体的拉接筋和与铰链焊接的预埋铁件（图10-21）。

2. 推拉门

推拉门由门扇、门框、滑轮、导轨等部分组成。门扇可采用钢木门扇、钢板门扇和空腹薄壁钢板门等。门框一般均由钢筋混凝土制作。推拉门按门扇的支承方式分为上挂式和下滑式两种。当门扇高度小于4m时采用上挂式，即将门扇通过滑轮吊挂在导轨上推拉开启（图10-22）。当门扇高度大于4m时，多采用下滑式，下部的导轨用来支承门扇的重量，上部导轨用于导向。

二、侧窗

单层厂房侧窗除应满足采光通风要求外，还应满足生产工艺上的特殊要求，如泄压、保温、防尘、隔热等。侧窗需综合考虑上述要求来确定其布置型式和开启方式。

（一）侧窗的布置型式及窗洞尺寸

单层厂房侧窗的布置型式有两种，一种是被窗间墙隔开的独立窗，另一种是沿厂房纵向

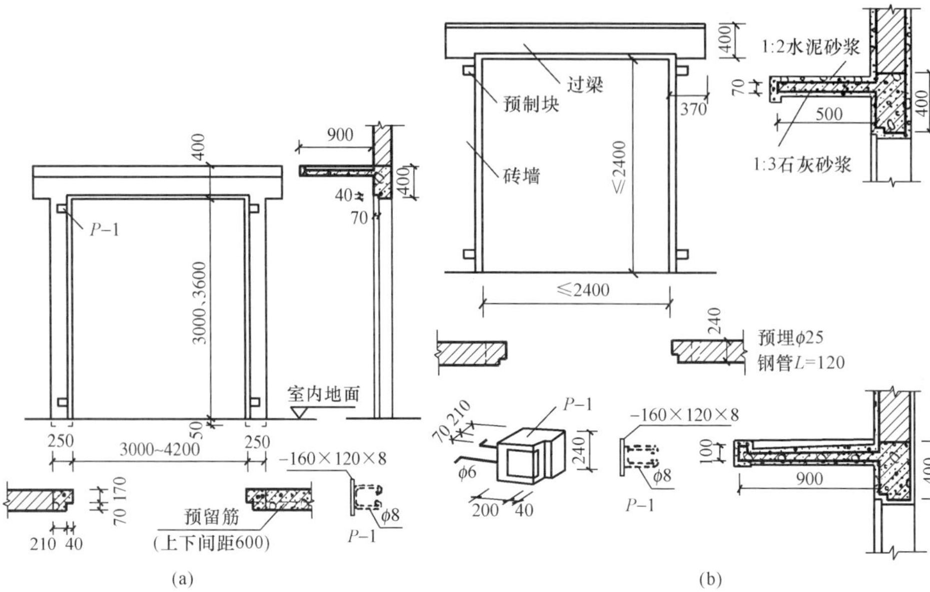

图 10-21 平开钢木大门构造

(a) 钢筋混凝土门框与过梁构造；(b) 砖砌门框与过梁构造

连续布置的带形窗。

窗口尺寸应符合建筑模数协调标准的规定。洞口宽度在 900～2400mm 之间时，应以扩大模数 3M 为进级，在 2400～6000mm 之间时，应以扩大模数 6M 为进级。

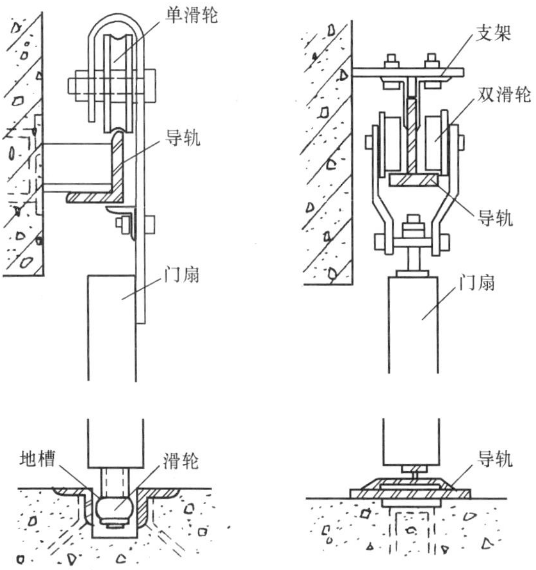

图 10-22 上挂式推拉门

（二）侧窗的类型

侧窗按开启方式分为中悬窗、平开窗、固定窗、立转窗等。由于厂房的侧窗面积较大，故一般采用强度较大的金属窗，如铝合金窗、钢窗等，少数情况下采用木窗。

1. 中悬窗

中悬窗窗扇沿水平中轴转动，开启角度大，通风良好，有利于泄压，便于采用侧窗开关器进行启闭，但构造复杂，窗扇与窗框之间有缝隙，易漏雨，不利于保温。

2. 平开窗

平开窗构造简单，通风效果好，但防水能力差，且不便于设置联动开关器，只能用手逐个开关，不宜布置在较高部位，通常布置在外墙的下部。

3. 固定窗

固定窗构造简单，节省材料，造价低。常用在较高外墙的中部，既可采光，又可使热压通风的进、排气口分隔明确，便于更好地组织自然通风。

4. 立转窗

立转窗窗扇开启角度可调节，通风性能好，且可装置手拉联动开关器，启闭方便，但密封性差，常用于热加工车间的下部作为进风口。

（三）侧窗的构造

为了便于侧窗的制作和运输，窗的基本尺寸不能过大，钢侧窗一般不超过 1800mm × 2400mm（宽 × 高），木侧窗不超过 3600mm×3600mm，我们称其为基本窗，其构造与民用建筑的相同。由于厂房侧窗面积往往较大，就必须选择若干个基本窗进行拼接组合，以得到所需的尺寸和窗型。

1. 木窗的拼接

两个基本窗可以左右拼接，也可以上下拼接。拼接固定的方法通常是，用间距不超过 1m 的 $\phi6$ 木螺钉或 $\phi10$ 螺栓将两个窗框连接在一起。窗框间的缝隙用沥青麻丝嵌缝，缝的内外两侧用木压条盖缝（图 10-23）。

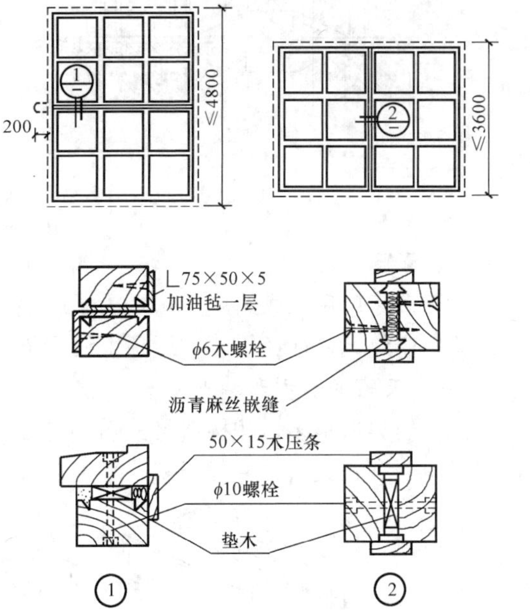

图 10-23　木窗拼框节点

2. 钢窗的拼接

钢窗拼接时，需采用拼框构件来连系相邻的基本窗，以加强窗的刚度和调整窗的尺寸。左右拼接时应设竖梃，上下拼接时应设横挡，用螺栓连接，并在缝隙处填塞油灰（图 10-24）。

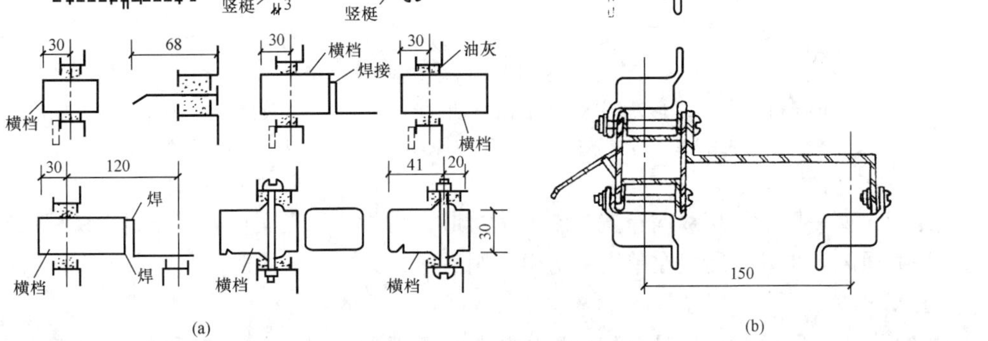

图 10-24　钢窗拼装构造举例

（a）实腹钢窗；（b）空腹钢窗（沪 68 型）

竖梃与横档的两端或与混凝土墙洞上的预埋件焊接牢固，或插入砖墙洞的预留孔洞中，用细石混凝土嵌固。见图 10-25。

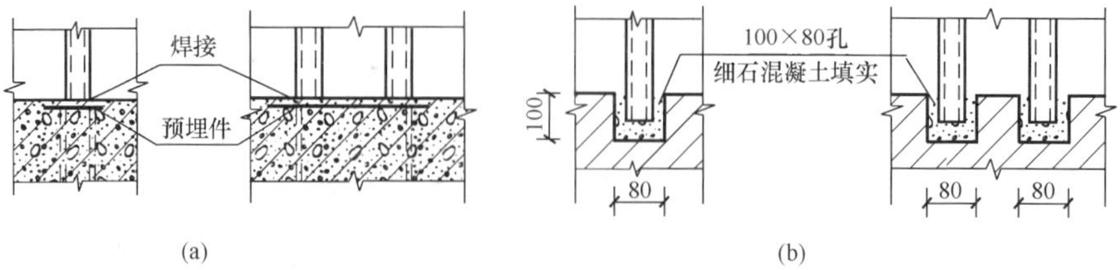

图 10-25 竖梃、横档安装节点

（a）竖梃安装；（b）横档安装

三、天窗

对于多跨厂房和大跨度厂房，为了解决厂房内的天然采光和自然通风问题，除了在侧墙上设置侧窗外，往往还需要在屋顶上设置天窗。

（一）天窗的类型和特点

天窗的类型很多，按构造形式分有矩形天窗、M 形天窗、锯齿形天窗、纵向下沉式天窗、横向下沉式天窗、井式天窗、平天窗等（图 10-26）。

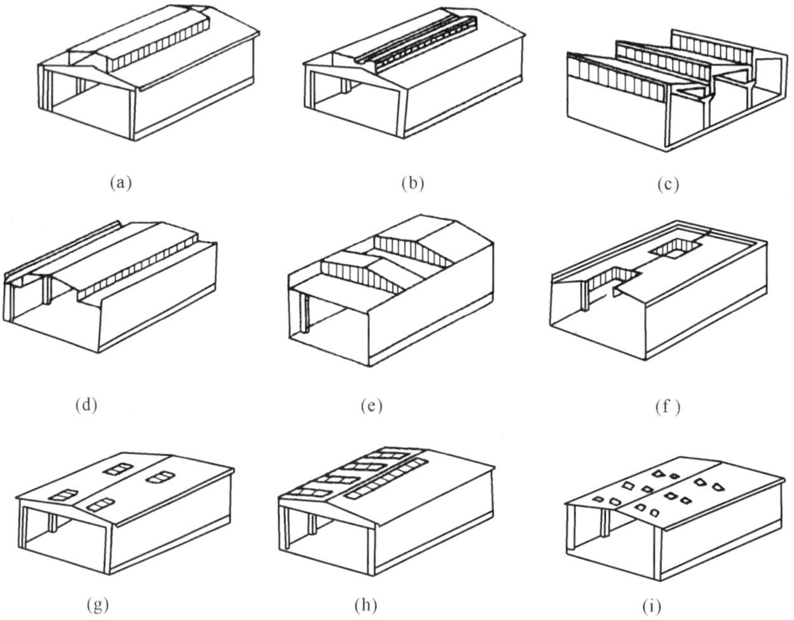

图 10-26 天窗的类型

（a）矩形天窗；（b）M 形天窗；（c）锯齿形天窗；（d）纵向下沉式天窗；（e）横向下沉式天窗；（f）井式天窗；（g）采光板平天窗；（h）采光带平天窗；（i）采光罩平天窗

1. 矩形天窗

矩形天窗一般沿厂房纵向布置，断面呈矩形，两侧的采光面垂直，玻璃不易积灰并易于防雨，采光通风效果好，所以在单层厂房中应用最广。其缺点是构造复杂、自重大、造价较高。

2. M 形天窗

M 形天窗是将矩形天窗屋顶从两边向中间倾斜形成的。倾斜的屋顶有利于通风，且能增强光线反射，所以 M 形天窗的采光、通风效果比矩形天窗好，缺点是天窗屋顶排水构造复杂。

3. 锯齿形天窗

将厂房屋顶做成锯齿形，在其垂直（或稍倾斜）面设置采光、通风口。窗口一般朝北或接近北向，可避免光线直射以及因光线直射而产生的眩光现象，室内光线均匀、稳定，有利于保证厂房内恒定的温度、湿度，适用于纺织厂、印染厂和某些机械厂。

4. 横向下沉式天窗

将一个柱距或几个柱距内的整跨屋面板上下交替布置在屋架上下弦上，利用屋面板的高度差在横向垂直面设天窗口。这种天窗适用于纵轴为南北向的厂房，天窗采光效果较好，但均匀性差，且窗扇形式受屋架形式限制，规格多，构造复杂，厂房的纵向刚度较差，屋面的清扫、排水不便。

5. 纵向下沉式天窗

将厂房的屋面板沿纵向连续下沉搁置在屋架下弦上，利用屋面板的高度差在纵向垂直面设置天窗口。这种天窗适用于纵轴为东西向的厂房，且多用于热加工车间，厂房纵向刚度较横向下沉式天窗好，但布置于跨中时，其排水较复杂。

6. 井式天窗

将局部屋面板下沉铺在屋架下弦上，利用屋面板的高度差在纵横向垂直面设窗口，形成一个个凹嵌在屋面之下的井状天窗。其特点是布置灵活，排风路径短捷，通风性能好，采光均匀，因此广泛用于热加工车间，但屋面清扫不方便，构造较复杂，且使室内空间高度有所降低。

7. 平天窗

平天窗可分为采光板、采光带和采光罩三种。采光板是在屋面上留孔，装设平板透光材料形成；采光带是将部分屋面板空出来，铺上采光材料做成长条形的纵向或横向采光带；采光罩是在屋面上留孔，装设弧形透光材料形成。这三种平天窗的共同特点是采光均匀，采光效率高，布置灵活，构造简单，造价低，因此在冷加工车间应用较多，但平天窗不易通风，易积灰，阳光直射易产生眩光，透光材料易受外界影响而破碎。

（二）矩形天窗的构造

矩形天窗沿厂房纵向布置，为了简化构造并留出屋面检修和消防通道，在厂房两端和横向变形缝两侧的第一个柱间通常将矩形天窗断开，并在每段天窗的端壁设置上天窗屋面的检修梯。

矩形天窗由天窗架、天窗屋顶、天窗端壁、天窗侧板和天窗扇五部分组成（图 10-27）。

1. 天窗架

天窗架是天窗的承重构件，支撑在屋架或屋面梁上，其高度根据天窗扇的高度确定。天窗架的跨度一般为厂房跨度的 1/3～1/2，且应符合扩大模数 30M 系列，常见的有 6、9、12m 三种。天窗架有钢筋混凝土天窗架和钢天窗架两种（图

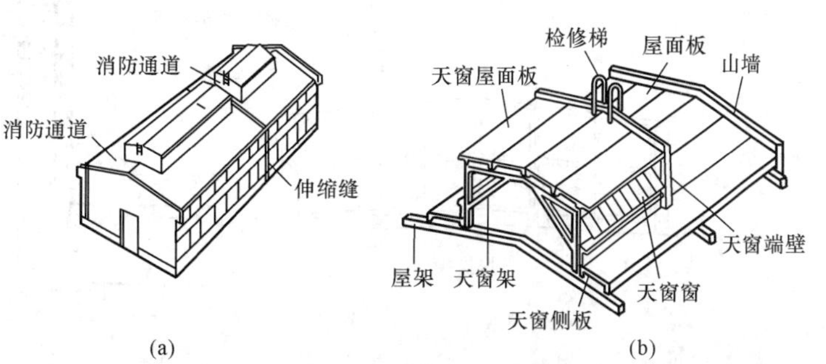

图 10-27　矩形天窗布置与组成

（a）矩形天窗布置与消防通道；（b）矩形天窗的组成

10-28)，钢天窗架重量轻，制作吊装方便，多用于钢屋架上，也可用于钢筋混凝土屋架上。钢筋混凝土天窗架则要与钢筋混凝土屋架配合使用。

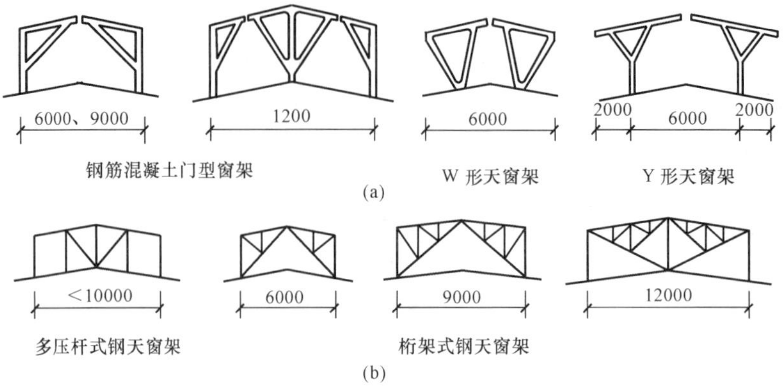

图 10-28 天窗架形式

(a) 钢筋混凝土天窗架；(b) 钢天窗架

为便于天窗架的制作和吊装，钢筋混凝土天窗架一般加工成两榀或三榀，在现场组合安装，各榀之间采用螺栓连接，与屋架采用焊接连接。钢天窗架一般采用桁架式，自重轻，便于制作和安装，其支脚与屋架一般采用焊接连接，适用于较大跨度的厂房。

2. 天窗屋顶

天窗屋顶与厂房屋顶的构造相同，因天窗的集水面积不大，一般可采取无组织排水形式，即在天窗的檐口部分搁置檐口板，挑出长度 300～500mm。但应在天窗檐口的对应屋面范围内铺设混凝土滴水板，以防天窗屋顶落水损伤屋面防水层。

3. 天窗端壁

天窗端壁是天窗端部的山墙。有预制钢筋混凝土天窗端壁（可承重)、石棉瓦天窗端壁（非承重）等。

预制钢筋混凝土天窗端壁（图 10-29）可以代替端部天窗架，具有承重与围护双重功

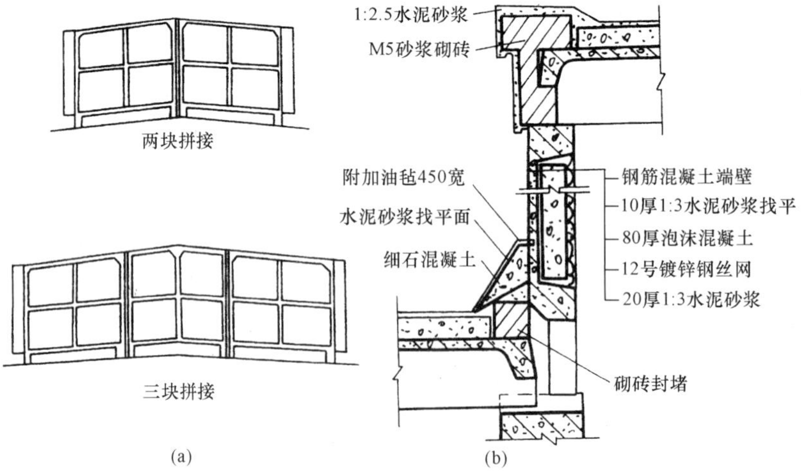

图 10-29 天窗端壁构造

(a) 天窗端壁组成；(b) 天窗端壁立面

能。端壁板一般有两块或三块组成，其下部焊接固定在屋架上弦轴线的一侧，与屋面交接处应作泛水处理，上部与天窗屋面板的空隙，采用 M5 砂浆砌砖填补。对端壁有保温要求时，可在端壁板内侧加设保温层。

石棉瓦天窗端壁采用天窗架承重，端壁的围护结构由轻型波形瓦做成，这种端壁构件琐碎，施工复杂，主要用于钢天窗架上。

4. 天窗侧板

天窗侧板是天窗下部的围护构件。主要作用是防止天窗檐口下落的雨水溅入厂房及积雪影响窗扇的开启。天窗侧板的高度不应小于 300mm，多雪地区可增高至 400～600mm。

天窗侧板的选择应与屋面构造及天窗架形式相适应，当屋面为无檩体系时，应采用与大型屋面板等长度的钢筋混凝土槽形侧板，侧板可以搁置在天窗架竖杆外侧的钢牛腿上，也可以直接搁置在屋架上，同时应做好天窗侧板处的泛水，见图 10-30。

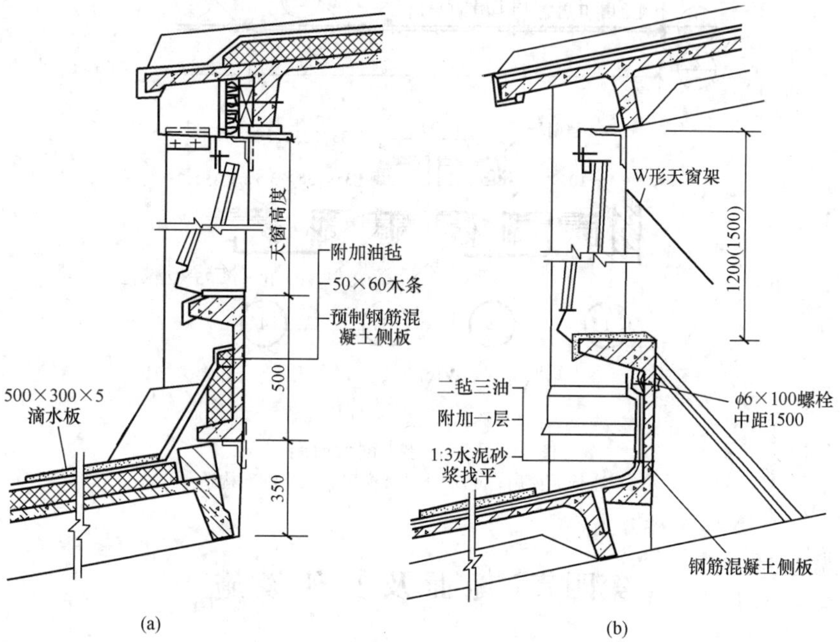

图 10-30　天窗侧板构造

（a）天窗侧板搁置在角钢牛腿上；（b）天窗侧板搁置在屋架上

5. 天窗扇

天窗的窗扇一般为单层玻璃扇，窗框多用钢材制作。按开启方式分上悬式钢天窗和中悬式钢天窗。上悬式天窗扇最大开启角为 45°，开启方便，防雨性能好，所以采用较多。

上悬式钢天窗扇的高度有三种：900、1200、1500mm（标志尺寸），可根据需要组合形成不同的窗口高度。窗扇主要有开启扇和固定扇组成，可以布置成通长窗扇和分段窗扇（图 10-31）。通长窗扇有两个端部窗扇和若干个中间窗扇利用垫板和螺栓连接而成；分段窗扇是每个柱距设一个窗扇，各窗扇可独立开启。在天窗的开启扇之间及开启扇与天窗端壁之间，均须设置固定窗扇起竖框作用。为了防止雨水从窗扇两端开口处飘入车间，须在固定扇的后侧附加 600mm 宽的固定挡雨板。

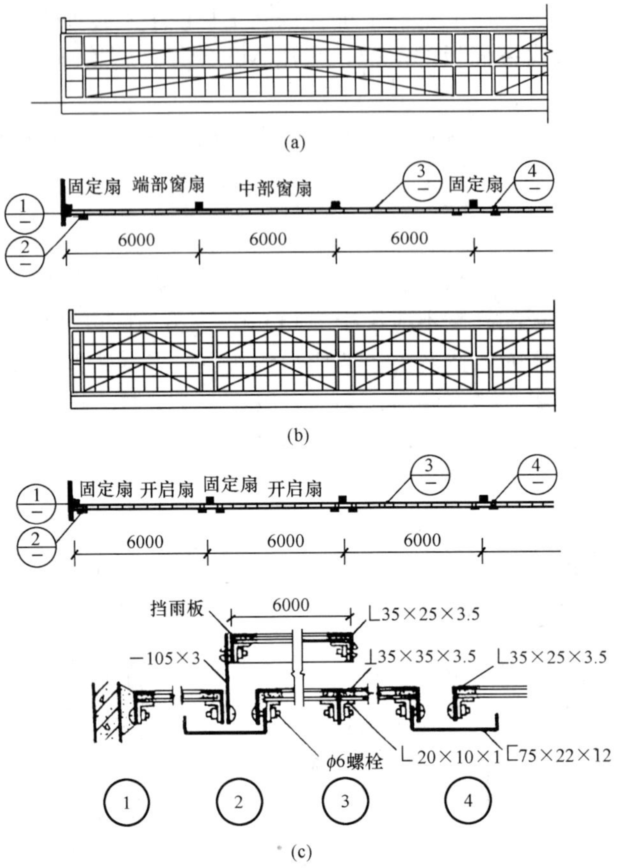

图 10-31 上悬式钢天窗扇

(a) 通长天窗扇；(b) 分段天窗扇；(c) 细部构造

第四节 地面及其他设施

一、地面

（一）厂房地面的特点

厂房地面与民用建筑地面相比，其特点是面积较大，承受荷载较重，材料用量多，并应满足不同生产工艺的不同要求，如防尘、防爆、耐磨、耐冲击、耐腐蚀等。同时厂房内工段多，各工段生产要求不同，地面类型也应不同，这就增加了地面构造的复杂性。所以正确而合理地选择地面材料和构造，将直接影响到建筑造价、产品质量以及工人的劳动条件等。

（二）厂房地面的构造

厂房地面与民用建筑一样，由面层、垫层和基层三个基本层次组成，有时，为满足生产工艺对地面的特殊要求，需增设结合层、找平层、防潮层、保温层等，其基本构造与民用建筑相同。此处只介绍厂房地面特殊部位构造。

1. 地面变形缝

当地面采用刚性垫层，且厂房结构设置有温度缝和沉降缝时，应在地面相应位置处设地面变形缝；一般地面与振动大的设备（如锻锤、破碎机等）基础之间，以及相邻地段荷载相差悬殊时，均应设置地面变形缝，见图 10-32（a）。防腐蚀地面处应尽量避免设变形缝，若必须设时，需在变形缝两侧设挡水，并做好挡水和缝间的防腐处理，见图 10-32（b）。

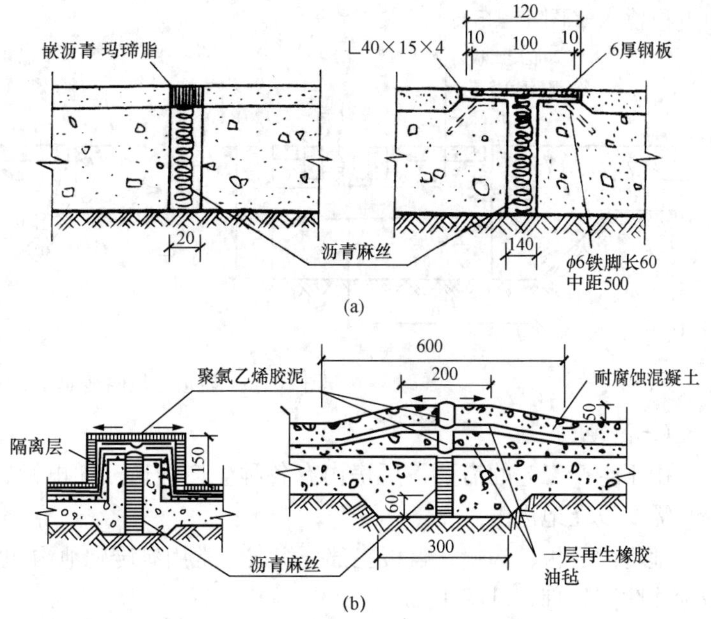

图 10-32 地面变形缝的构造
（a）一般地面变形缝；（b）防腐蚀地面变形缝

2. 不同地面的接缝

厂房若出现两种不同类型地面时，在两种地面交接处容易因强度不同而遭到破坏，应采取加固设施。当接缝两边均为刚性垫层时，交界处不做处理，见图 10-33（a）；当接缝两侧均为柔性垫层时，其一侧应用 C10 混凝土作堵头，见图 10-33（b）；当厂房内车辆频繁穿过接缝时，应在地面交界处设置与垫层固定的角钢或扁钢嵌边加固，见图 10-33（c）。

防腐地面与非防腐地面交接处，及两种不同的防腐地面交接处，均应设置挡水条，防止腐蚀性液体或水漫流（图 10-34）。

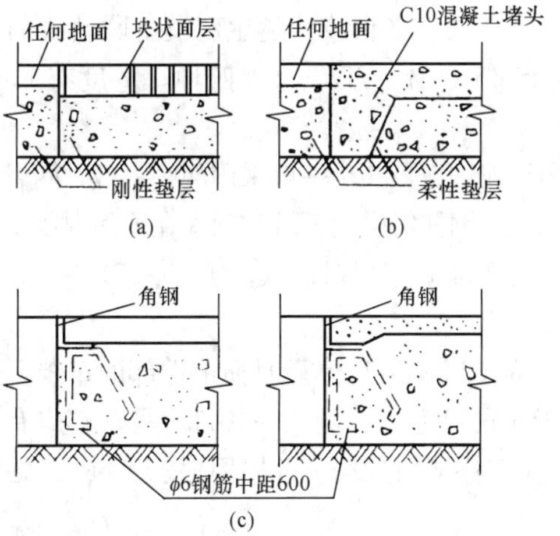

图 10-33 不同地面的接缝构造

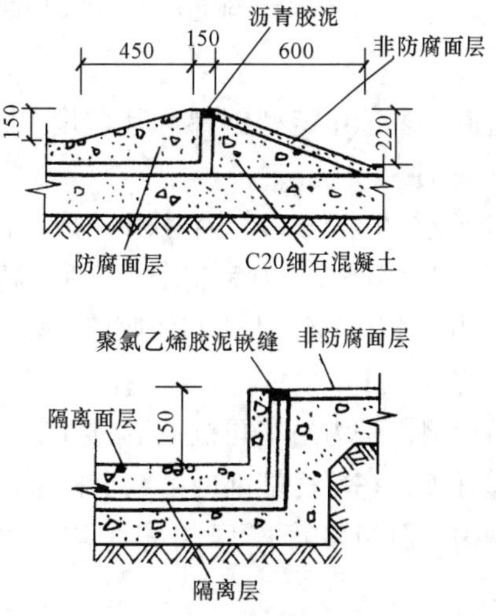

图 10-34 不同地面接缝处的挡水构造

3. 轨道处地面处理

厂房地面设轨道时，为使轨道不影响其他车辆和行人通行，轨顶应与地面相平。为了防止轨道被车辆碾压倾斜，轨道应用角钢或旧钢轨支撑。轨道区域地面宜铺设块材地面，以方便更换枕木（图 10-35）。

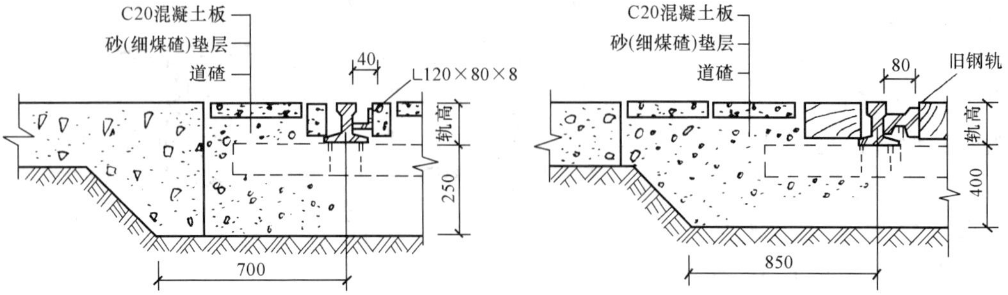

图 10-35 轨道区域的地面

（三）地沟

由于生产工艺的需要，厂房内有各种生产管道（如电缆、采暖、压缩空气、蒸汽管道等）需要设在地沟内。

地沟由底板、沟壁、盖板三部分组成。常用有砖砌地沟和混凝土地沟两种。砖砌地沟一般须作防潮处理，见图 10-36。

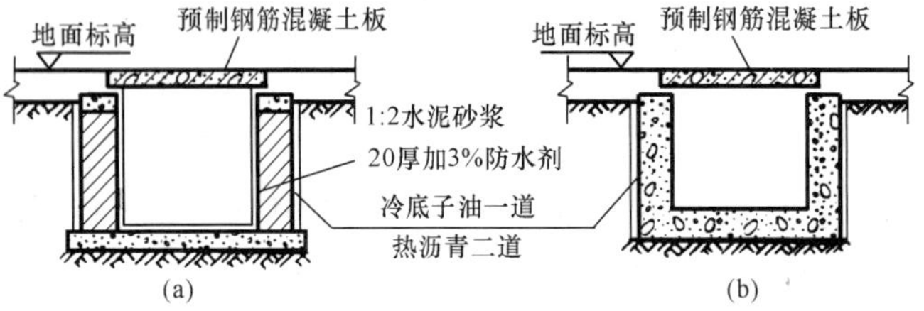

图 10-36 地沟构造

（a）砖砌地沟；（b）混凝土地沟

二、其他设施

（一）钢梯

厂房需设置供生产操作和检修使用的钢梯，如作业平台钢梯、吊车钢梯、屋面消防检修钢梯等。

1. 作业钢梯

作业钢梯是为工人上下操作平台或跨越生产设备联动线而设置的通道。多选用定型钢梯，其坡度一般较陡，有 45°、59°、73°、90°四种，宽度有 600、800mm 两种。

作业钢梯由斜梁、踏步和扶手组成。斜梁采用角钢或钢板，踏步一般采用网纹钢板，两者焊接连接。扶手用 $\phi 22$ 的圆钢制作，其垂直高度为 900mm。钢梯斜梁的下端和预埋在地面混凝土基础中的预埋钢板焊接，上端与作业台钢梁或钢筋混凝土梁的预埋件焊接固定（图 10-37）。

2. 吊车钢梯

吊车钢梯是为吊车司机上下司机室而设置的。为了避免吊车停靠时撞击端部的车挡，吊车钢梯宜布置在厂房端部的第二个柱距内，且位于靠司机室的一侧。一般每台吊车都应有单独的钢梯，但当多跨厂房相邻跨均有吊车时，可在中柱上设一部共用吊车钢梯，见图 10-38。

吊车钢梯由梯段和平台两部分组成。梯段的坡度一般为 63°，宽度为 600mm，其构造同作业台钢梯。平台支撑在柱上，采用花纹钢板制作，标高应低于吊车梁底 1800mm 以上，以免司机上下时碰头。

3. 屋面消防检修梯

消防检修梯是在发生火灾时供消防人员从室外上屋顶之用，平时兼作检修和清理屋面时

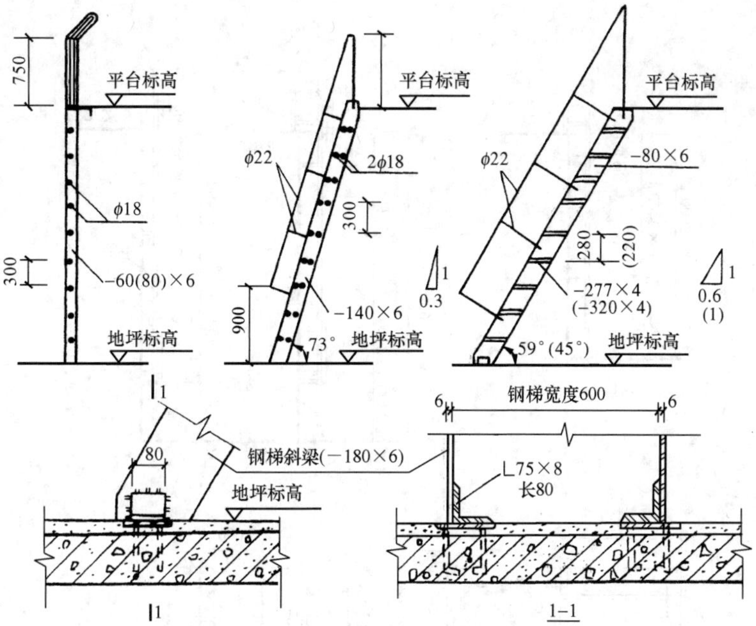

图 10-37　作业台钢梯

使用。其形式多为直梯，当厂房很高时，用直梯既不方便也不安全，应采用设有休息平台的斜梯。

消防检修梯一般设于厂房的山墙或纵墙端部的外墙面上，不得面对窗口。当有天窗时应在天窗端壁上设置上天窗屋面的直梯。

直梯一般宽度为 600mm，为防止儿童和闲人随意上屋顶，消防梯应距下端 1500mm 以上。钢梯与外墙距离通常不小于 250mm。梯身与外墙应有可靠的连接，一般是将梯身上每隔一定的距离伸出短角钢埋入墙内，或与墙内的预埋件焊牢（图 10-39）。

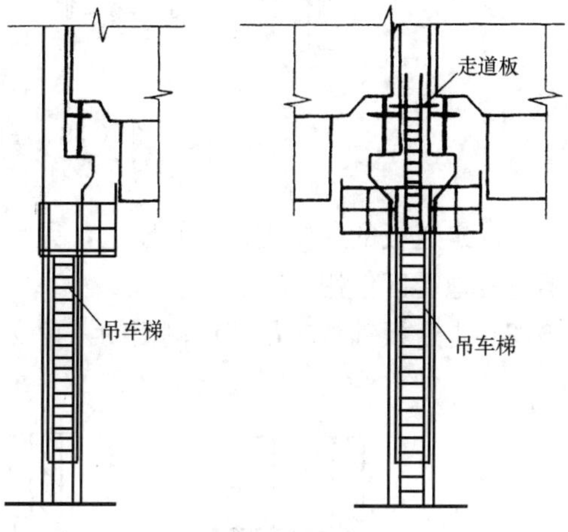

图 10-38　吊车钢梯

（二）吊车梁走道板

走道板是为维修吊车和吊车轨道的人员行走而设置的，应沿吊车梁顶面铺设。当吊车为中级工作制，轨顶高度小于 8m 时，只需在吊车操纵室一侧的吊车梁上设通长走道板；若轨顶高度大于 8m 时，则应在两侧的吊车梁上设置通长走道板；如厂房为高温车间、吊车为重级工作制，或露天跨设吊车时，不论吊车台数、轨顶高度如何，均应在两侧的吊车梁上设通长走道板。

走道板有木板、钢板及预制钢筋混凝土板三种。目前采用较多的是预制钢筋混凝土走道板，其宽度有 400、600、800mm 三种，板的长度与柱子净距相配套。走道板的铺设方法有以下三种：

（1）在柱身预埋钢板，上面焊接角钢，将钢筋混凝土走道板搁置在角钢上，见图 10-40（a）。

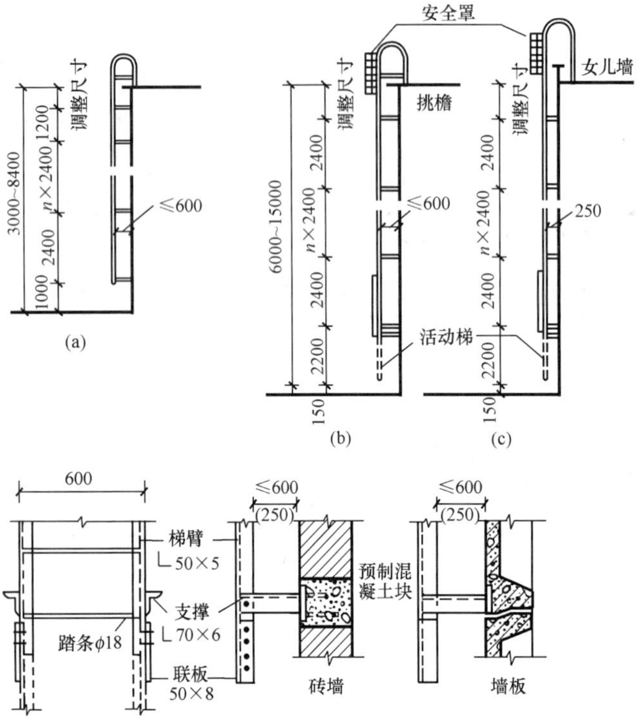

图 10-39　屋面检修消防直钢梯

（a）屋面；（b）室外地坪；（c）室外地坪

（2）走道板的一侧支撑在侧墙上，另一侧支撑在吊车梁翼缘上，见图 10-40（b）。该做法不适宜地震区使用。

（3）走道板铺放在吊车梁侧面的三角支架上，见图 10-40（c）。

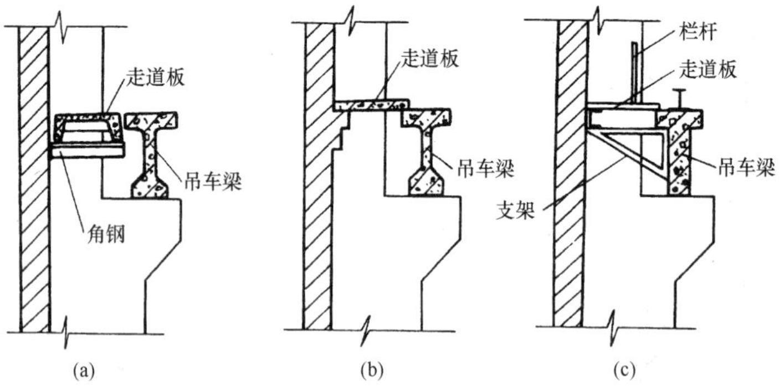

图 10-40　走道板的铺设方式

复习思考题

一、名词解释

1. 板材墙
2. 内落外排水
3. 天窗端壁
4. 构件自防水屋面
5. 吊车钢梯

二、填空题

1. 按构造形式分，天窗包括（　　）、（　　）、（　　）、（　　）、（　　）和（　　）等类型。

2. 厂房外墙根据所用材料的不同有（　　）、（　　）和（　　）等几种。

3. 矩形天窗在厂房的（　　）和（　　）的第一个柱间通常不设天窗。

4. 厂房地面与民用建筑一样，一般由（　　）、（　　）和（　　）组成。

5. 厂房地沟由（　　）、（　　）和（　　）三部分组成。

6. 厂房侧窗可根据需要由基本窗（　　）拼接，也可以（　　）拼接。

三、选择题

1. 开敞式外墙挡雨遮阳板每排之间的距离，与当地的飘雨角度有关，一般设计时飘雨角度可按（　　）设计。

A. 15°　　B. 30°　　C. 45°　　D. 60°

2. 无组织排水的挑檐长度，当檐口高度不大于 6m 时，一般宜不小于（　　）；当檐口高度小于 6m 时，一般宜不小于（　　）。

A. 500，300　　B. 180，300　　C. 300，180　　D. 300，500

3. 石棉水泥波瓦直接铺在檩条上，一般要求一块瓦跨（　　）根檩条。

A. 2 根　　B. 3 根　　C. 4 根　　D. 5 根

4. 砌体墙与柱连接时，应沿柱高度方向每隔（　　）预埋两根 $\phi 6$ 的钢筋，砌入墙缝。

A. 500～600mm　　B. 1000mm　　C. 300～500mm　　D. 240mm

四、简答题

1. 矩形天窗由哪些构件组成？
2. 板材墙板与柱的连接方式有哪些？各自的特点和适用条件是什么？
3. 吊车梁走道板的作用是什么？它是如何铺设的？
4. 侧窗有哪两种布置形式？常用的开启方式有哪些？
5. 厂房大门洞口尺寸是如何确定的？常用开启方式有哪些？

附图　某学院学生公寓施工图

一、附图说明

1. 为使读者更好地识读房屋施工图，特选编某学院学生公寓的施工图作为本书附图，供读者练习识读。

2. 附图是一幢四层混合结构的学生公寓，建筑面积为1996.6m^2。

3. 附图中包括建筑施工图、结构施工图。由于制版原因，附图的图幅大小比原图有所缩小，图中比例已不再是原图所标注的比例。

4. 部分构造做法及表示法具有地区性，仅供参考。

5. 在识读本图过程中，不可避免地会遇到各种专业技术方面的问题，有待于在今后的继续学习中逐步加以解决。

图　纸　目　录

序号	图别	编号	图纸名称	序号	图别	编号	图纸名称
1	建施	1	设计说明、门窗表、工程做法	13	建施	13	楼梯详图
2	建施	2	总平面图	14	建施	14	阳台平面图、厕所、盥洗室平面图
3	建施	3	底层平面图	15	结施	1	结构设计说明
4	建施	4	标准层平面图	16	结施	2	基础平面图
5	建施	5	顶层平面图	17	结施	3	基础详图、设计说明
6	建施	6	屋面平面图	18	结施	4	楼面结构平面图
7	建施	7	①～⑩立面图	19	结施	5	楼面圈梁布置图及节点详图
8	建施	8	⑩～①立面图	20	结施	6	屋面结构平面图
9	建施	9	Ⓐ～Ⓓ立面图 Ⓓ～Ⓐ立面图	21	结施	7	屋面圈梁布置图及节点详图
10	建施	10	1-1剖面图	22	结施	8	楼梯配筋平面图、1-1、钢筋表
11	建施	11	2-2剖面图	23	结施	9	TB-1、TB-2、TB-3、TL-L配筋图
12	建施	12	3-3剖面图				

二、建筑施工图

设　计　说　明

1. 本工程为某学院学生公寓，层数为四层，平面形成为一字形、内廊式，建筑面积为 1996.6m²。
2. 总平面布置：本工程位于学院学生生活区内，建筑坐北朝南，行列式布置。本期工程为四幢，编号为 7～10 号。
3. 本工程为四层混合结构，抗震设防烈度为 8 度，抗震柱设防以结施图为准。
4. 本工程均采用非黏土烧结普通砖。
5. 新建学生公寓底层室内地坪±0.000，相当于绝对标高 486.00。
6. 图中尺寸除标高以米为单位外，其余均以毫米为单位。
7. 本工程卫生器具及涂料由建设单位自定。
8. 本工程施工时，建筑、结构、水、暖、电各工种必须密切配合，准确预留孔洞，禁止事后开凿，影响质量。
9. 散水、地面、楼面、屋面的工程做法详见建施图。
10. 图中未尽事宜，由设计、施工、建设单位协商解决。

门　窗　表

统一编号	图集编号	洞口尺寸	数量	材料	部　位	备　注
M-1	$3M_1 58$	1800×2400	1	木	入口	参照定做　镶木板
M-2	$3M_1 58$	1500×2400	1	木	入口	镶木板
M-3	$3M_1 18$	1000×2400	67	木	房间、厕所	镶木板
M-4	3M07	750×2100	63	木	阳台卫生间	镶木板
M-5		1500×2700	63	木	阳台	镶木板
C-1		1800×1200	3	塑钢	楼梯间	现场定做
C-2		1800×1800	4	塑钢	厕所	现场定做
C-3		450×600	63	塑钢	阳台卫生间	现场定做
C-4		1500×1800	7	塑钢	走廊	现场定做
C-5		2100×2100	1	塑钢	管理间	现场定做
C-6		2340×1900	63	塑钢	阳台	现场定做

工　程　做　法

名　称	工　程　做　法	部　位
台阶	1. 20 厚 1∶2.5 水泥砂浆抹面压实赶光 2. 素水泥浆结合层一道 3. 60 厚 C15 混凝土台阶面向外坡 1% 4. 150 厚碎石夯实灌 M2.5 混合砂浆 5. 素土夯实	出入口
外墙 1	1. 刷外墙涂料 2. 6 厚 1∶2.5 水泥砂浆找平 3. 12 厚 1∶3 水泥砂浆打底扫光	所有外墙
外墙 2	1. 刷外墙涂料 2. 基层用 EC 聚合物砂浆修补平整	阳台栏板
踢脚	1. 6 厚 1∶2.5 水泥砂浆压实赶光 2. 6 厚 1∶3 水泥砂浆打底扫毛	
内墙 1	1. 刮内墙仿瓷涂料 2. 6 厚 1∶0.3∶0.5 水泥石灰膏砂浆抹面压实赶光 3. 12 厚 1∶1∶6 水泥石灰膏砂浆打底扫毛	房间 走廊 楼梯
内墙 2	1. 白水泥擦缝 2. 贴 5 厚釉面砖（在釉面砖粘贴面上随贴随刷一道混凝土界面处理剂） 3. 8 厚 1∶0.1∶2.5 水泥石灰膏砂浆结合层 4. 12 厚 1∶3 水泥砂浆打底扫毛	厕所、盥洗室、阳台、卫生间
顶棚	1. 刷涂料 2. 底板腻子刮平	
油漆 1	1. 调和漆二度（颜色建设单位自定） 2. 底油一度 3. 满刮腻子	木门 木扶手
油漆 2	1. 调和漆二度（颜色建设单位自定） 2. 刮腻子 3. 防锈漆一度	金属构件

××建筑设计研究院	
注册师签章区	
项目经理签章区	
修改记录	
某学院学生公寓 设计说明 门窗表 工程做法	
A−1	
设计	
审核	
校对	
会签栏	

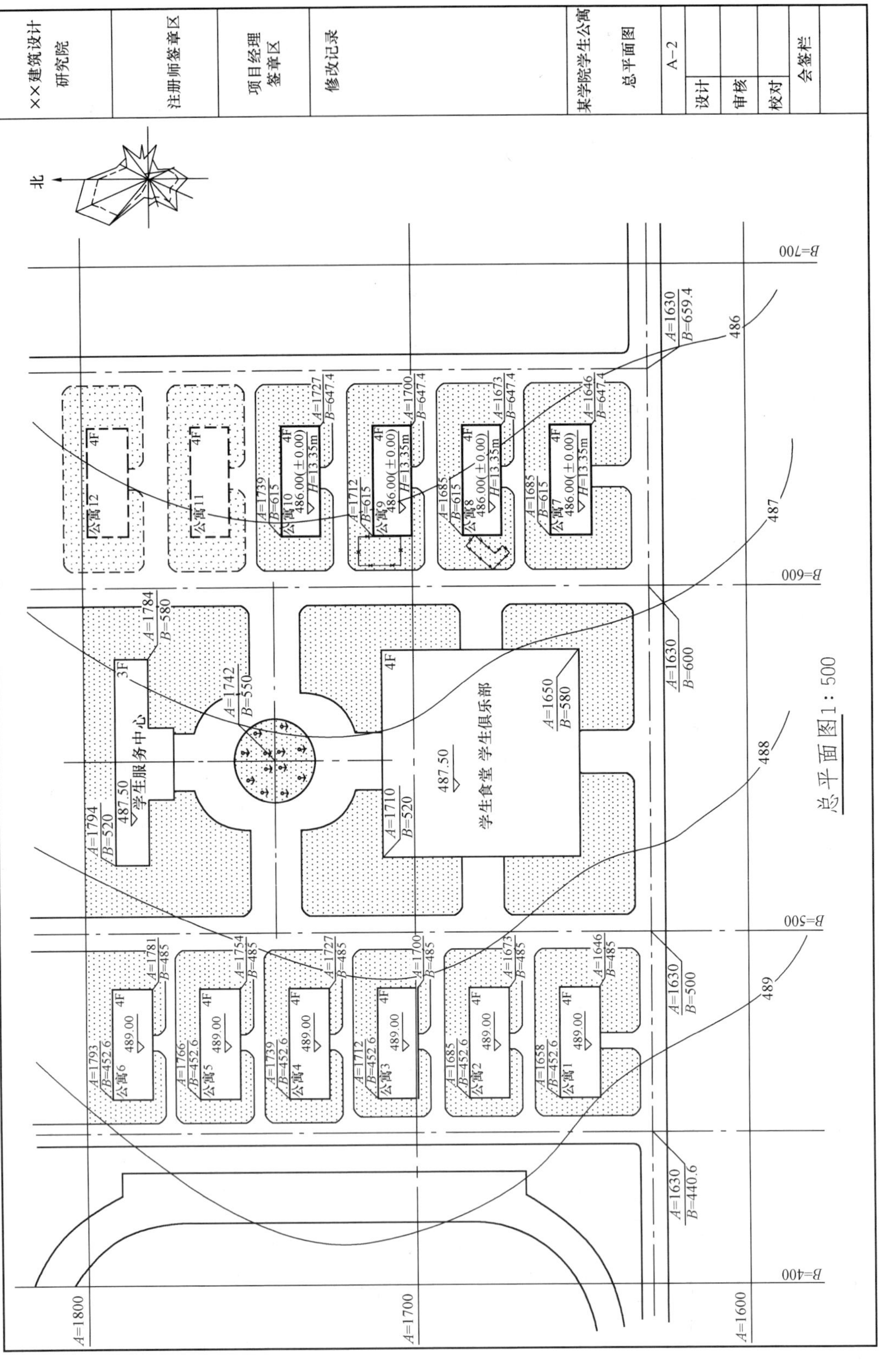
××建筑设计研究院
注册师签章区
项目经理签章区
修改记录
某学院学生公寓
总平面图
A-2
设计
审核
校对
会签栏
北
B=700
B=600
B=500
B=400
A=1800
A=1700
A=1600
486
487
488
489
公寓12
4F
公寓11
4F
公寓10
公寓9
公寓8
公寓7
486.00(±0.00)
H=13.35m
学生服务中心
3F
487.50
学生食堂 学生俱乐部
4F
公寓6
公寓5
公寓4
公寓3
公寓2
公寓1
489.00
A=1630
B=659.4
A=1630
B=600
A=1630
B=500
A=1630
B=440.6
A=1784
B=580
A=1794
B=520
A=1742
B=550
A=1650
B=580
A=1710
B=520
总平面图1:500

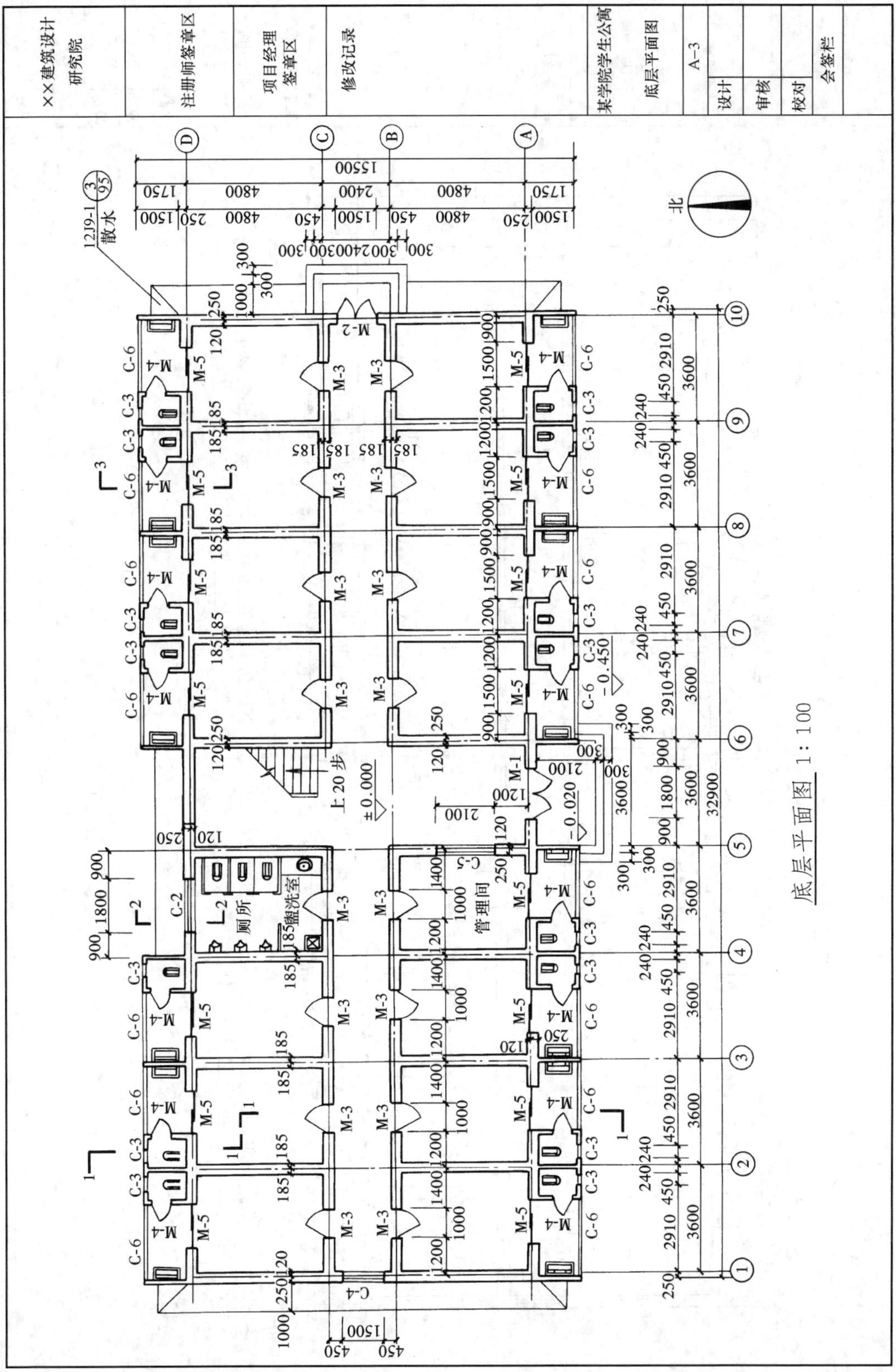
××建筑设计研究院
注册师签章区
项目经理签章区
修改记录
某学院学生公寓
底层平面图
A-3
设计
审核
校对
会签栏
北
厕所
盥洗室
管理间
上20步
±0.000
-0.020
-0.450
12J9-1 3/95 散水
15500
32900
M-1
M-2
M-3
M-4
M-5
C-2
C-3
C-4
C-5
C-6
底层平面图 1：100

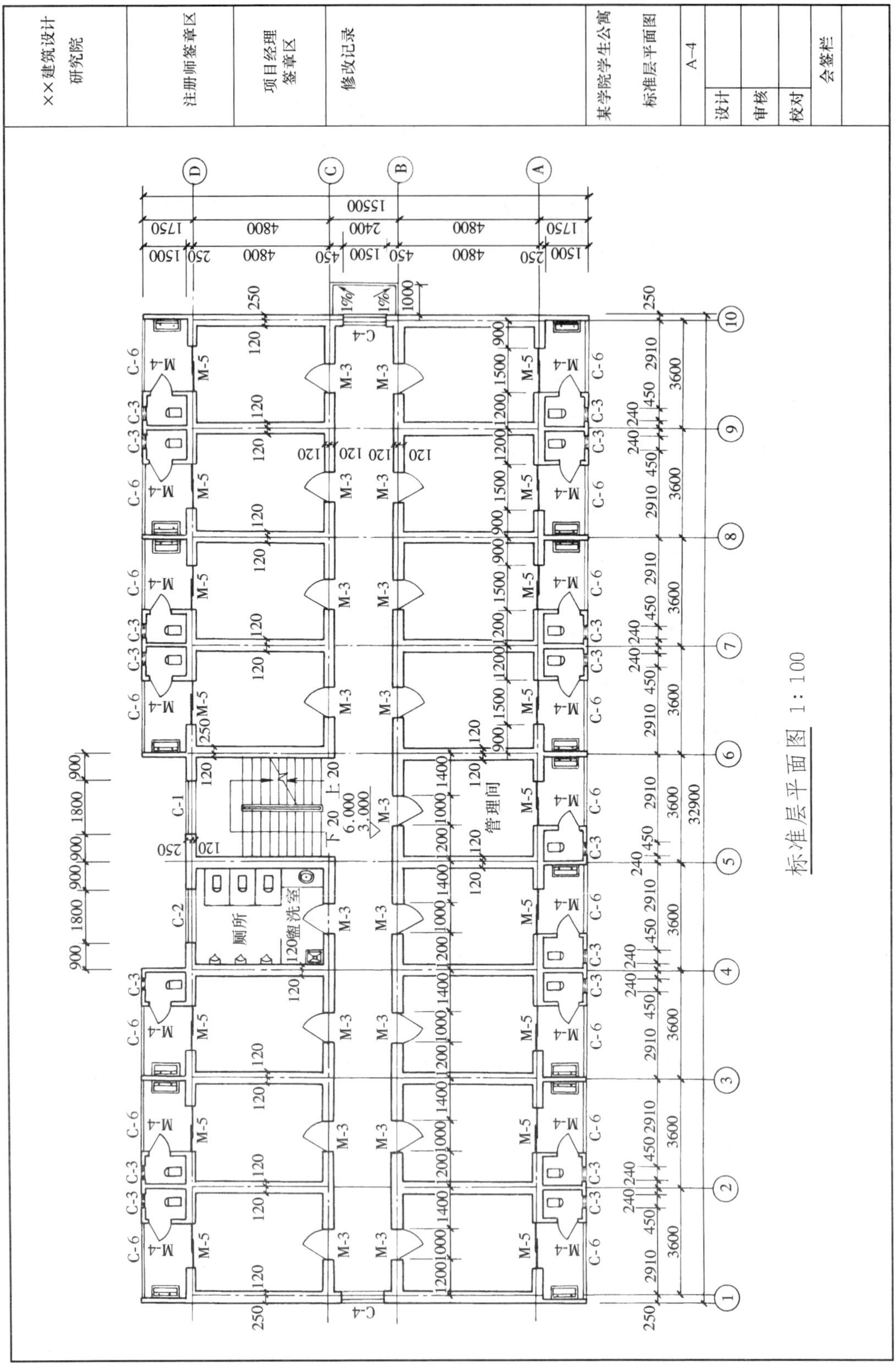
××建筑设计研究院
注册师签章区
项目经理签章区
修改记录
某学院学生公寓
标准层平面图
A-4
设计
审核
校对
会签栏
厕所
盥洗室
管理间

标准层平面图 1∶100

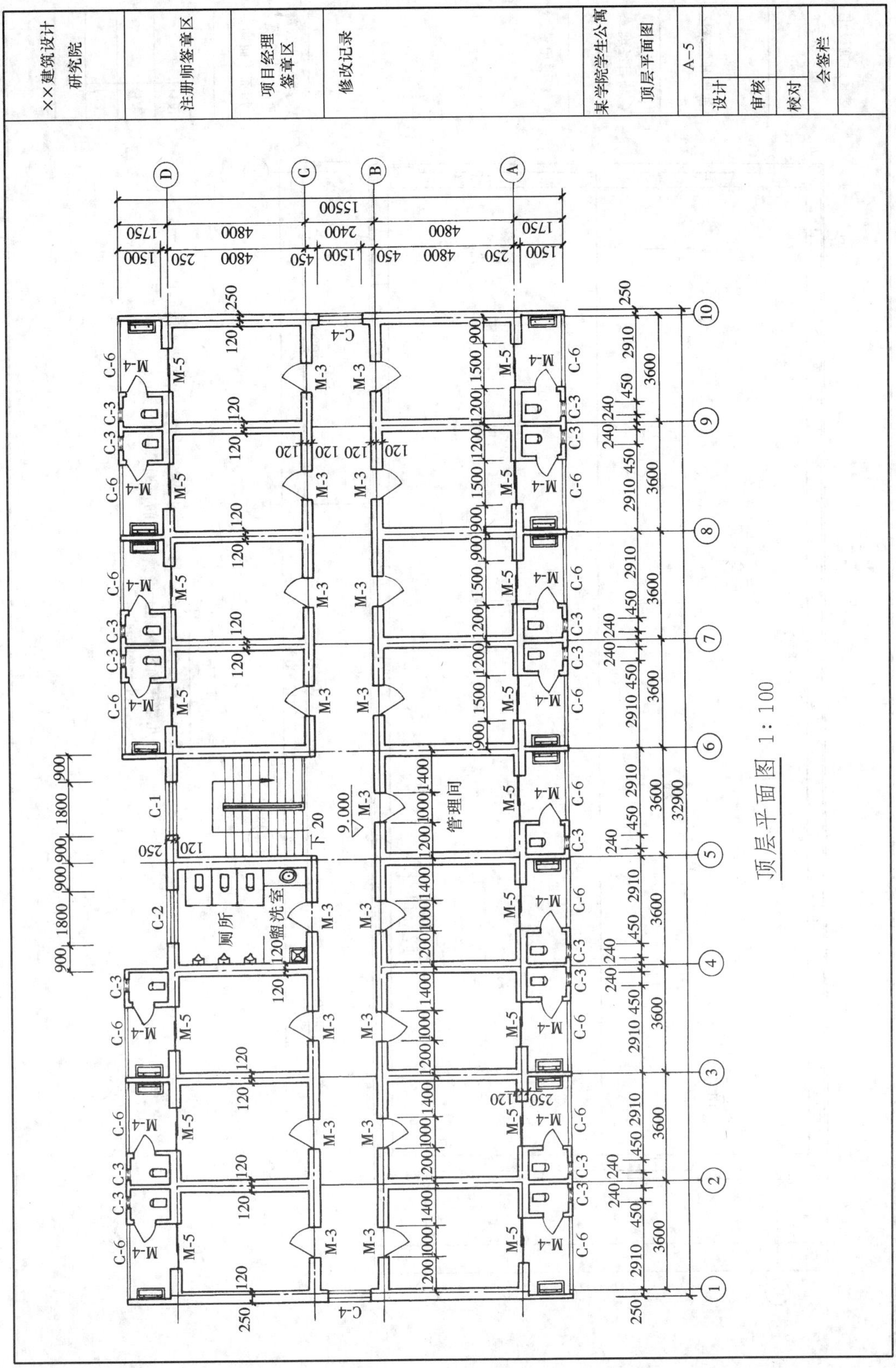
××建筑设计研究院
注册师签章区
项目经理签章区
修改记录
某学院学生公寓
顶层平面图
A-5
设计
审核
校对
会签栏
厕所
盥洗室
管理间
9.000
下 20
15500
32900
顶层平面图 1∶100

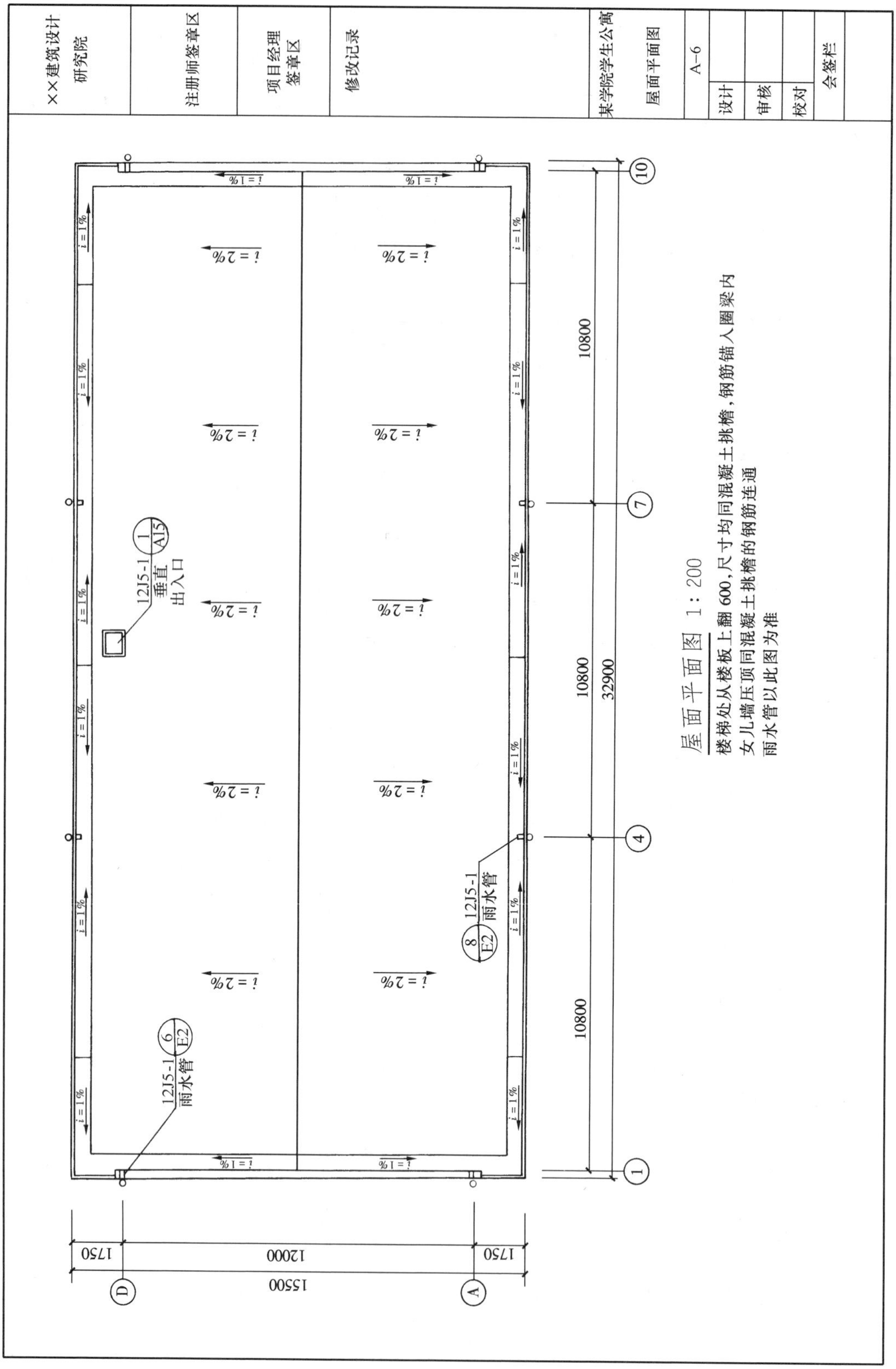
××建筑设计研究院
注册师签章区
项目经理签章区
修改记录
某学院学生公寓
屋面平面图
A-6
设计
审核
校对
会签栏
12J5-1
垂直出入口
1
A15
12J5-1
雨水管
8
E2
12J5-1
雨水管
6
E2
i = 2%
i = 1%
10800
10800
10800
32900
1750
12000
1750
15500
1
4
7
10
A
D
屋面平面图 1:200
楼梯处从楼板上翻600，尺寸均同混凝土挑檐，钢筋锚入圈梁内
女儿墙压顶同混凝土挑檐的钢筋连通
雨水管以此图为准

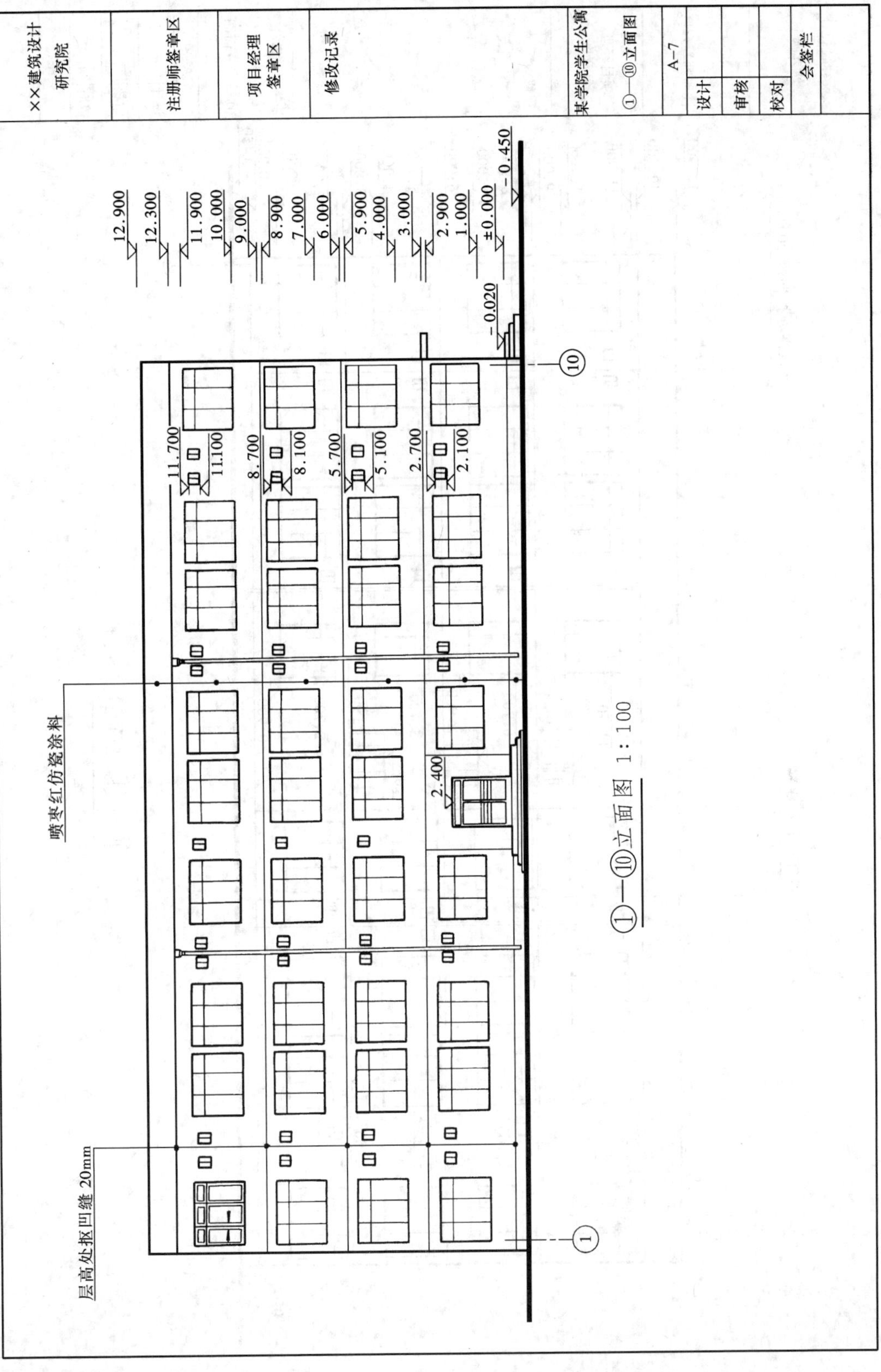
××建筑设计
研究院
注册师签章区
项目经理
签章区
修改记录
某学院学生公寓
①—⑩立面图
A-7
设计
审核
校对
会签栏
12.900
12.300
11.900
10.000
9.000
8.900
7.000
6.000
5.900
4.000
3.000
2.900
1.000
±0.000
−0.450
−0.020
11.700
11.100
8.700
8.100
5.700
5.100
2.700
2.100
2.400
喷枣红仿瓷涂料
层高处抠凹缝 20mm
⑩
①

①—⑩立面图　1：100

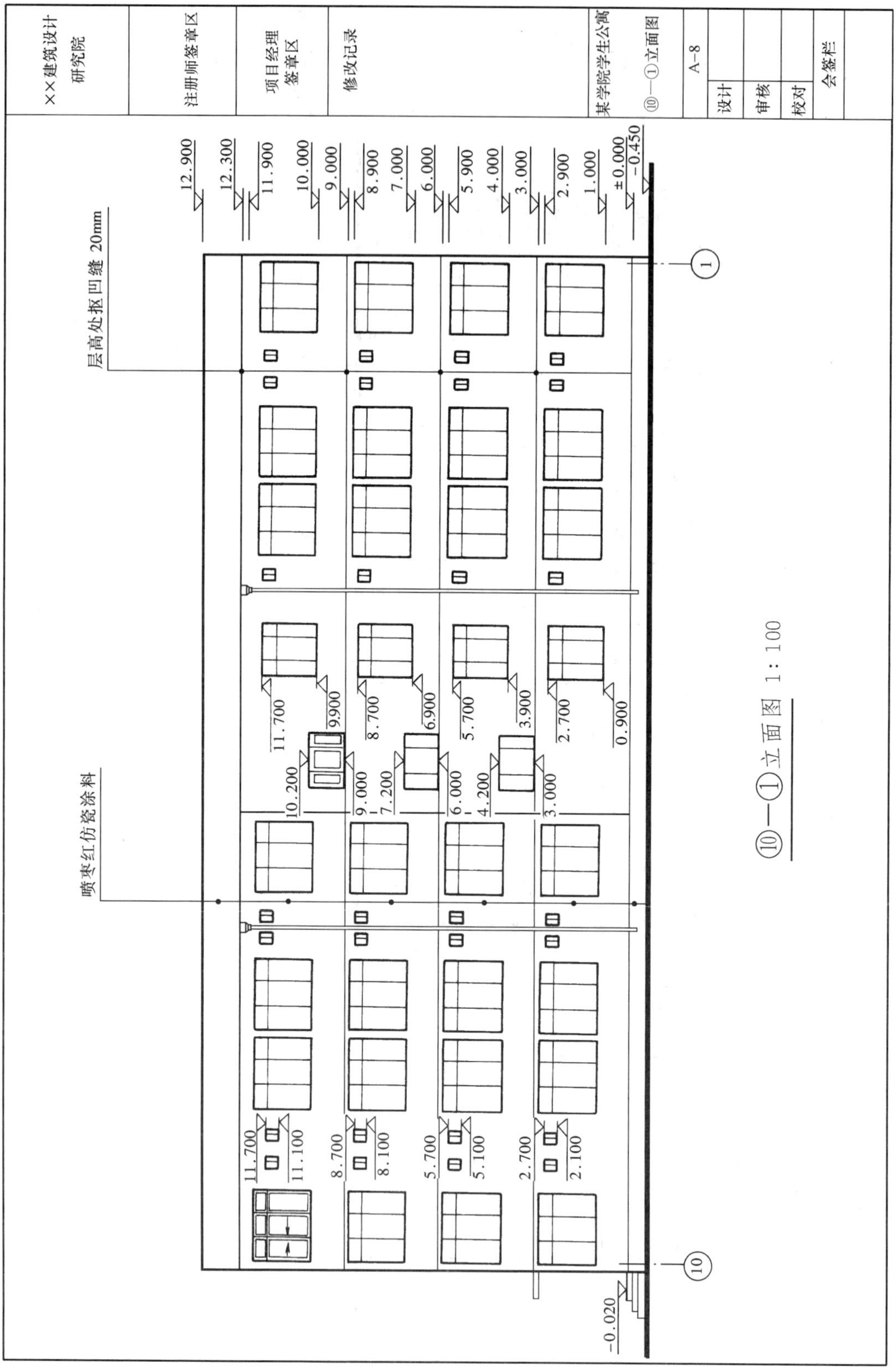
××建筑设计研究院
注册师签章区
项目经理签章区
修改记录
某学院学生公寓
⑩—①立面图
A-8
设计
审核
校对
会签栏
层高处抠凹缝 20mm
喷枣红仿瓷涂料
12.900
12.300
11.900
10.000
9.000
8.900
7.000
6.000
5.900
4.000
3.000
2.900
1.000
±0.000
-0.450
11.700
9.900
10.200
8.700
6.900
9.000
7.200
5.700
3.900
6.000
4.200
2.700
0.900
3.000
11.100
8.100
5.100
2.100
-0.020
1
10

⑩—①立面图 1:100

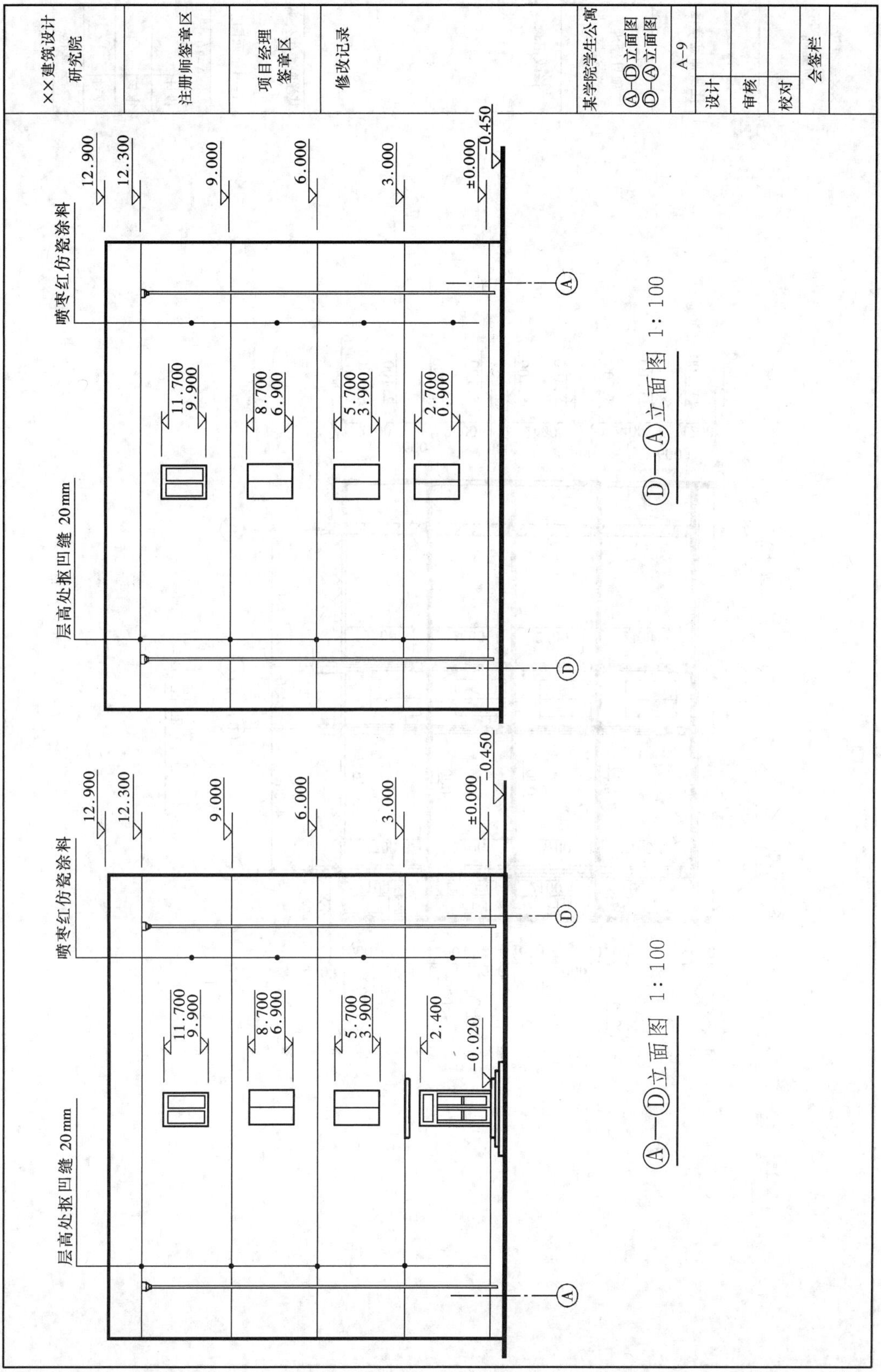
××建筑设计研究院
注册师签章区
项目经理签章区
修改记录
某学院学生公寓
Ⓐ—Ⓓ立面图
Ⓓ—Ⓐ立面图
A-9
设计
审核
校对
会签栏
喷枣红仿瓷涂料
层高处抠凹缝 20mm
12.900
12.300
9.000
6.000
3.000
±0.000
-0.450
11.700
9.900
8.700
6.900
5.700
3.900
2.700
0.900
2.400
-0.020
Ⓐ
Ⓓ
Ⓓ—Ⓐ立面图 1∶100
Ⓐ—Ⓓ立面图 1∶100

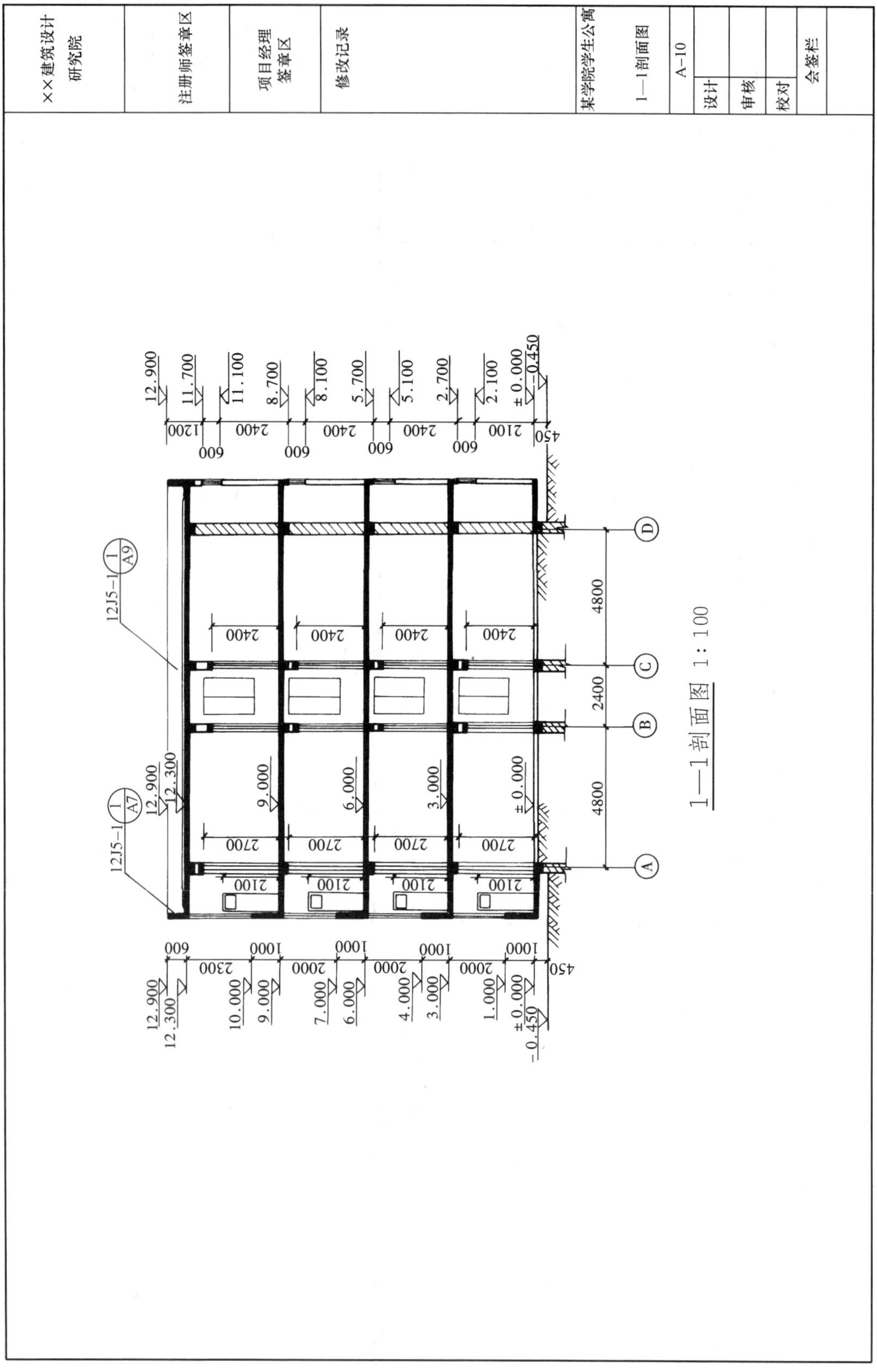

××建筑设计研究院
注册师签章区
项目经理签章区
修改记录
某学院学生公寓
1—1剖面图
A-10
设计
审核
校对
会签栏
12J5-1 1/A9
12J5-1 1/A7
12.900
12.300
11.700
11.100
10.000
9.000
8.700
8.100
7.000
6.000
5.700
5.100
4.000
3.000
2.700
2.100
1.000
±0.000
-0.450
4800
2400
4800
A
B
C
D

1—1剖面图 1∶100

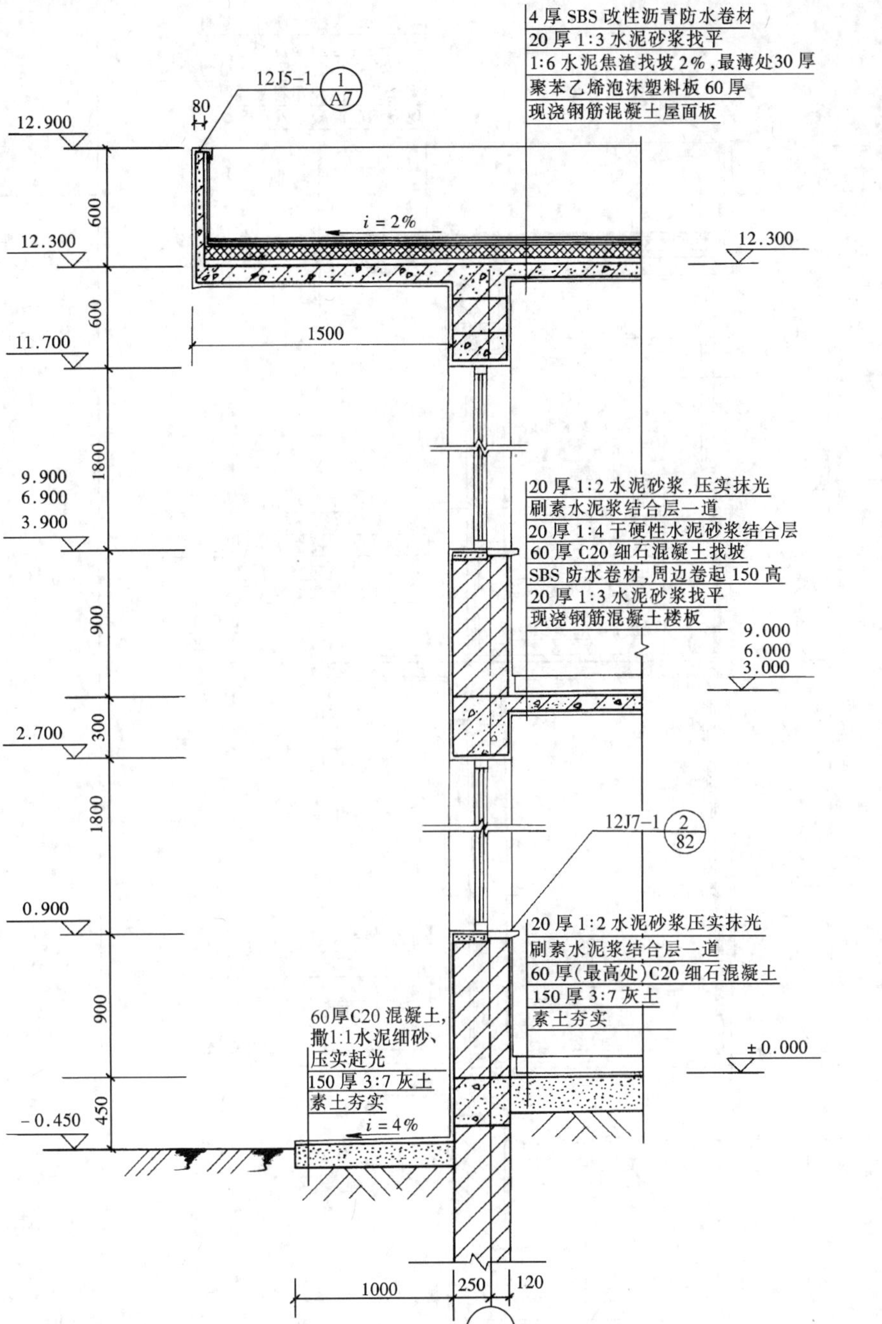

2—2剖面图 1:20

××建筑设计研究院	
注册师签章区	
项目经理签章区	
修改记录	
某学院学生公寓	
2—2剖面图	
A-11	
设计	
审核	
校对	
会签栏	

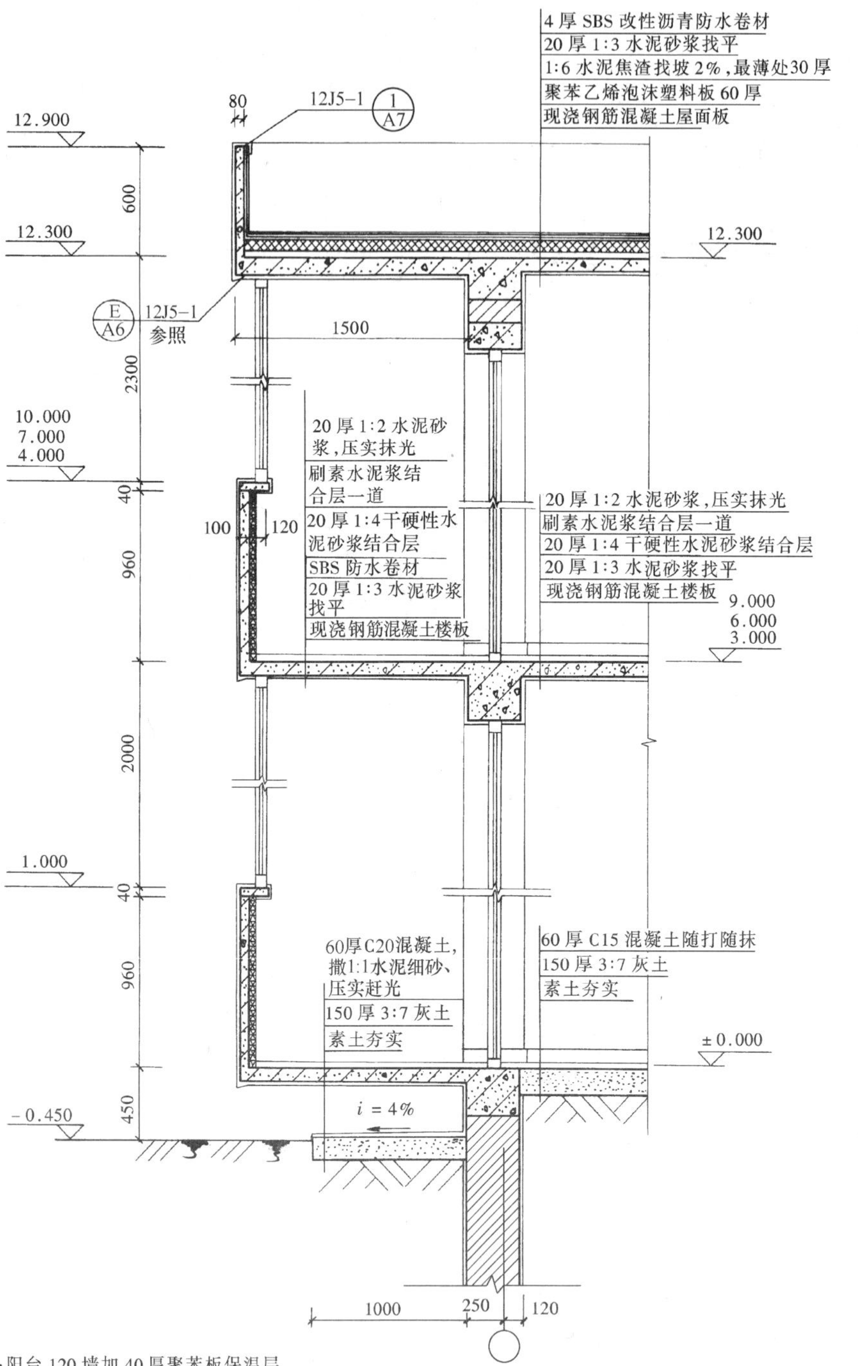

注:阳台120墙加40厚聚苯板保温层。

3—3剖面图 1:20

××建筑设计研究院
注册师签章区
项目经理签章区
修改记录
某学院学生公寓
3—3剖面图
A-12
设计
审核
校对
会签栏

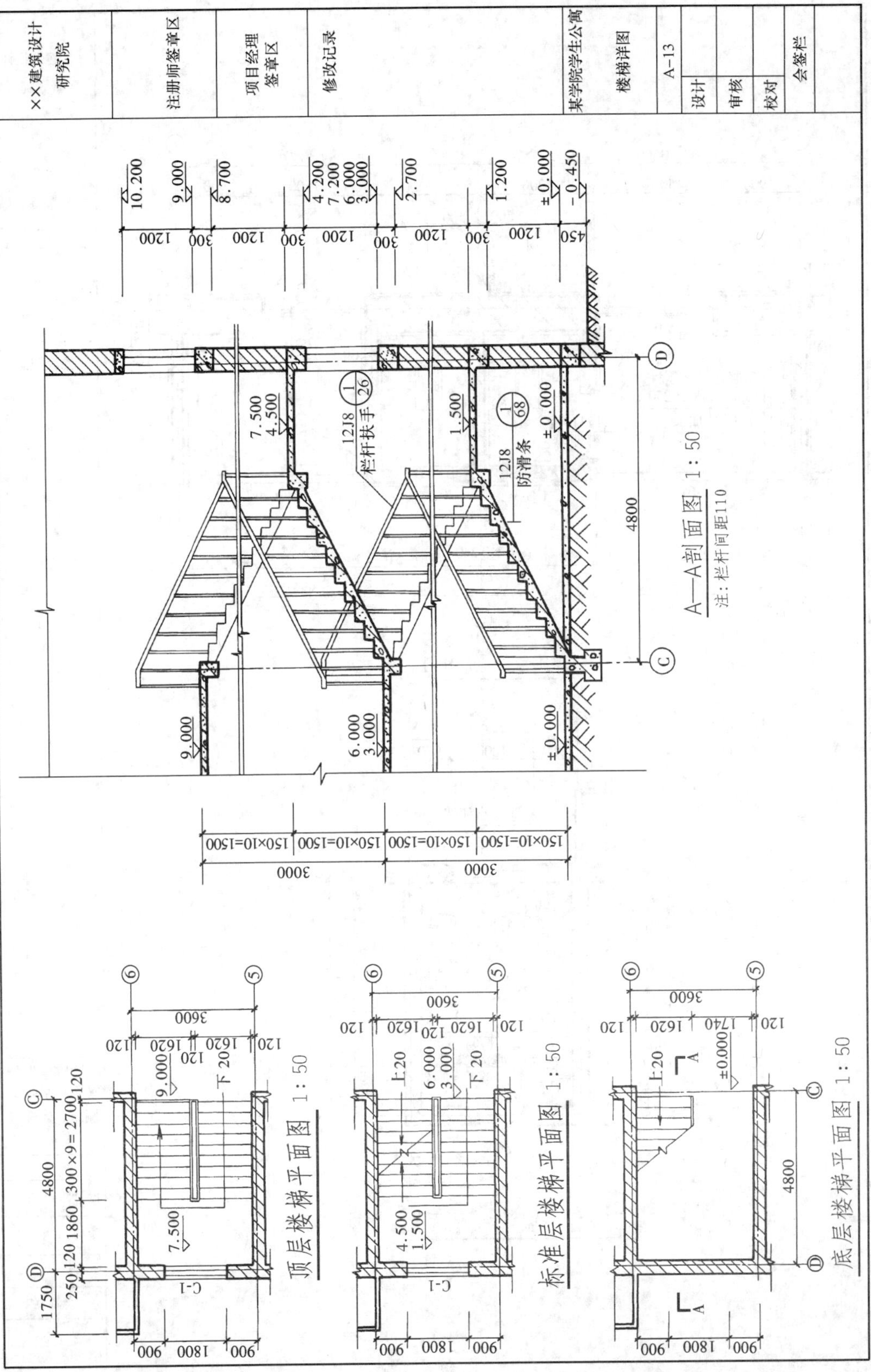
××建筑设计研究院
注册师签章区
项目经理签章区
修改记录
某学院学生公寓
楼梯详图
A-13
设计
审核
校对
会签栏
12J8
栏杆扶手
12J8
防滑条
A—A剖面图 1:50
注：栏杆间距110
150×10=1500
3000
顶层楼梯平面图 1:50
标准层楼梯平面图 1:50
底层楼梯平面图 1:50
300×9=2700
C-1
3600
4800

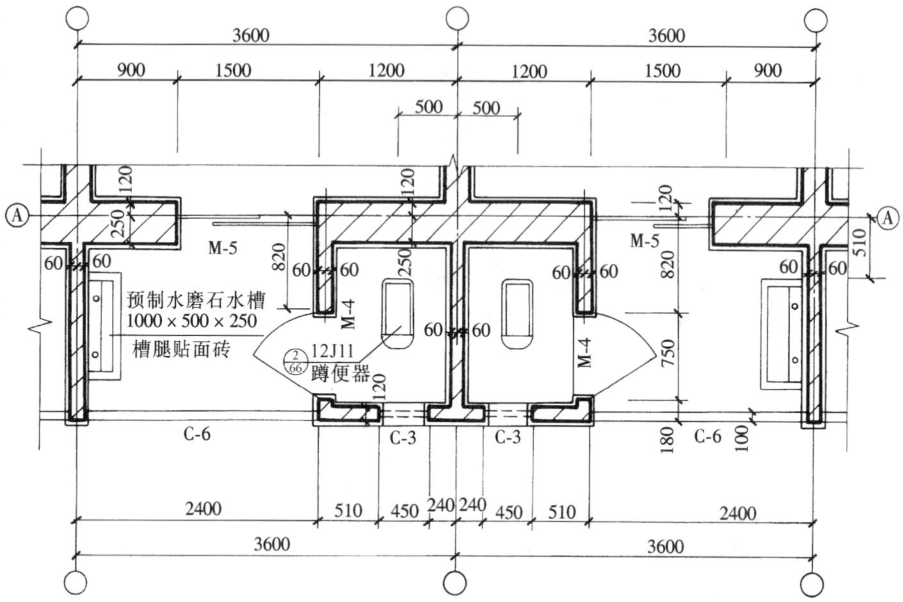

阳台平面图 1∶25

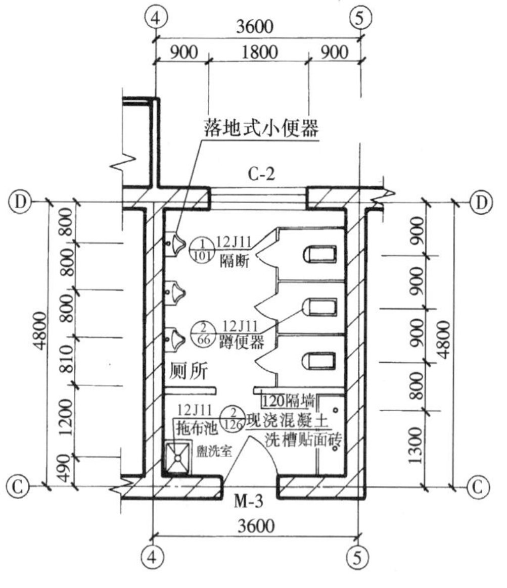

厕所、盥洗室平面图 1∶50

××建筑设计研究院

注册师签章区

项目经理签章区

修改记录

某学院学生公寓阳台平面图厕所、盥洗室平面图

A–14

设计	
审核	
校对	

会签栏

三、结构施工图

结构设计说明

1．设计依据

(1) 某学院学生公寓设计要求。

(2) 已批准的可行性论证报告。

(3) 工程地质、水文地质资料。

(4) 现行建筑结构设计规范。

2．地基基础工程

(1) 本工程地基经省建筑勘察设计院地质勘察队勘探，地表下1.8~3.2m为黏性土夹有薄层沙土，土层分布稳定，是主要的持力层，承载力为110kPa。

(2) 基础垫层为C15素混凝土，厚100mm。

(3) 砖砌基础为MU10非黏土烧结普通砖，M10水泥砂浆。

(4) 地圈梁混凝土标号为C15，钢筋为HPB300及HRB400。

(5) 地圈梁顶标高设在－0.060m处，代替防潮层。

(6) 地基开挖后，应进行验槽、钎探，间距1.5m，深2.6m。如发现异常及湿陷性黄土时，应通知设计人员至现场共同研究解决。

3．砖砌工程

(1) 本工程±0.000标高以下，采用MU10非黏土烧结普通砖，M10水泥砂浆砌筑。±0.000以上墙体采用MU10非黏土烧结普通砖，M5混合砂浆砌筑。

(2) 支撑钢筋混凝土梁、板的砖墙，在支撑处应以1:2水泥砂浆找平，厚20。

(3) 预埋木砖要求防腐处理。

(4) 墙的施工质量应按国家有关部门所颁发的《砌体结构工程施工质量验收规范》(GB 50203—2011) 的有关规定执行。

4．钢筋混凝土工程

(1) 本工程钢筋Φ表示钢筋类别为HPB300，Φ表示钢筋类别为HRB400。

(2) 本设计所用钢筋、水泥等材料均应有出厂合格证明，方能使用。

(3) 厕所、盥洗室及阳台的现浇钢筋混凝土楼板均用C20细石混凝土，混凝土应按防水混凝土配制。

(4) 所有砖墙门洞应设钢筋混凝土过梁。

(5) 所有预埋铁件均应采用防锈措施，一般可用钢丝刷除锈后，刷红丹两遍，再刷防锈漆一遍。

(6) 钢筋混凝土工程的施工质量均应按国家有关部门所颁发的《钢筋混凝土工程施工质量验收规范》的有关规定执行。

5．其他事项

(1) 施工过程中的质检记录、混凝土记录及隐蔽工程记录应妥善保存。待工程验收后一并存档。

(2) 本工程未尽事宜，经发现后，由建设单位、施工单位、设计单位共同协商解决。

××建筑设计研究院	
注册师签章区	
项目经理签章区	
修改记录	
某学院学生公寓	
结构设计说明	
S-1	
设计	
审核	
校对	
会签栏	

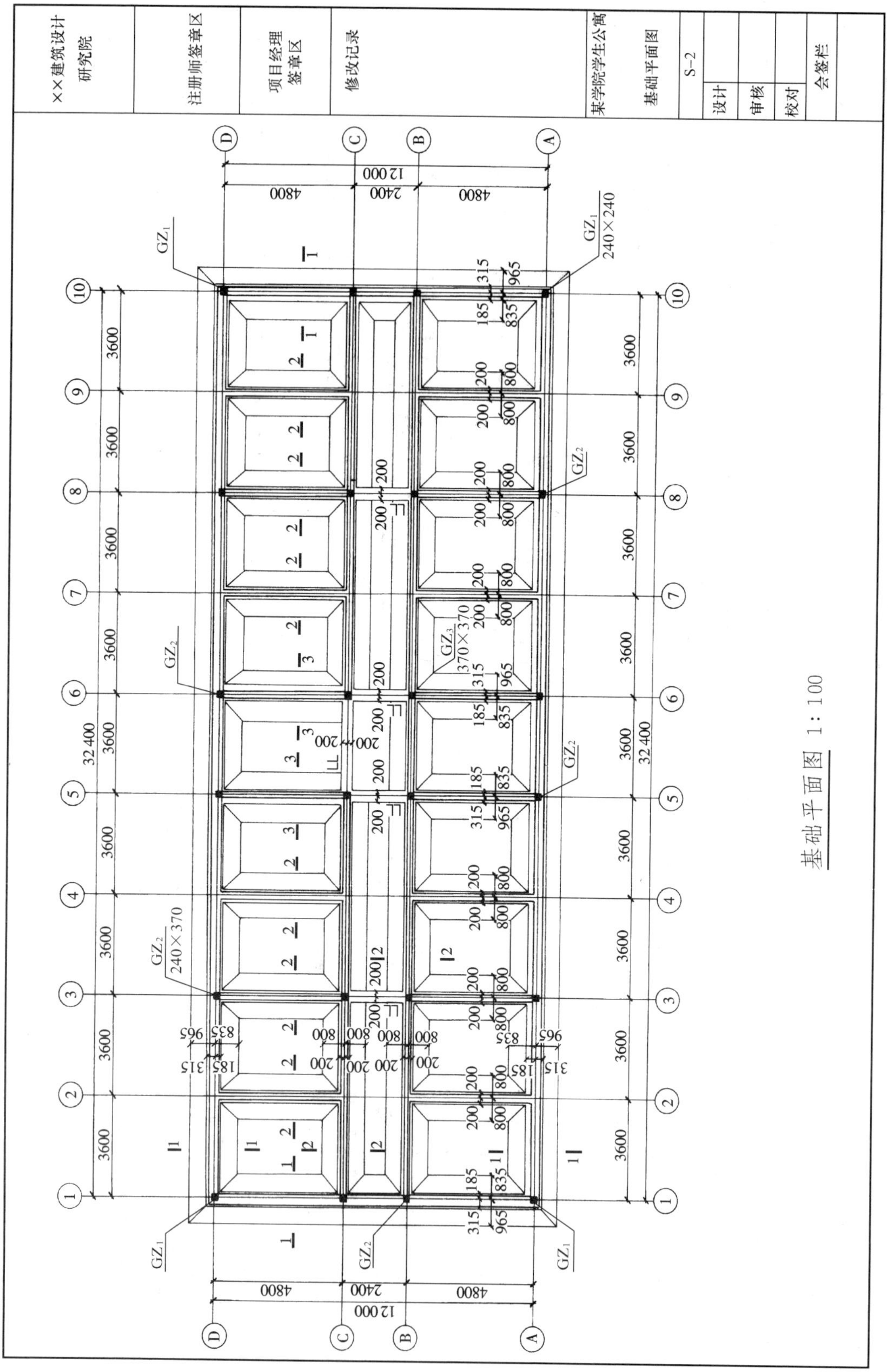
××建筑设计研究院
注册师签章区
项目经理签章区
修改记录
某学院学生公寓
基础平面图
S-2
设计
审核
校对
会签栏
GZ₁
GZ₁ 240×240
GZ₂
GZ₂ 240×370
GZ₃ 370×370
12 000
4800
2400
32 400
3600
基础平面图 1:100

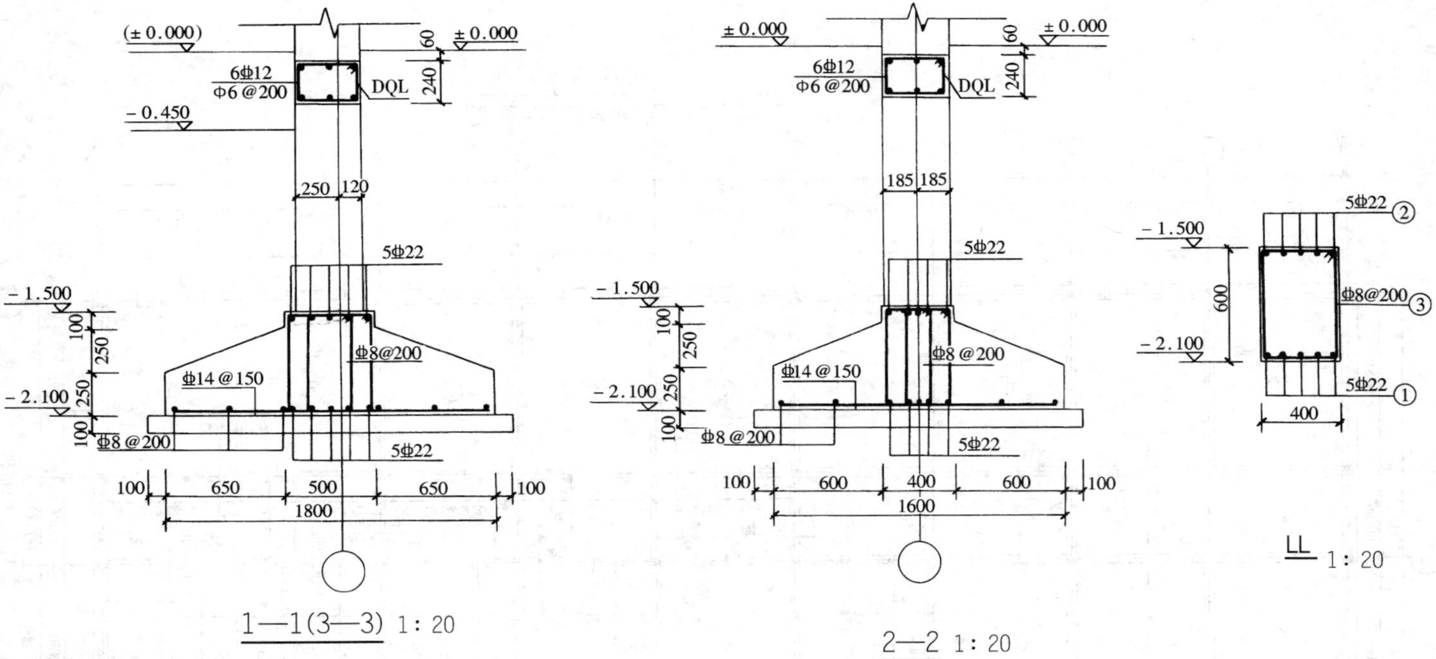

1—1(3—3) 1:20

2—2 1:20

设计说明：

1. 本工程地基经省建筑勘察设计院钻探，持力层为黏性土，允许承载力为110kPa。
2. 基础为MU10非黏土烧结普通砖，M10砂浆砌筑，基础垫层为C15素混凝土。
3. 地圈梁的混凝土标号为C15，钢筋为HPB300及HRB400。
4. 本设计±0.000标高相当于绝对标高486.00。
5. 地基开挖后如有软土层等，应通知设计单位至现场共同研究处理。
6. 地圈梁DQL底标高为-0.300。
7. GZ_1截面尺寸：240×240，纵向钢筋4Φ12，箍筋Φ6@200；GZ_2截面尺寸：240×370，纵向钢筋4Φ12，箍筋Φ6@200；GZ_3截面尺寸：370×370，纵向钢筋6Φ12，箍筋Φ6@200。
8. ±0.000以上的砖墙以建施图为准。

××建筑设计研究院	
注册师签章区	
项目经理签章区	
修改记录	
某学院学生公寓	
基础详图 设计说明	
S-3	
设计	
审核	
校对	
会签栏	

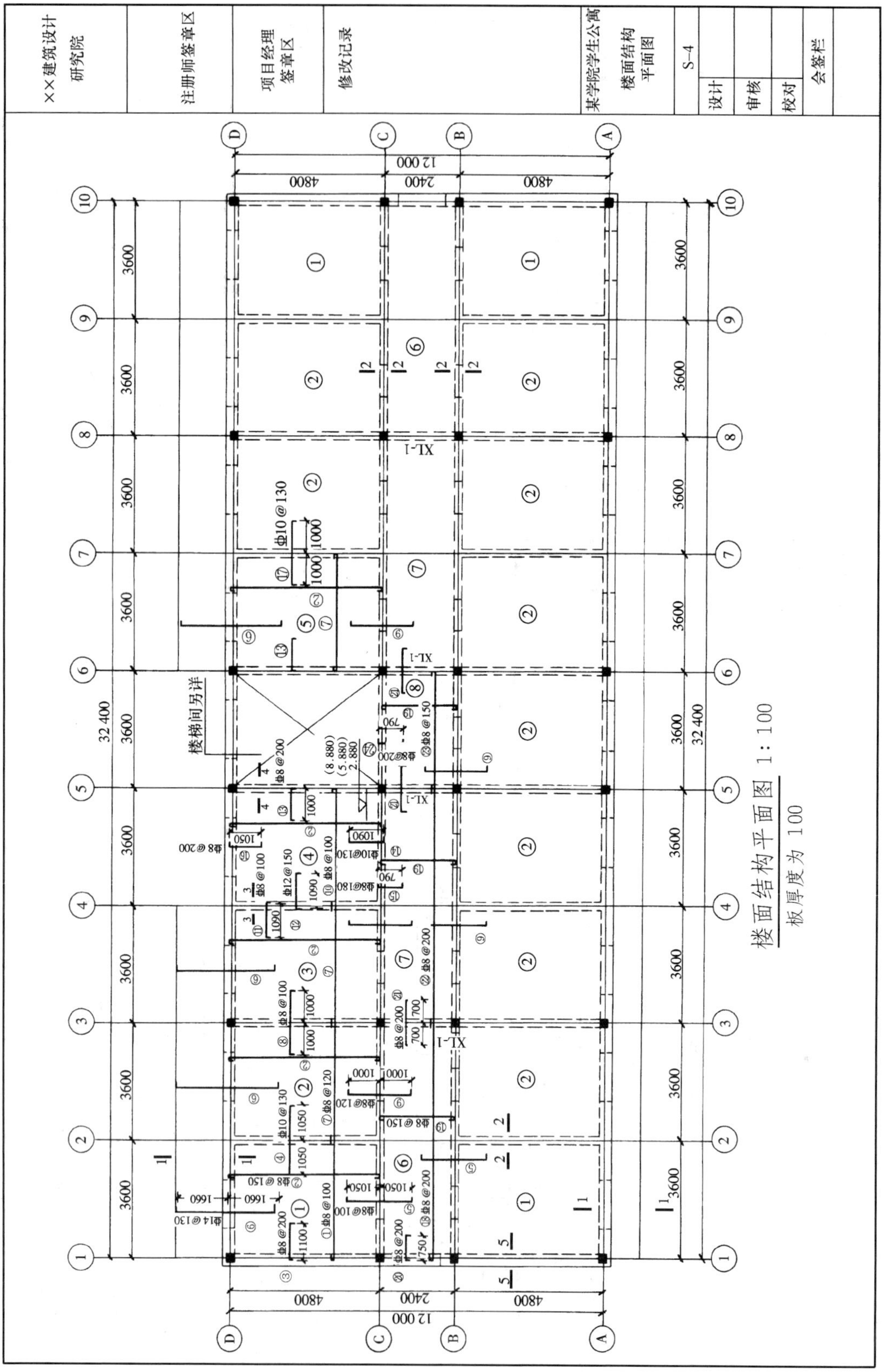
××建筑设计研究院
注册师签章区
项目经理签章区
修改记录
某学院学生公寓
楼面结构平面图
S-4
设计
审核
校对
会签栏
楼梯间另详
楼面结构平面图 1:100
板厚度为 100

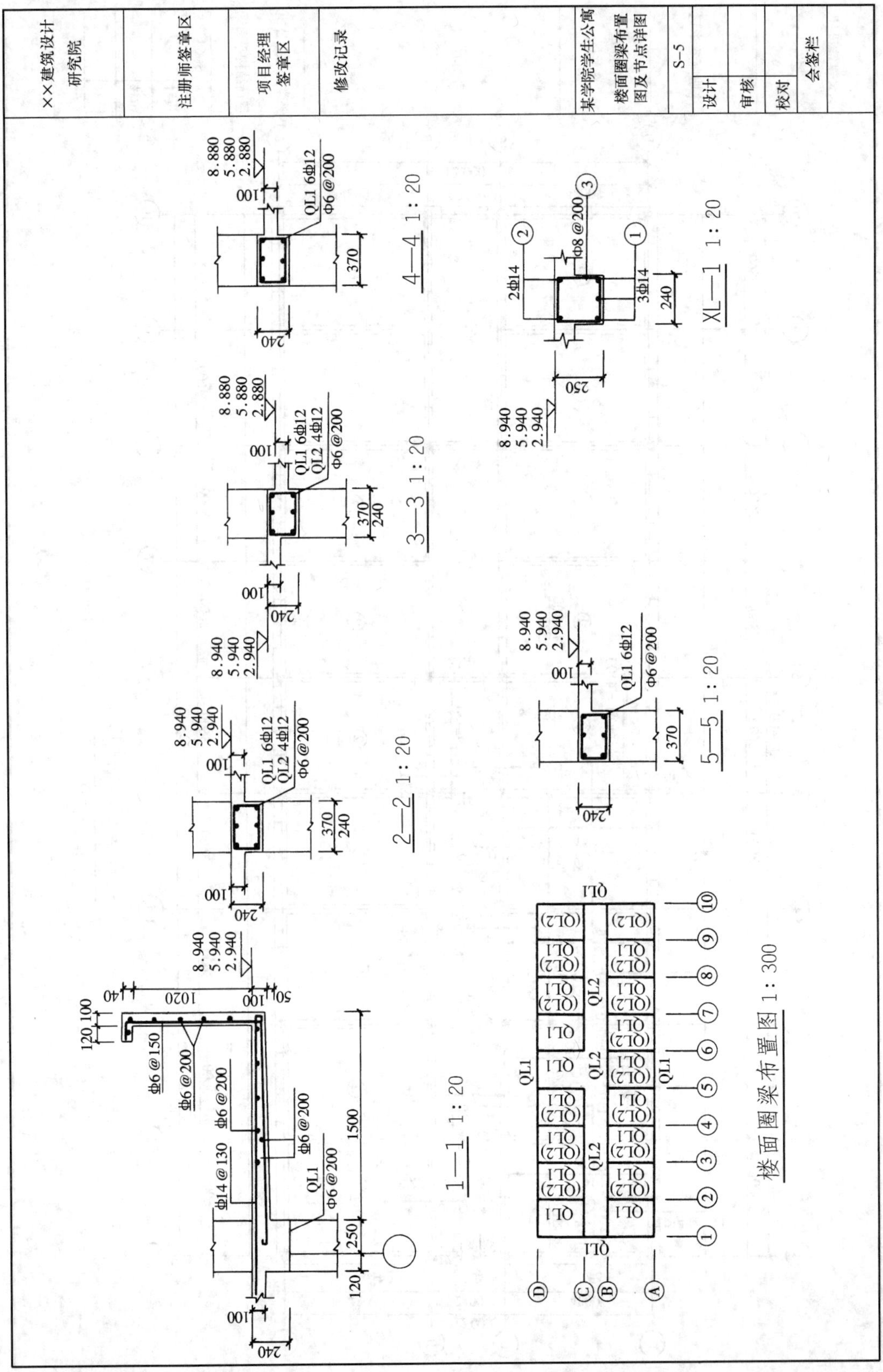
××建筑设计研究院
注册师签章区
项目经理签章区
修改记录
某学院学生公寓
楼面圈梁布置图及节点详图
S-5
设计
审核
校对
会签栏
1—1 1:20
2—2 1:20
3—3 1:20
4—4 1:20
5—5 1:20
XL—1 1:20
楼面圈梁布置图 1:300

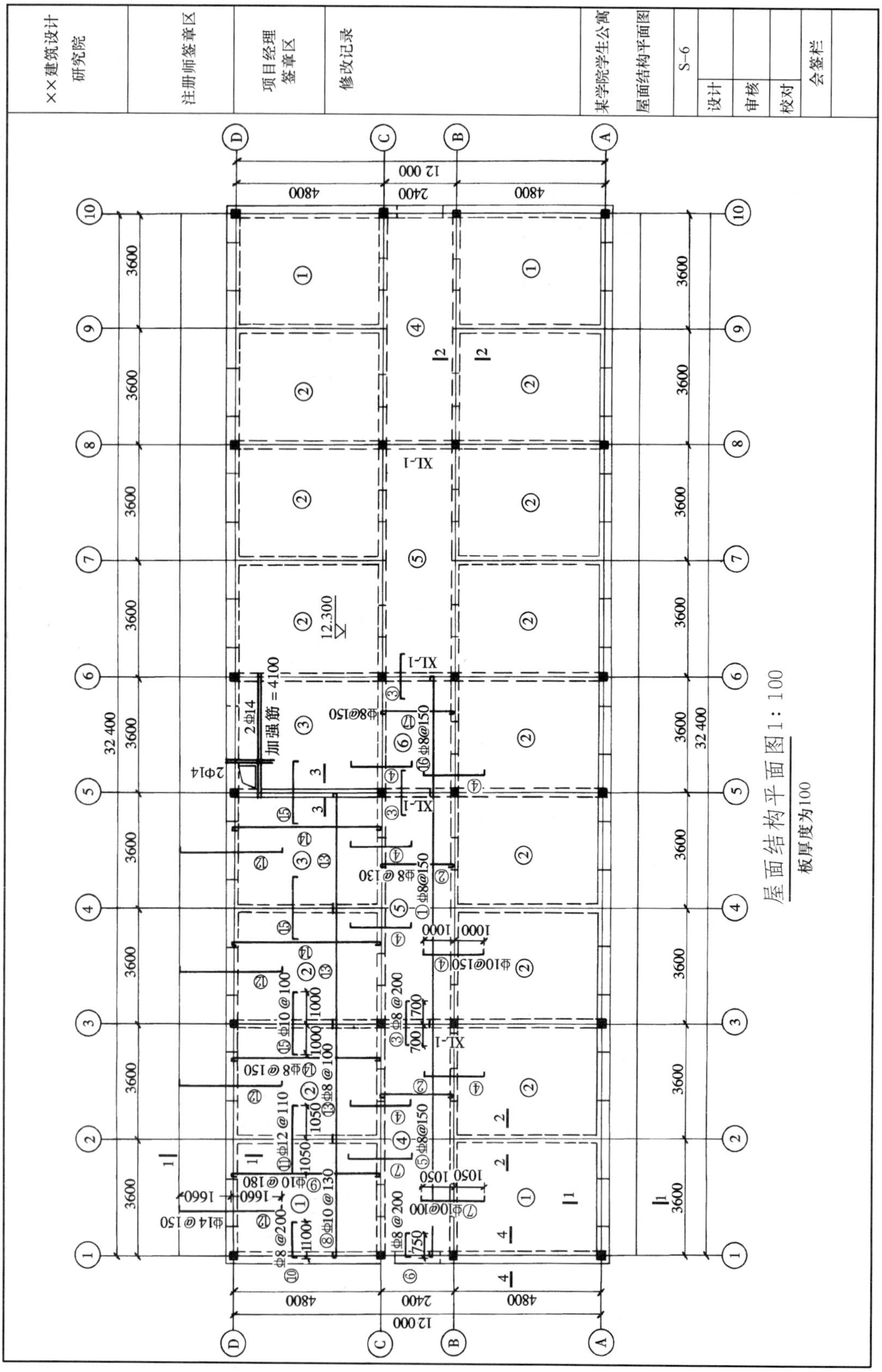
××建筑设计研究院
注册师签章区
项目经理签章区
修改记录
某学院学生公寓
屋面结构平面图
S-6
设计
审核
校对
会签栏
屋面结构平面图 1：100
板厚度为100

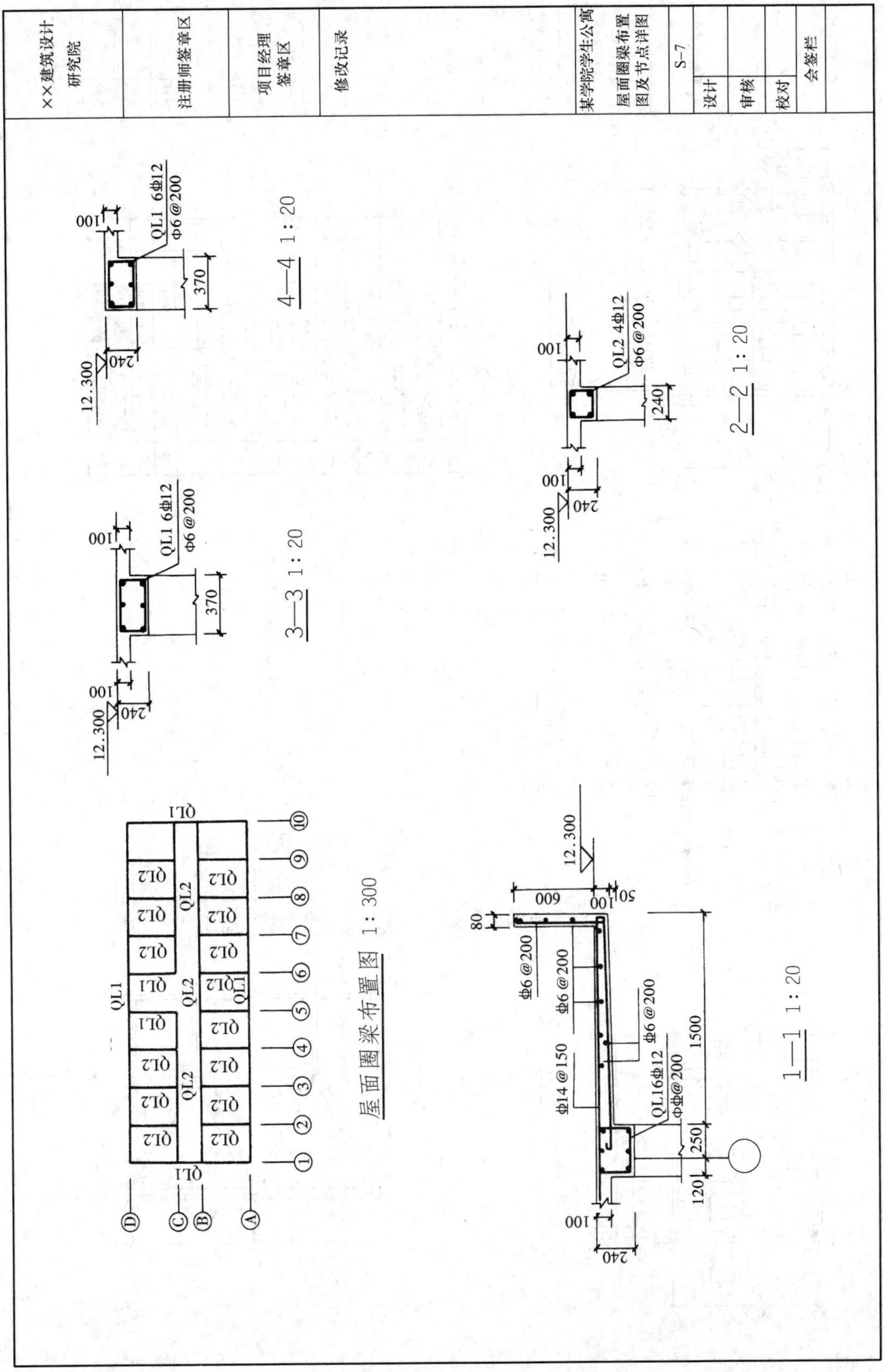
××建筑设计研究院
注册师签章区
项目经理签章区
修改记录
某学院学生公寓
屋面圈梁布置图及节点详图
S-7
设计
审核
校对
会签栏
4—4 1：20
QL1 6Φ12
Φ6@200
12.300
100
240
370
3—3 1：20
QL1 6Φ12
Φ6@200
12.300
100
240
370
2—2 1：20
QL2 4Φ12
Φ6@200
12.300
100
240
屋面圈梁布置图 1：300
QL1
QL2
A
B
C
D
1
2
3
4
5
6
7
8
9
10
1—1 1：20
12.300
600
100
50
80
Φ6@200
Φ6@200
Φ6@200
Φ14@150
QL16Φ12
ΦΦ@200
1500
250
120
100
240

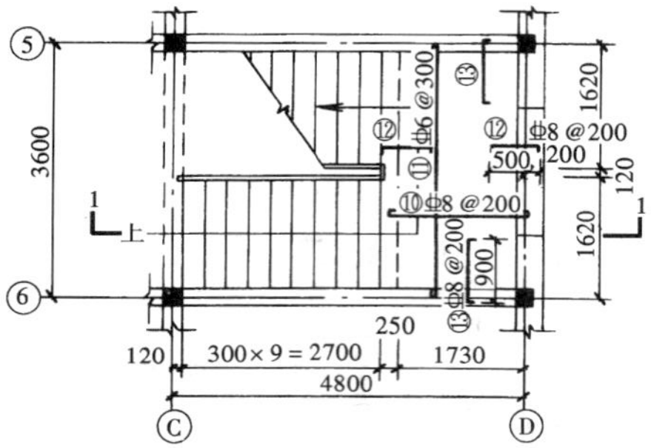

底层配筋平面图 1∶50

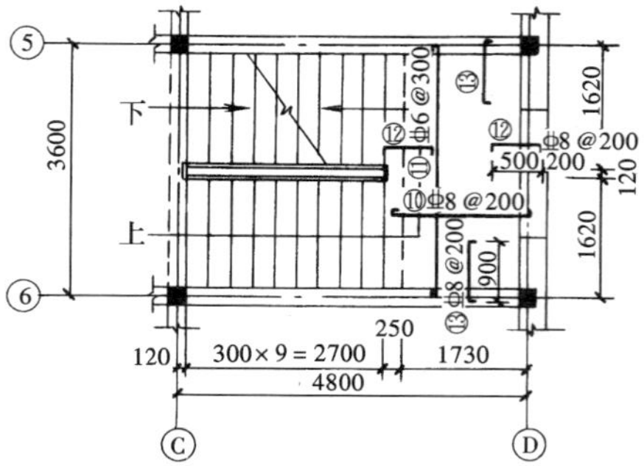

标准层配筋平面图 1∶50

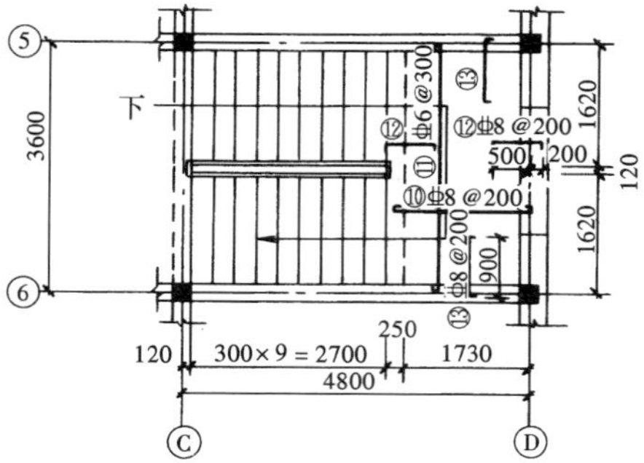

顶层配筋平面图 1∶50

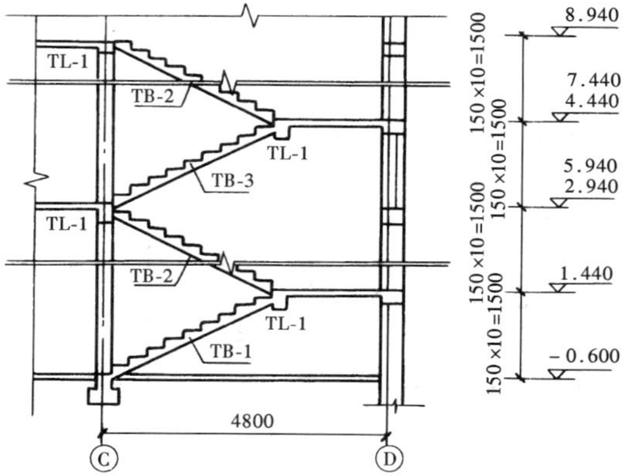

1—1 1∶50

楼梯钢筋表

编号	钢筋简图	规格	长度	根数	重量
①	210 3510 400	Φ12	4120		
②	1570	Φ6	1650		
③	90 1120 200	Φ10	1470		
④	370 1070	Φ10	1590		
⑤	3480 140	Φ12	3780		
⑥	90 1120 70 340	Φ10	1680		
⑦	170 1070	Φ10	1390		
⑧	150 380	Φ10	650		
⑨	140 3480	Φ12	3780		
⑩	1850	Φ8	1950		
⑪	3600	Φ6	3680		
⑫	90 700	Φ8	880		
⑬	90 900	Φ8	1080		
⑭	3740	Φ16	3740		
⑮	280 3740	Φ14	4300		
⑯	200 250	Φ8	1000		

××建筑设计研究院	
注册师签章区	
项目经理签章区	
修改记录	
某学院学生公寓	
楼梯配筋平面图 1-1、钢筋表	
S-8	
设计	
审核	
校对	
会签栏	

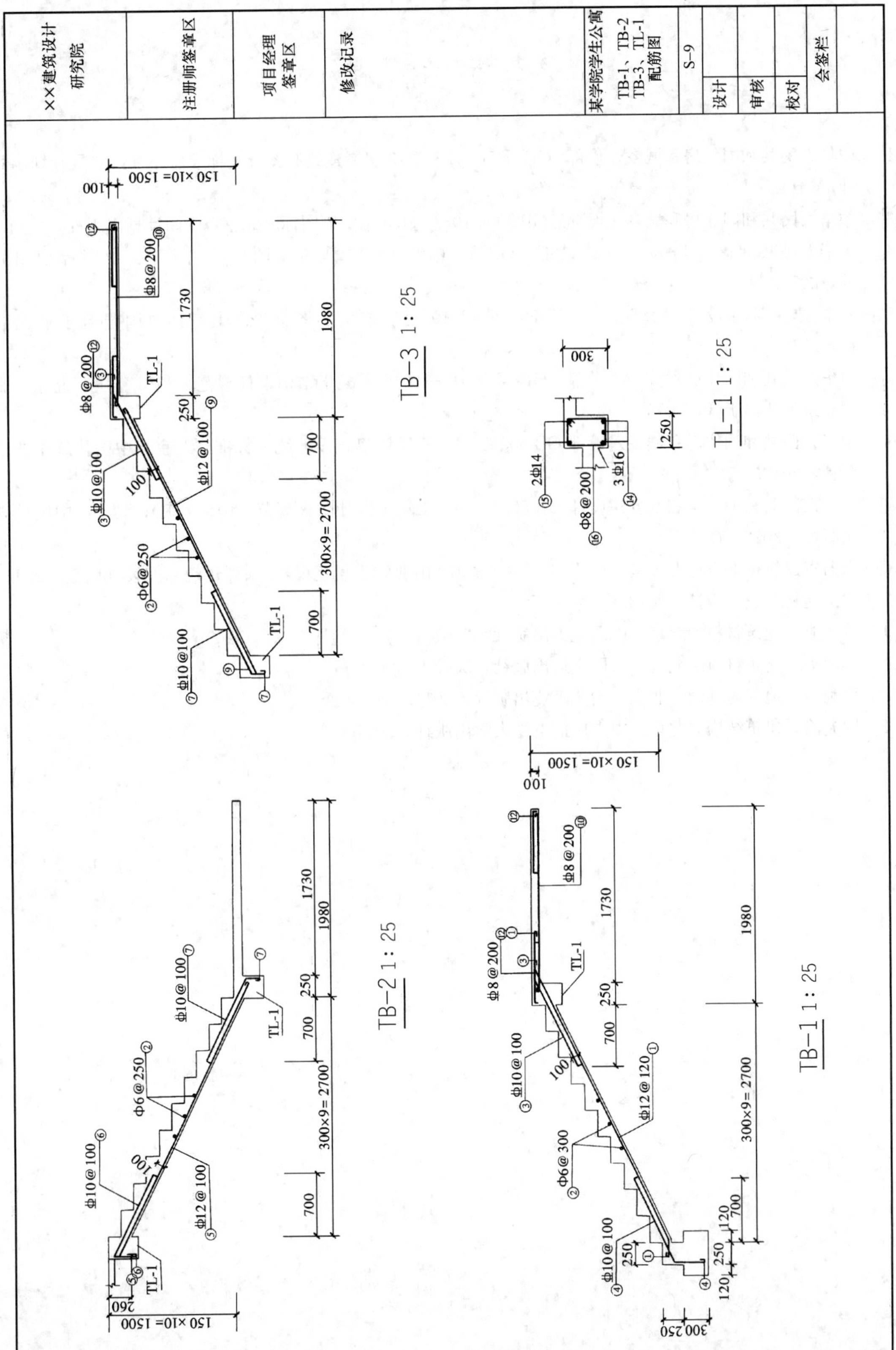
××建筑设计研究院
注册师签章区
项目经理签章区
修改记录
某学院学生公寓
TB-1、TB-2
TB-3、TL-1
配筋图
S-9
设计
审核
校对
会签栏
TB-3 1∶25
TL-1 1∶25
TB-2 1∶25
TB-1 1∶25
150×10=1500
300×9=2700
1980
1730
700
250
100
TL-1
2Φ14
3Φ16
Φ8@200
Φ10@100
Φ12@100
Φ12@120
Φ6@250
Φ6@300
Φ8@200
300

参考文献

[1] 中华人民共和国住房和城乡建设部．GB/T 50001—2010 房屋建筑制图统一标准．北京：中国计划出版社，2011.
[2] 中华人民共和国住房和城乡建设部．GB/T 50103—2010 总图制图标．北京：中国计划出版社，2011.
[3] 中华人民共和国住房和城乡建设部．GB/T 50104—2010 建筑制图标准．北京：中国计划出版社，2011.
[4] 中国建筑标准设计研究院．GB/T 50105—2010 建筑结构制图标准．北京：中国建筑工业出版社，2010.
[5] 中华人民共和国住房和城乡建设部．GB/T 50010—2010 混凝土结构设计规范．2015 年版．北京：中国建筑工业出版社，2015.
[6] 中华人民共和国住房和城乡建设部 GB 50352—2019 民用建筑设计统一标准．北京：中国建筑工业出版社，2019.
[7] 中华人民共和国住房和城乡建设部 GB 50016—2014 建筑设计防火规范(2018 年版)．北京：中国计划出版社，2018.
[8] 山西省建筑标准设计办公室．DBJT 04—35—2012 山西省工程建设 12 系列建筑标准设计图集．北京：中国建材工业出版社，2013.
[9] 黄伟典．建筑材料．北京：中国电力出版社，2007.
[10] 李国华．建筑材料．北京：人民交通出版社，2008.
[11] 梁利生．地基与基础．北京：冶金工业出版社，2011.
[12] 罗尧治．建筑结构．北京：中央广播电视大学出版社，2011.